U0691144

职业教育“十三五”规划课程改革创新教材
全国高等职业教育制造类专业系列规划教材

机械工程基础

（第二版）

闵小琪　主编
杜　娟　周凌华　夏云霞　副主编

科学出版社
北　京

内 容 简 介

本书是高职高专机电类专业的综合性技术基础教材。本书在编写过程中贯彻以能力为本位的职业教育理念，以知识够用、实用为原则，从机电类职业岗位群必需的知识出发，根据目前职业教育院校的学生特点和认知规律，对课程的内容进行了较大的汇合，是一本简单实用的专业基础课教材。

本书内容由工程力学、工程材料与金属工艺学、互换性与技术测量 3 篇共 14 个单元组成。第 1 篇包括静力学基础、平面力系、空间力系与摩擦问题、杆件变形、直梁弯曲；第 2 篇包括金属材料及热处理、钢铁材料、非铁金属及硬质合金、非金属材料、金属热加工；第 3 篇包括互换性与技术测量概述、极限与配合基础、几何公差、表面粗糙度。

本书可作为高等职业技术院校机电类专业教材，也可供有关工程技术人员参考。

图书在版编目（CIP）数据

机械工程基础 / 闵小琪主编. —2 版. —北京：科学出版社，2016

（职业教育“十三五”规划课程改革创新教材 • 全国高等职业教育制造类专业系列规划教材）

ISBN 978-7-03-047071-3

Ⅰ. ①机…　Ⅱ. ①闵…　Ⅲ. 机械工程-高等职业教育-教材　Ⅳ. ①TH

中国版本图书馆 CIP 数据核字（2016）第 013265 号

责任编辑：张振华 / 责任校对：刘玉靖

责任印制：吕春珉 / 封面设计：东方人华平面设计部

科学出版社 出版

北京东黄城根北街 16 号

邮政编码：100717

http://www.sciencep.com

三河市骏杰印刷有限公司印刷

科学出版社发行　　各地新华书店经销

*

2010 年 2 月第 一 版　　开本：787×1092 1/16

2016 年 3 月第 二 版　　印张：20 3/4

2021 年 1 月第七次印刷　　字数：470 000

定价：58.00 元

（如有印装质量问题，我社负责调换〈骏杰〉）

销售部电话 010-62136230　编辑部电话 010-62135120-2005（VT03）

第二版前言

本书于 2010 年 2 月首次出版，多年来受到广大读者的普遍欢迎，销量不断攀升，至今已重印多次。使用本书的职业院校遍布全国，学生涉及机电类等专业。许多热心读者在使用本书后提出了宝贵的修订建议。为适应教学改革和满足读者学习的新需求，在保留第一版的编写风格和主要内容的基础上，对内容做了调整、更新、完善等修订工作。

第二版保留了第一版的主要特色，在编写过程中，尽量将各知名院校的成功教改经验及编者多年的教学实践经验融入其中，力求让读者学习起来更容易。力求通过这次再版，使本书的体例更加合理和统一，概念阐述更加严谨和科学，内容重点更加突出，文字表达更加简明易懂。具体来说，第二版在第一版内容的基础上进行了补充和完善，并根据当前新技术的发展，将内容加以合理调整和增删。相比较而言，第二版更加成熟。

1. 内容选取更加严谨

考虑到职业院校学生的特点，编者精心选择了学习内容。理论知识以“够用、实用”为原则，强调实用性，注重职业素养的培养。

2. 结构编排更加合理

结合毕业生的反馈及对相关企业的调研走访，在汲取同类教材宝贵经验的基础上，对本书的结构体系进行了一定的调整。例如：

（1）把单元 3 的“3.1　平面力系的平衡问题”汇编到单元 2 里，这样使每一单元的内容更紧凑。

（2）为规避教学过程中教材内容重复现象，删去了单元 9 的“9.5　材料的选用”。

（3）按照边学边练的理念，书中穿插了若干实验、大量相关例题及详细解答过程，使学习与生产实际紧密结合，符合学生的认知规律，便于培养学习的兴趣，提升学习能力。

3. 资源配套更加立体

本书配有免费的、立体化、多媒体教学资源，内容丰富，集文档、图片、动画、视频于一体，方便教师教学，便于学生更快更好地理解知识，增强学习效果。其中一部分资源已通过二维码的形式嵌入正文中，可通过扫码观看。另外，本书更新了部分的图表、例题和习题，并给出了部分习题的参考答案。资源下载地址：www.abook.cn。

全书参考学时为 68 学时（以一学期 17 周，每周 4 课时计算），具体各单元及学时安排请参考下表。

单　元	学　时	单　元	学　时
单元 1　静力学基础	4	单元 9　非金属材料	4
单元 2　平面力系	6	单元 10　金属热加工	6
单元 3　空间力系及摩擦问题	6	实验 2　45 钢的热处理及硬度测试	机动
单元 4　杆件变形	8	单元 11　互换性与技术测量概述	2
单元 5　直梁弯曲	8	单元 12　极限与配合基础	4
实验 1　金属材料的拉伸	机动	单元 13　几何公差	4
单元 6　金属材料及热处理	6	单元 14　表面粗糙度	2
单元 7　钢铁材料	4	实验 3　形状与位置误差测量	机动
单元 8　非铁金属及硬质合金	4		

本书由闵小琪（武汉交通职业学院）任主编，杜娟（武汉交通职业学院）、周凌华（武汉交通职业学院）、夏云霞（石家庄工商职业学院）任副主编，具体的编写分工如下：第 1 篇（单元 1～单元 5、实验 1）由杜娟编写，第 2 篇（单元 6～单元 10、实验 2）由闵小琪、夏云霞编写，第 3 篇（单元 11～单元 14、实验 3）由周凌华编写，欧阳全会、宋艳丽、孙超、段少丽、冯贵层参与了部分单元的编写工作。全书由闵小琪统稿。

由于编者水平有限，加之编写时间仓促，书中难免有疏漏和不妥之处，敬请广大读者批评指正。

第一版前言

近些年来，随着我国经济的迅速发展，社会对人才的需求发生了巨大变化，我国高等职业教育也应紧跟时代步伐，以培养生产第一线需要的应用型技能人才为己任。在教材建设上，应编写适应素质教育、创新教育和创业教育需要的教材，以进一步充实和完善专业课程体系建设，为人才培养打下坚实的基础。

本书的特点：

1．把以前的三门课程（工程力学，金属材料及热处理，公差配合）汇编到了一起，便于教学的安排。

2．叙述简练，深入浅出，通俗易懂，图文并茂，始终贯彻“实际、实用、实效”的原则。

3．注重培养学生的动手能力，每篇后附有实验课的内容和要求，让学生理论联系实际，增强解决实际问题能力。

4．对每一单元的学习目标，教学节奏与方式作了较详细地介绍，方便学生学习与老师教学。

5．本书采用的标准均为最新国家标准。

本书具体的编写分工是：第 1 篇由杜娟编写；第 2 篇由闵小琪、陈少斌编写；第 3 篇由周凌华编写。林昌杰，欧阳全会，宋艳丽，孙超，段少丽也参与了编写工作。

本书在编写过程中，得到了武汉交通职业学院机电工程系何伟主任的大力支持，在此表示感谢。

由于编者水平有限，加之编写时间仓促，书中难免有疏漏和不妥之处，敬请读者批评指正。

目　　录

第 3 篇 互换性与技术测量

第1篇

工 程 力 学

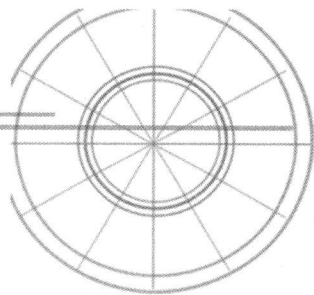

1 单元

静力学基础

◎ 单元概述

机器是现代社会生产劳动的主要工具之一，是社会生产力发展水平的重要标志。机器包含机构，机构是机器的主要组成部分。一部机器可以只含有一个机构也可以含有多个机构。机构由构件组成，构件通常由一个或多个零件组成。零件是构成机器的基本单元。

构件的静力分析是选择构件材料、确定构件外形尺寸的基础。本单元将以构件为研究对象，阐述静力学中的一些基本概念、静力学公理、工程上常见的典型约束和约束反力，介绍物体的受力分析和受力图。

◎ 学习目标

- 掌握静力学基本概念和公理。
- 掌握约束和约束反力的概念。
- 掌握物体受力图的画法。

◎ 教学节奏与方式

项目		课时安排	教学方式
1	课前准备	课余	预习教材
2	教师讲授	4 学时	重点讲授
3	思考与练习	课余	学生之间相互讨论或独立完成习题

1.1 静力学的基本概念

1.1.1 力的概念

力的概念源于长期的生活与生产实践。例如，人用手拉悬挂着的静止弹簧，人手和弹簧之间有了相互作用，这种作用引起弹簧运动和变形。运动员踢球，脚对足球的力使足球的运动状态和形状都发生变化。太阳对地球的引力使地球不断改变运动方向而绕着太阳运转。锻锤对工件的冲击力使工件改变形状。大量的感性认识经过科学的抽象，加以概括形成了力的概念。

1. 力的定义

力是物体之间的相互作用，这种作用可以使物体的**机械运动状态**发生变化或使物体**形状**发生改变。物体运动状态的改变是力的**外效应**，物体形状的改变是力的**内效应**。如图 1.1 所示，利用风能发电的装置，风车在风力的作用下旋转，并且随着风力的增大，风车旋转的速度增大，这就是力的外效应。如图 1.2 所示，杆件在压力的作用下发生弯曲，这是力的内效应。

图 1.1　风能发电

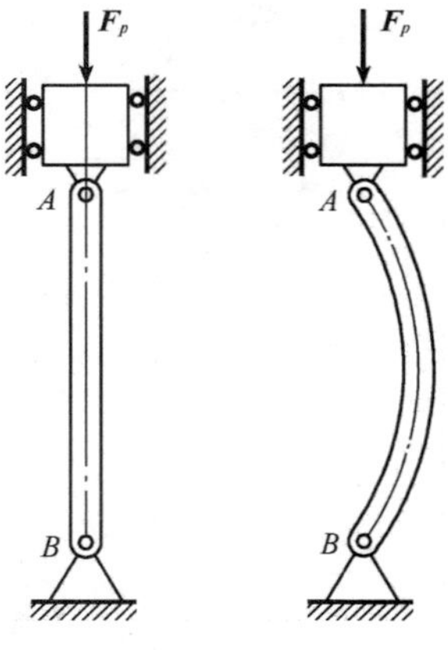

图 1.2　杆件受压变形

2. 力的三要素

实践证明，力对物体的作用效应，决定于力的**大小**、**方向**和**作用点**，这三个因素称为**力的三要素**。在这三个要素中，如果改变其中任何一个，也就改变了力对物体的作用效应。力的大小是指物体间相互作用的强弱程度。力的方向通常包括力的方位和指向两个含义。例如，重力的方向是竖直向下，则竖直是力的方位，向下是力的指向。力的作用点是指力作用在物体上的作用位置。

3. 力是矢量

力是一个既有大小又有方向的量，因此力是矢量。矢量常用一个带箭头的有向线段来表示，如图 1.3 所示。线段长度代表力的大小，线段的箭头表示力的方向，线段的起点或终点表示力的作用点。本书中用粗字体 $\boldsymbol{F}$ 代表力矢量，普通字体 F 代表该矢量的大小。

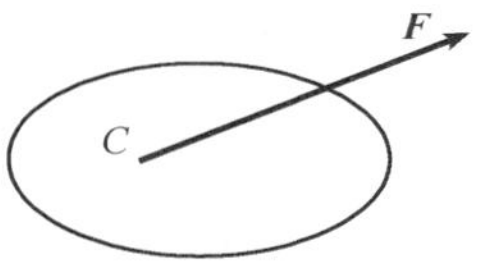

图 1.3　力的三要素

4. 力的单位

力的国际制单位是牛顿或千牛顿，其符号为牛（N）或千牛（kN）。

1.1.2　力偶的概念

1. 力偶的定义

一对大小相等、方向相反、作用线相互平行的力称为**力偶**。如图 1.4 所示，力偶对刚体产生转动效应，刚体的转动发生在这一对力的作用线所构成的平面内，该平面称为**力偶作用面**。作用面不同，力偶的作用效应也不一样。两力作用线间的距离称为**力偶臂**，用 h 表示。

2. 力偶矩

力偶对物体的转动效应用力偶矩 M 度量，如图 1.5 所示，它的大小等于构成该力偶的一个力的大小与力偶臂 h 的乘积，即

$$M(\boldsymbol{F},\ \boldsymbol{F}') = \pm Fh$$

力偶在平面内是代数量，正负号表示力偶的转动方向。通常规定：逆时针转动时符号为正，顺时针转动时符号为负。

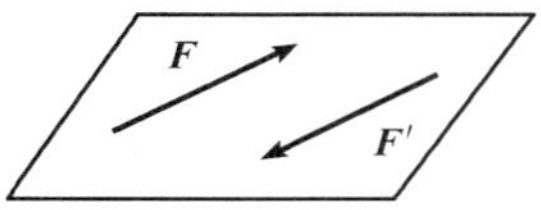

图 1.4　力偶

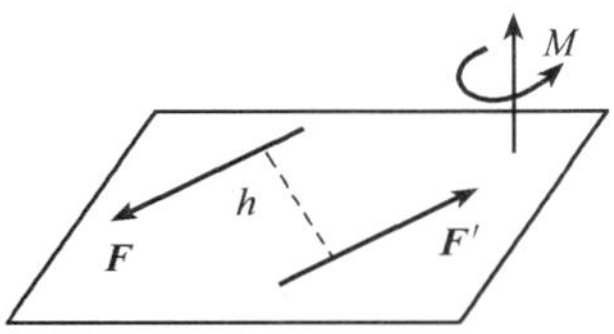

图 1.5　力偶矩

3. 力偶的三要素

力偶对刚体的转动效应，取决于力偶的**大小**、力偶的**转向**和力偶的**作用面**，这三个因素称为**力偶的三要素**。

4. 力偶的单位

力偶矩的国际单位是牛·米（N·m）。

1.1.3 刚体的概念

刚体是指在受力状态下保持其**几何形状**和**尺寸**不变的物体。这是一个理想化的模型，实际上并不存在这样的物体。

物体在力的作用下或多或少总会产生变形。但在工程实际中的机械零件或构件，在正常工作情况下所产生的变形，一般都是非常微小的，这种微小的变形对于研究物体平衡时影响极小，可以忽略不计。因此，可以把变形很小的物体看作刚体。

将物体抽象为刚体是有条件的，这与**研究问题的性质**有关。在研究物体的变形问题时，就不能把物体看作刚体，而要看作变形体，否则会导致错误的结果，甚至无法进行研究。

1.1.4 力系的概念

作用于同一物体上的若干力组成的系统称为力系。物体处于平衡状态时，作用于该物体上的力系称为平衡力系。力系平衡时所满足的条件称为平衡条件。

如果两个力系对同一物体的作用效应完全相同，则称这两个力系为**等效力系**。当一个力与一个力系的作用效应完全相同时，则称这个力为该力系的**合力**，而该力系中的其他力称为合力的**分力**。如果用这个合力来代替该力系，则称为**力系的简化**。

1.2 静力学公理

人们在长期的生产和生活中，发现和总结出一些最基本的力学规律，实践证明这些规律符合客观实际，无需证明。这些规律是静力学研究的基本出发点，称为静力学公理。

1.2.1 二力平衡公理

作用于刚体上的两个力平衡的充分必要条件是：这两个力**大小相等**，**方向相反**，且**作用在同一直线上**，如图 1.6 所示。这个公理揭示了作用于物体上最简单的力系在平衡时所必须满足的条件。

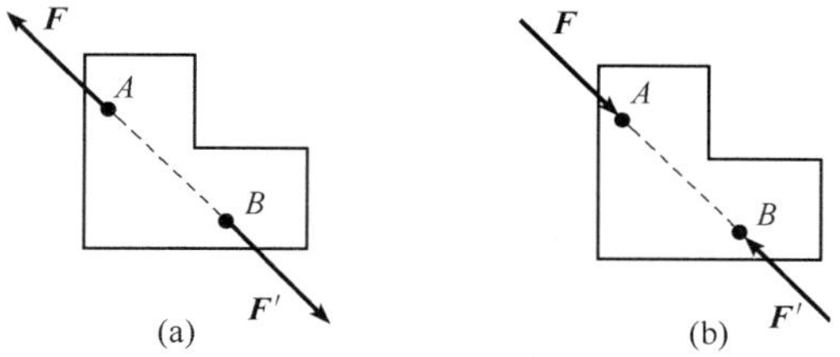

图 1.6　二力平衡

在两个力作用下处于平衡的物体称为**二力体**。如果物体是某种杆件或构件，有时也称为**二力杆**或**二力构件**。它们的受力特点是：两个力的方向必在二力作用点的连线上。

应用二力体的概念，可以很方便地判定结构中某些构件的受力方向。如图 1.7 所示，三铰拱中 *AB* 部分当不计自重时，只有 *A*、*B* 两点受力，是一个二力构件，故 *A*、*B* 两点的作用力必沿 *AB* 连线的方向。

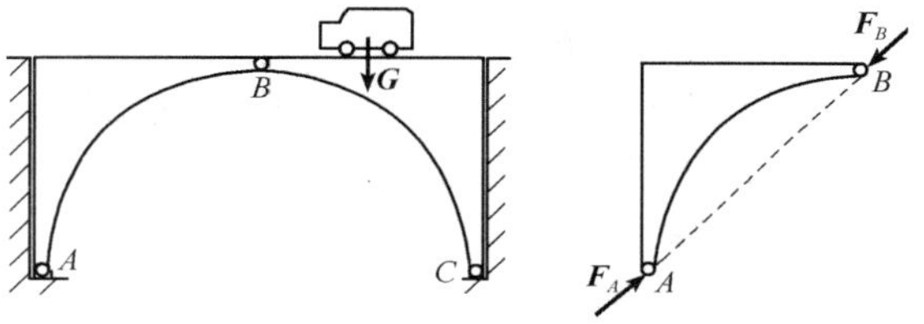

图 1.7　三铰拱中的二力杆

1.2.2　加减平衡力系公理

在刚体的原有力系中，加上或减去任意一个平衡力系，不会改变原力系对刚体的作用效应。

因为平衡力系不会改变刚体的原有状态，所以在已知力系中加上一个平衡力系或者从中减去一个平衡力系，不会使刚体运动状态发生改变。这个公理常被用来简化某一已知力系。

力的可传性原理：作用于刚体上的力可以沿其作用线移至刚体上任一点，而不改变原力对刚体的作用效应。推证如图 1.8 所示。

1）设 $\boldsymbol{F}$ 作用于 *A* 点［图 1.8（a）］；

2）在力的作用线上任取一点 *B*，并在 *B* 点加一平衡力系（$\boldsymbol{F}_1$，$\boldsymbol{F}_2$），使 $\boldsymbol{F}_1=-\boldsymbol{F}_2=-\boldsymbol{F}$，如图 1.8（b）所示，由加减平衡力系公理知，原力 $\boldsymbol{F}$ 对刚体的作用效应不变；

3）再从该力系中去掉平衡力系（$\boldsymbol{F}$，$\boldsymbol{F}_1$），则 $\boldsymbol{F}_2$ 与原力 $\boldsymbol{F}$ 等效。如图 1.8（c）所示，即作用在 *A* 点的力 $\boldsymbol{F}$ 沿其作用线移到了 *B* 点。

根据力的可传性原理，作用于刚体上的力的三要素是：力的大小、方向和作用线。

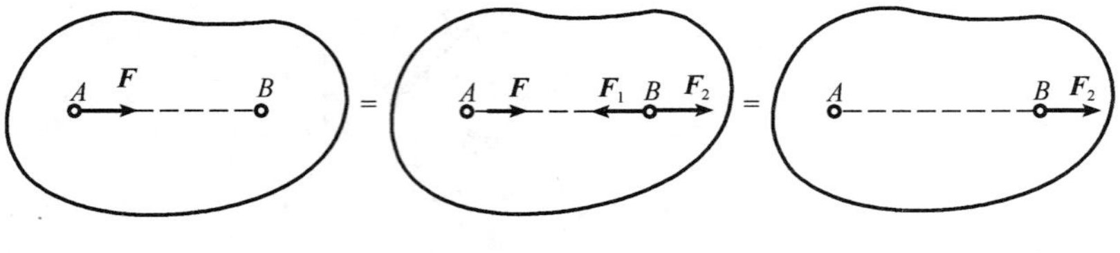

图 1.8　力的可传性原理

注意：力的可传性原理只适用于刚体，不适用于变形体。

1.2.3　力的平行四边形法则

作用于物体上同一点的两个力可以合成为一个合力，合力的作用点仍在该点，其大小和方向是以这两个力为邻边所构成的平行四边形的对角线来确定。即合力矢等于这两个分力矢的**矢量和**。如图 1.9 所示，其矢量表达式为

$$\boldsymbol{F}_{\mathrm{R}}=\boldsymbol{F}_1+\boldsymbol{F}_2 \tag{1.1}$$

为了方便作图，在求合力时，只需作出力平行四边形的一半，即一个三角形，并可将力三角形画在力所作用的物体之外。如图 1.10 所示。任取一点 O 画出一力矢 $\boldsymbol{F}_1$，再由 $\boldsymbol{F}_1$ 的终点画另一力矢 $\boldsymbol{F}_2$，最后由 O 点至力矢 $\boldsymbol{F}_2$ 的终点作一矢量 $\boldsymbol{F}_{\mathrm{R}}$，$\boldsymbol{F}_{\mathrm{R}}$ 是 $\boldsymbol{F}_1$ 和 $\boldsymbol{F}_2$ 的合力。这种求矢量和的作图方法称为力的三角形法则。

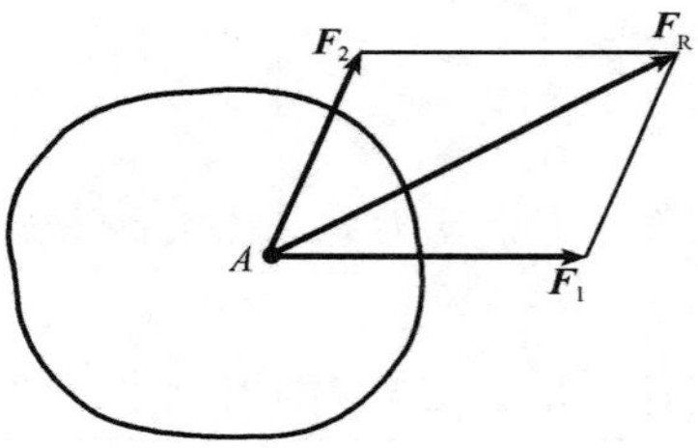

图 1.9　力的平行四边形法则

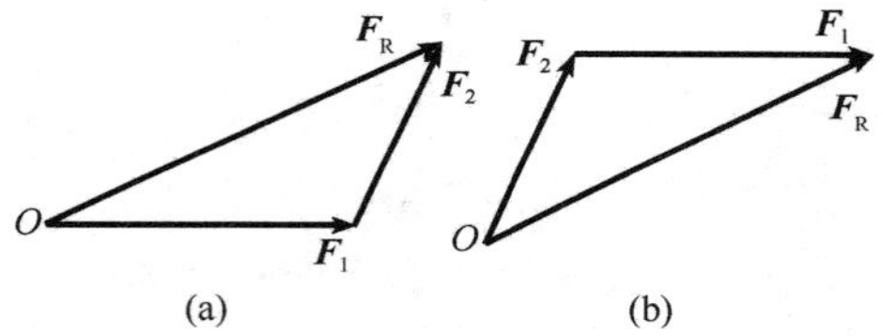

图 1.10　力的三角形法则

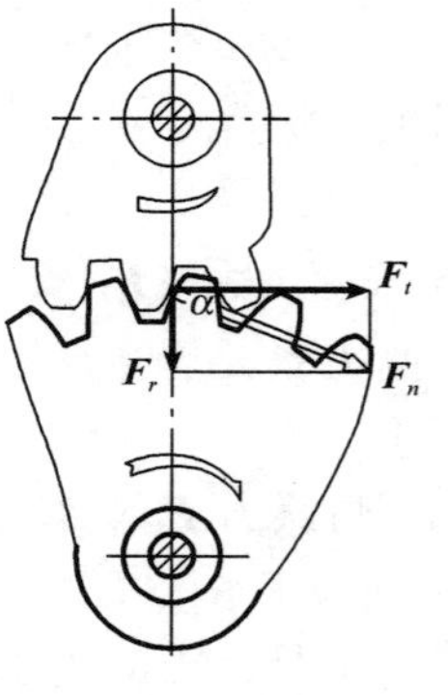

图 1.11　直齿圆柱齿轮受力

在作力三角形时，必须遵循这样一个原则，即分力矢应首尾相接，但次序可变，合力矢从起点出发与最后分力矢箭头相接。

力的平行四边形法则（或三角形法则）总结了最简单的力系简化规律，它是较复杂力系合成的主要依据。

平行四边形法则既是力的合成法则，也是力的分解法则。力的分解是力合成的逆运算，在工程实际中，通常将力分解为**方向互相垂直的两个分力**。例如，在进行直齿圆柱齿轮的受

力分析时，常将齿面的法向压力 $\boldsymbol{F}_n$ 分解为推动齿轮旋转的即沿齿轮分度圆圆周切线方向的分力——圆周力 $\boldsymbol{F}_t$ 和指向轴心的分力——径向力 $\boldsymbol{F}_r$，如图 1.11 所示。若已知 $\boldsymbol{F}_n$ 与分度圆圆周切向所夹的压力角为 α，则有

$$\boldsymbol{F}_t=\boldsymbol{F}_n\cos\alpha \qquad \boldsymbol{F}_r=\boldsymbol{F}_n\sin\alpha$$

1.2.4　作用与反作用定律

两个物体间相互作用的力，总是大小相等，方向相反，沿同一作用线，分别作用于这两个物体上。例如，车刀在加工工件时（图 1.12），车刀作用于工件上的切削力为 $\boldsymbol{F}$，同时工件必有反作用力 $\boldsymbol{F}'$加到车刀上。$\boldsymbol{F}$ 和 $\boldsymbol{F}'$总是等值、反向、共线。

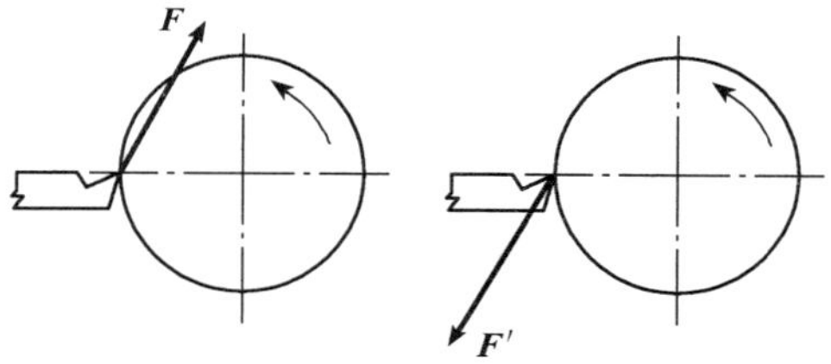

图 1.12　车刀加工工件

机械中力的传递，都是通过机器零件之间的作用与反作用的关系来实现的。借助这个定律，我们能够从机器一个零件的受力分析过渡到另一个零件的受力分析。

特别要注意的是必须把作用和反作用定律与二力平衡原理严格地区分开来。作用和反作用定律是表明两个物体相互作用的力学性质，而二力平衡原理则说明一个刚体在两个力作用下处于平衡时两个力应满足的条件。

1.3　约束和约束反力

工程中的机器或者结构由许多零部件组成，这些零部件按照一定的形式相互连接。因此，它们的运动必然互相牵连和限制。如果从中取出一个物体作为研究对象，则它的运动会受到与它连接或接触的周围其他物体的限制，也就是说，该物体的运动受到限制或约束。

一个物体受到周围物体的限制时，这些周围物体称为**约束**。约束限制

了物体可能产生的某种运动。例如，高速铁路上列车受铁轨的限制只能沿轨道方向运动；数控机床工作台受床身导轨的限制只能沿导轨移动；电机转子受轴承的限制只能绕轴线转动。这种限制是通过力的作用来实现的，约束力反作用于物体，这种力称为**约束反力**。约束反力总是作用在被约束体与约束体的接触处，其方向总是与该约束所能限制的运动或运动趋势的方向相反。

使物体运动或产生运动趋势的力称为**主动力**，如电磁力、切削力、流体的压力、万有引力等，它们往往是给定的或可测定的。

在静力学中，主动力一般是给定或已知的，而约束反力是未知的。因此，分析约束反力是受力分析的重点。本节主要介绍工程中常见的几种约束类型。

1.3.1 柔索约束

由绳索、胶带、链条等形成的约束称为**柔索约束**。这类约束只能限制物体沿柔索伸长方向的运动，因此它对物体只有沿柔索方向的拉力，如图 1.13（a）所示，常用符号为 $\boldsymbol{F}_{\mathrm{T}}$ 表示。当柔索绕过轮子时，假想将柔索截开，作用于轮子的柔索拉力就沿轮缘的切线方向且背离轮子。如图 1.13（b）所示。

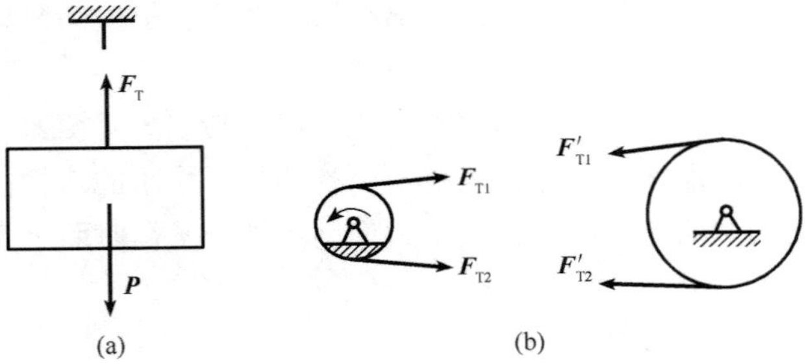

图 1.13　柔索约束

1.3.2 光滑面约束

当两物体直接接触，且忽略接触处的摩擦时，约束只能限制物体在接触点沿接触面的公法线指向约束物体的运动，不能限制物体沿接触面切线方向的运动，这种约束称为**光滑面约束**，其约束反力必过接触点沿接触面法向并指向被约束体，简称**法向压力**，通常用 $\boldsymbol{F}_{\mathrm{N}}$ 表示。如图 1.14 所示，图 1.14（a）为光滑曲面对刚体球的约束，图 1.14（b）为齿轮传动机构中齿轮轮齿的约束，图 1.14（c）为直杆与方槽在 A、B、C 三点接触，三处的约束反力沿二者接触点的公法线方向作用。

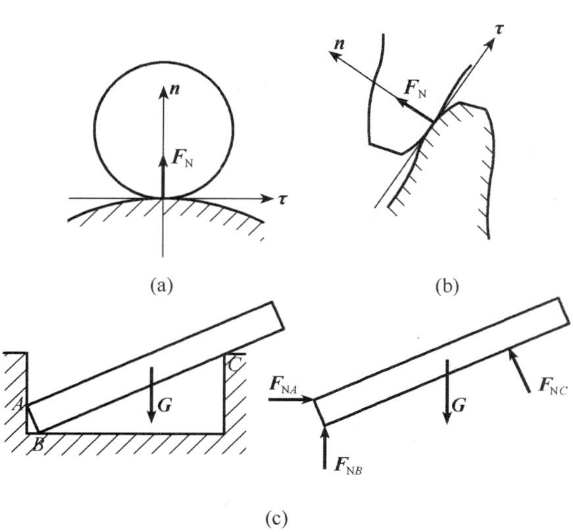

图 1.14　光滑面约束

1.3.3　光滑铰链约束

铰链是工程上常见的一种约束。它是用圆柱形销钉将两个钻有圆孔的构件连接所形成的约束，如图 1.15 所示。这种约束的特点是限制了两构件的相对移动，而只允许相对转动。

一般认为销钉与构件光滑接触，所以这也是一种光滑表面约束，约束反力应通过接触点 K 沿公法线方向（通过销钉中心）指向构件，如图 1.16（a）所示。但实际上 K 的位置很难确定，因此反力 $\boldsymbol{F}_{\mathrm{N}}$ 的方向也无法确定。所以，这种约束反力通常是用两个相互垂直的分力 $\boldsymbol{F}_x$、$\boldsymbol{F}_y$ 来表示，两分力的指向可以任意设定，如图 1.16（b）所示。

光滑铰链约束

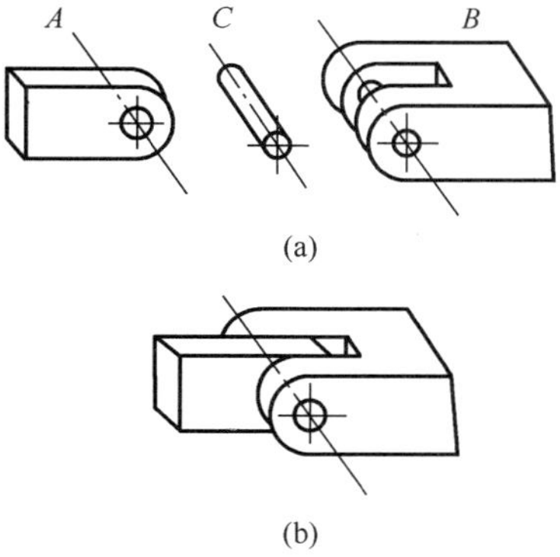

图 1.15　光滑铰链约束

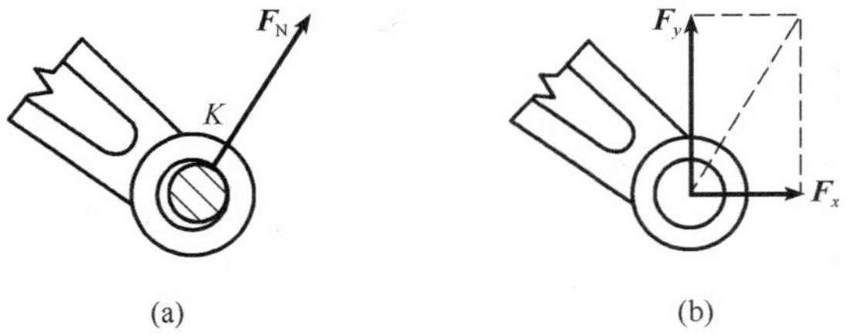

图 1.16　铰链约束反力

在工程上应用广泛的铰链约束，可分为四种类型。

1. 固定铰支座

固定铰

将构件和机架连接的铰链称为固定铰支座，如桥梁的一端与桥墩连接就属于这种约束。固定铰支座的结构如图 1.17（a）所示，图 1.17（b）是这种约束的简图。

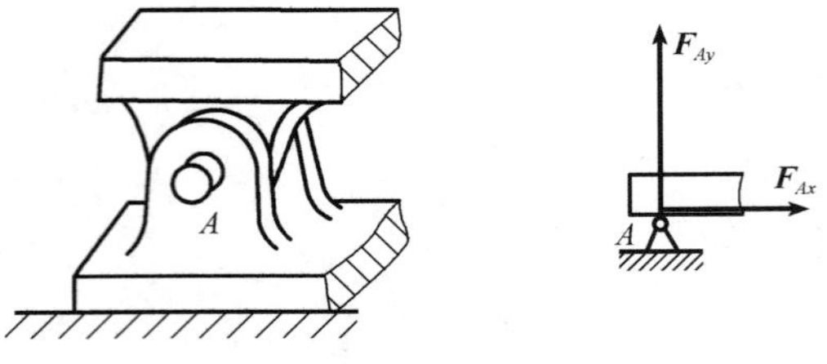

(a) (b)

图 1.17 固定铰支座

2. 中间铰链

中间铰

用来连接两个可以相对转动但不能相对移动的构件称为中间铰链，如曲柄连杆机构中曲柄与连杆的连接就属于这种约束，其结构和受力如图 1.18（a）、（b）所示，图 1.18（c）为中间铰链的简图。

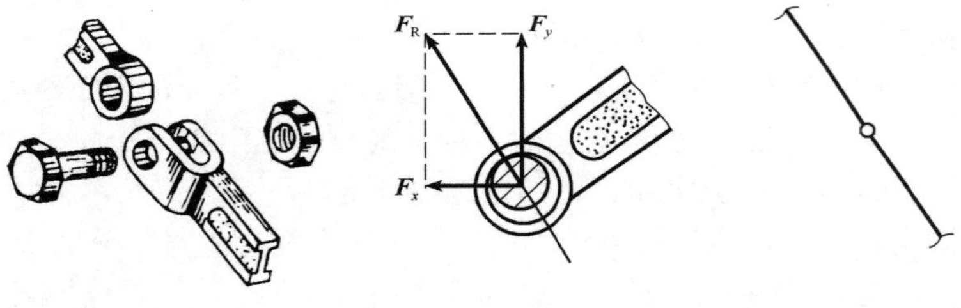

(a) (b) (c)

图 1.18 中间铰链

3. 滚动铰支座

滚动铰

将构件的铰链支座用几个圆柱形辊子支承在光滑平面上，就成为滚动铰支座，也称辊轴支座。桥梁、屋架等结构中，除了使用固定铰支座外，还常使用辊轴支座，它的结构如图 1.19（a）所示。由于辊轴的作用，被支承构件可沿支承面的切线方向移动，故其约束反力的方向通过铰链中心，垂直于支承面，其指向待定。受力分析时通常先假设一个方向，其受力简图如图 1.19（b）所示。

4. 轴承约束

轴承约束是工程中常见的支承形式，常用的轴承类型有向心轴承和向心推力轴承。

（1）向心轴承

向心轴承限制了轴在垂直于轴线平面内的径向运动，但轴仍可在轴承内转动，其约束力与固定铰支座约束力相似，即约束力通过轴心，方向不确定，可用两个相互垂直的分量表示，向心轴承结构如图 1.20（a）所示，图 1.20（b）为简化符号。

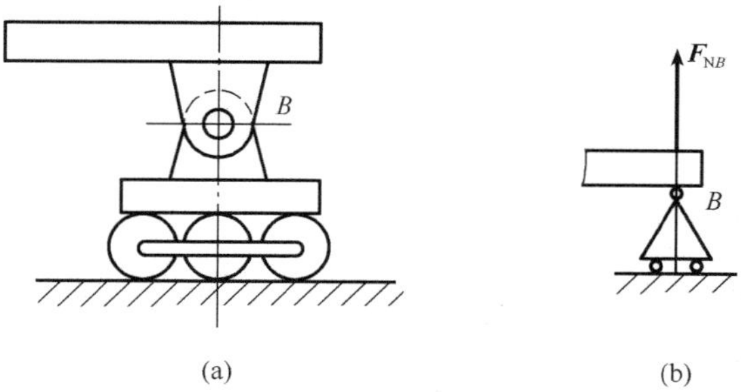

图 1.19　滚动铰支座

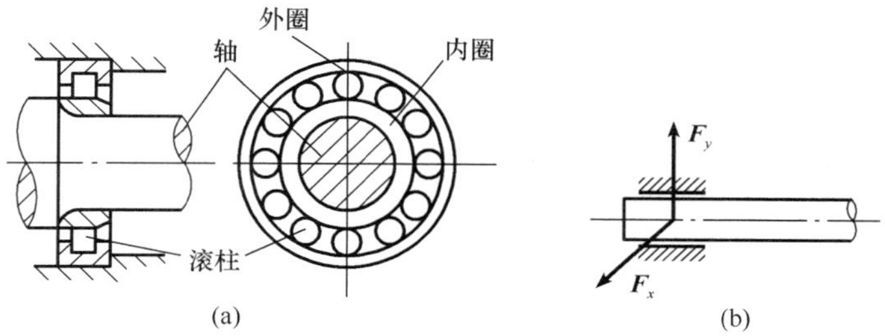

图 1.20　向心轴承

（2）向心推力轴承

向心推力轴承除了与向心轴承一样具有作用线不定的径向约束力外，由于限制了轴的轴向运动，因而还有沿轴线方向的约束反力，如图 1.21 所示。

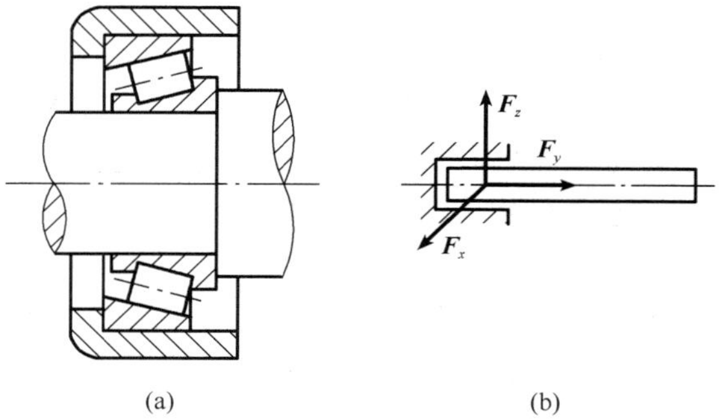

图 1.21　向心推力轴承

1.3.4　固定端约束

固定端或插入端是常见的一种约束形式，如图 1.22（a）、（b）中的支柱对悬臂梁、图 1.22（c）中的刀架对车刀，图 1.22（d）中的卡盘对工件等都构成固定端约束。这类约束的特点是连接处有很大的刚性，不允许构件与约束之间发生任何相对运动。在图 1.22（e）中，构件 *AB* 的 *A* 端被固定住，此时，该构件既不能移动又不能转动。如果仅仅考虑平面范围内的约束反力，那么，构件将受到沿其移动趋势反方向的约束反力，以及与其转动趋势反方向的约束力偶矩。由于约束反力方向不能确定，可将其分解为相互垂直的两个分力。因此，可以认为固定端具有 3 个约束，即两个约束反力和一个反力偶矩，如图 1.22（f）所示。

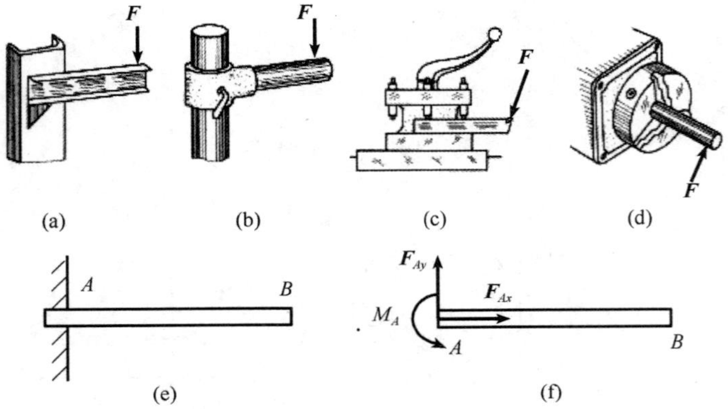

图 1.22　固定端约束

1.4 物体系的受力分析

作用在物体上的每一个力，都对物体的运动（包括平衡）产生影响。因此，在工程实际中，经常要分析作用在物体上的所有主动力和约束反力，分析它们的大小和作用方向。这种对物体受力情况进行分析的过程称为受力分析。

为了便于分析，并能清楚地表达物体的受力情况，我们把所研究的物体称为研究对象。将研究对象从周围物体的约束中分离出来，单独画出这个物体的轮廓图形，称其为分离体。将作用在分离体上面的主动力和约束反力，全部画在图形上，得到的图形称为受力图。

下面举例说明受力分析和画受力图的方法和步骤。

【例 1.1】 水平简支梁 *AB* 如图 1.23（a）所示，在 *C* 处作用一集中载荷 ***F***，梁自重不计，画出梁 *AB* 的受力图。

解：取梁 AB 为研究对象。作用于梁上的力有集中载荷 $\boldsymbol{F}$，A 端固定铰支座的反力，用通过 A 点的相互垂直的两个分力 $\boldsymbol{F}_{Ax}$ 与 $\boldsymbol{F}_{Ay}$ 表示。B 端可动铰支座的反力 $\boldsymbol{F}_B$ 垂直于支承面铅垂向上，其受力图如图 1.23（b）所示。

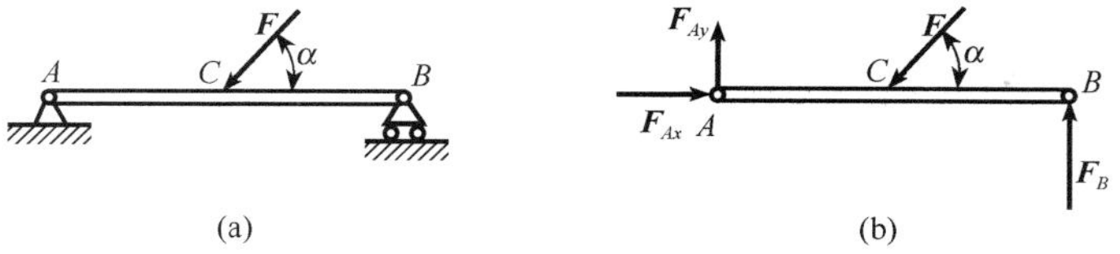

图 1.23　例 1.1 图

【例 1.2】　重力为 $\boldsymbol{P}$ 的圆球放在板 AC 与墙壁 AB 之间，如图 1.24（a）所示。设板 AC 重力不计，试作出板与球的受力图。

解： 1）取球为研究对象，作出简图。球上有主动力 $\boldsymbol{P}$，约束力 $\boldsymbol{F}_{ND}$ 和 $\boldsymbol{F}_{NE}$，该约束力均属光滑面约束的法向反力，其受力图如图 1.24（b）所示。

2）取板为研究对象。由于板的自重不计，故只有 A、C、E 处的约束力。其中 A 为固定铰支座，其反力可用一对正交分力 $\boldsymbol{F}_{Ax}$、$\boldsymbol{F}_{Ay}$ 表示；C 处为柔索约束，其反力为拉力 $\boldsymbol{F}_T$；E 处为法向反力 $\boldsymbol{F}'_{NE}$，该反力 $\boldsymbol{F}'_{NE}$ 与球在该点所受反力 $\boldsymbol{F}_{NE}$ 为作用与反作用的关系。受力图如图 1.24（c）所示。

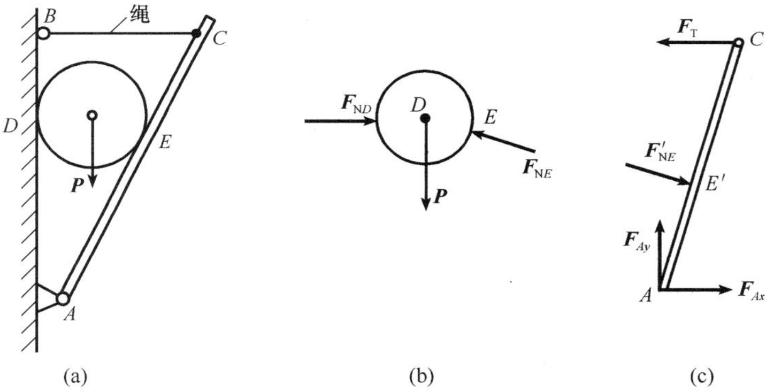

图 1.24　例 1.2 图

【例 1.3】　曲柄冲压机如图 1.25（a）和（b）所示，设大皮带轮的重为 P，其他构件的重量忽略不计，冲头 C 受工件阻力 $\boldsymbol{F}_{N1}$ 作用，试画出皮带轮 A、连杆 BC 和冲头 C 的受力图。

解： 1）取连杆 BC 为研究对象。不计连杆自重，BC 是二力杆。力 $\boldsymbol{F}_{BC}$、$\boldsymbol{F}_{CB}$ 分别作用于 B、C 两点，且沿这两点的连线。受力图如图 1.25（c）所示。

2）取皮带轮 A 为研究对象。皮带轮所受重力 P 作用于轮心，方向铅直向下。轴承 A 的约束力通过中心，用两个相互垂直的分力 $\boldsymbol{F}_{Ax}$ 和 $\boldsymbol{F}_{Ay}$ 表示。皮带的约束力为柔索约束，$\boldsymbol{F}_1$ 和 $\boldsymbol{F}_2$ 分别沿两根皮带，背离皮带轮。B 点有连杆对皮带轮的作用力 $\boldsymbol{F}'_{BC}$，该力与 $\boldsymbol{F}_{BC}$ 为作用与反作用关系，二者大小相等、方向相反。皮带轮的受力图如图 1.25（d）所示。

3）取冲头 *C* 为研究对象。作用于冲头上的力有工件的阻力 $\boldsymbol{F}_{N1}$，连杆对冲头的力 $\boldsymbol{F}'_{BC}$，该力与 $\boldsymbol{F}_{CB}$ 为作用与反作用关系，二者大小相等、方向相反。冲头还受滑道的约束反力，滑道和冲头是光滑面接触，其约束反力 $\boldsymbol{F}_N$ 垂直于滑道，方向向右。冲头的受力图如图 1.25（e）所示。

综合以上例题可知，画受力图时必须注意以下几点。

1）作图时要明确所取的研究对象，并将研究对象单独取出来画轮廓简图。在取整体作为研究对象时，为了简便起见，可以在题图上画受力图，但要明确，这时整体所受的约束实际上已被解除。

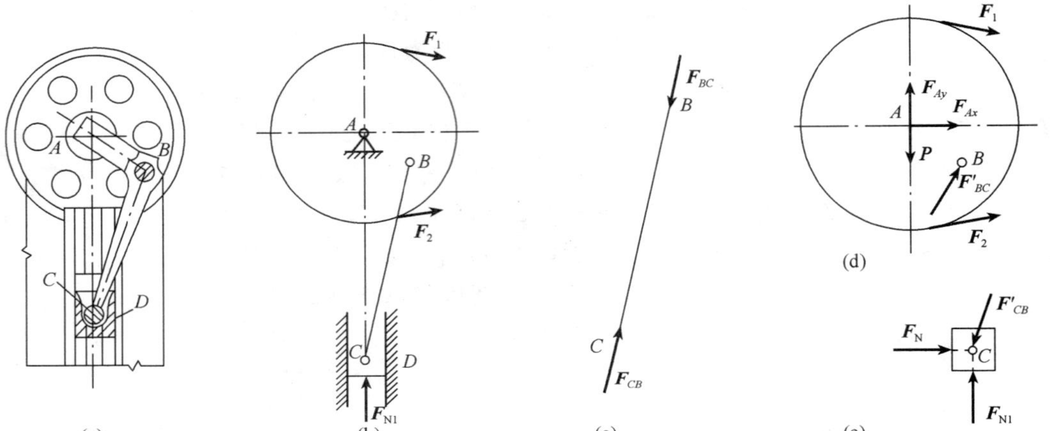

图 1.25　例 1.3 图

2）研究对象的运动或平衡，是受其周围物体作用的结果，约束解除处必有约束力作用，要根据约束性质正确画出约束反力。必须画出研究对象所受的全部作用力，即所有主动力和约束反力。

3）要注意两个构件连接处的反力关系。当所取的研究对象是几个构件的结合体时，它们之间连接处的反力是内力不必画出。而当两个相互连接的物体被拆开时，其连接处的约束反力是一对作用力与反作用力，要等值、反向、共线地分别画在两个物体上。

4）若机构中有二力构件，应先分析二力构件的受力，然后再分析其他物体的作用力。

习　题

1.1　作用力与反作用力是一对平衡力吗？

1.2　二力平衡条件、加减平衡力系原理能否用于变形体？为什么？

1.3　“分力一定小于合力”。这种说法对吗？试举例说明。

1.4　如图 1.26 所示三铰拱架上的作用力 $\boldsymbol{F}$，可否依据力的可传性原

理把它移到 *D* 点？为什么？

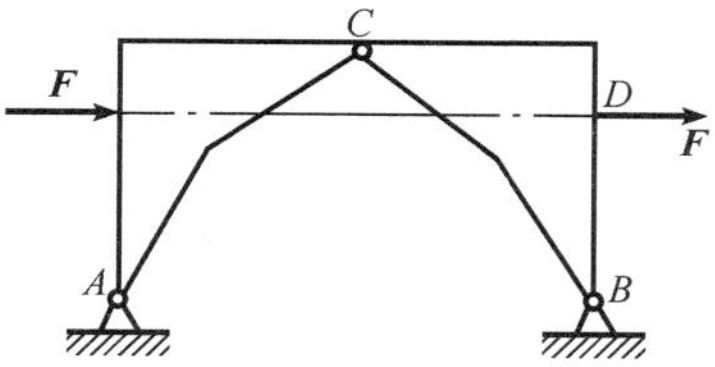

图 1.26　习题 1.4 图

1.5　画出图 1.27 中物体 *A*，*ABC* 或构件 *AB*，*AC* 的受力图。未画重力的各物体的自重不计，所有接触处均为光滑接触。

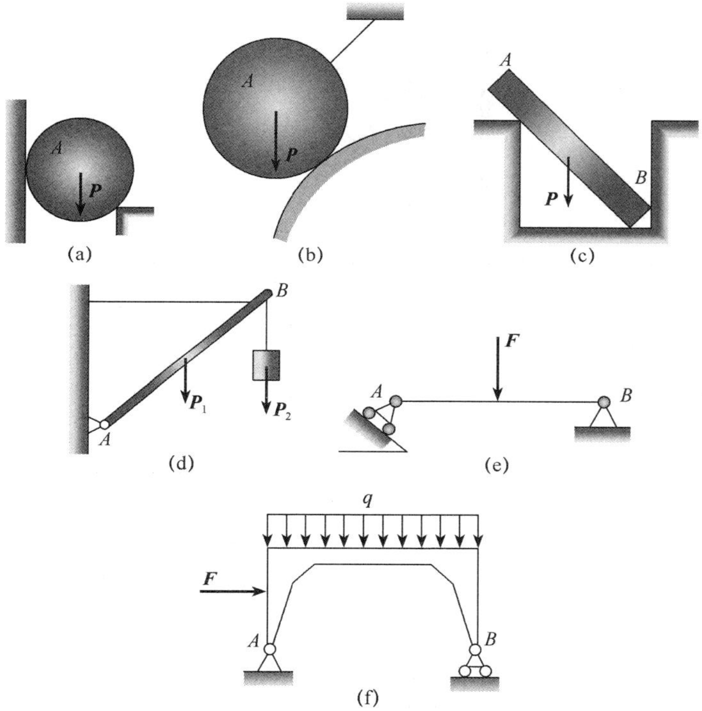

图 1.27　习题 1.5 图

1.6　试分别画出图 1.28 所示结构中 *AB* 与 *BC* 的受力图。不计重力。

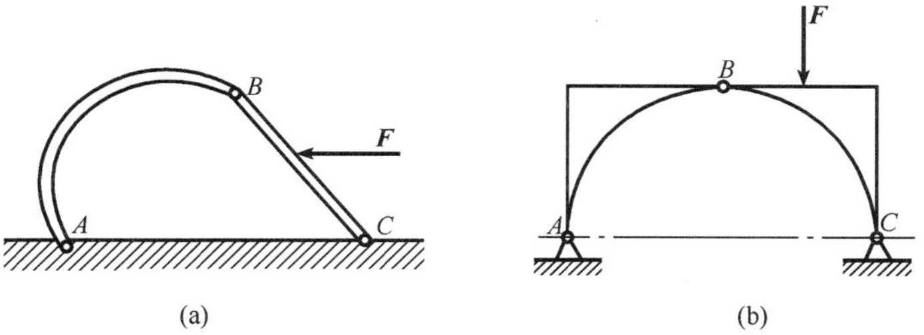

图 1.28　习题 1.6 图

1.7　试分别画出图 1.29 所示各物系中每个物体及整个系统的受力图（各构件的自重不计，摩擦不计）。

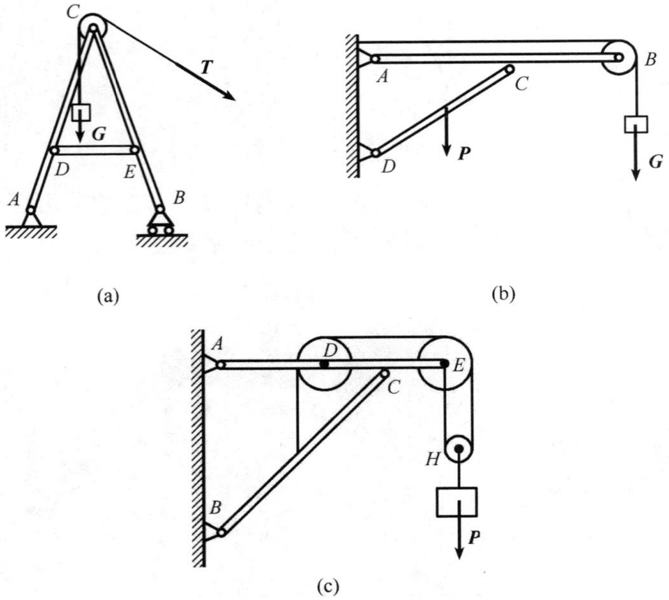

图 1.29　习题 1.7 图

2 单元 平面力系

◎ 单元概述

作用在物体上的力系是多种多样的，为了更好地研究复杂力系，应将力系进行分类。如果作用在刚体上力的作用线在同一平面内，则此力系称为平面力系，否则称为空间力系。在平面力系中，力的作用线汇交于一点，称为平面汇交力系；力的作用线相互平行，称为平面平行力系，其中只有力偶作用的力系，称为平面力偶系；如果力的作用线既不汇交于一点，也不全部相互平行，则称为平面任意力系。

本单元将学习平面力系中各种力系的简化和解决平衡问题的基本理论和方法。

◎ 学习目标

- 掌握汇交力系合成与平衡的解析法。
- 理解力在直角坐标轴上的投影和合力投影定理。
- 理解力矩的概念和合力矩定理，理解力偶的概念、性质、力偶系的合成与平衡。
- 掌握力的平移定理，平面任意力系的简化及简化结果。
- 理解掌握平面任意力系的平衡方程及应用。
- 理解掌握简单物体系统平衡问题的解法。

◎ 教学节奏与方式

项　目		课时安排	教学方式
1	课前准备	课余	预习教材
2	教师讲授	6学时	重点讲授
3	思考与练习	课余	学生之间相互讨论或独立完成习题

2.1 平面汇交力系的合成与平衡

2.1.1 平面汇交力系合成与平衡的几何法

1. 平面汇交力系合成的几何法——力多边形法则

平面汇交力系合成的理论依据是力的平行四边形法则或三角形法则。

设作用于刚体上的力系 $\boldsymbol{F}_1$、$\boldsymbol{F}_2$、$\boldsymbol{F}_3$ 和 $\boldsymbol{F}_4$ 汇交于 O 点，如图 2.1（a）所示，求其合力。首先将 $\boldsymbol{F}_1$、$\boldsymbol{F}_2$ 两个力进行合成，按照原力矢量方向将两力矢量依次进行首尾相连，合成为 $\boldsymbol{F}_{12}$，再将力 $\boldsymbol{F}_{12}$ 与 $\boldsymbol{F}_3$ 合成为 $\boldsymbol{F}_{123}$，依次做法得力系的合力 $\boldsymbol{F}_R$，如图 2.1（b）所示。可以省略中间求合力的过程，将力矢量 $\boldsymbol{F}_1$、$\boldsymbol{F}_2$、$\boldsymbol{F}_3$ 和 $\boldsymbol{F}_4$ 依次首尾相连，得有缺口的多边形 $Oabcd$，封闭边 Od 即表示该力系合力的大小和方向，且合力的作用线通过汇交点 O。多边形 $Oabcd$ 称为力的多边形，此法则称为**力多边形法则**。作力的多边形时，力的顺序可以任意，此时力的多边形形状将发生变化，但不影响合力的大小和方向，如图 2.1（c）所示。

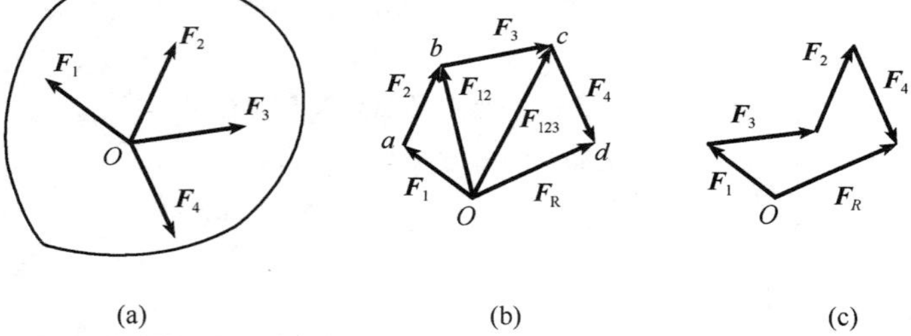

图 2.1　汇交力系的合成

综上所述，可得如下结论：平面汇交力系的合力是将力系中各力矢量依次首尾相连作向量多边形，再由多边形起点向终点作封闭边，则封闭边表示该力系合力的大小和方向，且合力的作用线通过汇交点，即**平面汇交力系的合力等于力系中各力的矢量和**（也称向量和），其向量表达式为

$$\boldsymbol{F}_R=\boldsymbol{F}_1+\boldsymbol{F}_2+\cdots+\boldsymbol{F}_n=\sum_{i=1}^{n}\boldsymbol{F}_i \tag{2.1}$$

【例 2.1】　在物体圆环上作用有三个力 $F_1=300\text{N}$，$F_2=600\text{N}$，$F_3=1500\text{N}$，其作用线相交于点 O，如图 2.2 所示。试用几何作图法求力系的合力。

解：1）选比例尺，如图 2.2 所示。

2）将 F_1、F_2、F_3 首尾相接得到力多边形 *abcd*，其封闭边矢量 *ad* 就是合力矢量 F_R。量得 *ad* 的长度，得到合力 F_R＝1650N，F_R 与 *x* 轴夹角 α＝16° 21′。

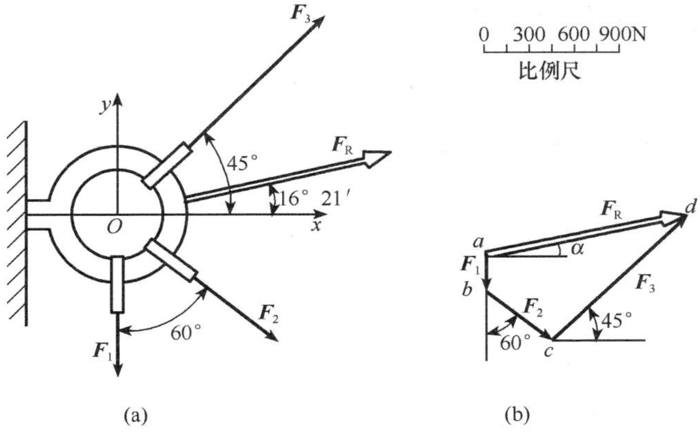

图 2.2 例 2.1 图

2. 平面汇交力系平衡的几何条件

平面汇交力系平衡的必要和充分条件是**力系的合力为零**，即

$$\sum_{i=1}^{n} \boldsymbol{F}_i = \boldsymbol{0} \tag{2.2}$$

由此可得力多边形的封闭边为零，力的多边形自行封闭，即力的多边形中第一个力矢量的起点与最后一个力矢量的终点重合，如图 2.3 所示。所以平面汇交力系平衡的几何条件是：力多边形自行封闭。

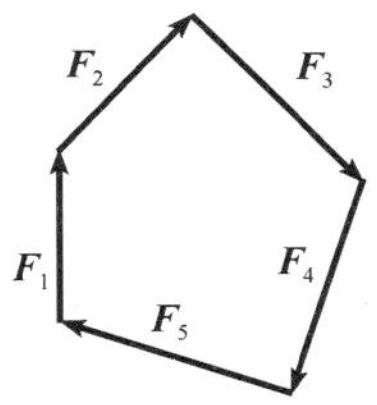

图 2.3 力多边形自行封闭

求解平面汇交力系平衡问题时，可以用上面方法利用比例尺进行几何作图，量取得到未知力。也可以利用三角关系计算求得未知力。

几何法计算汇交力系时应注意：求合力时合力的指向与各力矢量顺序相反；求平衡时力多边形各力矢量顺序相同。

【例 2.2】 一钢管放置在 V 形槽内如图 2.4（a）所示，已知：管重 P＝5kN，钢管与槽面间的摩擦不计，求槽面对钢管的约束力。

解：取钢管为研究对象，钢管受到的主动力为重力 $\boldsymbol{P}$ 和约束力为 $\boldsymbol{F}_{NA}$ 和 $\boldsymbol{F}_{NB}$，汇交于 *O* 点，如图 2.4（b）所示。

解法一：选比例尺，令 $\overrightarrow{ab}=P$，$\overrightarrow{bc}=F_{NA}$，$\overrightarrow{ca}=F_{NB}$，将各力矢量按其方向依次进行首尾相连得封闭的三角形 *abc*，如图 2.4（c）所示。量取 *bc* 边和 *ca* 边的边长，按照比例尺转换成力的单位，则槽面对钢管的约束力

$$F_{NA}=bc=3.26\text{kN}$$
$$F_{NB}=ca=4.4\text{kN}$$

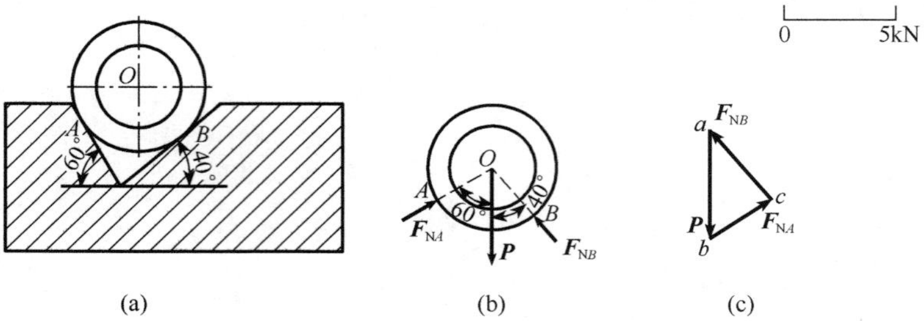

图 2.4　例 2.2 图

解法二：绘制力多边形如图 2.4（c）所示，再利用三角关系的正弦定理得

$$\frac{F_{NA}}{\sin 40^\circ}=\frac{F_{NB}}{\sin 60^\circ}=\frac{P}{\sin 80^\circ}$$

则约束力

$$F_{NA}=bc=3.26\text{kN}$$
$$F_{NB}=ca=4.4\text{kN}$$

2.1.2　平面汇交力系合成与平衡的解析法

1. 力在轴上的投影

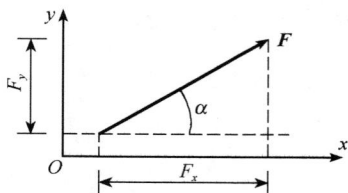

为了方便描述力的大小，可以将力向坐标轴上投影，如图 2.5 所示。设力的方向与 x 轴的夹角 α 为已知，则力 $\boldsymbol{F}$ 在 x 轴、y 轴上的投影为

$$\begin{cases}F_x=\pm F\cos\alpha \\ F_y=\pm F\sin\alpha\end{cases} \tag{2.3}$$

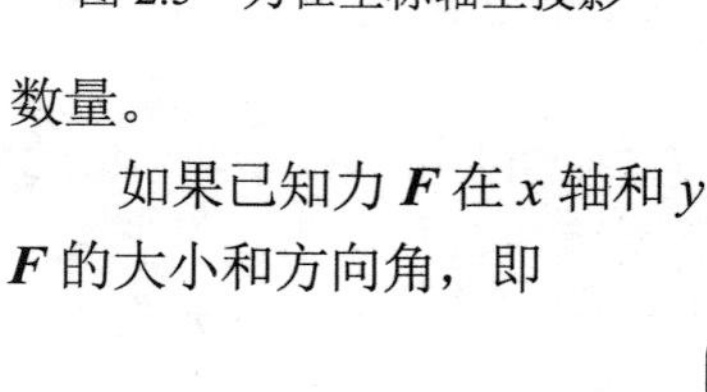

图 2.5　力在坐标轴上投影

力在坐标轴上投影的正负号规定为：从力矢量起点的垂足到力矢量终点的垂足，与坐标轴同向为正，反向为负。力的投影为代数量。

如果已知力 $\boldsymbol{F}$ 在 x 轴和 y 轴上的投影为 F_x、F_y，由几何关系可求出力 $\boldsymbol{F}$ 的大小和方向角，即

$$\begin{cases}F=\sqrt{F_x^2+F_y^2} \\ \tan\alpha=\left|\dfrac{F_y}{F_x}\right|\end{cases} \tag{2.4}$$

2. 合力投影定理

合力投影定理表明了合力的投影与各分力投影之间的关系。由图 2.6 所示可见，$\boldsymbol{F}_{\mathrm{R}}$ 在 x 轴上的投影

$$F_{\mathrm{R}x}=ad$$

又有

$$F_{1x}=ab \qquad F_{2x}=bc \qquad F_{3x}=0 \qquad F_{4x}=-cd$$

由图 2.6 得

$$ad=ab+bc=-cd$$

故得

$$F_{\mathrm{R}x}=F_{1x}+F_{2x}+F_{3x}+F_{4x}$$

同理可得

$$F_{\mathrm{R}y}=F_{1y}+F_{2y}+F_{3y}+F_{4y}$$

将上述合力投影与诸分力投影的关系式推广到由 n 个力组成的汇交力系中，可得到

$$\begin{cases} F_{\mathrm{R}x}=F_{1x}+F_{2x}+\cdots+F_{nx}=\sum\limits_{i=1}^{n}F_{ix} \\ F_{\mathrm{R}y}=F_{1y}+F_{2y}+\cdots+F_{ny}=\sum\limits_{i=1}^{n}F_{iy} \end{cases} \tag{2.5}$$

式中，$F_{\mathrm{R}x}$、$F_{\mathrm{R}y}$——合力 $\boldsymbol{F}_{\mathrm{R}}$ 在 x 和 y 轴上的投影；

F_{ix}、F_{iy}——第 i 个分力在 x 和 y 轴上的投影。

式 2.5 表明：合力在某一轴上的投影等于各分力在同一轴上投影的代数和，称为**合力投影定理**。

若已知各分力在平面直角坐标轴上的投影为 F_{ix}、F_{iy}，则合力 $\boldsymbol{F}_{\mathrm{R}}$ 的大小和方向角为

$$\begin{cases} F_{\mathrm{R}}=\sqrt{F_{\mathrm{R}x}^2+F_{\mathrm{R}y}^2}=\sqrt{\left(\sum\limits_{i=1}^{n}F_{ix}\right)^2+\left(\sum\limits_{i=1}^{n}F_{iy}\right)^2} \\ \tan\alpha=\left|\dfrac{F_y}{F_x}\right|=\left|\dfrac{\sum F_{iy}}{\sum F_{ix}}\right| \end{cases} \tag{2.6}$$

【例 2.3】 已知：$F_1=1000\text{N}$，$F_2=600\text{N}$，$F_3=800\text{N}$，$F_4=500\text{N}$，如图 2.7 所示，求平面汇交力系的合力 F_{R}。

解：根据式（2.5）得

$$F_{\mathrm{R}x}=\sum F_x=F_1\cos 30°+F_2\cos 45°-F_3\cos 30°-F_4\cos 45°=243.9\text{kN}$$

$$F_{\mathrm{R}x}=\sum F_y=F_1\cos 60°-F_2\cos 45°+F_3\cos 60°-F_4\cos 45°=122.3\text{kN}$$

$$F_{\mathrm{R}}=\sqrt{F_{\mathrm{R}x}^2+F_{\mathrm{R}y}^2}=\sqrt{\left(\sum F_x\right)^2+\left(\sum F_y\right)^2}=272.8\text{kN}$$

$$\tan\alpha=\frac{F_y}{F_x}=\frac{\sum F_y}{\sum F_x}=\frac{122.3}{243.9}=0.501$$

方向角 $\alpha=26.6°$，合力的指向为第一象限。

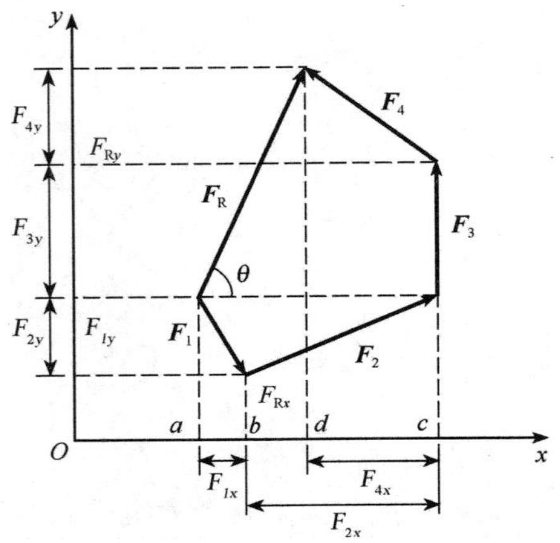

图 2.6　合力投影定理

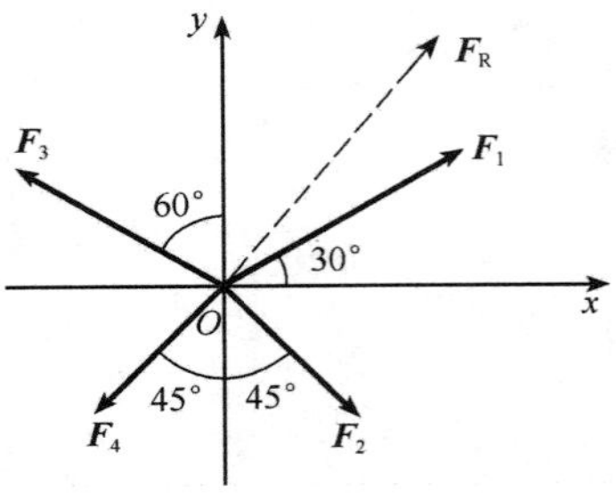

图 2.7　例 2.3 图

3. 平面汇交力系的平衡条件

平面汇交力系平衡的必要与充分条件是**平面汇交力系的合力为零**。由式（2.6）得

$$F_R=\sqrt{F_{Rx}^2+F_{Ry}^2}=\sqrt{\left(\sum_{i=1}^{n}F_{ix}\right)^2+\left(\sum_{i=1}^{n}F_{ix}\right)^2}=0$$

从而得平面汇交力系平衡方程

$$\begin{cases}\sum F_x=0\\ \sum F_y=0\end{cases}\tag{2.7}$$

由式（2.7），平面汇交力系平衡的解析条件是：力系中各力在两个直角坐标轴上的投影的代数和均为零。此方程式称为**平面汇交力系的平衡方程**，为两个独立方程，可求解两个未知力。为简便起见方程忽略了下角标 i。

【例 2.4】 支架 ABC 的 B 端用绳子悬挂滑轮，如图 2.8 所示，滑轮的一端起吊重为 $P=20\text{kN}$ 的物体，绳子的另一端接在绞车 D 上。设滑轮的大小、AB 与 CB 杆的自重及摩擦均不计，当物体处于平衡状态时，求拉杆 AB 和支杆 CB 所受的力。

解：1）确定研究对象进行受力分析。由于滑轮的大小、AB 与 CB 杆的自重均不计，因此 AB 与 CB 杆为二力杆，可以看出在 B 点构成平面汇交力系，如图 2.8（b）、（c）所示。

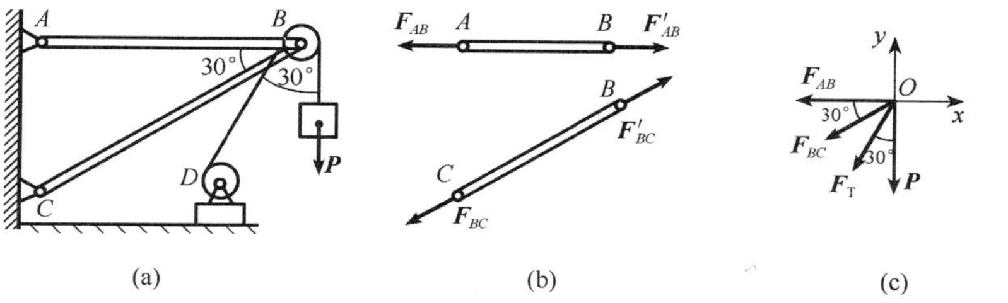

图 2.8 例 2.4 图

2）建立坐标系，列平衡方程。由于绳子的拉力 $F_T=P$，未知力为作用在 B 点的 F_{AB} 和 F_{BC}，由平面汇交力系的平衡方程

$$\sum F_x=0 \qquad -F_{AB}-F_{BC}\cos30°-F_T\cos60°=0 \qquad (1)$$

$$\sum F_y=0 \qquad -F_{BC}\cos60°-F_T\cos30°-P=0 \qquad (2)$$

3）解方程。由式（1）和式（2）解得

$$F_{AB}=54.64\text{kN}$$

$$F_{BC}=-74.64\text{kN}$$

由结果可知，F_{AB} 为正值说明原假设与实际方向相同，即为拉力，F_{BC} 为负值说明原假设与实际方向相反，即为压力。由作用力与反作用力知，拉杆 AB 和支杆 CB 所受到的力与 B 点所受到的力 F_{AB} 和 F_{BC} 数值相等，方向相反。

【例 2.5】 如图 2.9（a）所示，已知三铰拱的拱重不计，结构尺寸为 a，在 D 点作用水平力 $\boldsymbol{P}$，试求支座 A、B 的约束反力。

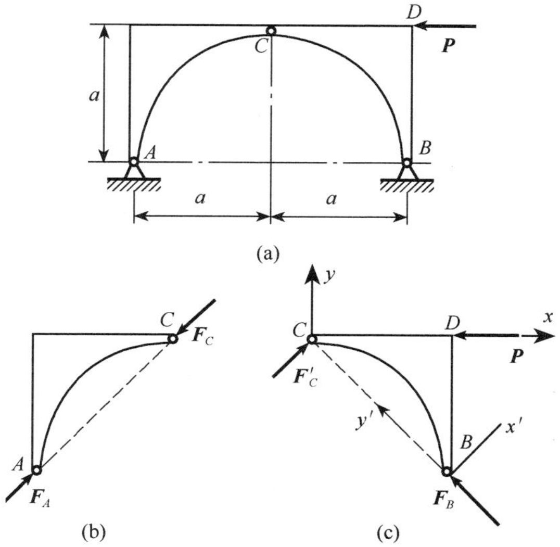

图 2.9 例 2.5 图

解：1）受力分析。AC 是二力杆件，力的作用线沿 AC，如图 2.9（b）所示。以 BCD 为研究对象，受力如图 2.9（c）所示。

2）建立坐标系，列平衡方程

$$\sum F_x=0 \qquad -P+F'_C\cos45°-F_B\cos45°=0$$

$$\sum F_y=0 \qquad F'_C\sin45°+F_B\sin45°=0$$

3）求解方程得

$$F'_C=\frac{\sqrt{2}}{2}P \qquad F_A=F_C=F'_C$$

$$F_A=\frac{\sqrt{2}}{2}P \qquad F_B=-\frac{\sqrt{2}}{2}P$$

4）分析讨论。也可建立 $Bx'y'$ 坐标系，列平衡方程

$$\sum F_{x'}=0 \qquad F'_C-P\sin45°=0$$

$$\sum F_{y'}=0 \qquad F_B+P\cos45°=0$$

求解得

$$F'_C=\frac{\sqrt{2}}{2}P \qquad F_A=F_C=F'_C$$

$$F_A=\frac{\sqrt{2}}{2}P \qquad F_B=-\frac{\sqrt{2}}{2}P$$

由此可见，建立合适的坐标系可以简化计算。

2.2 平面力偶系

力对刚体的作用使刚体产生两种运动效应，即移动效应和转动效应。在平面力系中描述力对刚体的转动效应有两种物理量，它们是力对点之矩和力偶矩。

2.2.1 力对点之矩

1. 力对点之矩的概念和性质

人们从生产实践中认识到，力不仅能对物体产生移动作用，还能使物体产生转动。例如，用扳手拧螺母时，作用于扳手一端的力 F 使扳手绕 O 点转动，其转动效应不仅与作用力 $\boldsymbol{F}$ 的大小有关，还与力作用线到 O 点的距离 d 有关，如图 2.10 所示。因此力学上将力使物体产生转动效应的物理量称为**力矩**。其大小等于力的大小与该力作用线到 O 点距离的乘积，其表达式为

$$M_O(\boldsymbol{F}) = \pm Fd \tag{2.8}$$

在平面内，力对点之矩是代数量。其符号规定：力使物体绕矩心逆时针转动时为正，顺时针为负。O 点称为**力矩中心**，简称**矩心**；d 称为**力臂**。

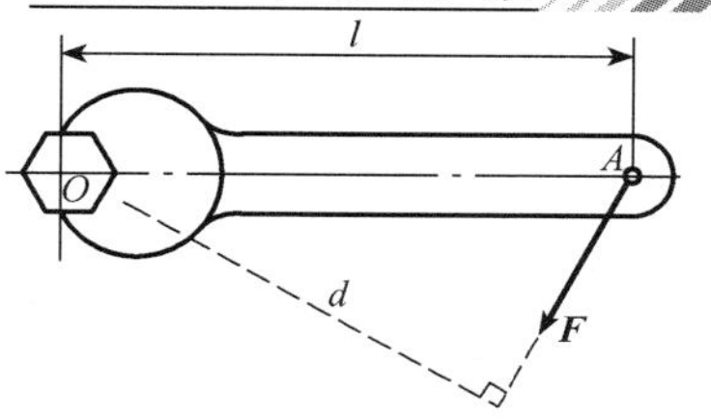

图 2.10　力对点之矩

力矩的单位为牛·米（N·m）或千牛·米（kN·m）。

综上分析，可得出下列结论。

1）力对点之矩，不仅取决于力的大小和方向，还与矩心的位置有关。

2）当力的作用线通过矩心，力臂 $d=0$，或 $\boldsymbol{F}=\boldsymbol{0}$ 时，$M_O(\boldsymbol{F})=0$。

3）当力 F 沿其作用线滑动时，力对同一点之矩为常数，即 $M_O(\boldsymbol{F})$ 值为常数。

4）相互平衡的两个力对同一点之矩的代数和为 0。

2. 合力矩定理

平面汇交力系的合力对力系所在平面内的任一点之矩等于力系中各力对同一点之矩的代数和，即

$$M_O(\boldsymbol{F}_{\mathrm{R}}) = \sum_{i=1}^{n} M_O(\boldsymbol{F}_i) \tag{2.9}$$

求一个力对某一点之矩，力臂不易确定时，可将该力分解成两个易确定力臂的分力，然后应用合力矩定理求解问题。

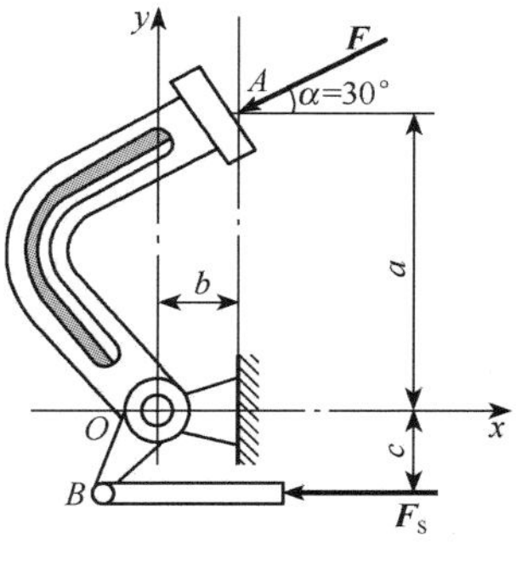

图 2.11　例 2.6 图

【例 2.6】 制动踏板如图 2.11 所示。已知 $F=300\text{N}$，$a=0.25\text{m}$，$b=c=0.05\text{m}$，推杆顶力 $\boldsymbol{F}_{\mathrm{s}}$ 为水平方向，$\boldsymbol{F}$ 与水平线夹角 $\alpha=30°$。试求踏板平衡时，推杆顶力 $\boldsymbol{F}_{\mathrm{s}}$ 的大小。

解： 踏板 AOB 为绕定轴 O 转动的杠杆，力 $\boldsymbol{F}$ 对 O 点矩与力 $\boldsymbol{F}_{\mathrm{s}}$ 对 O 点矩相互平衡。力 $\boldsymbol{F}$ 作用点 A 的坐标为

$$x = b = 0.05\text{m}$$

$$y = a = 0.25\text{m}$$

力 F 在 x、y 轴投影为

$$F_x = -F\cos 30° = -260\text{N}$$

$$F_y = -F\sin 30° = -150\text{N}$$

则力 F 对 O 点的矩

$$M_O(\boldsymbol{F}) = xF_y - yF_x = 0.05 \times (-150) - 0.25 \times (-260) = 57.5\text{N}\cdot\text{m}$$

力 $\boldsymbol{F}_{\mathrm{s}}$ 对 O 点的矩等于 $F_{\mathrm{s}}c$，由平衡条件可以得

$$F_{\mathrm{s}} = M_O(\boldsymbol{F})/c = 57.5/0.05 = 1150\text{N}$$

2.2.2 平面力偶

工程实际中力偶作用的实例很多，如司机转动驾驶方向盘等，如图 2.12 所示。力偶对物体的转动效应可用力偶矩来描述。

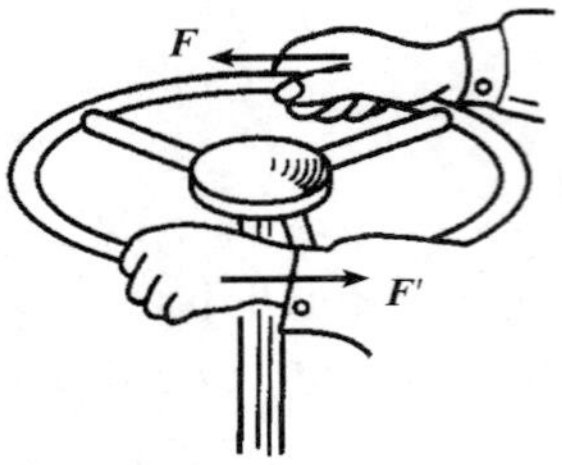

图 2.12 工程中力偶作用实例

1. 平面力偶的性质与力偶的等效定理

平面力偶的性质 力偶没有合力，因此不能与一个力等效；力偶只能与一个力偶等效；力偶对物体的转动效应完全取决于力偶矩，而与矩心点的位置无关。

平面力偶的等效定理 在同一平面内两个力偶等效的必要与充分条件是他们的力偶矩大小相等，转向相同。

由此定理可得如下推论。

推论 ①当保持力偶矩不变的情况下，力偶可在其作用面内任意移转，而不改变它对刚体的作用。②当保持力偶矩不变的情况下，可以同时改变力偶中力的大小和力偶臂的长度，而不改变它对刚体的作用。

由推论可知，在同一平面内研究力偶问题时，无需知道力偶中力的大小和力偶臂的长度，只需考虑力偶矩。

2. 平面力偶系的合成

作用在同一平面内的一组力偶称为平面力偶系，由力偶的等效定理可知，平面力偶系可以合成为一个合力偶，合力偶矩等于力偶系中各力偶矩的代数和，即

$$M=\sum_{i=1}^{n}M_i \tag{2.10}$$

设（$\boldsymbol{F}_1$，$\boldsymbol{F}'_1$）和（$\boldsymbol{F}_2$，$\boldsymbol{F}'_2$）为作用在某物体同一平面内的两个力偶，如图 2.13 所示。其力偶臂分别为 d_1，d_2，于是有

$$M_1=F_1d_1$$
$$M_2=F_2d_2$$

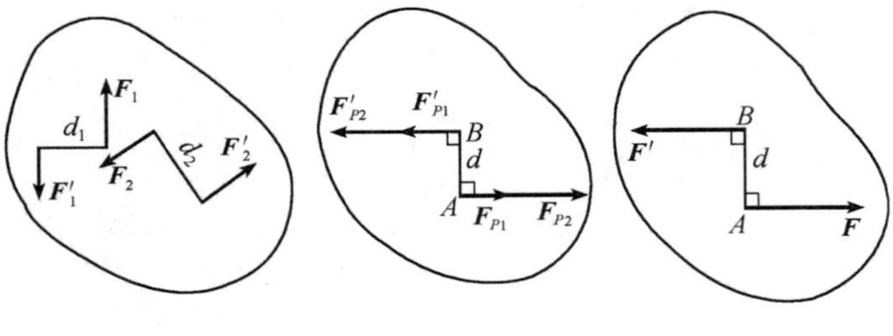

图 2.13 平面力偶系的合成

在力偶作用平面内任取线段 $AB=d$，于是可将原来的两个力偶分别等效为力偶（$\boldsymbol{F}_{P1}$，$\boldsymbol{F}'_{P1}$）和（$\boldsymbol{F}_{P2}$，$\boldsymbol{F}'_{P2}$）。其中 $\boldsymbol{F}_{P1}$ 和 $\boldsymbol{F}_{P2}$ 的大小分别为

$$F_{P1}=M_1/d \quad F_{P2}=M_2/d$$

将 $\boldsymbol{F}_{P1}$、$\boldsymbol{F}_{P2}$ 和 $\boldsymbol{F}'_{P1}$、$\boldsymbol{F}'_{P2}$ 分别合成，有

$$\boldsymbol{F}=\boldsymbol{F}_{P1}+\boldsymbol{F}_{P2} \quad \boldsymbol{F}'=\boldsymbol{F}'_{P1}+\boldsymbol{F}'_{P2}$$

其中 $\boldsymbol{F}$ 与 $\boldsymbol{F}'$ 为等值、反向的一对平行力，组成新的力偶，此力偶（$\boldsymbol{F}$，$\boldsymbol{F}'$）即为原来两个力偶（$\boldsymbol{F}_1$，$\boldsymbol{F}'_1$）和（$\boldsymbol{F}_2$，$\boldsymbol{F}'_2$）的合力偶。其力偶矩为

$$M=Fd=(F_{P1}+F_{P2})\,d=(M_1/d+M_2/d)=M_1+M_2$$

表 2.1 列出了力和力偶的性质比较。

表 2.1　力和力偶的性质比较

项　目	力	力　偶
性质	力的作用是使物体沿其作用线移动	力偶的作用是使物体在其作用面内转动
	力是矢量	平面力偶矩是代数量
	力的三要素是其大小、方向与作用线	力偶的三要素是其大小、方向与作用面
	共点力系可合成为一合力	平面力偶系可合成为一合力偶
	合力投影定理： $F_{Rx}=F_{1x}+F_{2x}+\cdots+F_{nx}=\sum F_x$ $F_{Ry}=F_{1y}+F_{2y}+\cdots+F_{ny}=\sum F_y$	合力偶定理： $M=\sum M_i$

3．平面力偶系的平衡条件

平面力偶系平衡的必要与充分条件是合力偶矩等于零，即力偶系中各力偶矩的代数和等于零。其表达式为

$$\sum_{i=1}^{n} M_i=0 \tag{2.11}$$

式（2.11）为平面力偶系的平衡方程。平面力偶系只有一个平衡方程，因此只能求解一个未知量。

【例 2.7】 如图 2.14（a）所示，杆 AB 作用力偶矩＝8kN · m，杆 AB 长为 1m，CD 长为 0.8m，试求作用在杆 CD 上的力偶 M_2 使机构保持平衡。

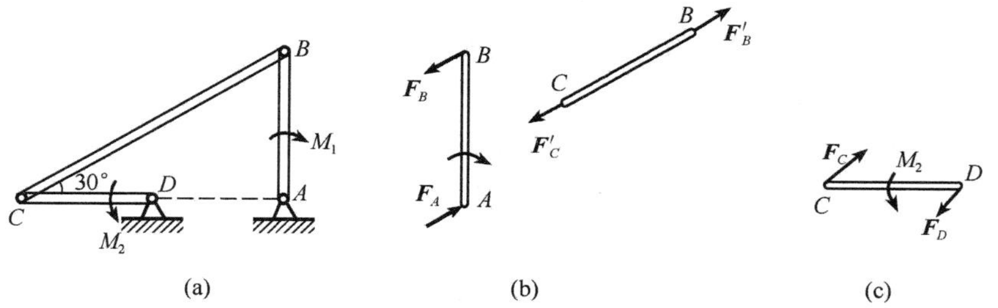

图 2.14　例 2.7 图

解：1）选杆 AB 为研究对象，由于 BC 是二力杆，因此杆 AB 的两端受有沿 BC 的约束力 F_A 和 F_B，构成力偶，如图 2.14（b）所示。由力偶的平衡方程

$$\sum M=0 \quad F_A \cdot 1 \cdot \sin 60^\circ - M_1=0$$

得

$$F_B=F_A=\frac{M_1}{1 \cdot \sin 60^\circ}=\frac{8\times 2}{\sqrt{3}}=9.24\text{kN}$$

2）选杆 CD 为研究对象，受力图 2.14（c）所示，由力偶的平衡方程

$$\sum M=0 \quad M_2-F_C \cdot 0.8\sin 30^\circ=0$$

由于

$$F_A=F_B=F'_B=F'_C=F_C=F_D$$

得

$$M_2=F_C \cdot 0.8\sin 30^\circ=9.24\times 0.8\sin 30^\circ=3.7\text{kN}\cdot\text{m}$$

2.3 平面任意力系

作用在刚体上各力的作用线在同一平面内，且任意分布的力系，称为平面任意力系或平面一般力系。平面一般力系的研究无论在理论上，还是在工程实际应用中都具有重要意义。

2.3.1 力的平移定理

如图 2.15 所示，力 $\boldsymbol{F}$ 作用在刚体上的 A 点，B 点到 A 点作用线的距离为 d。在 B 点加大小为 $\boldsymbol{F}$、方向相反并与力 $\boldsymbol{F}$ 平行的一对力 $\boldsymbol{F}'$ 及 $\boldsymbol{F}''$，如图 2.15（b）所示。F' 与 F'' 构成平衡力系，因此 $\boldsymbol{F}$、$\boldsymbol{F}'$、$\boldsymbol{F}''$ 组成的力系与 $\boldsymbol{F}$ 等效。力 $\boldsymbol{F}$ 与 $\boldsymbol{F}''$ 大小相等、方向相反且不共线，组成一力偶，其力偶矩为 $M(\boldsymbol{F}, \boldsymbol{F}'')=Fd$，因此，原力系就与作用在 B 点的 $\boldsymbol{F}'$ 及一个力偶 $M=Fd$ 组成的力系等效，如图 2.15（c）所示。于是可以得到下面结论：

作用于刚体上的力 $\boldsymbol{F}$，可以**平移**到该刚体上任何一点，但同时必须**附加一个力偶**，其力偶矩等于原作用力对该点之矩，这就是**力的平移定理**。

力的平移定理对于力系的简化带来很大方便。

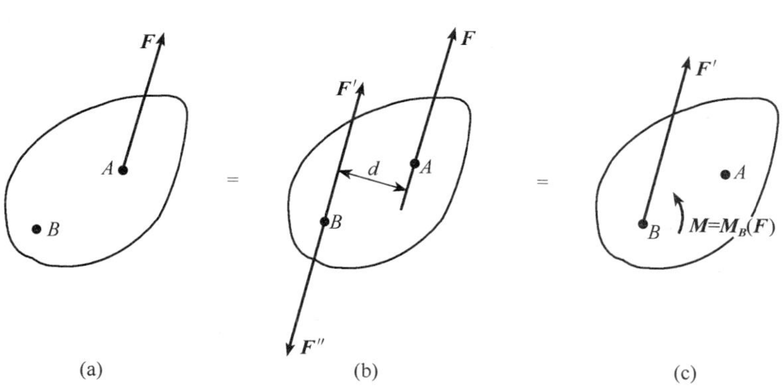

图 2.15　力的作用线平移

2.3.2　平面一般力系的简化

平面一般力系向一点简化的原理，是根据力的平移定理和合力矩定理进行的。

如图 2.16 所示，O 点是平面任意力系中作用在平面内的任意一点。将组成力系的各个力平移至 O 点便得到与原力系等效的一组汇交力系和一个力偶，其中力偶 M_1、M_2、M_3 分别等于原力系中对 O 点的矩 M_O（$\boldsymbol{F}_1$）、M_O（$\boldsymbol{F}_2$）、M_O（$\boldsymbol{F}_3$）。将汇交于 O 点的力 $\boldsymbol{F}_1$、$\boldsymbol{F}_2$、$\boldsymbol{F}_3$ 合成，其合力 $\boldsymbol{F}_R$ 称为力系向 O 点简化的**主矢**，$\boldsymbol{F}_R=\boldsymbol{F}_1+\boldsymbol{F}_2+\boldsymbol{F}_3$。将力偶 M_1、M_2、M_3 合成，其合力偶矩 M 称为力系向 O 点简化的**主矩**，$M=M_O$（$\boldsymbol{F}_1$）$+M_O$（$\boldsymbol{F}_2$）$+M_O$（$\boldsymbol{F}_3$）。主矢作用点（即 O 点）称为**简化中心**。

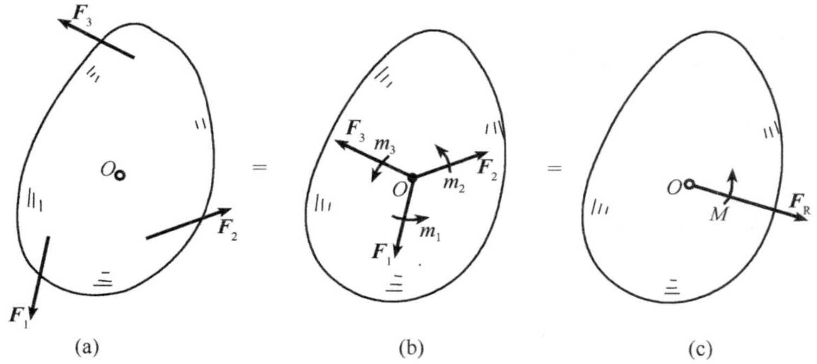

图 2.16　平面任意力系的简化

显然，该平面汇交力系可以合成为一个合力，而该平面力偶系也可以合成为一个合力偶［图 2.16（c）］，即

$$\boldsymbol{F}_R=\boldsymbol{F}_1'+\boldsymbol{F}_2'+\cdots+\boldsymbol{F}_n'=\boldsymbol{F}_1+\boldsymbol{F}_2+\cdots+\boldsymbol{F}_n=\sum\boldsymbol{F} \tag{2.12}$$

$$M=M_1+M_2+\cdots+M_n=M_O(\boldsymbol{F}_1)+M_O(\boldsymbol{F}_2)+\cdots+M_O(\boldsymbol{F}_n)=\sum M_O(\boldsymbol{F}_i) \tag{2.13}$$

因此，可以这样描述平面任意力系的简化：平面任意力系可以向该平面内任意指定点简化，简化结果为一个主矢和一个主矩，主矢等于该力系各个力的矢量和，主矩等于原力系各力对简化中心之矩的代数和。

平面任意力系向平面内任一点简化，得到一个主矢和一个主矩，共有四种情况。

1）主矢量和主矩均等于零，即

$$\boldsymbol{F}_{\mathrm{R}}=\boldsymbol{0},\ M=0$$

此时力系处于平衡状态。

2）主矢量等于零，主矩不等于零，即

$$\boldsymbol{F}_{\mathrm{R}}=\boldsymbol{0},\ M\neq0$$

此时力系等效于一个合力偶矩。原力系为一平面力偶系，这种情况下，主矩的大小与简化中心的选择无关。

3）主矢量不等于零，主矩等于零，即

$$\boldsymbol{F}_{\mathrm{R}}\neq\boldsymbol{0},\ M=0$$

此时力系等效于一个合力，表明原力系的合力正好通过简化中心。

4）主矢量和主矩均不等于零，即

$$\boldsymbol{F}_{\mathrm{R}}\neq\boldsymbol{0},\ M\neq0$$

此时力系还可以进一步简化，本书不再叙述。

注意：选取**不同**的简化中心，**主矢不会改变**，因为主矢总是等于平面一般力系中各力的矢量和，也就是说主矢与简化中心的位置**无关**。但是**主矩**一般来说与简化中心的位置**有关**，因为一般情况下力系中的各力对不同的简化中心的力矩是不同的，所以力系中各力对不同的简化中心之矩的代数和一般也是不同的，在提到主矩时一定要指明是对**哪一点的主矩**。

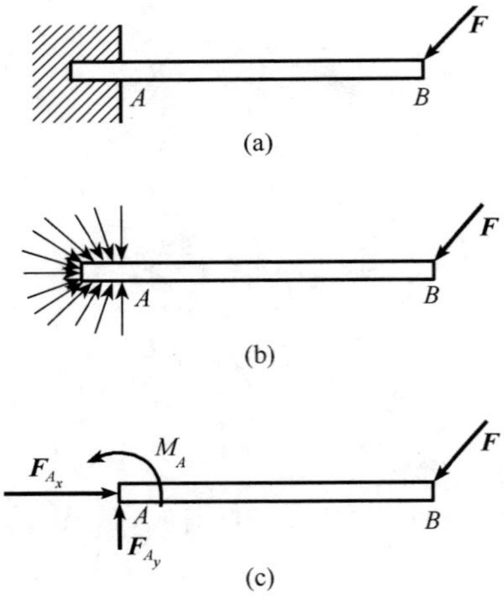

图 2.17　固定端约束反力

如图 2.17（a）所示一端插入墙内的约束，在主动力 $\boldsymbol{F}$ 的作用下，梁的插入部分受到墙的约束，与墙接触的点均受到约束反力的作用，但是各点受到的力大小和方向都未知，即这些约束反力所组成的平面一般力系的分布情况是不清楚的，如图 2.17（b）所示。我们将约束反力所组成的平面一般力系向梁上的指定点 A 简化，得到一个主矢和一个主矩，主矢即约束反力 $\boldsymbol{F}_A$（水平分力 $\boldsymbol{F}_{Ax}$、垂直分力 $\boldsymbol{F}_{Ay}$），主矩即约束反力偶 M_A。这样在讨论平面力系的情况下，固定端约束共有三个位置量：约束反力 $\boldsymbol{F}_{Ax}$、$\boldsymbol{F}_{Ay}$ 和约束反力偶 M_A，如图 2.17（c）所示。

2.3.3　平面一般力系的平衡方程

由平面一般力系的简化结果可知，刚体受到平面一般力系的作用时，该力系可以简化为一个主矢量和一个主矩，**当主矢和主矩同时等于零**，则该刚体处于平衡状态，该力系为**平衡力系**，这实际上就是刚体在平面任意力系作用下的**平衡条件**，即

$$\begin{cases} \boldsymbol{F}_{\mathrm{R}}=\mathbf{0} \\ M=0 \end{cases}$$

根据上述平衡条件，我们可以建立平面任意力系平衡的数学模型，即平衡方程。

由于主矢量为零，利用力的投影定理和汇交力系的平衡方程，可得

$$\begin{cases} F_{\mathrm{R}x}=\sum F_x=0 \\ F_{\mathrm{R}y}=\sum F_y=0 \end{cases} \tag{2.14}$$

简记为

$$\begin{cases} \sum F_x=0 \\ \sum F_y=0 \end{cases} \tag{2.15}$$

由于主矩为零，利用合力矩定理，可得

$$M_O(\boldsymbol{F}_{\mathrm{R}})=\sum_{i=1}^{n} M_O(\boldsymbol{F}_i)=0 \tag{2.16}$$

简记为

$$\sum M_O(\boldsymbol{F})=0 \tag{2.17}$$

综上可得，刚体在平面任意力系下的平衡方程为

$$\begin{cases} \sum F_x=0 \\ \sum F_y=0 \\ \sum M_O(\boldsymbol{F})=0 \end{cases} \tag{2.18}$$

式（2.18）称为**平面一般力系的二投影一力矩式平衡方程**，是一种最常用的平衡方程表达式。刚体在平面任意力系下平衡方程还包括其他两种表达形式。

一个投影式和两个力矩式，即二力矩式方程式为

$$\begin{cases} \sum F_x=0 \text{ 或 } \sum F_y=0 \\ \sum M_A(\boldsymbol{F})=0 \\ \sum M_B(\boldsymbol{F})=0 \end{cases} \tag{2.19}$$

注意：在式（2.19）中，矩心 A、B 的连线**不能**与 x 轴或 y 轴**垂直**。

三个都是力矩式，即三力矩式方程式为

$$\begin{cases} \sum M_A(\boldsymbol{F})=0 \\ \sum M_B(\boldsymbol{F})=0 \\ \sum M_C(\boldsymbol{F})=0 \end{cases} \tag{2.20}$$

在式（2.20）中，三个矩心 A、B、C 不能在一条直线上。

应当注意，无论选用哪一种形式的平衡方程，对于同一平面力系来说，只能列出三个独立方程，即平面一般力系平衡方程只能求解三个未知量。

在实际应用时，选用基本式、二力矩式还是三力矩式，完全取决于计算是否方便。为简化计算，在建立投影方程时，坐标轴的选取应该与尽可能多的未知力垂直，以便这些未知力在此坐标轴上的投影为零，避免一个方程中含有多个未知量而需要解联立方程。在建立力矩方程时，尽量选取两个未知力的交点作为矩心，这样通过矩心的未知力就不会在此力矩方程中出现，达到减少方程中未知量的目的。

【例 2.8】 如图 2.18（a）所示的支架，在横梁 AB 的 B 端作用有一集中载荷 $\boldsymbol{F}$，A、C、D 处均为铰链联接，忽略梁 AB 和撑杆 CD 的自重，试求铰链 A 的约束反力和撑杆 CD 所受的力。

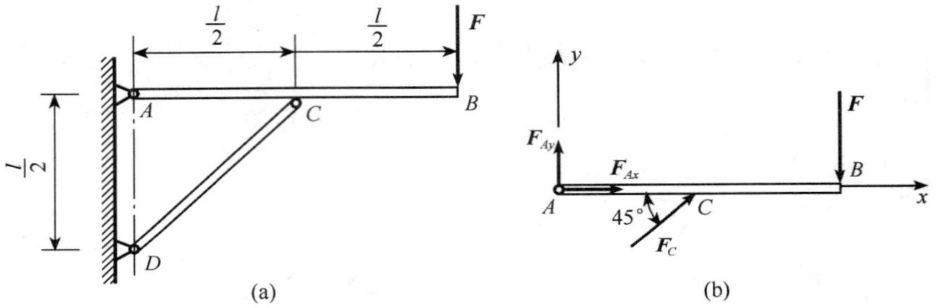

图 2.18　例 2.8 图

解： 取横梁 AB 为研究对象，横梁受力 $\boldsymbol{F}$、$\boldsymbol{F}_C$、$\boldsymbol{F}_{Ax}$、$\boldsymbol{F}_{Ay}$ 作用，受力图如图 2.18（b）所示。该力系为平面一般力系，列出平衡方程并求解，有

$$\sum M_A=0 \qquad F_C\sin 45^\circ\,\frac{l}{2}-Fl=0$$

解得

$$F_C=\frac{2F}{\sin 45^\circ}=2\sqrt{2}F$$

$$\sum F_x=0 \qquad F_{Ax}+F_C\cos 45^\circ=0$$

解得

$$F_{Ax}=-F_C\cos 45^\circ=-2F$$

$$\sum F_y=0 \qquad F_{Ay}+F_C\sin 45^\circ-F=0$$

即

$$F_{Ay}=F-F_C\sin 45^\circ=-F$$

式中负号表明，约束反力 $\boldsymbol{F}_{Ax}$、$\boldsymbol{F}_{Ay}$ 的方向与图中所设的方向相反。

【例 2.9】 平面刚架如图 2.19 所示，已知 $F=50\text{kN}$，$q=10\text{kN/m}$，$M=30\text{kN}\cdot\text{m}$，试求固定端 A 处的约束反力。

解： 取刚架为研究对象，其上除受主动力外，还受固定端 A 处的约束

反力 F_{Ax}、F_{Ay} 和 M_A，刚架受力图如图 2.19 所示，列平衡方程并求解有

$$\sum F_x=0 \qquad F_{Ax}-q\times1=0$$

得

$$F_{Ax}=10\text{kN}$$

$$\sum F_y=0 \qquad F_{Ay}-F=0$$

得

$$F_{Ay}=50\text{kN}$$

$$\sum F_A=0 \qquad M_A-M+q\times1\times1.5-F\times1=0$$

得

$$M_A=65\text{kN}\cdot\text{m}$$

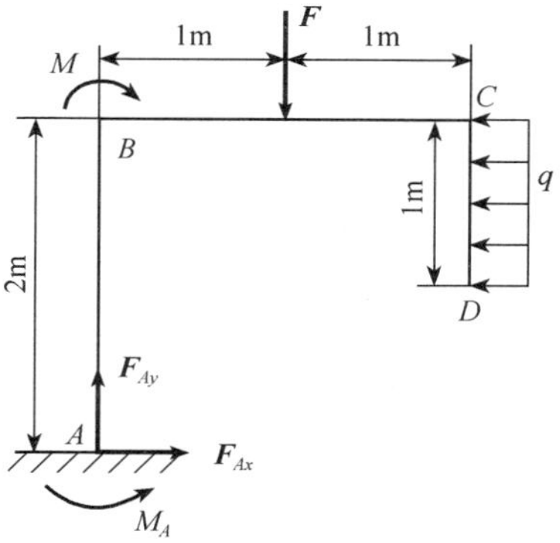

图 2.19　例 2.9 图

2.4 平面力系的平衡问题

2.4.1 单个刚体平衡问题的解法

1. 求解单个刚体平衡问题的思路和步骤

第 1 步　弄清题意，选取研究对象，取隔离体。

第 2 步　受力分析，标出已知力，在约束拆除处标出约束反力，画受力图。

第 3 步　列平衡方程式，求解未知量。

2. 选列平衡方程的原则和技巧

1）列出最简单的平衡方程，每个方程最好只含一个未知量，尽量避免求解联立方程，以减少错误的传递。

2）尽量使所选投影轴垂直于其他未知力，尽量使所选矩心为其他未知力作用线的交点，以减少平衡方程中的未知量数目。

3）根据不同问题的具体情况，灵活使用三种形式的平衡方程，但必须注意所用方程的独立性。

4）非独立方程可用以校核计算结果的正确性。

3. 刚体平衡问题应用举例

【例 2.10】　一悬臂吊车如图 2.20（a）所示，横梁 AB 长 $l=2$m，假设其重量 $Q=1$kN 集中于质心 C，吊重 $P=6$kN 作用于 D 点，已知

$\alpha=30°$，$a=1.6\text{m}$，求铰支座 A 的约束反力与拉杆 BF 的拉力。

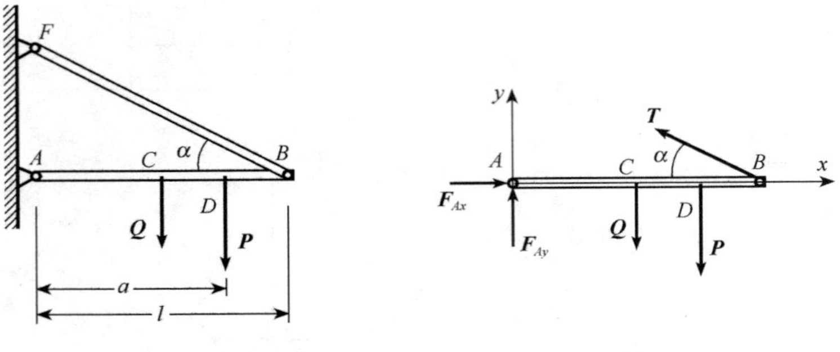

图 2.20　例 2.10 图

解： 1）受力分析。将横梁 AB 分离出来，主动力有重力 Q 和吊重 P；拉杆 BF 由于只有两端受力视为二力杆，拉力为 $\boldsymbol{T}$；A 为固定铰支座，约束反力有 F_{Ax} 和 F_{Ay}。受力图如图 2-20（b）所示。

2）建立坐标系，列平衡方程有

$$\sum F_x=0 \quad F_{AX}-T\cos\alpha=0 \qquad (1)$$

$$\sum F_y=0 \quad F_{Ay}+T\sin\alpha-Q-P=0 \qquad (2)$$

$$\sum m_A=0 \quad T\sin\alpha\times l-P\times a-Q\times l/2=0 \qquad (3)$$

3）求解未知量。由式（3）求得

$$T=10.6\text{kN}$$

代入式（1）、式（2），分别求得

$$F_{Ax}=9.18\text{kN}$$

$$F_{Ay}=1.7\text{kN}$$

4）分析讨论。对悬臂吊车而言，载荷 P 是个变量，不但其大小变化，而且其作用位置也在变化。当载荷大小不变、作用于 B 时，由平衡方程知，拉杆的拉力和固定铰支座约束反力将达到最大值。设计时应按最大值考虑。

【例 2.11】　塔式起重机如图 2.21 所示。机架重 $W_1=700\text{kN}$，作用线通过塔架的中心。最大起重量 $W_2=200\text{kN}$，最大悬臂长为 12m，轨道 AB 的间距为 4m。平衡重 W_3 到机身中心线距离为 6m。试问：

1）保证起重机在满载和空载时都不致翻倒，平衡重 W_3 应为多少？

2）当平衡重 $W_3=180\text{kN}$ 时，求满载时轨道 A、B 的约束反力。

解： 1）受力分析。起重机受力如图 2.21 所示。起重机发生翻倒的可能条件是：满载时，若配重 W_3 太小，起重机可能绕 B 点翻转向右倾倒；空载时，若配重 W_3 太大，起重机可能绕 A 点翻转向左倾倒。

2）满载时，起重机即将绕 B 点翻倒的临界情况下，$F_A=0$。由此可求出平衡重 W_3 的最小值，即

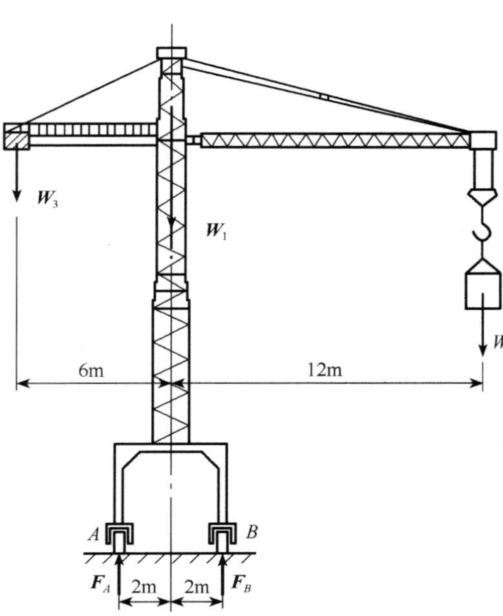

图 2.21 例 2.11 图

$$\sum M_B=0 \qquad W_{3\min}(6+2)+2W_1-W_2(12-2)=0$$

$$W_{3\min}=\frac{1}{8}(10W_2-2W_1)=75\text{kN}$$

3）空载时，载荷 $W_2=0$。起重机即将绕 A 点翻倒的临界情况，$F_B=0$。由此可求出平衡重 W_3 的最大值，即

$$\sum M_A=0 \qquad W_{3\max}(6-2)-2W_1=0$$

$$W_{3\max}=0.5W_1=350\text{kN}$$

实际工作时，起重机不允许处于临界平衡状态，因此，起重机不致翻倒的平衡重取值范围应为 $75\text{kN}<W_3<350\text{kN}$。

4）当平衡重 $W_3=180\text{kN}$，起重机满载时，力系处于平衡状态，由平衡方程

$$\sum M_A=0 \qquad W_3(6-2)-2W_1-W_2(12+2)+4F_B=0$$

得

$$F_B=\frac{14W_2+2W_1-4W_3}{4}=870\text{kN}$$

$$\sum F_y=0 \qquad F_A+F_B-W_1-W_2-W_3=0$$

解得

$$F_A=210\text{kN}$$

5）结果校核。由不独立的平衡方程 $\sum M_B=0$，可校核以上计算结果的正确性，即

$$\sum M_B=0 \qquad W_3(6+2)+2W_1-W_2(12-2)-4F_A=0$$

代入 F_A、W_1、W_2、W_3 的值，满足该方程，则表明计算正确。

2.4.2 静定与静不定问题

在静力平衡问题中，若未知量的数目等于独立平衡方程的数目，则全部未知量都能由静力平衡方程求出，这类问题称为静定问题，显然前面所举各例都是静定问题。

如果未知量的数目多于独立平衡方程的数目，则用静力平衡方程不能求出全部未知量，这类问题称为静不定问题，在静不定问题中，未知量的数目减去独立平衡方程的数目称为静不定次数。

在工程实际中，有时为了提高结构的刚度和坚固性，经常在结构上增加多余约束，这样原来的静定结构就变成了静不定结构。如图 2.22（a）所示的简支梁 AB，有三个未知量（$\boldsymbol{F}_{Ax}$、$\boldsymbol{F}_{Ay}$、$\boldsymbol{F}_{B}$），可列出三个独立的平衡方程，是一个静定问题；如在梁中间增加一个支座 C，如图 2.22（b）所示，则有四个未知量（$\boldsymbol{F}_{Ax}$、$\boldsymbol{F}_{Ay}$、$\boldsymbol{F}_{B}$、$\boldsymbol{F}_{C}$），独立的平衡方程数仍为三个，未知量数比方程数多一个，故为一次静不定问题。

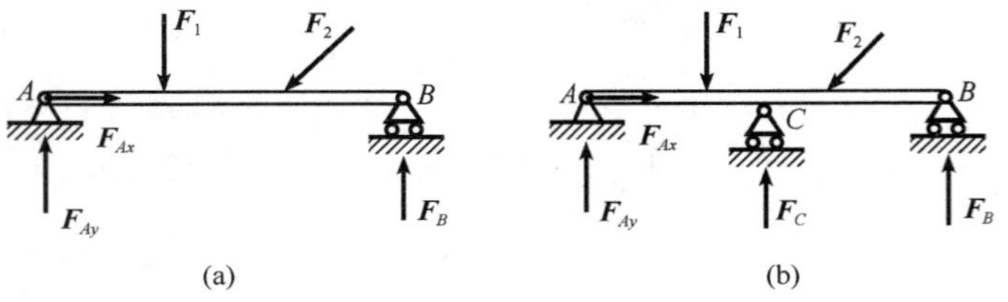

图 2.22　静定与静不定

求解静不定问题时，必须考虑物体在受力后产生的变形，根据物体的变形条件，列出足够的补充方程后，才能求出全部未知量。这类问题已超出刚体静力学的范围，将在材料力学等课程中讨论，在理论力学中只研究静定问题。

2.4.3 刚体系统平衡问题的解法

由若干个物体通过适当的联接方式(约束)组成的系统称为物体系统，简称物系。工程实际中的结构或机构，如多跨梁、三铰拱、组合构架、曲柄滑块机构等都可看作物体系统。

研究物体系统的平衡问题时，必须综合考察整体与局部的平衡。当物体系统平衡时，组成该系统的任何一个局部系统以至任何一个物体也必然处于平衡状态，因此在求解物体系统的平衡问题时，不仅要研究整个系统的平衡，而且要研究系统内某个局部或单个物体的平衡。在画物体系统、局部、单个物体的受力图时，特别要注意施力体与受力体、作用力与反作用力的关系，由于力是物体之间相互的机械作用，因此，对于受力图上的任何一个力，必须明确它是哪个物体所施加的，决不能凭空臆造。

在求解物体系统的平衡问题时，应根据问题的具体情况，恰当地选取研究对象，这是对问题求解过程的繁简起决定性作用的一步，同时要注意在列平衡方程时，适当地选取矩心和投影轴，选择的原则是尽量做到一个平衡方程中只有一个未知量，以避免求解联立方程。

【例2.12】 组合梁由 AC 和 CE 用铰链联接而成，结构的尺寸和载荷如图2.23（a）所示，已知 $F=5\text{kN}$，$q=4\text{kN/m}$，$M=10\text{kN}\cdot\text{m}$，试求梁的支座反力。

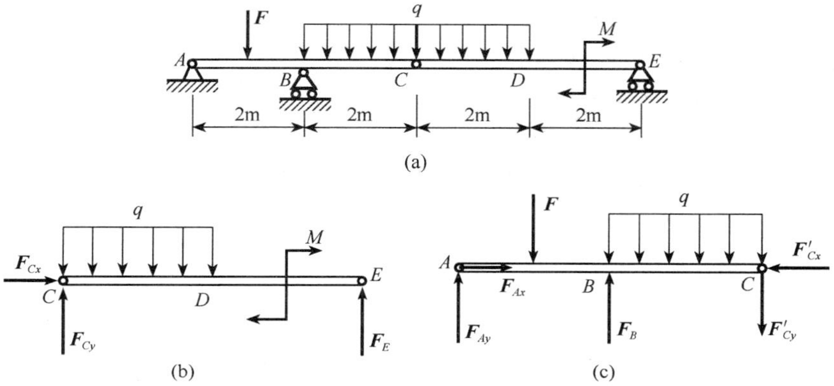

图2.23 例2.12图

解： 1）取梁 CE 段为研究对象，受力如图2.23（b）所示，列平衡方程，求 C、E 的反力。

由

$$\sum M_C=0 \qquad F_E\times4-M-q\times2\times1=0$$

得

$$F_E=\frac{M+q\times2\times1}{4}=4.5\text{kN}$$

由

$$\sum F_X=0 \qquad F_{Cx}=0$$

$$\sum F_y=0 \qquad F_{Cy}+F_E-q\times2=0$$

得

$$F_{Cy}=2q-F_E=3.5\text{kN}$$

2）取梁的 AC 段为研究对象，受力如图2.23（c）所示，列平衡方程，求 A、B 的反力。

由

$$\sum M_A=0 \qquad -F\times1+F_B\times2-q\times2\times3-F'_{Cy}\times4=0$$

得

$$F_B=\frac{F\times1+q\times2\times3+F'_{Cy}\times4}{2}=21.5\text{ kN}$$

由

$$\sum F_x=0 \qquad F_{Ax}=0$$

$$\sum F_y=0 \qquad F_{Ay}+F_B-F-q\times 2-F'_{Cy}=0$$

得

$$F_{Ay}=-F_B+F+q\times 2+F'_{Cy}=-5\text{kN}$$

3）分析讨论。本题也可先取梁的 CE 段为研究对象，求出 E 处的反力 F_E，然后，再取整体为研究对象，列方程求出 A、B 处的反力 F_{Ax}、F_{Ay}、F_B。请自行分析。

【例 2.13】 三铰拱如图 2.24(a)所示，已知每个半拱重 $W=300\text{kN}$，跨度 $L=32\text{m}$，高 $h=10\text{m}$。试求支座 A、B 的反力。

解： 1）先取整体为研究对象。其受力如图 2.24（a）所示。此时 A、B 两处共有四个未知力，而独立的平衡方程只有三个，显然不能解出全部未知力。但其中的三个约束力的作用线通过 A 点或 B 点，可列出以 A 点或 B 点为矩心的力矩平衡方程，求出部分未知力。

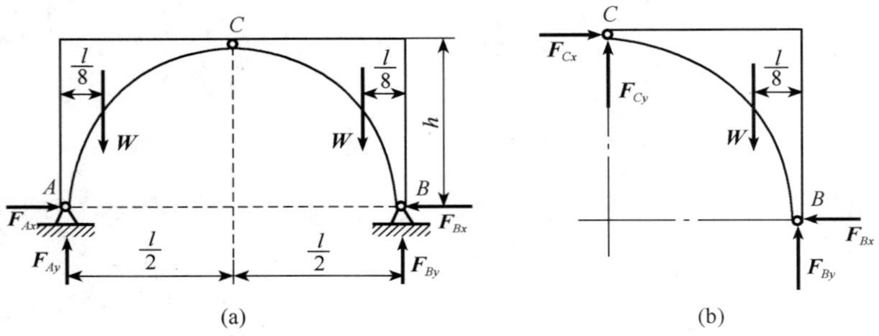

图 2.24　例 2.13 图

由

$$\sum M_A=0 \qquad F_{By}l-W\frac{1}{8}-W\left(l-\frac{l}{8}\right)=0$$

得

$$F_{By}=W=300\text{kN}$$

由

$$\sum F_y=0 \qquad F_{Ay}+F_{By}-W-W=0$$

得

$$F_{Ay}=W=300\text{kN}$$

由

$$\sum F_x=0 \qquad F_{Ax}-F_{Bx}=0$$

得

$$F_{Ax}=F_{Bx}$$

2）再以右半拱（或左半拱）为研究对象，其受力如图 2.24（b）所示。列出以 C 点为矩心的力矩平衡方程，求未知力 F_{Bx}。

由

$$\sum M_C=0 \qquad -W\left(\frac{l}{2}-\frac{l}{8}\right)-F_{Bx}h+F_{By}\frac{l}{2}=0$$

得

$$F_{Bx}=\frac{Wl}{8h}=\frac{300\times 32}{8\times 10}=120\,\text{kN}$$

故

$$F_{Ax}=F_{Bx}=120\text{kN}$$

3）分析讨论。工程中，经常遇到对称结构上作用对称载荷的情况，在这种情形下，结构的支反力也对称，有时，可以根据这种对称性直接判断出某些约束力的大小，但这些结果及关系都包含在平衡方程中。例如，本题中，根据对称性，可得 $F_{Ax}=F_{Bx}$，$F_{Ay}=F_{By}$，再根据铅垂方向的平衡方程，容易得到 $F_{Ay}=F_{By}=W$。

从本题的讨论还可看出，所谓“某一方向的主动力只会引起该方向的约束力”的说法是完全错误的。本例中，在研究整体的平衡时，千万不能主观臆想，认为主动力 W 只产生该方向的约束反力 $\boldsymbol{F}_A$、$\boldsymbol{F}_B$，如图 2.25 所示的受力图是错误的，根据这种受力分析，整体虽然是平衡的，但局部（左半拱、右半拱）却是不平衡的，读者可自行分析。

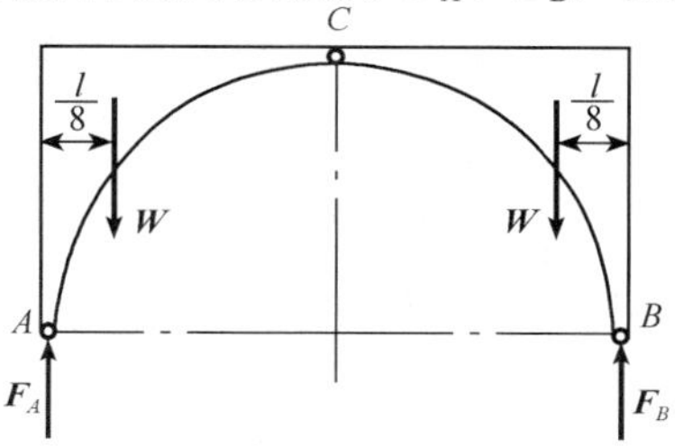

图 2.25 三铰拱的错误受力图

【例 2.14】 如图 2.26（a）所示的梯子由两部分组成，AB 和 AC 在 A 点铰接，又在 D、E 两点用水平绳连接。梯子放在光滑水平面上，自重不计，重为 $F=800\text{N}$ 的人站在 AB 的中点 H 处。试求地面 B、C 二点的反力以及绳子 DE 的拉力。已知 $AB=AC=2\text{m}$，绳子靠近下端 1/4 处。梯子两边与地面的夹角为 75°。

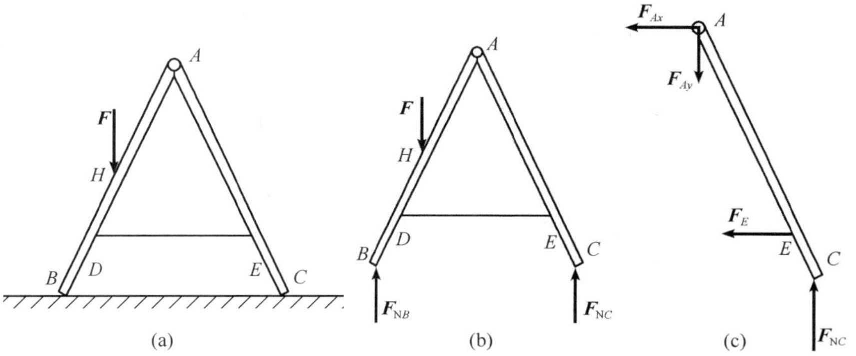

图 2.26 例 2.14 图

解： 1）先取整体为研究对象，其受力如图 2.26（b）所示。列平衡方程，可求 B、C 处的约束反力。

由

$$\sum M_B=0 \qquad F_{NC}\times 4\cos 75°-F\times 1\cos 75°=0$$

得

$$F_{NC}=\frac{F}{4}=200\text{N}$$

由

$$\sum F_y=0 \qquad F_{NB}+F_{NC}-F=0$$

得

$$F_{NB}=F-F_{NC}=600\text{N}$$

2）再取 AC 为研究对象，其受力如图 2.26（c）所示。列平衡方程，可求 DE 的拉力，即

$$\sum M_A=0 \qquad F_{NC}\times 2\cos 75°-F_{TE}\times \frac{3}{4}\times 2\sin 75°=0$$

得

$$F_{TE}=F_{NC}\frac{4\cos 75°}{3\sin 75°}=71.5\text{N}$$

习　　题

2.1　有人说：“作用于刚体上的平面力系，若其力多边形自行封闭，则此刚体静止不动”。试问这种说法是否正确？为什么？

2.2　一力偶（$\boldsymbol{F}_1$，$\boldsymbol{F}'_1$）作用在 Oxy 平面内，另一力偶（$\boldsymbol{F}_2$，$\boldsymbol{F}'_2$）作用在 Oyz 平面内，两力偶矩之值相等（图 2.27），试问这两个力偶是否等效？为什么？

2.3　在刚体的 A 点作用有四个平面汇交力。其中 $F_1=2\text{kN}$，$F_2=3\text{kN}$，$F_3=1\text{kN}$，$F_4=2.5\text{kN}$，方向如图 2.28 所示。用解析法求该力系的合成结果。

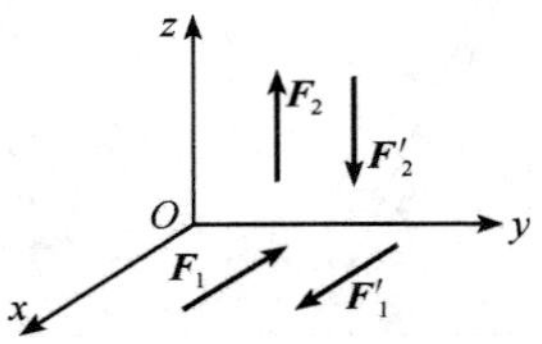

图 2.27　习题 2.2 图

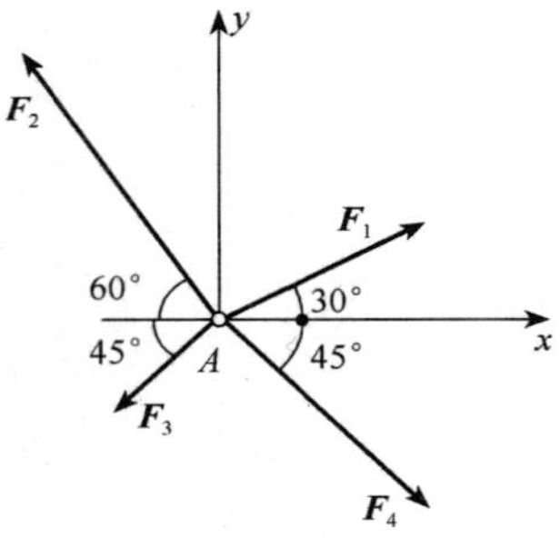

图 2.28　习题 2.3 图

2.4　球重为 $W=100\text{N}$，悬挂于绳上，并与光滑墙相接触，如图 2.29 所示。已知 $\alpha=30°$，试求绳所受的拉力及墙所受的压力。

2.5　支架由杆 AB、AC 构成，A、B、C 三处均为铰接，在 A 点悬挂重 W 的重物，杆的自重不计。求如图 2.30（a）、（b）所示两种情形下，杆 AB、AC 所受的力，并说明它们是拉力还是压力。

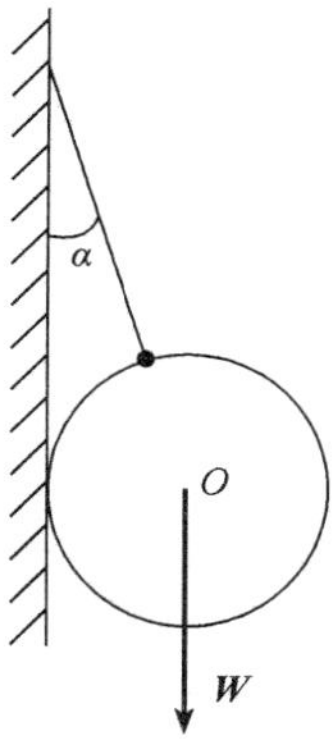

图 2.29　习题 2.4 图

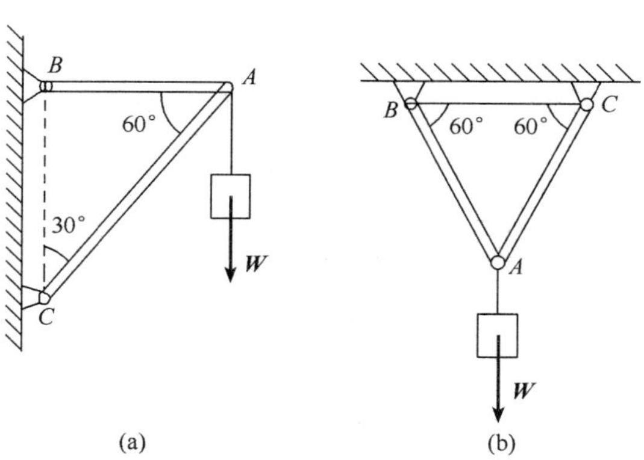

图 2.30　习题 2.5 图

2.6　简易起重机用钢丝绳吊起重量 $W=2\text{kN}$ 的重物，如图 2.31 所示。不计杆件自重、摩擦及滑轮大小，A、B、C 三处简化为铰链连接，试求杆 AB 和 AC 所受的力。

2.7　四连杆机构在图 2.32 所示位置平衡，已知 $OA=60\text{cm}$，$BC=40\text{cm}$，作用在 BC 上力偶的力偶矩大小 $M_1=1\text{N}\cdot\text{m}$，试求作用在 OA 上力偶的力偶矩大小 M_1 和 AB 所受的力 F_{AB}。各杆重量不计。

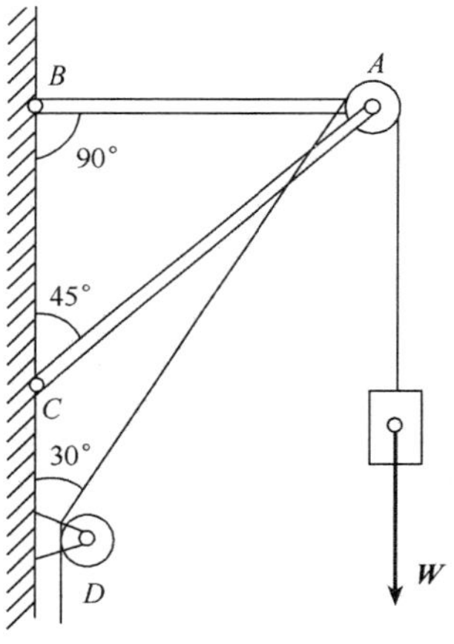

图 2.31　习题 2.6 图

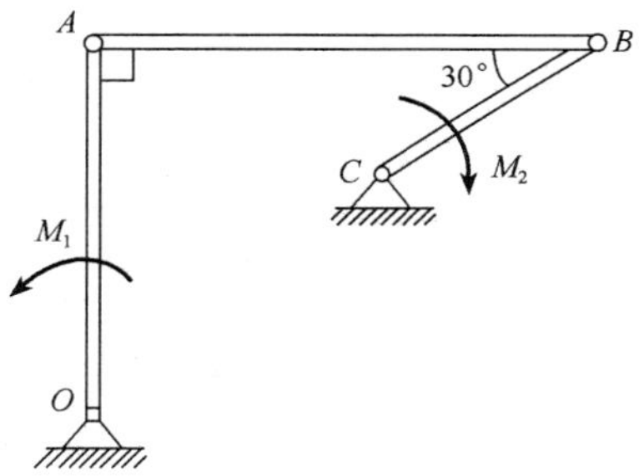

图 2.32　习题 2.7 图

2.8　汽车起重机如图 2.33 所示，汽车自重 $W_1=60\text{kN}$，平衡配重 $W_2=30\text{kN}$，各部分尺寸如图 2.33 所示。试求：当起吊重量 $W_3=25\text{kN}$，两轮距离为 4m 时，地面对车轮的反力。

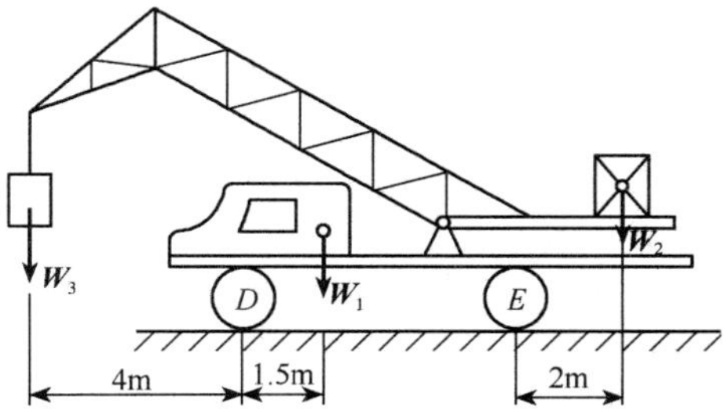

图 2.33　习题 2.8 图

3 单元

空间力系与摩擦问题

>>>>

◎ 单元概述

各力作用线不在同一平面内的力系称为空间力系。当空间各力的作用线汇交于一点时，称为空间汇交力系；当空间各力作用线相互平行时，称为空间平行力系；当各力作用线既不平行又不相交时，则称为空间一般力系。

本单元主要介绍工程中常见的摩擦平衡问题及空间力系。

◎ 学习目标

- 了解空间任意力系平衡问题的平面解法。
- 掌握滑动摩擦力的计算，理解摩擦角及自锁的概念。

◎ 教学节奏与方式

项目		课时安排	教学方式
1	课前准备	课余	预习教材
2	教师讲授	6学时	重点讲授
3	思考与练习	课余	学生之间相互讨论或独立完成习题

3.1 考虑摩擦时平衡问题的解法

我们前面把物体的接触表面都假设是光滑的，将摩擦忽略不计。但在工程实际中，有时摩擦起着重要的作用，例如，火车、汽车利用摩擦进行制动，皮带轮和摩擦轮利用摩擦传递动力，车床卡盘靠摩擦夹紧工件等，这些都是摩擦有利的一面。摩擦也有不利的一面，它会给机械运动带来阻力，消耗能量，降低效率等。因此在很多情况下，都必须考虑摩擦力的作用。

按照接触物体之间可能发生的相对运动分类，摩擦分为滑动摩擦和滚动摩擦，滑动摩擦是指当两物体有相对滑动或相对滑动趋势时的摩擦，滑动摩擦又分为静滑动摩擦和动滑动摩擦两种情况；滚动摩擦是指当两物体有相对滚动或相对滚动趋势时的摩擦。摩擦机理十分复杂，已超出本课程的研究范围，这里仅介绍工程中常用的摩擦近似理论。

3.1.1 滑动摩擦

两个物体表面相互接触，当产生相对滑动或有相对滑动趋势时，在接触面上产生阻碍相对滑动的力，这种阻力称为**滑动摩擦力**，简称**摩擦力**。摩擦力作用于两物体接触面的公切面上，其方向与两物体间相对滑动趋势的方向相反。在两物体开始相对滑动之前的摩擦力，称为**静摩擦力**；滑动之后的摩擦力，称为**动摩擦力**。

1. 静摩擦力

为了分析物体之间产生静滑动摩擦的规律，可在水平面上放置一重为 $\boldsymbol{W}$ 的物块，如图 3.1（a）所示，该物块在重力 $\boldsymbol{W}$ 和法向反力 $\boldsymbol{F}_{\mathrm{N}}$ 的作用下处于静止状态。今在该物块上施加一水平力 $\boldsymbol{F}_{\mathrm{T}}$，如图 3.1（b）所示，当拉力 $\boldsymbol{F}_{\mathrm{T}}$ 由零值逐渐增加但不是很大时，物体仍保持静止，由此可知物块和接触面之间存在切向的静摩擦力 $\boldsymbol{F}_{\mathrm{s}}$，它的大小可用静力平衡方程确定，即

$$\sum F_x=0 \quad F_{\mathrm{s}}=F_{\mathrm{T}}$$

如果 $\boldsymbol{F}_{\mathrm{T}}=\mathbf{0}$，则 $\boldsymbol{F}_{\mathrm{s}}=\mathbf{0}$，说明物体没有滑动趋势，也就没有摩擦力；当 $\boldsymbol{F}_{\mathrm{T}}$ 增大时，静摩擦力 $\boldsymbol{F}_{\mathrm{s}}$ 亦随之增大。但当 $\boldsymbol{F}_{\mathrm{T}}$ 增大到一定数值时，物体就将开始滑动。物体处于将动而未动的临界状态时，静摩擦力达到极限值，这时的摩擦力称为**极限摩擦力**或**最大静摩擦力**，如图 3.1（c）所示。

综上所述，静摩擦力的大小，由平衡条件决定，但必介于零到极限值之间，如以 $F_{\max}$ 表示极限摩擦力的大小，则静摩擦力 $\boldsymbol{F}_{\mathrm{s}}$ 的变化范围为

$$0 \leqslant F_s \leqslant F_{max} \tag{3.1}$$

大量实验表明，最大静摩擦力的大小与两物体间的正压力成正比，即

$$F_{max}=f_s F_N \tag{3.2}$$

式中，f_s——静摩擦因数，是无量纲数。

式（3.2）称为**静摩擦定律**（又称**库仑定律**）。

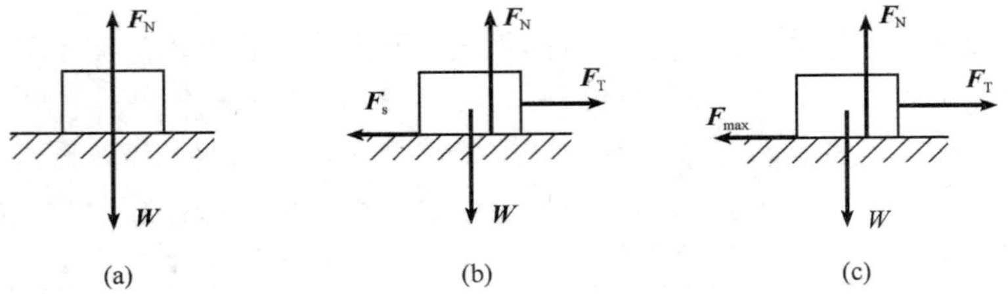

图 3.1　静摩擦力

静摩擦因数 f_s 主要与接触物体的材料和表面状况（如粗糙度、温度、湿度和润滑情况等）有关，可由实验测定，也可在机械工程手册中查得。

应该指出，式（3.2）只是一个近似公式，它远不能完全反映出静滑动摩擦的复杂现象。但由于它比较简单，计算方便，并且所得结果又有足够的准确性，故在工程实际中仍被广泛应用。

2. *动滑动摩擦*

物体间产生相对滑动时的摩擦力，称为**动摩擦力**。实验表明：动摩擦力的大小也与接触物体间的正压力成正比，即

$$F_d=fF_N \tag{3.3}$$

式中，f——动摩擦因数，也是无量纲数。式（3.3）称为**动摩擦定律**。

动摩擦力基本上没有变化范围。一般动摩擦因数小于静摩擦因数，即 $f<f_s$。动摩擦因数除与接触物体的材料和表面情况有关外，还与接触物体间相对滑动速度的大小有关。一般来说，动摩擦因数随相对速度的增大而减小。当相对速度不大时，f 可近似为常数，动摩擦因数 f 可在机械工程手册中查到。

3.1.2　考虑摩擦时的平衡问题

工程实际中常应用自锁原理设计一些机构或夹具，使它们始终保持在平衡状态下工作，如用千斤顶举起重物、攀登电线杆用的套钩等；而有时又要设法避免自锁，如升降机等。有摩擦的平衡问题和忽略摩擦的平衡问题其解法基本上是相同的，不同的是，在进行受力分析时，应画上摩擦力，求解此类问题时，最重要的一点是判断摩擦力的方向和计算摩擦力的大小。由于摩擦力与一般的未知约束力不完全相同，因此，此类问题有如下一些特点。

1）分析物体受力时，摩擦力 $\boldsymbol{F}_s$ 的方向一般不能任意假设，要根据相

关物体接触面的相对滑动趋势预先判断确定。必须记住：摩擦力的方向总是与物体的相对滑动趋势方向相反。

2）作用于物体上的力系，包括摩擦力 F_s 在内，除应满足平衡条件外，摩擦力 F_s 还必须满足摩擦的物理条件（补充方程），即 $F_s \leq F_{max}$，补充方程的数目与摩擦力的数目相同。

3）由于物体平衡时摩擦力有一定的范围（$0 \leq F_s \leq F_{max}$），故有摩擦的平衡问题的解也有一定的范围，而不是一个确定的值。但为了计算方便，一般先在临界状态下计算，求得结果后再分析、讨论其解的平衡范围。

【例 3.1】 图 3.2（a）所示为攀登电线杆时所采用脚套钩。已知套钩的尺寸 b，电线杆的直径 d，摩擦系数 f_s。试求套钩不致下滑时脚踏力 $\boldsymbol{P}$ 的作用线与电线杆中心线的距离 l。

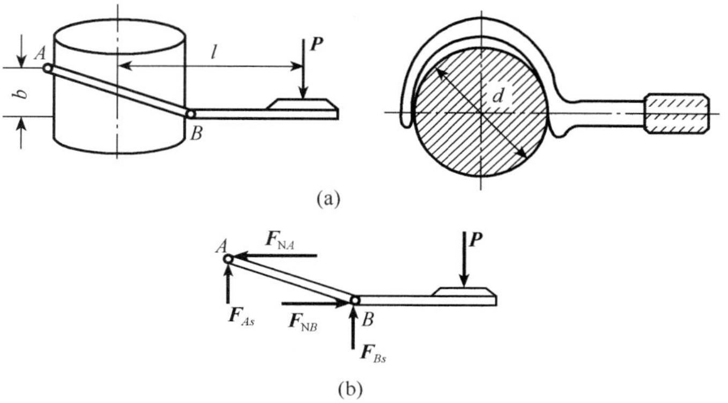

图 3.2 例 3.1 图

解：1）受力分析。取套钩为研究对象，受力如图 3.2（b）所示。列平衡方程有

$$\sum F_x = 0 \qquad -F_{NA} + F_{NB} = 0 \tag{1}$$

$$\sum F_y = 0 \qquad F_{As} + F_{Bs} - P = 0 \tag{2}$$

$$\sum M_A = 0 \qquad F_{NB} \cdot b + F_{Bs} \cdot d - P\left(l + \frac{d}{2}\right) = 0 \tag{3}$$

2）根据满足摩擦的物理条件列补充方程，有

$$F_{As} \leq f_s F_{NA}$$

$$F_{Bs} \leq f_s F_{NB}$$

3）联立求解未知量。由式（1）得

$$F_{NA} = F_{NB}$$

由式（2）和补充方程得

$$F_{NA} = F_{NB} \geq \frac{P}{2f_s}$$

由式（3）和补充方程得

$$F_{NB}=\frac{P(l+d/2)}{b+f_s d}\geqslant\frac{P}{2f_s}$$

求解得

$$l\geqslant\frac{b}{2f_s}$$

【例 3.2】 图 3.3（a）所示为一种刹车装置的示意图。若鼓轮与刹车片间的静摩擦因数为 f_s，鼓轮上作用着力偶矩为 M 的力偶，几何尺寸如图 3.3 所示。试求刹车时所需力 P 的最小值。

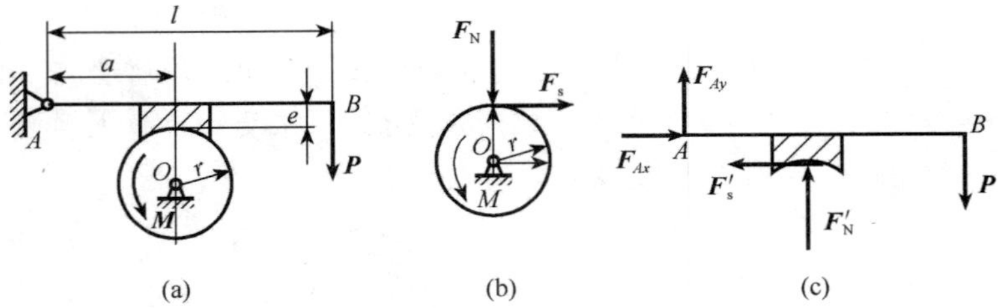

图 3.3 例 3.2 图

解： 1）取鼓轮为研究对象，其受力如图 3.3（b）所示，列平衡方程有

$$\sum M_O=0 \qquad M-F_s r=0$$

鼓轮处于平衡的临界状态时，所需的力 P 为最小值，考虑摩擦的补充方程有

$$F_s=F_{max}=f_s F_N$$

求解得

$$F_s=\frac{M}{r}$$

$$F_N=\frac{M}{f_s r}$$

2）取制动杆为研究对象，其受力如图 3.3（c）所示。列平衡方程有

$$\sum M_A=0 \qquad F'_N a-F'_s e-P_{min} l=0$$

补充方程为

$$F'_s=f F'_N$$

求解得

$$P_{min}=\frac{F'_N(a-f_s e)}{l}$$

将 $F'_N=F_N=\dfrac{M}{f_s r}$ 代入上式得

$$P_{min}=\frac{M(a-f_s e)}{f_s r l}$$

故使鼓轮制动的条件是

$$P \geqslant \frac{M(a-f_s e)}{f_s r l}$$

3.1.3 摩擦角与自锁现象

1. 摩擦角

当考虑摩擦研究物体平衡时，支承面对物体的约束力有法向反力 $\boldsymbol{F}_N$ 和摩擦力 $\boldsymbol{F}_s$，如图 3.4（a）所示，这两个力的合力 $F_R=F_N+F_s$ 称为**支承面的全约束反力**，简称**全反力**。全反力作用线与接触面公法线的夹角为 φ。夹角 φ 随静摩擦力的增加而增大，当达到临界平衡状态时，静摩擦力达到最大值，夹角 φ 也达到最大值 φ_{max}，如图 3.4（b）所示。全反力与法线间夹角的最大值 φ_{max} 称为**摩擦角**。由图可得

$$\tan\varphi_m=\frac{F_{max}}{F_N}=\frac{f_s F_N}{F_N}=f_s \tag{3.4}$$

式（3.4）表明，**摩擦角的正切值等于静摩擦因数**。可见 φ_{max} 与 f_s 都是表示材料摩擦性质的物理量。

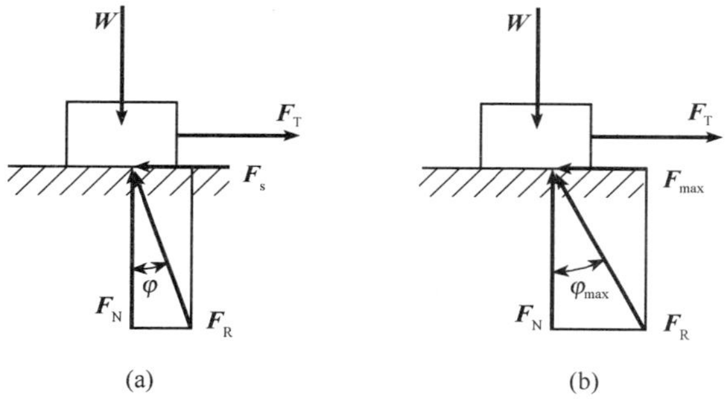

图 3.4 摩擦角

2. 自锁现象

根据摩擦角的定义可知，物体平衡时，全反力与正压力间夹角的最大值不会超过摩擦角，即全反力的作用线总是在摩擦角之内。当物体处于将动未动的临界平衡状态时，全反力的作用线过摩擦角边缘。因此与式（3.1）相对应，即有

$$0\leqslant\varphi\leqslant\varphi_{max} \tag{3.5}$$

如图 3.5（a）所示，设主动力为 $\boldsymbol{F}_Q$，其作用线与法线间的夹角为 α，当 $\alpha\leqslant\varphi_{max}$ 时，主动力 $\boldsymbol{F}_Q$ 与全反力 $\boldsymbol{F}_R$ 必能满足二力平衡条件，且 $\varphi=\alpha\leqslant\varphi_{max}$，如图 3.5（b）所示。

分析可知，若物体上主动力合力的作用线在摩擦角范围之内时，则无论主动力有多大，物体必定保持平衡。这种与主动力大小无关，而只与摩擦角有关的平衡现象称为自锁。

工程实际中常应用自锁原理设计一些机构或夹具，使它们始终保持

在平衡状态下工作，如用千斤顶举起重物、攀登电线杆用的套钩等；但有时又要设法避免自锁，如升降机等。

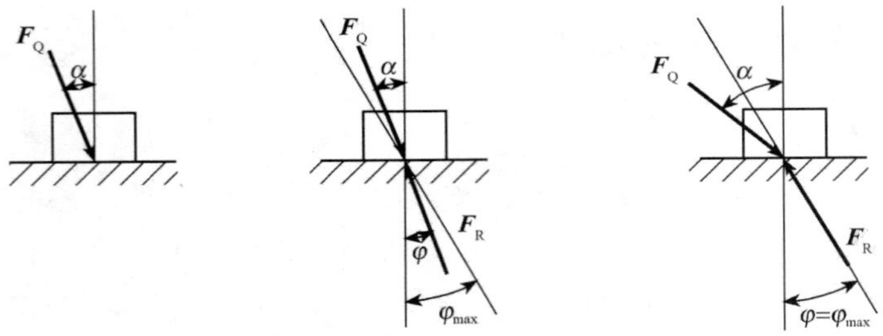

图 3.5　自锁现象

3.1.4　滚动摩擦的概念

摩擦不仅在物体滑动时存在，当物体产生滚动时同样也存在。实践表明，滚动比滑动要省力得多，用滚动代替滑动可以明显地提高效率，减轻劳动强度。例如，搬运笨重物体时，常在物体下面垫一排钢管，推动就容易得多。原因是滚动的阻力比滑动的阻力要小得多。

假设一圆轮，重量为 $\boldsymbol{W}$，半径为 r，放在水平面上，如将轮与面间的接触视为绝对刚性约束，则二者仅在 A 点接触，如图 3.6 所示。现在轮心施加一水平拉力 $\boldsymbol{F}_T$。

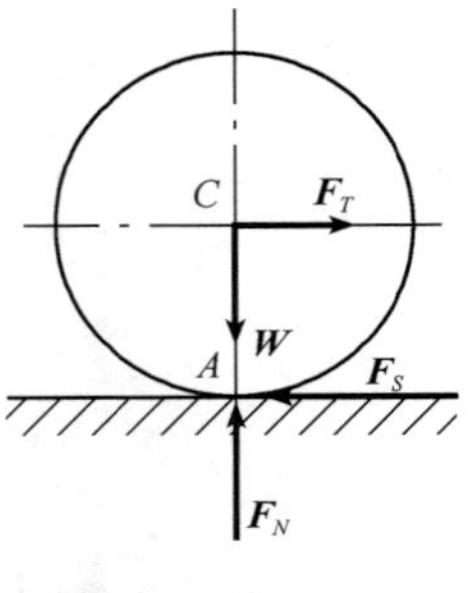

图 3.6　滚动摩擦分析

分析轮子的受力情况可知，在轮子与轨道接触的 A 点有法向反力 $\boldsymbol{F}_N$ 和静摩擦力 $\boldsymbol{F}_s$，其中 F_N 与 W 等值反向共线；$\boldsymbol{F}_s$ 阻止滚子滑动，它与 $\boldsymbol{F}_T$ 等值反向。不难看出，轮上的力系等效于一力偶($\boldsymbol{F}_T$，$\boldsymbol{F}_s$)，即不管轮重 W 多大，只要施加一微小的拉力 F_T，轮子都不可能保持平衡，而将在力偶（$\boldsymbol{F}_T$，$\boldsymbol{F}_s$）作用下发生滚动。

然而，实际上，当拉力 $\boldsymbol{F}_T$ 较小时，轮子仍保持静止，只有当 $\boldsymbol{F}_T$ 达到一定数值时，轮子才开始滚动。产生这一矛盾的原因是，轮—轨间的接触并不是绝对刚性的，它们在重力 $\boldsymbol{W}$ 作用下都会发生微小的接触变形，从而影响约束力的分布。因此，在这种情况下，不能将轮—轨约束看成是绝对刚性的，而必须考虑变形的影响。

作为一种简化，仍将轮子视为绝对刚体，而将轨道视为具有接触变形的柔性体，当轮受到较小的水平拉力 $\boldsymbol{F}_T$ 作用时，轮—轨间的约束力将不均匀地分布在一个接触面上，如图 3.7（a）所示，该分布约束力系必汇交于 C 点，求得其合力 $\boldsymbol{F}_R$，如图 3.7（c）所示，将 $\boldsymbol{F}_R$ 分解为法向反力 $\boldsymbol{F}_N$ 和静摩擦力 $\boldsymbol{F}_s$，则 $\boldsymbol{F}_R=\boldsymbol{F}_N+\boldsymbol{F}_s$。此时 F_N 已偏离 AC 一微小距离 δ_1，当增加拉力 $\boldsymbol{F}_T$ 时，δ_1 随之增大，将 $\boldsymbol{F}_N$、$\boldsymbol{F}_s$ 向 A 点简化，则除 $\boldsymbol{F}_R=\boldsymbol{F}_N+\boldsymbol{F}_s$ 外，

还有一力偶 M_f，如图 3.7（b）所示，M_f 称为滚动阻力偶。

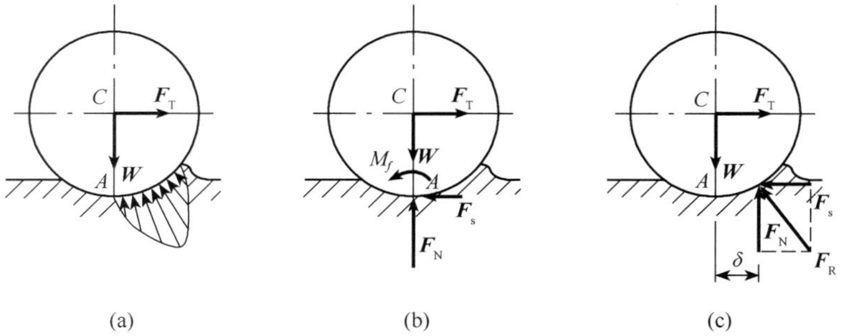

图 3.7　滚动摩擦

与滑动摩擦相似，当力 $\boldsymbol{F}_T$ 增加到某个值时，δ_1 达到其最大值 δ，如图 3.7（c）所示，此时，轮子处于将滚未滚的临界平衡状态，滚动阻力偶达到最大值，称为最大滚动阻力偶，用 M_{max} 表示。若力 $\boldsymbol{F}_T$ 再增大一点，轮子即开始滚动。

由此可知，滚动阻力偶 M_f 的大小在零与最大值之间，即

$$0 \leqslant M_f \leqslant M_{max} \quad (3.6)$$

实验表明，最大滚动阻力偶 M_{max} 与支承面的法向反力 $\boldsymbol{F}_N$ 的大小成正比，而与轮子半径无关，即

$$M_{max} = \delta F_N \quad (3.7)$$

式（3.7）是**滚动摩擦定律**。式中，δ 为滚动摩擦因数，它是有长度量纲的系数，单位为 mm。其数值取决于接触物体材料的性质和表面状况，可由实验测定，也可在机械工程手册中查到。

如图 3.7 分析，使轮子滑动的条件为

$$F_T = F_{max} = f_s F_N = f_s W$$

轮子滚动的条件是

$$F_T r > M_{max}$$

故

$$F_T > \frac{\delta}{r} W$$

一般情况下，$(\delta/r) \ll \ll f_s$，所以轮子滚动要比滑动省力得多。

3.2 空间力系简介

在工程实际中，经常会有物体所受力的作用线不在同一平面内的力系，即为空间力系。许多工程结构和机械构件如车床主轴、桅式起重

机、闸门等，都受空间力系的作用。设计这些结构时，需要对空间力系进行分析。

空间力系也可分为空间汇交力系，空间平行力系和空间任意力系。本节主要介绍力在空间直角坐标轴上的投影、力对轴之矩的概念，以及空间力系平衡问题的求解方法。

3.2.1 力在空间坐标轴上的投影

1．直接投影法

如图 3.8（a）所示，若已知力 $\boldsymbol{F}$ 与空间直角坐标轴 x、y、z 正向之间夹角分别为 α、β、γ，以 F_x、F_y、F_z 表示力 $\boldsymbol{F}$ 在 x、y、z 三个轴上的投影，则

$$\begin{cases} F_x = F\cos\alpha \\ F_y = F\cos\beta \\ F_z = F\cos\gamma \end{cases} \tag{3.8}$$

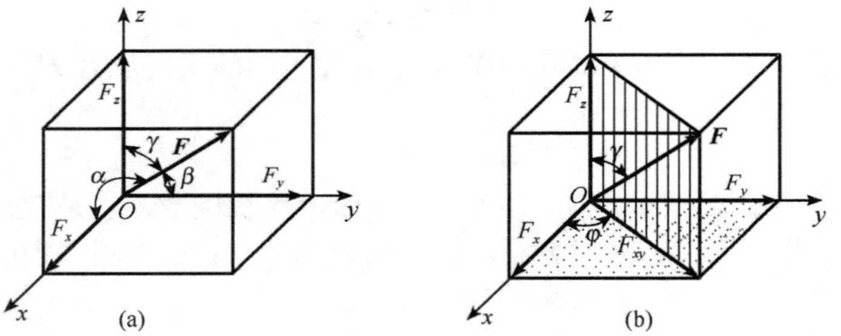

图 3.8 力在空间坐标轴上的投影

力在坐标轴上的投影为代数量。在式（3.8）中，当 α、β、γ 为锐角时，投影为正，反之为负。

2．二次投影法

力 $\boldsymbol{F}$ 在空间的方位还可用图 3.8（b）所示的形式来表示，其中 γ 为力 $\boldsymbol{F}$ 与 z 轴的夹角，φ 为力 $\boldsymbol{F}$ 所在铅垂平面与 x 轴的夹角，可用二次投影的方法计算力 $\boldsymbol{F}$。先将力 $\boldsymbol{F}$ 向 xy 平面投影，再向 x、y 轴进行投影。则力在三个坐标轴上的投影分别为

$$\begin{cases} F_x = F\sin\gamma\cos\varphi \\ F_y = F\sin\gamma\sin\varphi \\ F_z = F\cos\gamma \end{cases} \tag{3.9}$$

3．求合力

若已知空间力在直角坐标轴上的投影 F_x、F_y、F_z，则可以确定该力的大小和方向，即

$$\begin{cases} F=\sqrt{F_x^2+F_y^2+F_z^2} \\ \cos\alpha=\dfrac{F_x}{F} \quad \cos\beta=\dfrac{F_y}{F} \quad \cos\gamma=\dfrac{F_z}{F} \end{cases} \tag{3.10}$$

式中，α、β、γ——力 F 分别与 x、y、z 轴正向的夹角。

3.2.2　力对轴之矩

1．力对轴之矩的概念

在平面问题中，我们已经讨论了力对点之矩。在空间力系问题中，除了用力对点之矩来描述力对刚体的转动效应外，还要用到力对轴之矩的概念。

这里以推门为实例来引入力对轴之矩的概念。如图 3.9（a）所示，在门缘上作用一力 $\boldsymbol{F}$，为了研究力 F 使门绕 z 轴转动的效应，可将力分解为两个分力 $\boldsymbol{F}_z$ 和 $\boldsymbol{F}_{xy}$，其中 $\boldsymbol{F}_z$ 与 z 轴平行，$\boldsymbol{F}_z$ 不能使门转动，$\boldsymbol{F}_{xy}$ 与 z 轴垂直可以使门绕 z 轴转动。分力 $\boldsymbol{F}_{xy}$ 对 z 轴的转动效应可用力的大小 $\boldsymbol{F}_{xy}$ 与力 $\boldsymbol{F}_{xy}$ 的作用线到 O 点距离 d（力臂）的乘积来度量，即

$$M_z(F)=\pm F_{xy}d \tag{3.11}$$

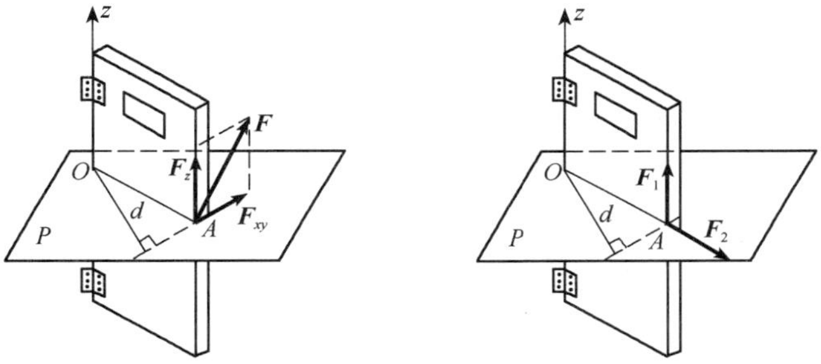

(a)　　　(b)

图 3.9　力对轴之矩

式（3.11）可叙述为：力对轴之矩是力使刚体绕某轴转动效应的度量，它是一个代数量，其大小等于力在垂直于轴的平面内的分力的大小与力臂（轴与其垂直平面的交点到分力作用线的距离）的乘积。其正负号按右手法则确定：即以右手四指表示力 $\boldsymbol{F}$ 使刚体绕轴的转动方向，若大拇指指向与轴的正向一致，符号为正，反之为负。

从力对轴之矩的定义容易看出：当力的作用线与轴平行或相交时，力对该轴之矩都必为零。即当力的作用线与轴线共面时，力对该轴之矩必然为零。如图 3.9（b）中的力 $\boldsymbol{F}_1$、$\boldsymbol{F}_2$ 都与 z 轴共面，因此它们对 z 轴之矩都为零。

2．合力矩定理

与平面力系的合力矩定理类似，在空间力系中也有力对轴之矩的合

力矩定理，即空间力系的合力对某一轴之矩等于力系中各分力对同一轴之矩的代数和，其表达式为

$$M_z(\boldsymbol{F}_R)=M_z(\boldsymbol{F}_1)+M_z(\boldsymbol{F}_2)+\cdots+M_z(\boldsymbol{F}_n)$$

则

$$M_z(\boldsymbol{F}_R)=\sum M_z(\boldsymbol{F}_i) \tag{3.12}$$

在计算力对某轴之矩时，经常应用合力矩定理，将力分解为三个方向的分力，然后分别计算各分力对这个轴之矩，求其代数和，可方便求出力对该轴之矩。

3.2.3 空间力系的平衡方程

1. 空间力系的简化

设刚体上作用空间力系（$\boldsymbol{F}_1$，$\boldsymbol{F}_2$，…，$\boldsymbol{F}_n$），根据力的平移定理，将力系中各力向任选的简化中心 O 简化。可得到一个作用于简化中心 O 点的空间汇交力系，和一个附加的空间力偶系。将空间汇交力系和空间力偶系分别合成，便可以得到一个作用于简化中心 O 点的主矢 $\boldsymbol{F}_R$ 和一个力偶主矩 M_O。

2. 空间力系的平衡方程及其应用

从空间力系的简化结果可得到空间力系平衡的必要和充分条件，即力系的主矢和力系对任一点的主矩都为零，亦即

$$\boldsymbol{F}=\boldsymbol{0} \tag{3.13}$$
$$M_O=0$$

由此得空间力系的平衡方程为

$$\begin{cases}\sum F_x=0 & \sum F_y=0 & \sum F_z=0\\ \sum M_x(\boldsymbol{F}_i)=0 & \sum M_y(\boldsymbol{F}_i)=0 & \sum M_z(\boldsymbol{F}_i)=0\end{cases} \tag{3.14}$$

式（3.14）表示，空间力系平衡的必要与充分条件是：力系中的各力在直角坐标轴上投影的代数和为零，力系对坐标轴之矩的代数和为零。

【例 3.3】 图 3.10（a）所示为车床主轴。齿轮 C 的节圆直径为 200mm，卡盘 D 卡住一半径为 50mm 的工件，A 为向心推力轴承，B 为向心轴承，车刀切削力 $F_x=466\text{N}$，$F_y=352\text{N}$，$F_z=1400\text{N}$，自重不计。求齿轮啮合力 F_n 和轴承 A、B 处的约束反力。

解：采用两种方法求解空间力系问题。

方法一：利用空间力系平衡方程直接求解。

1）受力分析。取主轴及轴上零件为研究对象，受力如图 3.10（b）所示。

2）列出空间力系平衡方程，即

$$\sum F_x=0 \qquad F_{Ax}+F_{Bx}-F_x-F_n\cos20^\circ=0 \tag{1}$$

$$\sum F_y=0 \qquad F_{Ay}-F_y=0 \tag{2}$$

$\sum F_z=0$ $\quad F_{Az}+F_{Bz}+F_z+F_n\sin20°=0$ (3)

$\sum M_x(F)=0$ $\quad 200F_{Bz}+300F_z-50F_n\sin20°=0$ (4)

$\sum M_y(F)=0$ $\quad -50F_z+100F_n\cos20°=0$ (5)

$\sum M_z(F)=0$ $\quad -200F_{Bx}+300F_x-50F_y-50F_n\cos20°=0$ (6)

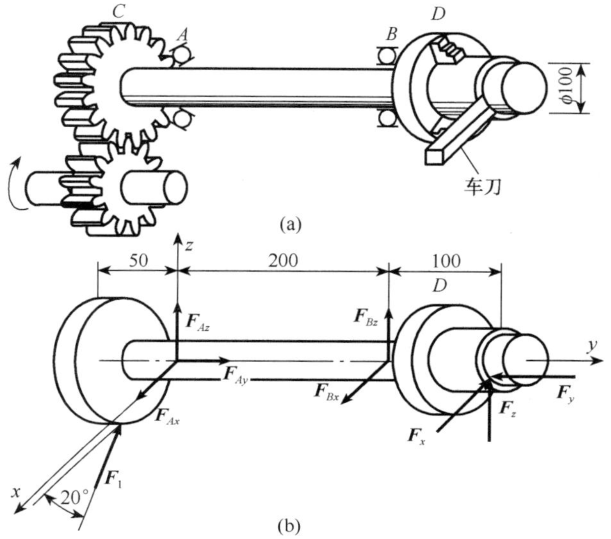

图3.10 例3.3图

3）求解未知量。由式（2）得

$$F_{Ay}=F_y=352\text{N}$$

由式（5）得

$$F_n=\frac{50F_z}{100\cos20°}=\frac{50\times1400}{100\cos20°}=746\text{N}$$

由式（6）得

$$F_{Bx}=\frac{300F_x-50F_y-50F_n\cos20°}{200}$$

$$=\frac{300\times466-50\times352-50746\cos20°}{200}=437\text{N}$$

由式（1）得

$$F_{Ax}=-F_{Bx}+F_x+F_n\cos20°$$

$$=-437+466+746\cos20°=729\text{N}$$

由式（4）得

$$F_{Bz}=\frac{-300F_z+50F_n\sin20°}{200}$$

$$=\frac{-300\times1400+50\times746\sin20°}{200}=-2040\text{N}$$

由式（3）得

$$F_{Az}=-F_{Bz}-F_z-F_n\sin20^\circ$$
$$=2040-1400-746\sin20^\circ=385\text{N}$$

方法二：将空间力系平衡问题转化为平面力系来求解。

1）建立坐标系如图 3.11（b）所示，将空间力系转化为三个坐标平面内的平面力系，受力如图 3.11 所示。

2）在 Axz 平面内，受力如图 3.11（a）所示，即

$$\sum M_A=0 \qquad 100F_n\cos20^\circ-50F_z=0$$

得

$$F_n=\frac{50F_z}{100\cos20^\circ}=746\,\text{N}$$

3）在 Ayz 平面内，受力如图 3.11（b）所示，即

$$\sum M_A=0 \qquad -50F_n\sin20^\circ+200F_{Bz}+300F_z=0$$

得

$$F_{Bz}=\frac{50F_1\sin20^\circ-300F_z}{200}=-2040\text{N}$$

$$\sum F_z=0 \qquad F_n\sin20^\circ+F_{Az}+F_{Bz}+F_z=0$$

得

$$F_{Az}=385\text{N}$$

$$\sum F_y=0 \qquad F_{Ay}-F_y=0$$

得

$$F_{Ay}=F_y=352\text{N}$$

4）在 Axy 平面内，受力如图 3.11（c）所示，即

$$\sum M_A=0 \qquad -50F_n\cos20^\circ-200F_{Bx}+300F_x-50F_y=0$$

得

$$F_{Bx}=\frac{300F_x-50F_y-50F_n\cos20^\circ}{200}=437\text{N}$$

由

$$\sum F_x=0 \qquad -F_n\cos20^\circ+F_{Ax}+F_{Bx}-F_x=0$$

得

$$F_{Ax}=729\text{N}$$

对比上述两种解法，可以看出两种方法没有原则上的差别。实际上后一种方法中，在三个平面内的力矩方程 $\sum M_A=0$，分别对应前一种方法中的 $\sum M_x(\boldsymbol{F})=0$，$\sum M_y(\boldsymbol{F})=0$ 和 $\sum M_z(\boldsymbol{F})=0$。后一种方法较容易掌握，在工程中应用较多。

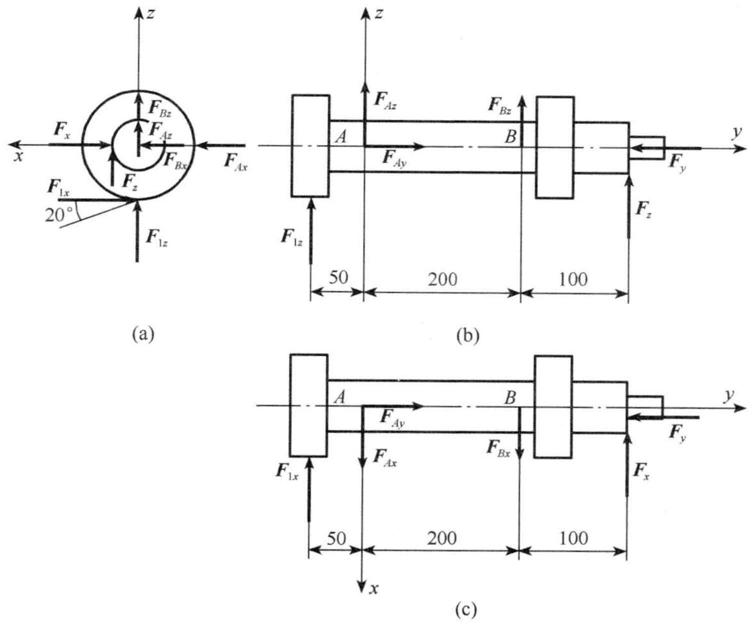

图 3.11　空间力系转化为三个坐标平面内的平面力系

习　　题

3.1　正方体的边长为 a，在其顶角 A 和 B 处分别作用着力 F_1 和 F_2，如图 3.12 所示。求此两力在轴 x，y，z 上的投影和对轴 x，y，z 的矩。

3.2　托架 A 套在转轴 z 上，在点 C 作用一力 F=2000N。图中点 C 在 Oxy 平面内，尺寸如图 3.13 所示，试求力 F 对 x，y，z 轴之矩。

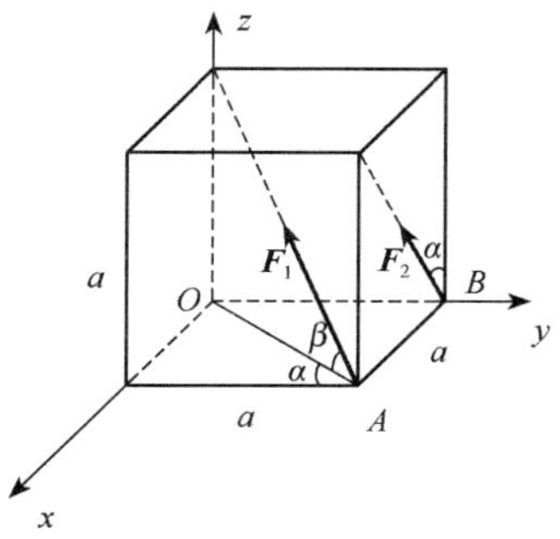

图 3.12　习题 3.1 图

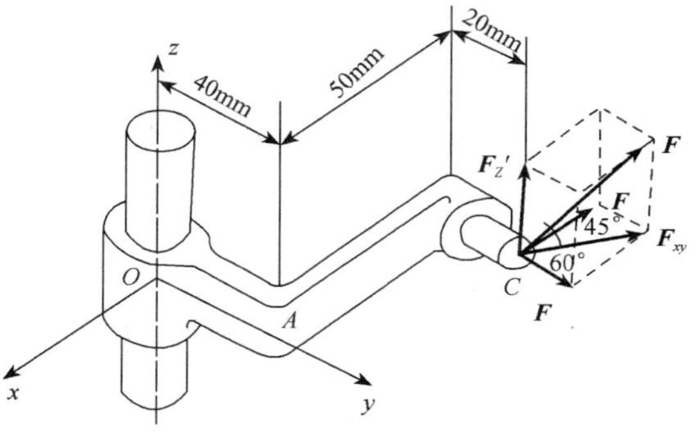

图 3.13　习题 3.2 图

3.3　如图 3.14 所示均质矩形板 $ABCD$ 重为 W=200N，用球铰链 A 和蝶形铰链 B 固定在墙上，并用绳索 CE 维持在水平位置。试求绳索所受张力及支座 A，B 处的约束力。

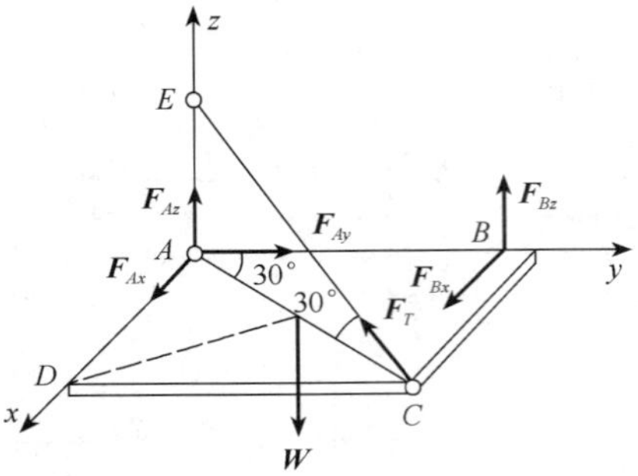

图 3.14　习题 3.3 图

3.4　如图 3.15 所示重为 G 的物体放在倾角为 α 的斜面上，摩擦系数为 f，试问：（1）拉力 T 与水平面间的夹角 θ 等于多大时拉动物最省力；（2）此时所需拉力 T 的大小为多少？

3.5　欲转动一放在 V 形槽中的钢棒料，需作用一矩 M=15N·m 的力偶，已知棒料重 400N，直径为 25cm（图 3.16）；求棒料与槽间的摩擦系数 f。

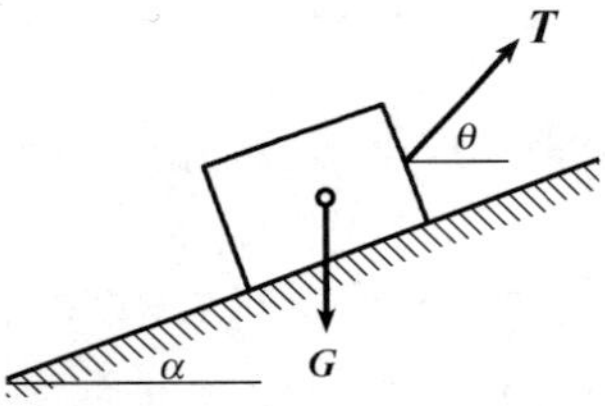

图 3.15　习题 3.4 图

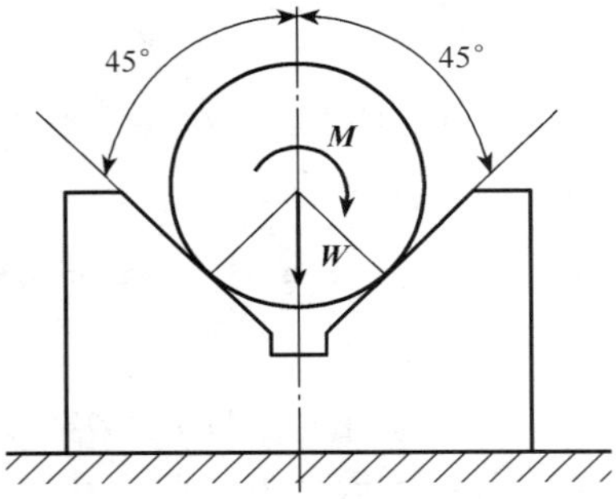

图 3.16　习题 3.5 图

3.6　如图 3.17 所示圆柱重 W=10kN，用电机链条传动而匀速提升。链条两边都和水平方向呈 30° 角。已知鼓轮半径 r=10cm，链轮半径 r_1=20cm，链条主动边（紧边）的拉力 T_1 大小是从动边（松边）拉力 T_2 大小的两倍。若不计其余物体重量，求向心轴承 A 和 B 的约束力和链的拉力大小（图中长度单位 cm）。

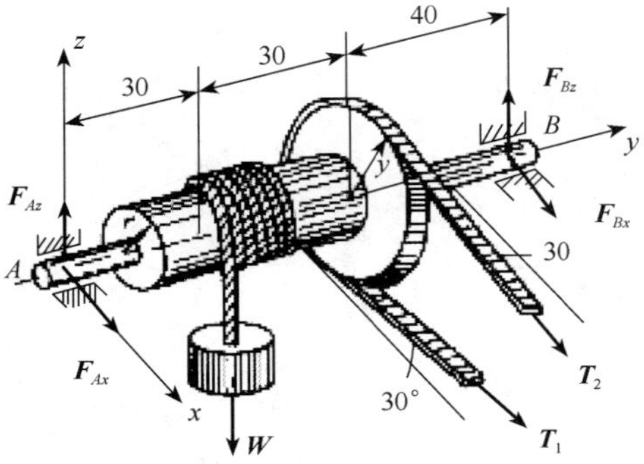

图 3.17　习题 3.6 图

4 单元 杆件变形

>>>>

◎ 单元概述

前面我们研究了物体的受力分析和力系的平衡条件，应用这些知识可分析组成机器设备的构件的受力状态。在确定构件的受力大小、方向后，需要进一步分析这些构件能否承受这些力，能否在外力作用下安全可靠地工作。对机械和工程结构的组成构件来说，为确保正常工作，杆件必须具有足够的抵抗破坏的能力、抵抗变形的能力和抵抗失稳的能力。本单元主要介绍轴向拉伸和压缩杆件的强度、刚度计算，剪切和挤压的概念及实用计算，圆轴扭转的强度和刚度计算。

◎ 学习目标

- 掌握理解构件的承载能力，变形体的基本假设，四类基本变形形式。
- 理解轴向拉伸与压缩的概念，掌握截面法、轴力与轴力图。
- 掌握横截面和斜截面上的应力计算，掌握胡克定律。
- 了解许用应力概念，掌握强度条件及其应用。
- 了解剪切和挤压的概念，掌握剪切和挤压的实用计算。
- 了解圆轴扭转时的强度计算和刚度计算，掌握强度条件和刚度条件及其应用。

◎ 教学节奏与方式

项目		课时安排	教学方式
1	课前准备	课余	预习教材
2	教师讲授	8 学时	重点讲授
3	思考与练习	课余	学生之间相互讨论或独立完成习题

4.1 基本概念

工程中将组成结构的单元称为“构件”；将组成机器的单元称为“零件”或“部件”；这里将构件和零件统称为“构件”。

构件按几何形状可以分为若干种。这里所研究的主要是纵向尺寸远大于横向尺寸的杆件，杆件的主要几何特征是横截面和轴线。轴线为直线的杆称为直杆；轴线为曲线的杆称为曲杆；横截面尺寸相同的直杆称为等直杆。

4.1.1 材料力学的任务

各种工程机械都是由若干构件组成的，为了保证构件在外力作用下能够正常工作，必须满足三方面的要求：

1）**强度要求**——在规定的使用条件下，要求构件不被破坏。例如，吊车的钢丝绳在起吊重物时不能发生断裂，否则将会引起严重的后果。我们把构件抵抗破坏的能力称为强度。

2）**刚度要求**——在规定的使用条件下，要求构件不产生过大的变形。例如，机械传动装置中的传动轴发生过大弯曲变形时，轴承、齿轮会加剧磨损，降低机械装置的寿命，同时因影响齿轮的正确啮合，降低了机械传动的精度。我们把构件抵抗变形的能力称为刚度。

3）**稳定性要求**——在规定的使用条件下，要求受压构件具有保持原有直线平衡状态的能力。我们把受压构件保持其原有直线平衡状态的能力称为稳定性。

本单元和第 5 单元在工程静力分析的基础上，分析工程基本构件在外力作用下产生的变形效应，包括由于变形而产生的内力、应力和变形计算；分析材料在不同受力状态下的失效形式；建立用于工程的设计准则；分析工程基本构件的强度和刚度问题。

4.1.2 材料的理想化和基本假设

组成构件的材料，其微观结构和性能一般都比较复杂。研究构件的应力和变形时，如果考虑这些微观结构上的差异，不仅在理论分析中会遇到极其复杂的数学和物理问题，而且在将理论应用于工程实际时也会带来极大的不便。为简单起见，在应用力学中，均对材料作了一些假定。

1）**连续性假定**——假定固体材料是连续的，即认为材料无空隙地分布于物体所占的整个空间中。根据这一假定，物体内的应力、变形等力学量可以表示为各点坐标的连续函数，从而有利于建立相应的数学模型。

2）**均匀性假设**——认为物体内任何部分的性质是完全一样的。根据这个假设，说明以后所讨论的物体的力学性能，都是指物体内各粒子性能的统计平均值。

3）**各向同性假定**——假定物体中的材料均匀分布并且各向同性，即认为物体中各点材料在各个方向上的力学性能是相同的。根据这一假定，可以用一个参数描写各点在各个方向上的某种力学性能。

4）**小变形假定**——假定物体在外力作用下所产生的变形与物体本身的几何尺寸相比是很小的。根据这一假定，当考察变形固体的平衡问题时，一般可以略去变形的影响，因而可以直接应用工程静力分析与工程动力分析的方法。

上述基本假设虽与工程材料的实际微观情况有所差异，但从宏观分析及实验结果来看，这些假设所得到的理论和计算方法，可满足一般的工程实际要求。

4.1.3　内力和截面法

1. 内力

当物体受外力作用而变形时，其内部各质点间的相对位置将发生改变；与此同时，各质点间的相互作用力也将发生变化，其作用是力图恢复各质点间的原来位置。这种因外力作用而引起的物体内部相互作用力的改变量，称为“**附加内力**”，简称**内力**。这种内力确实存在，例如，受拉的弹簧，其内力使弹簧恢复原状；人用手提起重物时，手臂肌肉内便产生内力等。在工程力学里，研究杆件变形时所说的内力都是这样的附加内力。

对于材料和截面形状一定的杆件，内力越大，变形也就越大。当内力超过一定限度时，杆件就会发生破坏。所以，内力的计算及其在杆件内的变化情况，是分析和解决杆件强度、刚度和稳定性等问题的基础。

2. 截面法

为了揭示承载物体内的内力，通常采用**截面法**。

这种方法是，用一假想截面将处于平衡状态下的承载物体截为 A、B 两部分，如图 4.1（a）所示。为了使其中任意一部分在其上之外力作用下保持平衡，必须在所截的截面上作用某个力系，这就是 A、B 两部分相互作用的内力，如图 4.1（b）所示。根据牛顿第三定律，作用在 A 部分截面上的内力与作用在 B 部分同一截面上的内力在对应的点上大小相等，方向相反。

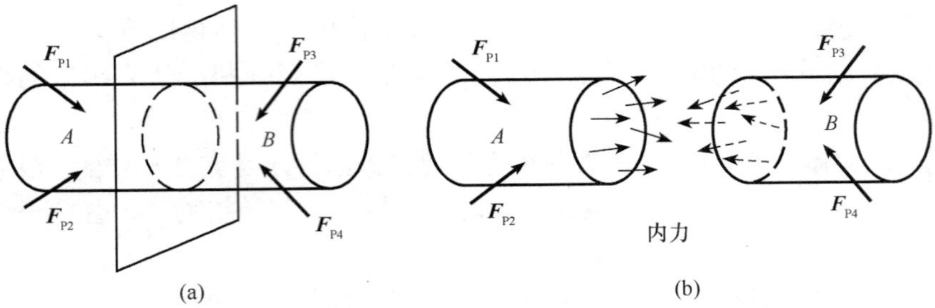

图 4.1　内力与截面法

根据材料的连续性假定，作用在截面上的内力应是一个连续分布的力系。在截面上内力分布规律未知的情形下，不能确定截面上各点的内力。但是应用力系简化的基本方法，这一连续分布的内力系可以向截面形心简化为一主矢 $\boldsymbol{F}_R$ 和主矩 M，再将其沿三个特定的坐标轴分解，便得到该截面上的六个内力分量，如图 4.2 所示。

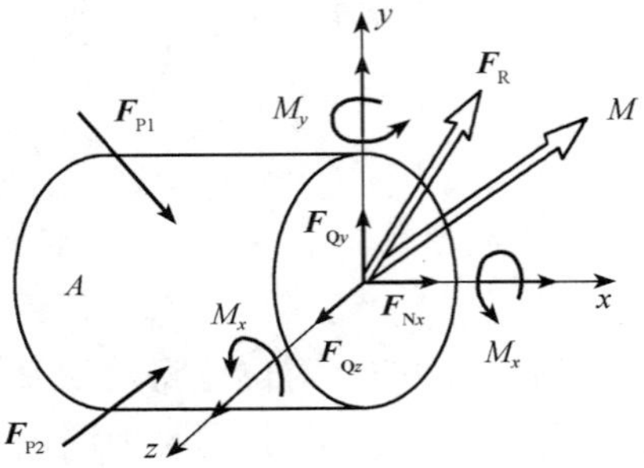

图 4.2　截面上的内力分量

图4.2中的内力分量 $\boldsymbol{F}_{Nx}$ 引起杆件的轴向变形（拉伸或压缩），称为**轴向力**，简称**轴力**；$\boldsymbol{F}_{Qy}$ 和 $\boldsymbol{F}_{Qz}$ 则使截面两侧分别产生沿 y 和 z 方向的剪切变形，这两个内力分量称为**横向力**或**剪力**；内力偶 M_x 引起杆件的扭转变形，其力偶矩称为扭矩；M_y 和 M_z 则使杆件轴线分别在 xz 和 xy 平面内发生弯曲变形，这两个内力偶矩称为弯矩。

应用工程静力分析中的平衡方法，考察所截取的任意一部分的平衡，即可求得截面上各个内力分量的大小和方向。

以上所述，即为确定内力分量的基本方法——截面法，一般包含下列步骤。

1）在所要考察的截面处，用假想截面将杆截开，分为两部分。取一部分作为研究对象，弃去另一部分。

2）用作用于截面上的内力代替弃去部分对留下部分的作用。考察其中留下部分的平衡，在截面形心处建立合适的直角坐标系，由平衡方程计算出各个内力分量的大小并确定方向。

3）考察另一部分的平衡，以验证所得结果的正确性。

4.1.4　应力

前面已经提到，在外力作用下，杆横截面上的内力是一个连续分布的力系，一般情形下，这个分布的内力系在截面上各点处的数值是不相等的。弹性静力分析不仅要研究和确定截面上分布内力系的合力及其分量，而且还要研究和确定截面上的内力分布规律，进而确定哪些点处内力最大。

怎样度量一点处的内力？这就需要引进一个新的概念——**应力**。

考察图 4.3 中横截面上微小面积 ΔA，设其上总内力为 $\Delta \boldsymbol{F}_R$，于是在此面积上内力的平均值为 $\Delta \boldsymbol{F}_R/\Delta A$。当所取面积为无限小时，上述平均内力便趋于一极限值，这个极限值便能反映内力在该点处的密集程度或"集度"，这个集度便称为**该点处的应力**。

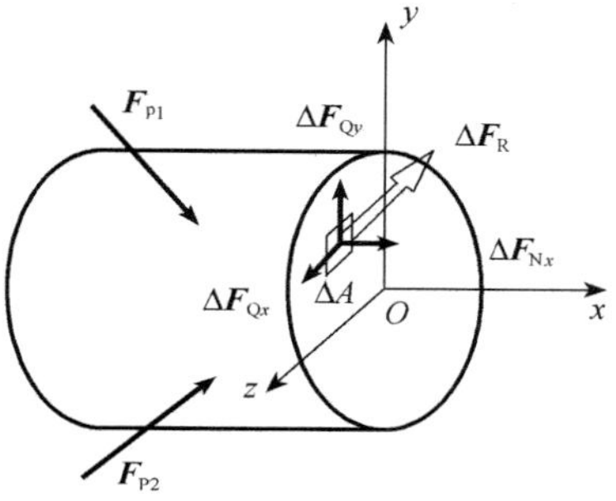

图 4.3　应力

将 $\Delta \boldsymbol{F}_R$ 分解为 x、y、z 三个方向的分量 $\Delta \boldsymbol{F}_{Nx}$、$\Delta \boldsymbol{F}_{Qy}$ 和 $\Delta \boldsymbol{F}_{Qz}$，其中 $\Delta \boldsymbol{F}_{Nx}$ 垂直于截面，$\Delta \boldsymbol{F}_{Qy}$ 和 $\Delta \boldsymbol{F}_{Qz}$ 则平行于截面。根据上述应力定义，可以得到两种应力，一种垂直于截面，另一种平行于截面，前者称为正应力，后者称为**切应力或剪应力**。

应力的国际单位制单位符号为 Pa（N/m^2）或 MPa（N/mm^2）。

4.1.5　变形与应变

1. 位移与变形

物体受外力作用或环境温度发生变化时，物体内各点的坐标会发生改变，这种坐标位置的改变量称为位移。位移分为线位移和角位移，线位移是指物体上一点位置的改变；角位移是指物体上一条线段或一个面转动的角度。由于物体内各点的位移，使物体的尺寸和形状都发生了改变，这种尺寸和形状的改变统称为变形。通常，物体内各部分的变形是不均匀的。为了衡量各点处的变形程度，需要引入应变的概念。

2. 线应变与剪应变

如图 4.4 所示，单元体水平方向和垂直方向的原始边长都为 d_x。单元体在正应力的作用下，长度沿着正应力方向伸长，变形后的边长为 $d_x+\Delta d_x$；长度垂直于正应力方向缩短，这种变形称为**线变形**。单位长度内平均线变形称为**线应变**，即 $\varepsilon_x=\Delta d_x/d_x$，其中 ε_x 为线应变，下标 x 表示应变方向。

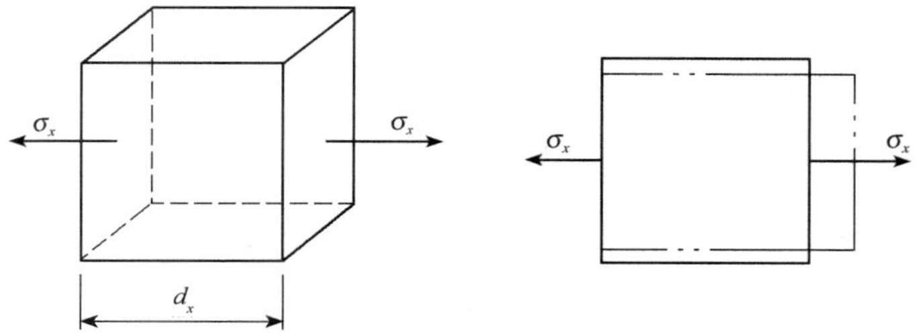

图 4.4　线应变

如图 4.5 所示，单元体原来各边互成直角，在切应力 τ 作用下，直角发生了改变。单元体直角的该变量称为剪应变，用 γ 表示。$\gamma=\alpha+\beta$，γ 的单位为弧度（rad）。

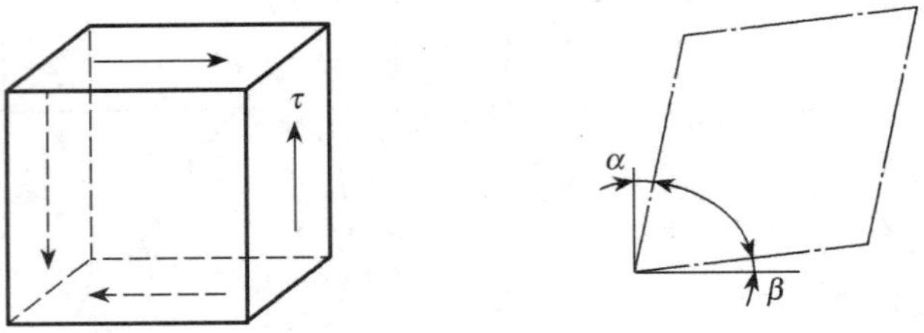

图 4.5　剪应变

线应变 ε 和剪应变 γ 是度量构件内一点处变形程度的两个基本量，它们分别与正应力 σ 和剪应力 τ 相联系。

4.2　杆件变形的基本形式

实际杆件的受力可以是各式各样的。但都可以归纳为轴向拉伸（或压缩）、剪切、扭转和弯曲等基本受力和变形形式，以及由两种或两种以上基本受力与变形形式共同形成的组合受力与变形形式。

4.2.1　轴向拉伸或压缩

当杆件两端承受沿轴线方向的拉力或压力载荷时，杆件将产生轴向伸长或压缩变形，如简易吊车的拉杆和压杆受力后的变形（图 4.6）。杆件轴向拉伸或压缩的受力特点是：**外力合力的作用线与杆件的轴线重合。** 其变形特点是：**沿轴线方向伸长或缩短。**

轴向拉伸与压缩

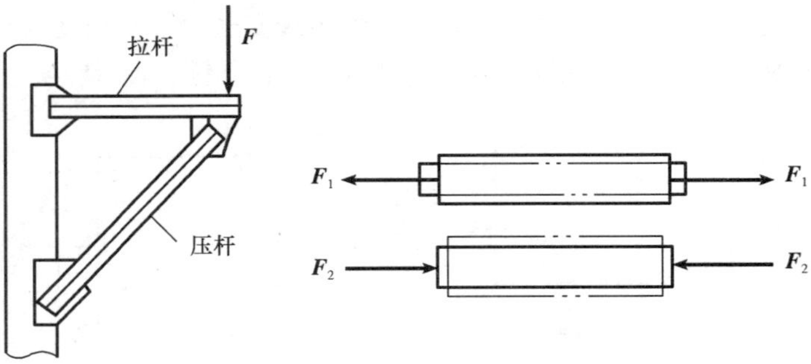

图 4.6　轴向拉伸与压缩变形

4.2.2　剪切

在平行于杆横截面的两个相距很近的平面内，方向相对地作用着两个横向力，当这两个力相互错动并保持它们之间的距离不变时，杆将产生剪切变形，如铆钉联接中的铆钉受力后的变形（图 4.7）。其受力特点是：**作用在构件两侧面上横向外力的合力大小相等、方向相反、作用线相距很近**。其变形特点是：**两力间的横截面发生相对错动**。

剪切

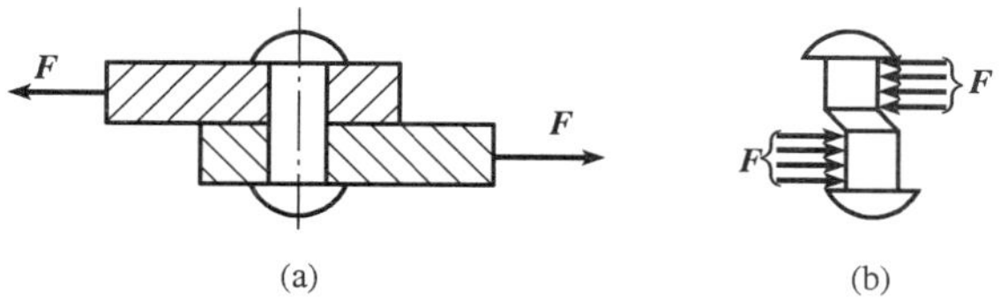

(a)　(b)

图 4.7　剪切变形

4.2.3　扭转

当作用在杆件上的力组成作用在垂直于杆轴平面内的力偶时，杆将产生扭转变形，即杆之横截面绕其轴相互转动，如机器中的传动轴受力后的变形（图 4.8）。杆件扭转变形的受力特点是：**杆件两端受到两个垂直于轴线平面内的力偶作用，两力偶大小相等、转向相反**。其变形特点是：**各横截面绕轴线发生相对转动**。

4.2.4　弯曲

当外加力偶或外力作用于杆件的纵向平面内时，杆件将发生弯曲变形，其轴线将变成曲线，如桥式起重机的横梁受力后的变形（图 4.9）。杆件弯曲变形的受力特点是：**杆件简化为一直杆，在通过轴线的平面内，受到垂直于杆件轴线的外力（横向力）或外力偶作用**。其变形特点是：**杆件轴线弯曲成一条曲线**。

弯曲

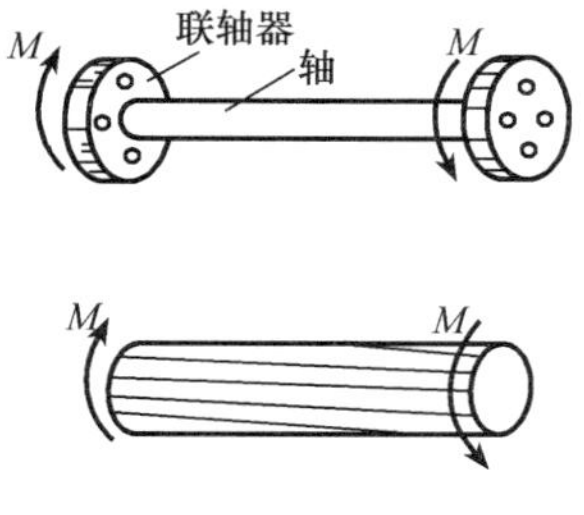

图 4.8　扭转变形

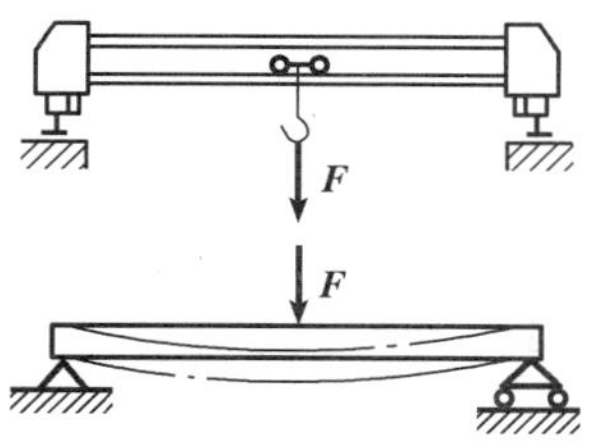

图 4.9　弯曲变形

4.2.5　组合受力

由上述基本受力形式中的两种或两种以上所共同形成的受力形式即为

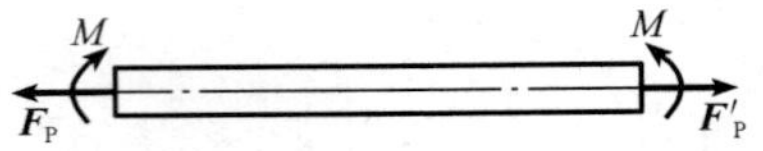

图 4.10　组合受力

组合受力。例如图 4.10 所示杆的受力即为拉伸与弯曲的组合受力，其中力偶 M 作用在纸平面内。组合受力形式下，杆横截面上将存在两个或两个以上的内力分量，并将产生两种或两种以上的基本变形。

工程上将承受拉伸的杆件统称为拉杆；承受压缩的杆件统称为压杆或柱；承受扭转的杆件统称为轴；承受弯曲的杆件统称为梁。

4.3　杆件的拉伸与压缩

4.3.1　拉（压）杆的工程实例

拉（压）杆并不限于只受两个轴向外力作用，只要杆件所受外力的合力沿杆件轴线，就是拉（压）杆。拉（压）杆在工程中的应用非常广泛。例如，用于各种紧固件的螺栓（图 4.11），在预紧时，受到轴向拉力，将发生伸长变形；各种连杆机构中的连杆（图 4.12），在活塞压力作用下，将发生压缩变形；此外，起吊重物的钢索、桁架中的杆件等，也都是拉（压）杆的实例。

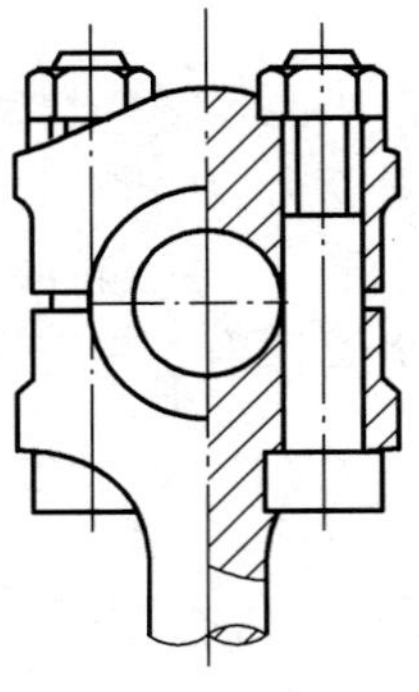

图 4.11　紧固的螺栓

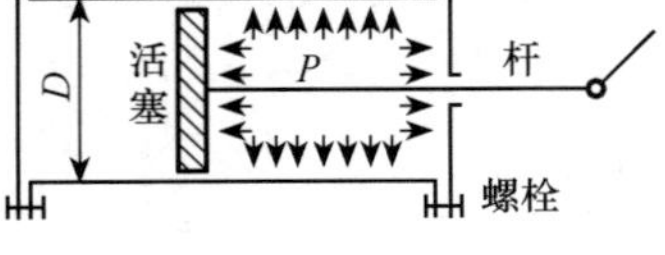

图 4.12　连杆机构中的构件

4.3.2　拉（压）杆的内力

对于轴向拉伸（压缩）的杆件，由于外力合力的作用线与杆件轴线重合，因而内力的合力的作用线也必与杆件轴线重合，即横截面上内力的方向均垂直于横截面，其合力作用线通过截面形心，这样的内力称为**轴力**。

利用截面法确定拉（压）杆的内力。对于图 4.13（a）所示拉杆，用截面 m-m 将杆件截开，这时横截面上只有轴力 $\boldsymbol{F}_N$ 一个内力分量。考察截开的一

部分（例如右半部分）的平衡，由平衡条件$\sum \boldsymbol{F}_x=\mathbf{0}$，可以得到

$$F_N-F_P=0$$

即

$$F_N=F_P$$

其中，$\boldsymbol{F}_N$的作用线与杆的轴线一致，方向如图 4.13 所示。由于在截开截面处，其左右两侧截面上的内力互为作用力与反作用力，因此大小相等方向相反。为使左右两侧截面上的内力具有相同的正负号，规定：拉伸时的轴力为正，压缩时的轴力为负。

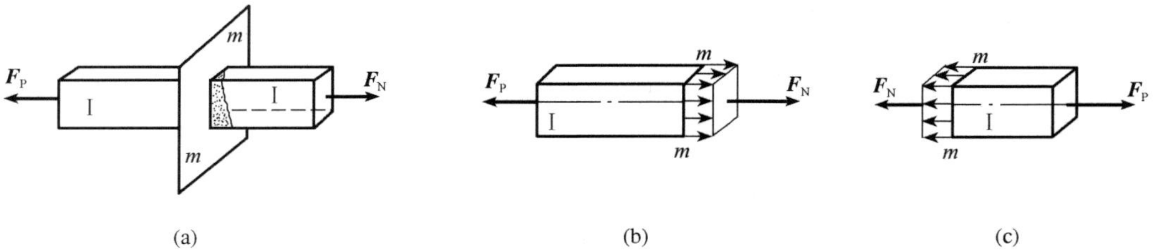

图 4.13　截面法确定轴力

当拉（压）杆受多个轴向外力作用时，杆件各段的轴力将是不相同的，这时，需分段用截面法计算轴力。为直观地表现轴力沿轴线的变化，沿杆件的轴线建立 F_N -x 坐标系，横轴 x 表示横截面的位置，纵轴表示对应横截面上的轴力 F_N，由此连成的图形称为轴力图。

【例 4.1】　图 4.14（a）所示 AB 杆在 A、C 两处受力。求此杆各段的轴力，并画出轴力图。

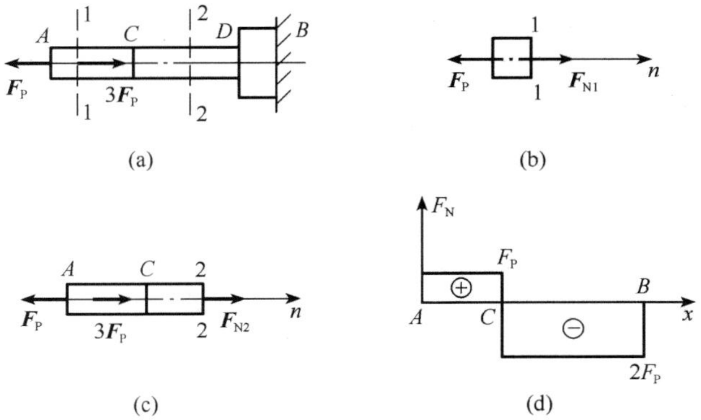

图 4.14　例 4.1 图

解： 由于杆在 A、C 截面处分别承受轴向外力，因此，AC 段和 CB 段的轴力将不相同，故应分别计算 AC 段和 CB 段的轴力。

1）计算 AC 段轴力。用假想截面 1-1 在 AC 段的任意截面处将杆截开。取左段为研究对象，在截开的截面上，假设轴力为正方向，画在截面上，如图 4.14（b）所示。根据平衡条件

$$\sum F_x=0 \qquad F_{N1}-F_P=0$$

解得 AC 段的轴力为

$$F_{N1}=F_P\text{（拉力）}$$

2）计算 CB 段轴力。用假想截面 2-2 在 CB 段任意截面处将杆截开，取左段为研究对象，设未知轴力为正方向，如图 4.14（c）。由平衡条件

$$\sum F_x=0 \qquad F_{N2}+3F_P-F_P=0$$

解得 CB 段的轴力为

$$F_{N2}=F_P-3F_P=-2F_P\text{（压力）}$$

3）画轴力图。建立 $\boldsymbol{F}_N$-x 坐标系，x 轴平行于杆轴线。将所求得的 AC 段及 CB 段的轴力值标在 F_N-x 坐标系中，得到轴力图如图 4.14（d）所示。CB 段中虽然截面尺寸有变化，但对轴力没有影响。

上述分析过程表明，画轴力图的一般步骤如下所述。

1）根据杆上载荷情况确定是否分段计算轴力。若杆件除了在两端截面受力外，在其他截面上还受轴向载荷作用，此截面应为分段点。

2）在各段杆中，用假想截面将杆截开，在截开的截面上按轴力正方向画出未知轴力。

3）对所取的这部分杆建立平衡方程，求出轴力。

4）建立 F_N-x 坐标系，将所求得的轴力值标在坐标系中，画出轴力图。

4.3.3 拉（压）杆横截面上的应力

对于受力及材料相同但横截面面积不同的两根拉杆，由截面法求得它们的轴力相等；若拉力逐渐增大，则截面积小的拉杆先被拉断。因此，为解决杆的强度问题，确定轴力之后还必须分析拉（压）杆横截面上的应力。

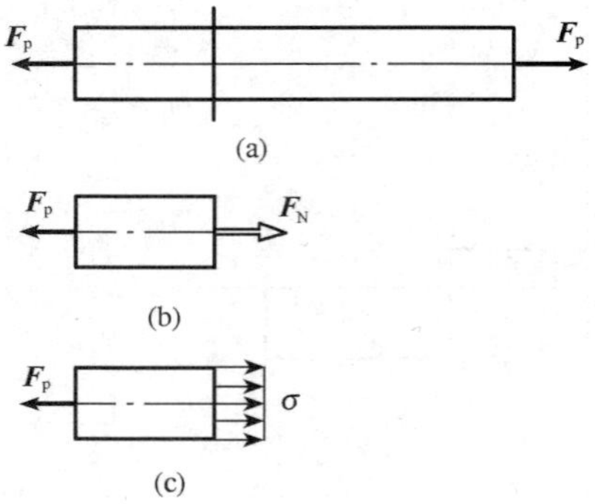

图 4.15　拉杆截面上的正应力

如图 4.15（a）所示一等截面直杆，受拉后，拉杆的各个截面之间都将产生均匀的轴向伸长。这表明：第一，杆的横截面上只有垂直于截面的应力，即正应力；第二，同一横截面上的正应力处处相同，即正应力在杆的横截面上均匀分布，如图 4.15（c）所示。于是有

$$\sigma=\frac{F_N}{A} \tag{4.1}$$

式（4.1）就是计算拉（压）杆横截面上正应力的公式。其中 $\boldsymbol{F}_N$ 为轴力；A 为横截面面积。正应力的正负号规则与轴力一致：拉应力为正，压应力为负。

【例 4.2】 一正中开槽的直杆，承受轴向载荷 $F=20\text{kN}$ 的作用，如图 4.16 所示。已知 $h=25\text{mm}$，$h_0=10\text{mm}$，$b=20\text{mm}$。试求杆内的最大正应力。

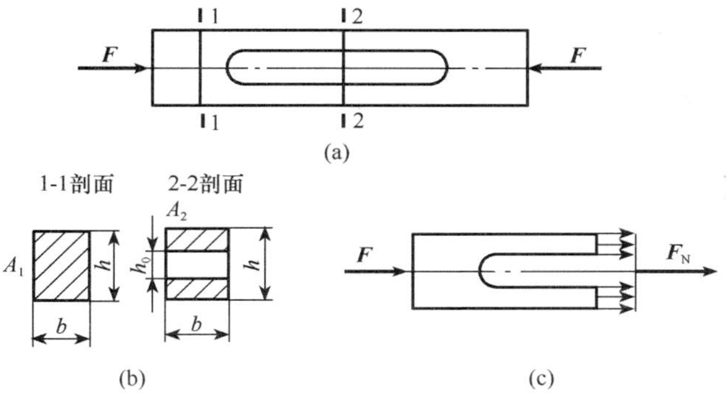

图 4.16 例 4.2 图

解：1）计算轴力。由截面法可求得杆中各横截面上的轴力均为

$$F_N = -F = -20\text{kN}$$

2）计算最大正应力。由于整个杆件轴力相同，故最大正应力发生在面积较小的横截面上，即开槽部分的横截面 2—2。其面积为

$$A = (h - h_0)\ b = (25 - 10) \times 20\text{mm}^2 = 300\text{mm}^2$$

则杆件内的最大正应力 σ_{max} 为

$$\sigma_{max} = \frac{F_N}{A} = \frac{-20 \times 10^3}{300} = -66.7\text{MPa}$$

负号表示最大应力为压应力。

4.3.4 拉（压）杆的变形计算

承受轴向拉、压的杆件将会发生轴向伸长或缩短，同时，杆件的横向尺寸随之缩小或增大。因此，拉（压）杆的变形包括沿轴向的纵向变形和垂直于轴线的横向变形。

1．纵向变形

图 4.17（a）所示杆为例，设杆件原长为 l，受轴向外力 $\boldsymbol{F}$ 作用后，长度变为 l_1，则杆件的长度改变量为

$$\Delta l = l_1 - l$$

Δl 反映了杆的总的纵向变形量，称为杆的纵向变形。拉伸时 $\Delta l > 0$，压缩时 $\Delta l < 0$。为了度量杆的变形程度，考察单位长度内的变形量，即

$$\varepsilon = \frac{\Delta l}{l} \tag{4.2}$$

式中，ε ——纵向正应变。正应变为无量纲量，拉伸为正，压缩为负。

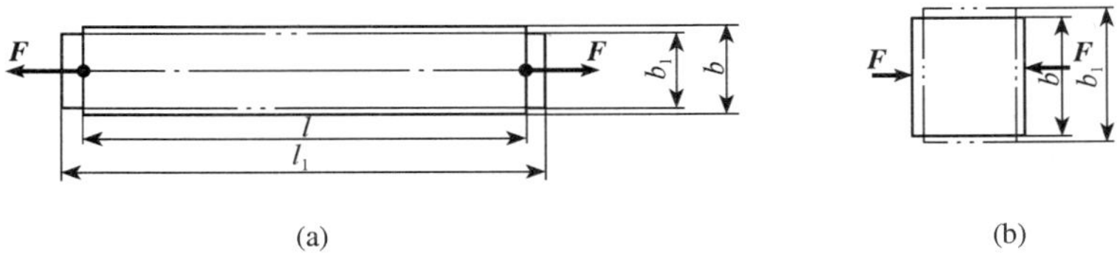

图 4.17 拉杆的纵向和横向变形

2. 横向变形

由实验可知，当杆件产生纵向伸长时，杆件的横向尺寸还会缩小；当杆件产生纵向缩短时，杆件的横向尺寸会增大。如图 4.17（b）所示，设杆件横向（水平方向）受压，变形前的横向尺寸为 b，变形后为 b_1，则杆件的横向变形量

$$\Delta b = b_1 - b$$

与纵向线应变的概念相似定义横向线应变为

$$\varepsilon' = \frac{\Delta b}{b}$$

实验证明，同一种材料，在弹性变形范围内，横向线应变 ε'和纵向线应变 ε 之比的绝对值为一常数，即

$$\left|\frac{\varepsilon'}{\varepsilon}\right| = \mu \tag{4.3}$$

式中，μ——泊松比。泊松比是量纲为 1 的量，其值随材料而异，由试验测得。常用材料的 μ 值列于表 4.1 中。

由于 μ 取绝对值，而 ε 与 ε'的正负号总是相反，故式（4.3）又可写为 $\varepsilon' = -\mu\varepsilon$。

3. 胡克定律

拉伸或压缩实验结果表明，当轴向拉伸（压缩）杆件横截面上的正应力 σ 不大于某一极限值时，杆件的纵向变形量与轴力 $\boldsymbol{F}_N$ 及杆长 l 成正比，而与横截面面积 A 成反比，即 $\Delta l \propto F_N l/A$，引入比例常数 E，则有

$$\Delta l = \frac{F_N l}{EA} \tag{4.4}$$

式中，E——材料的弹性模量，它说明材料抵抗拉伸（压缩）变形的能力，其值随材料而异，由实验测定（参见表 4.1）。

表 4.1　常用材料的 E 和 μ 值

材　料	弹性模量 E/GPa	泊 松 比 μ
低碳钢	196～216	0.24～0.32
合金钢	186～216	0.25～0.33
灰铸铁	115～157	0.23～0.27
铜合金	72～128	0.31～0.42
铝合金	70	0.33

弹性模量的单位与应力单位相同。式（4.4）称为胡克定律。式（4.4）表明，对 $\boldsymbol{F}_N$、l 相同的杆件，EA 越大则变形越小，所以 EA 称为杆件的抗拉（或抗压）刚度。它反映杆件抵抗拉伸（压缩）变形的能力。

将 $\sigma = F_N/A$，$\varepsilon = \Delta l/l$ 代入式（4.4），得到胡克定律的另一表达形式

$$\sigma=E\varepsilon \tag{4.5}$$

式（4.5）是胡克定律的另一种形式，具有更普遍的意义。可简述为：在弹性范围内，杆件上任意一点的正应力与线应变成正比。

需要指出的是，当杆的轴力或拉（压）刚度在各段内不等时，应分段应用式（4.4），分别计算各段杆的变形，然后按代数值相加，得到杆的总变形。

【例 4.3】 图 4.18 所示杆 AB，已知 $F_P=10\text{kN}$，$l=100\text{mm}$，$d=10\text{mm}$，材料的弹性模量 $E=200\text{GPa}$。求杆 AB 的轴向总变形量。

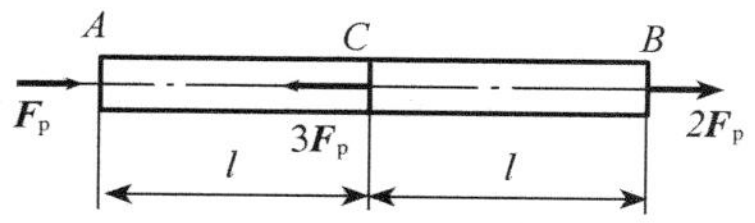

图 4.18 例 4.3 图

解：由于 AC，BC 段轴力不相同，分段计算轴向变形。

1）计算轴力。由截面法，得 AC 段轴力

$$F_{N1}=-F_P=-10\text{kN}$$

BC 段轴力

$$F_{N2}=2F_P=20\text{kN}$$

2）计算轴向变形。由胡克定律式（4.4），得 AC 段轴向变形

$$\Delta l_1=\frac{F_{N1}l}{EA}=\frac{(-10)\times10^3\times100\times4}{200\times10^3\times\pi\times10^2}\approx-0.064\text{mm}$$

BC 段轴向变形

$$\Delta l_2=\frac{F_{N2}l}{EA}=\frac{20\times10^3\times100\times4}{200\times10^3\times\pi\times10^2}\approx0.127\text{mm}$$

杆的总变形量为

$$\Delta l=\Delta l_1+\Delta l_2=-0.064+0.127=0.063\text{mm}$$

4.3.5 拉（压）杆的强度计算

1. 许用应力

材料丧失正常工作时所产生的应力，称为材料的极限应力 σ_0 表示。由材料拉伸试验得到当材料达到或超过极限应力 σ_0 时，将会发生明显的塑性变形或断裂，这在工程中是不允许的。因此，为保证拉（压）杆能安全可靠地工作，即不仅不发生塑性变形或破断，而且还要有一定的安全储备，杆件的最大工作正应力 σ_{max} 应不超过某一数值，该数值称为**材料的许用应力**，用 $[\sigma]$ 表示。许用应力只允许是材料危险应力的若干分之一，即

$$[\sigma]=\frac{\sigma_0}{n} \tag{4.6}$$

式中，n——大于 1 的系数，称为安全因数。

各种材料在不同工作条件下的安全因数或许用应力值，可查阅有关规范或设计手册。

2. 强度设计

为了保证杆件不发生强度失效，即不发生塑性变形或破断，杆内最大工作应力不得超过材料的许用应力。即

$$\sigma_{\max} \leqslant [\sigma] \tag{4.7}$$

上式称为强度设计准则或强度条件。其中 $\sigma_{\max}$ 为拉（压）杆中横截面上的最大工作应力。若为等截面直杆，当沿杆轴线方向轴力值不相等时，最大正应力将发生在最大轴力作用的截面上，其值为 $\sigma_{\max}=\dfrac{F_{N\max}}{A}$；若为变截面直杆，最大正应力将发生在比值 F_N/A 最大的截面上，其值为 $\sigma_{\max}=\left|\dfrac{F_N}{A}\right|_{\max}$。

应用强度条件，可以解决三类强度问题。

（1）校核强度

已知杆件的横截面尺寸、所受载荷以及材料的许用应力，求出杆件的最大正应力后，可用式（4.7）校核杆件是否满足强度条件。

（2）设计截面尺寸

已知外力及材料的许用应力，当截面形状确定后，可设计杆件的横截面尺寸，即

$$A \geqslant \frac{F_N}{[\sigma]}$$

（3）确定许可载荷

已知杆件的横截面尺寸和材料的许用应力，可确定杆件所能承受的最大轴力，即

$$F_N \leqslant A \cdot [\sigma]$$

然后根据杆件的静力平衡条件，进而可确定杆件或结构所能承受的最大载荷。这一载荷称为**许可载荷**，一般用 $[F_P]$ 表示。

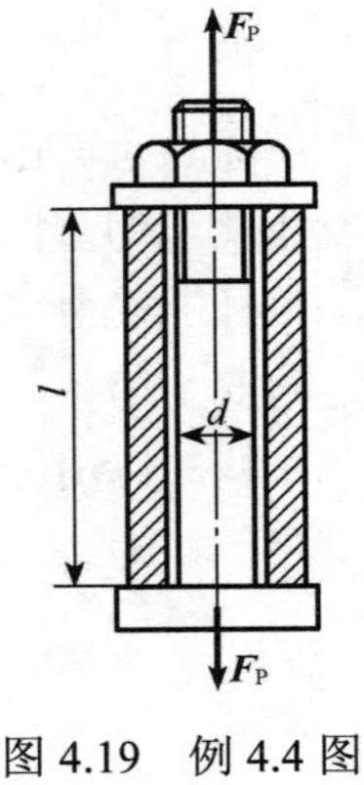

图 4.19 例 4.4 图

【例 4.4】 图 4.19 所示连接螺栓，拧紧时受到的预紧力为 $F_P=20\text{kN}$。已知 $d=14\text{mm}$，材料的许用应力 $[\sigma]=500\text{MPa}$，试校核螺栓的强度。

解： 由截面法，求得螺栓所受的轴力为 $F_N=F_P=20\text{kN}$

根据拉伸正应力公式

$$\sigma=\frac{F_N}{A}=\frac{F_P}{\pi d^2/4}=\frac{20\times10^3\times4}{\pi\times14^2}\approx129.99\text{MPa}$$

因为工作应力 $\sigma=129.99\text{MPa}<500\text{MPa}$，所以螺栓的强度是安全的。

【例 4.5】 图 4.20（a）所示为简易悬臂式吊车，斜杆 AC 由两根 $50\text{mm}\times50\text{mm}\times5\text{mm}$ 的等边角钢组成，其面积为 $4.8\times10^2\text{mm}^2$，水平杆 AB 由两根 10 号槽钢组成，其面积为 $12.74\times10^2\text{mm}^2$。

材料都是 Q235 钢，许用应力 $[\sigma]=120\text{MPa}$。当电葫芦在 A 点位置时，求允许的最大起吊重量 F_G（包括电葫芦自重）。其中，两杆自重不计。

解： 1）受力分析。AB、AC 两杆的两端均可简化为铰链连接，故吊车的计算简图如图 4.20（b）所示。AB、AC 杆为拉（压）杆。用截面法确定两杆的轴力。

以节点 A 为平衡对象，并设 AB、AC 杆的轴力为正方向，节点 A 的受力图如图 4.20（c）所示。由平衡条件得

$$\sum F_x=0 \quad -F_{N1}-F_{N2}\cos\alpha=0$$

$$\sum F_y=0 \quad F_{N2}\sin\alpha-F_G=0$$

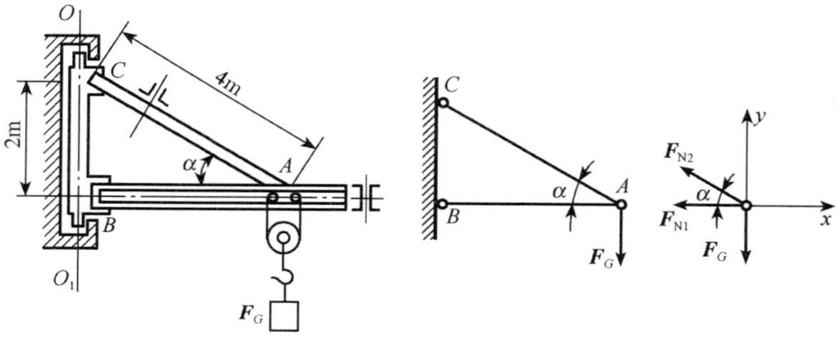

(a)　　(b)　　(c)

图 4.20　例 4.5 图

将 $\sin\alpha=\dfrac{2}{4}=\dfrac{1}{2}$，$\cos\alpha=\dfrac{\sqrt{12}}{4}=\dfrac{\sqrt{3}}{2}$ 代入，得

$$F_{N2}=2F_G$$

$$F_{N1}=-1.73F_G\text{（压力）}$$

2）求最大起吊重量。对于 AC 杆，由两根角钢组成，故 $A_2=2\times4.8\times10^2\text{mm}^2$。由强度条件得

$$\sigma_2=\frac{F_{N2}}{A_2}\leqslant[\sigma]$$

$$\frac{2F_G}{A_2}\leqslant[\sigma]$$

$$F_G\leqslant\frac{1}{2}A_2[\sigma]=\frac{1}{2}\times2\times4.8\times10^2\times120=57.6\times10^3\text{N}$$

即

$$F_G=57.6\text{kN}$$

对于 AB 杆，由两根槽钢组成，故 $A_1=2\times12.74\times10^2\text{mm}^2$。由强度条件得

$$\sigma_1=\frac{|F_{N1}|}{A_1}\leqslant[\sigma] \qquad \frac{1.73F_G}{A_1}\leqslant[\sigma]$$

$$F_G\leqslant\frac{1}{1.73}A_1[\sigma]=\frac{1}{1.73}\times2\times12.74\times10^2\times120=176.7\times10^3\text{N}$$

$$F_G=176.7\text{kN}$$

为保证整个吊车的强度安全，取上述两个起吊重量中较小者，即最大起吊

重量不得超过 57.6kN。

3）讨论。对于所取起吊重量 $F_G = 57.6\text{kN}$，AB 杆的强度显然有富裕，故重新设计 AB 杆的截面尺寸。

由强度条件

$$\sigma_1 = \frac{1.73F_G}{A} \leqslant [\sigma]$$

得

$$A \geqslant \frac{1.73F_G}{[\sigma]} = \frac{1.73 \times 57.6 \times 10^3}{120} = 8.3 \times 10^2\,\text{mm}^2$$

4.4 剪切与挤压

4.4.1 剪切与挤压的概念

1. 剪切的概念

工程实际中，常需要用联接件将构件彼此相连。例如，图 4.21 所示的螺栓联接中的螺栓，图 4.22 所示的销联接中的销钉，图 4.23 所示的铆钉联接中的铆钉等，它们都是起联接作用的。这种联接件在受力后的主要变形形式是剪切。下面以铆钉联接为例说明剪切变形的受力和变形特点。

双剪切（U 接头分析）

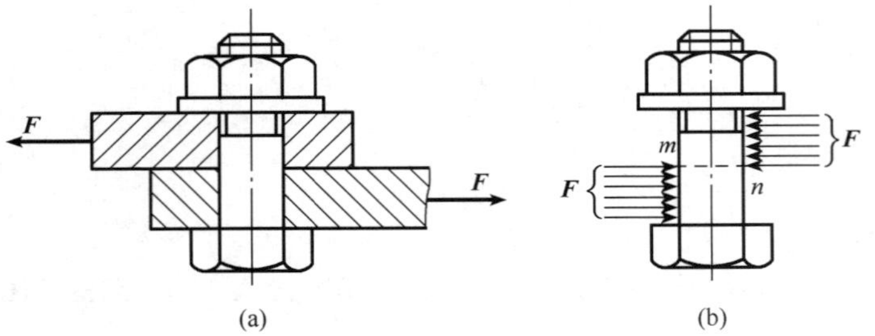

图 4.21　螺栓联接

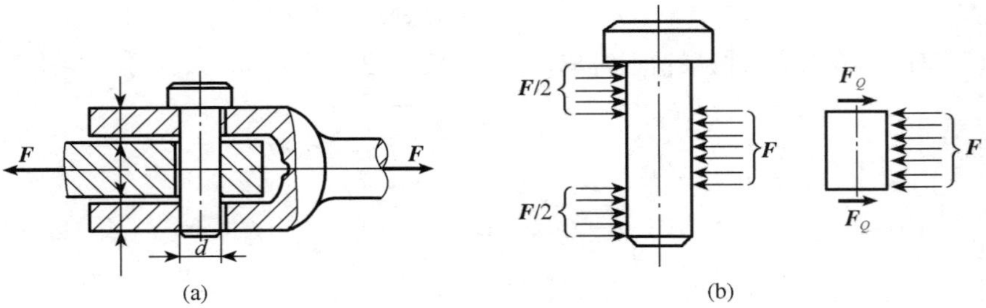

图 4.22　销钉联接

如图4.23（a）所示，两块钢板用铆钉联接。当钢板受外力作用后，铆钉就受到钢板传来的右上侧、左下侧两个力的作用。铆钉在这一对力的作用下，两力间的截面 *m-n* 处发生相对错动变形，如图4.23（b）所示，该变形称为剪切变形。产生相对错动的截面 *m-n* 称为剪切面。

综上所述，剪切变形的受力特点是：构件受到了一对大小相等、方向相反、作用线平行且相距很近的外力。剪切的变形特点是：在这两力作用线间的截面发生相对错动，如图4.23（b）所示。

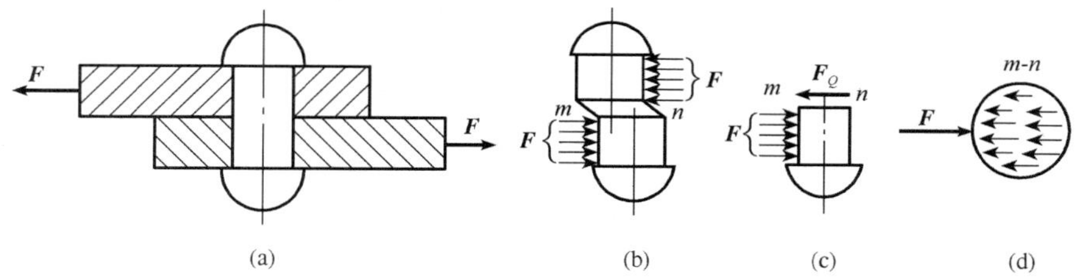

图4.23　铆钉联接

2. 挤压的概念

构件在受到剪切作用的同时，往往还伴随着挤压作用。例如，铆钉受剪切的同时，铆钉和孔壁之间相互压紧，如图4.24（a）所示，上钢板孔左侧与铆钉上部左侧，下钢板孔右侧与铆钉下部右侧相互压紧，这种接触面上相互压紧的现象，称为**挤压**。挤压力过大，挤压接触面会出现局部产生显著塑性变形甚至压陷的破坏现象，如图4.24（b）所示，这种破坏现象称为挤压破坏。构件上受挤压作用的表面称为挤压面，挤压面一般垂直于外力作用线。

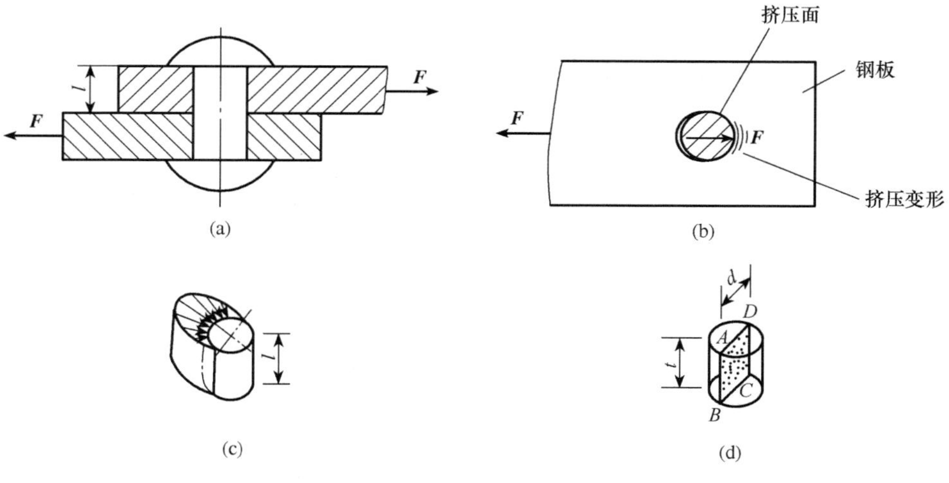

图4.24　铆钉挤压变形

4.4.2 剪切与挤压的实用计算

1. 剪切的实用计算

下面以铆钉联接［图 4.23（a）］为例，说明剪切强度的实用计算方法。

分析受剪时剪切面上的内力，仍用截面法。假设将铆钉沿 *m-n* 截面截开，如图 4.23（c）所示，任取一部分（下面部分）为研究对象。为了与外力 $\boldsymbol{F}$ 平衡，在剪切面上加上一个大小与 $\boldsymbol{F}$ 相等、方向与 $\boldsymbol{F}$ 相反的内力，此内力称为剪力，用 $\boldsymbol{F}_{\mathrm{Q}}$ 表示。剪力是剪切面上分布内力的合力。剪切面上分布内力的集度以 τ 表示，称为切应力，如图 4.23（d）所示。

切应力在剪切面上的分布情况是很复杂的，工程中为简便实用，通常采用以实验、经验为基础而建立的实用计算法。该方法假设切应力 τ 在剪切面上是均匀分布的，所以切应力的大小可按下式直接计算：

$$\tau = F_{\mathrm{Q}}/A \tag{4.8}$$

式中，τ——剪切面上的切应力；

F_{Q}——剪切面上的剪力；

A——剪切面面积。

为了保证构件在工作时不被剪断，必须使构件剪切面上的切应力不超过材料的许用切应力，即

$$\tau = \frac{F_{\mathrm{Q}}}{A} \leqslant [\tau] \tag{4.9}$$

式中，$[\tau]$——材料的许用切应力。

上式就是剪切实用计算中的强度条件。试验表明，金属材料的许用切应力 $[\tau]$ 与材料的许用拉应力 $[\sigma]$ 之间存在如下关系：

塑性材料

$$[\tau] = (0.6 \sim 0.8)[\sigma]$$

脆性材料

$$[\tau] = (0.8 \sim 1.0)[\sigma]$$

为了分析剪切变形，在构件的受剪部位，绕 A 点取一直角六面体如图 4.25（a）所示，并把该六面体放大如图 4.25（b）所示。当构件发生剪切变形时，直角六面体的两个侧面 *abcd* 和 *efgh* 将发生相对错动，使直角六面体变为平行六面体。图中线段 ee' 或 ff' 为相对的滑移量，称为绝对剪切变形。而矩形直角的微小改变量 $\gamma \approx \tan\gamma = ee'/ae$，称为切应变，即相对剪切变形。

实验证明：当剪应力不超过材料的剪切比例极限 τ_p 时，切应力 τ 与切应变 γ 成正比，如图 4.25（c）所示，这就是材料的剪切胡克定律，可用下式表示，即

$$\tau = G\gamma$$

式中，G——材料的剪切弹性模量。

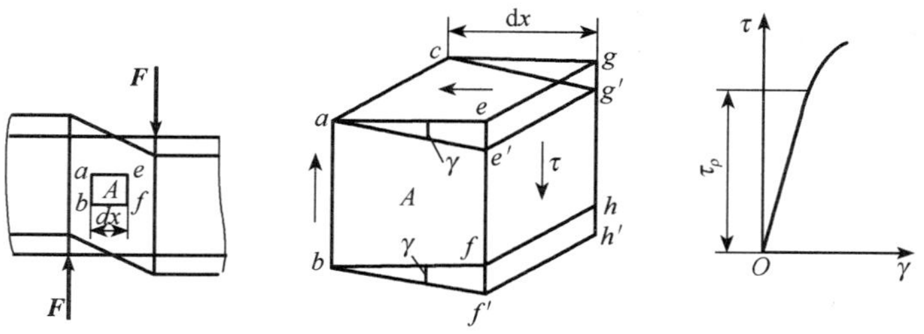

(a) (b) (c)

图 4.25 受剪直角六面体

因 γ 是一个无量纲的量，所以 G 的量纲与 τ 相同。钢的切变模量 G 值约为 80GPa。

可以证明，对于各向同性的材料，剪切弹性模量 G、弹性模量 E 和泊松比 μ 存在以下关系：

$$G=\frac{E}{2(1+\mu)}$$

可见，如果已知 G、E 和 μ 三个弹性常数中的任意两个，则可由上式求得第三个。

2. 挤压的实用计算

作用在挤压面上的力称为挤压力，用 $\boldsymbol{F}_{\mathrm{JY}}$ 表示。挤压力引起的应力称为挤压应力，用 σ_{JY} 表示。挤压应力在接触面上的分布是很复杂的，如图 4.24（c）所示。因此，工程上同样采用实用计算，假设挤压力在挤压面上是均匀分布的，即名义挤压应力为

$$\sigma_{\mathrm{JY}}=\frac{F_{\mathrm{JY}}}{A_{\mathrm{JY}}} \tag{4.10}$$

式中，A_{JY} ——挤压面积。

若接触面为平面，则挤压面积就为接触面积；对于螺栓、销等联接件，挤压面为半圆柱面，在实用计算中，以实际接触面积的正投影面积作为挤压面积，如图 4.24（d）所示，$A_{\mathrm{JY}}=dt$，这样计算所得结果与实际最大挤压应力比较接近。

为保证构件在工作时不发生挤压破坏，必须满足工作挤压应力不超过许用挤压应力，即

$$\sigma_{JY}=\frac{F_{\mathrm{JY}}}{A_{\mathrm{JY}}}\leqslant[\sigma_{\mathrm{JY}}] \tag{4.11}$$

式中，$[\sigma_{\mathrm{JY}}]$ ——材料的许用挤压应力，其值可由试验来确定，设计时可查有关手册。

上式即为挤压实用计算中的强度条件。在一般情况下，许用挤压应力 $[\sigma_{\mathrm{JY}}]$ 与许用拉应力 $[\sigma]$ 之间存在如下关系：①塑性材料 $[\sigma_{\mathrm{JY}}]=(1.7\sim2.0)[\sigma]$；②脆性材料 $[\sigma_{\mathrm{JY}}]=(0.9\sim1.5)[\sigma]$。如果

相互挤压的两构件的材料不同，应对许用挤压应力较低的构件进行挤压强度计算。

【例 4.6】 如图 4.26（a）所示为铆钉联接。设钢板与铆钉材料相同，许用拉应力［σ］=160MPa，许用切应力［τ］=100MPa，许用挤压应力［σ_{JY}］=300MPa，钢板厚度 t=2mm，宽度 b=25mm，铆钉直径 d=4mm。试计算该联接所允许的载荷。

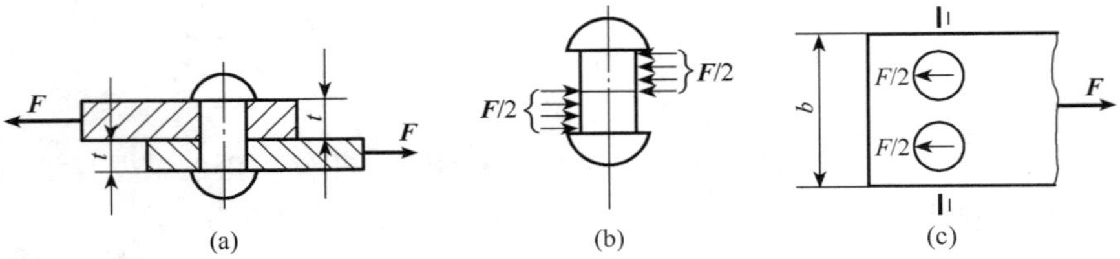

图 4.26　例 4.6 图

解： 1）分析铆钉联接的破坏形式。根据经验该联接主要有三种破坏形式：铆钉沿其横截面被剪断；铆钉与孔壁发生挤压破坏；钢板沿截面 1-1 被拉断。

2）按铆钉剪切强度条件确定许用载荷 F。由于假设每个铆钉的受力相同，所以每个铆钉受力均为 $F/2$［图 4.26（b）]，用截面法得剪切面上的剪力为 $F_Q=F/2$。由剪切强度条件

$$\tau=F/2A=2F/\pi d^2\leqslant[\tau]$$

得

$$F\leqslant\pi d^2\ [\tau]\ /2=(4^2\times100\pi/2)\ \mathrm{N}\approx2.51\mathrm{kN}$$

3）按联接挤压强度条件确定许用载荷 F。每个铆钉在挤压面上所受的挤压力为 $F_{JY}=F/2$，由挤压强度条件

$$\sigma_{JY}=F_{JY}/A_{JY}=F/2dt\leqslant[\sigma_{JY}]$$

得

$$F\leqslant2dt\ [\sigma_{JY}]=(2\times4\times2\times300)\ \mathrm{N}=4.8\mathrm{kN}$$

4）按钢板的拉伸强度条件确定许用载荷 F。两块钢板的受力情况完全一样，取下板为研究对象［如图 4.26（c）]，截面上的轴力 $F_N=F$，由拉伸强度条件

联轴器-剪切案例分析

$$\sigma=F_N/A=F/A\leqslant[\sigma]$$

得

$$F\leqslant A\ [\sigma]$$

由图可知 1—1 截面的接触面积 $A=(b-2d)\ t$，所以

$F\leqslant A\ [\sigma]=(b-2d)\ t\ [\sigma]=[(25-2\times4)\times2\times160]\ \mathrm{N}=5.44\mathrm{kN}$

综合考虑上面三个方面，铆钉联接的许用载荷 F=2.5kN。

4.5 圆轴的扭转

4.5.1 圆轴扭转及工程实例

在工程实际及日常生活中，我们经常会遇到一些发生扭转变形的杆，例如，图 4.27 所示的汽车传递发动机动力的传动轴 AB，轴的左端受发动机的主动力偶作用，轴的右端受到传动齿轮的阻力偶作用，两个转动方向相反的力偶对轴产生了扭转作用。另外，旋紧螺钉时的起子(图 4.28)，钻孔时的钻头等，这些杆件在工作时受到两个转动方向相反的力偶作用，它们均为扭转变形的实例。

扭转实例 1：汽车传动轴

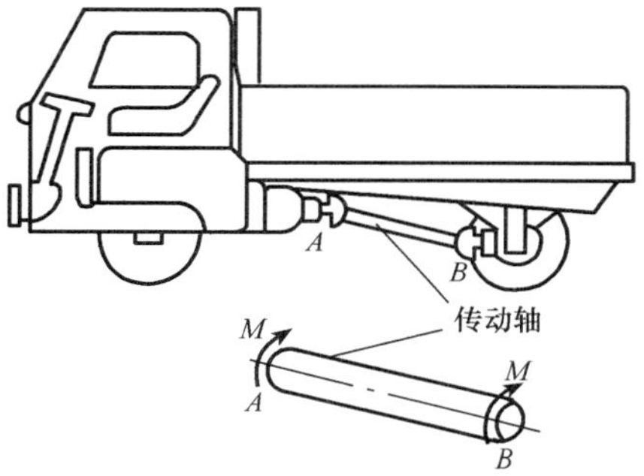

图 4.27 汽车中的传动轴

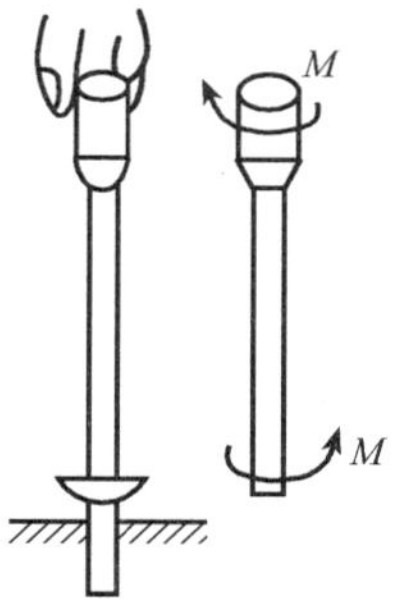

图 4.28 起子中的轴

扭转实例 2：旋具旋紧螺钉

从上例可见，轴扭转时的受力特点为：作用在杆两端的一对力偶，大小相等，方向相反，而且力偶作用面垂直于杆轴线。扭转变形的特征是：杆的各横截面绕轴线发生相对转动，如图 4.29 所示。轴任意两横截面间相对转过的角位移称为**扭转角**，简称**转角**，常用 φ 表示。图 4.29 中的 φ_{AB} 就是截面 B 相对于截面 A 的转角。

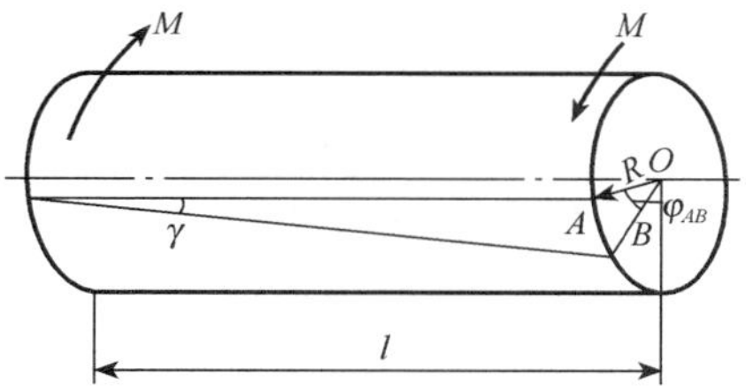

图 4.29 扭转变形

4.5.2 圆轴扭转时横截面上的内力

1. 外力偶矩的计算

在工程实际中，作用在轴上的外力偶矩一般并不是直接给出的，通常已知的是轴传递的功率和轴的速度，因此作用在轴上的外力偶矩根据下式确定，即

$$T=9549\frac{P}{n}\text{（N·m）} \tag{4.12}$$

式中，P 是轴传递功率，单位为 kW；n 是轴的转速，单位为 r/min。

在确定外力偶矩的转向时应注意，输入端受到的外力偶矩是带动轴转动的主动力偶矩，它的转向应与轴的转向一致；而输出端受到的外力偶矩是阻力偶矩，它的转向应与轴的转向相反。

2. 扭矩与扭矩图

在扭转外力偶作用下，圆轴横截面上将产生一连续分布力系，这一分布力系组成一力偶矩，与外力偶矩平衡。这一力偶矩称为扭矩。

扭矩是内力偶矩，它与外力偶矩有关，但又不同于外力偶矩。

1）当用截面法将杆截开分成两部分时，横截面上的扭矩与作用在圆轴的任一部分上的所有外力偶矩组成平衡力系。据此，即可由外力偶矩计算出横截面上扭矩的大小与方向。

2）如果只在圆轴的两个端面内作用有外力偶矩，则杆内任意横截面上的扭矩与作用在截面一侧杆的外力偶矩大小相等、方向相反。

当在圆轴的长度方向上有两个以上的外力偶矩作用时，圆轴各段横截面上的扭矩将是不等的，这时需用截面法确定各段横截面上的扭矩。

因为同一横截面两侧的扭矩必须具有相同的正负号，所以，对扭矩的正负号作如下规定：扭矩矢量与横截面外法线方向一致者为正；反之为负。

根据扭矩的大小与正负号可画出扭矩沿杆轴线方向变化的图形，称为扭矩图。绘制扭矩图的方法与轴力图相似。

【例 4.7】 圆轴上受有四个绕轴线转动的外力偶，大小和方向均示于图 4.30（a）中。试画出该轴的扭矩图（尺寸单位为 mm）。

解： 因为 A、B、C、D 四处作用有外加力偶矩，所以，在 AB 段、BC 段、CD 段三段内，扭矩各不相同，但每一段内的扭矩却是相同的。

利用 1—1、2—2 和 3—3 截面，将轴截开，考察这些截面左侧或右侧部分轴的平衡，分别如图 4.30（b）～（d）所示。由此求得三段内的扭矩分别为

$$M_{x1}+315=0，M_{x1}=-315\text{N·m}$$

$$M_{x2}+315+315=0，M_{x2}=-630\text{N·m}$$

$$M_{x3}-486=0，M_{x3}=486\text{N·m}$$

在上述计算过程中，都是先假定横截面上的扭矩为正方向。所得结果若为正，表示假设的扭矩方向是正确的；若为负，说明截面上的扭矩与假定方向相反，即扭矩为负。因为只要求画扭矩图，所以不必改变图 4.3（b）～（d）中 M_x 的方向。只需将上面所得扭矩的正负值标在 M_x-x 坐标系中。因为 AB、BC、CD 各段内扭矩为常数，所以各段内扭矩图都是平行于 x 轴的直线，如图 4.30（e）所示。

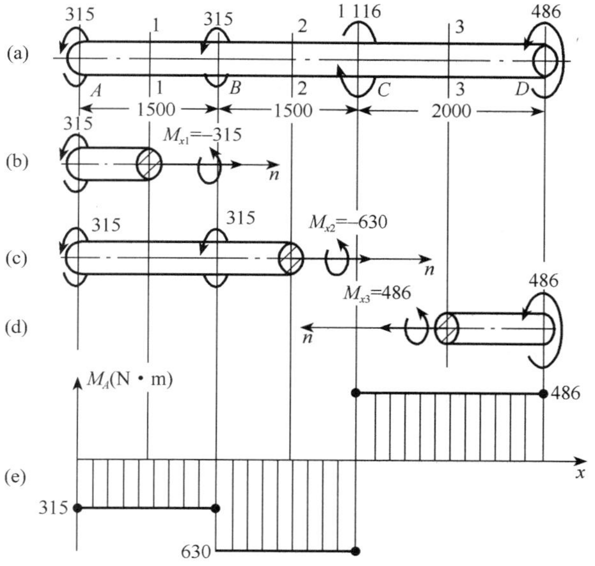

图 4.30 例 4.7 图

4.5.3 圆轴扭转时的应力应变计算

1. 平面假设

取一等截面圆轴，在其表面上画两条圆周线和两条与轴线平行的纵向线，如图 4.31 所示。然后在其圆轴两端分别作用一外力偶矩 M，使圆轴产生扭转变形。观察其现象发现：

1）圆周线的形状、大小以及两圆周间的距离均保持不变，但绕轴线发生了相对的转动。

2）纵向线近似为直线，只是倾斜了同一个角度 γ，原来的小矩形变成了平行四边形。

由上述现象可看出，圆轴扭转时，各横截面像刚性圆盘一样绕轴线发生不同角度的转动由此得出平面假设：圆轴扭转前的横截面变形后仍保持为平面，且形状与大小及间距不变，仅横截面之间绕轴线发生相对转动。

扭转变形

2. 圆轴扭转时横截面上的应力

从图 4.31 中可知，圆轴扭转时，由于横截面间的距离不变，$\Delta L=0$，$\varepsilon=0$，所以横截面上没有正应力。由于横截面间产生绕轴线的相对转动，使小矩形沿圆周方向的两侧发生相对错动，出现了剪切变形，故横截面上必有切应力存在；又因圆截面半径长度不变，切应力方向必与半径垂直。其计算公式为

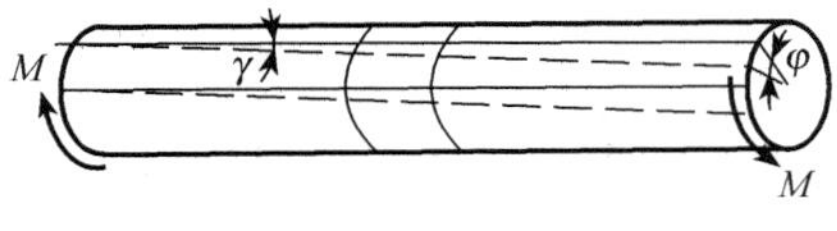

图 4.31 圆轴扭转时表面变形

扭转时截面上的应力分布

$$\tau_\rho=\frac{M_n\rho}{I_\mathrm{p}} \tag{4.13}$$

式中，τ_ρ——横截面上任意一点的切应力；

M_n——横截面上的扭矩；

ρ——所求应力点到圆心的距离；

I_p——横截面对圆心的极惯性矩，它表示截面的几何性质，是一个仅与截面形状和尺寸有关的几何量，反映了截面的抗扭能力，常用单位有 m^4、mm^4。

由上式可以看出，当横截面与扭矩一定时，切应力的大小与所求点到圆心的距离成正比，即呈线性分布。切应力的方向与横截面扭矩的转向一致，切应力的作用线与半径垂直，切应力在横截面上的分布规律如图 4.32 所示。

由应力分布图可看出，在圆截面的边缘上，即当 $\rho=\rho_{\max}=R$ 时，$\tau=\tau_{\max}$，由此可得最大切应力公式为

$$\tau_{\max}=\frac{M_n\cdot R}{I_\mathrm{p}} \tag{4.14}$$

式中，R 与 I 都是与截面尺寸有关的几何量，令

$$W_n=\frac{I_\mathrm{p}}{R} \tag{4.15}$$

则有

$$\tau_{\max}=\frac{M_n}{W_n} \tag{4.16}$$

式中，W_n——抗扭截面系数，单位为 m^3 或 mm^3。

3. 圆截面的极惯性矩和抗扭截系数

在工程中，圆轴横截面一般采用实心圆或空心圆两种（图 4.33）。

1）对实心圆截面有

$$I_\mathrm{p}=\frac{\pi d^4}{32}\approx 0.1d^4 \tag{4.17}$$

$$W_n=\frac{I_\mathrm{p}}{d/2}=\frac{\pi d^3}{16}\approx 0.2d^3 \tag{4.18}$$

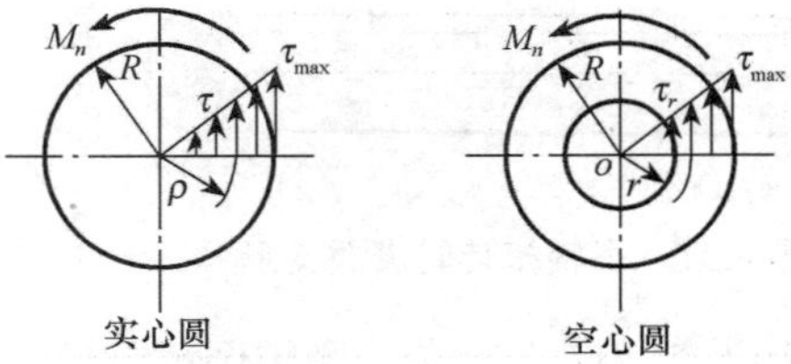

图 4.32　切应力分布

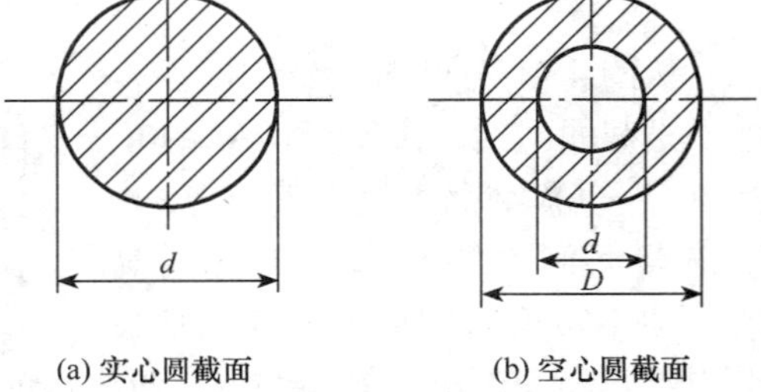

图 4.33　圆轴横截面

2）对空心圆截面有

$$I_p=\frac{\pi}{32}(D^4-d^4)$$

$$=\frac{\pi D^4}{32}(1-\alpha^4)\approx 0.1D^4(1-\alpha^4)$$

$$W_n=\frac{I_p}{D/2}=\frac{\pi D^3}{16}（1-\alpha^4）\approx 0.2D^3（1-\alpha^4）$$

式中，α——空心圆轴内、外直径的比值，$\alpha=\frac{d}{D}$。

4. 圆轴扭转时的变形

由扭转变形定义可知，衡量扭转变形程度的量是扭转角 φ。由理论可证明，扭转角的大小与扭矩 M_x 成正比，与轴长成正比，与材料的切变模量 G 成反比，与横截面的极惯性矩 I_p 成反比，其计算公式为

$$\varphi=\frac{M_x l}{GI_p}$$

由上式可看出，在扭矩一定的情况下，GI_p 越大，单位长度上的扭转角越小。可见 GI_p 反映了圆轴抵抗扭转变形的能力，称为抗扭刚度。扭转角的正负取决于扭矩 T 的正负，扭转角的单位是 rad（弧度）。

如果两截面的扭矩有变化或轴的直径不同，则应分别计算各段的扭转角，然后求代数和，即

$$\varphi=\sum_{i=l}^{n}\varphi_i=\sum_{i=l}^{n}\frac{M_x l_i}{GI_{pi}} \tag{4.19}$$

为消除轴长度的影响，工程上常采用单位长度上的扭角 θ 来表示，即

$$\theta=\frac{\varphi}{l}=\frac{M_x}{GI_p} \tag{4.20}$$

式（4.20）中 θ 的单位为 rad/m，工程实际中常用（°/m）来表示，故此式可改写为

$$\theta=\frac{180M_x}{\pi GI_p} \tag{4.21}$$

4.5.4 圆轴扭转时的强度与刚度设计

1. 强度设计

与拉（压）杆强度设计相类似，进行扭转强度设计时必须首先根据扭矩图判断危险截面（$M_{x\max}$ 作用面或直径较小的截面）；然后根据危险截面上的应力分布确定危险点（切应力最大点）；最后利用试验结果直接建立扭转时的强度设计准则。

为了保证圆轴安全正常地工作，则要求圆轴的最大工作切应力 $\tau_{\max}$

小于材料的许用切应力［τ］，即

$$\tau_{\max}=\frac{M_{x\max}}{W_n}\leqslant[\tau] \tag{4.22}$$

在静载荷作用下，许用切应力与许用正应力之间存在一定的关系。对于脆性材料，$[\tau]=(0.8\sim1.0)[\sigma]$；对于塑性材料 $[\tau]=(0.5\sim0.6)[\sigma]$。如果设计中不能提供［τ］值时，根据上述关系可由［σ］值求得［τ］值。

2. 刚度设计

扭转刚度计算是将单位长度上的相对扭转角限制在允许的范围内。刚度设计准则为

$$\theta=\frac{M_x}{GI_{\mathrm{p}}}\leqslant[\theta] \tag{4.23}$$

式中，［θ］——单位长度上的许用相对扭转角，其数值视轴的工作条件而定：用于精密机械的轴 $[\theta]=(0.25\sim0.5)$°/m；一般传动轴$[\theta]=(0.5\sim1)$°/m；刚度要求不高的轴$[\theta]=2$°/m。

刚度设计中要注意单位的一致性。式（4.23）不等号左边 $\theta=M_x/GI_{\mathrm{p}}$，其单位为 rad/m；而右边通常所用的单位为（°/m）。因此，在实际设计中，若不等式两边均采用 rad/m，则须在右边乘以（π/180）；若两边均采用（°/m），则须在左边乘以（180/π）。

根据扭转刚度条件，可以解决三类问题，即校核刚度、设计截面和确定许可载荷。

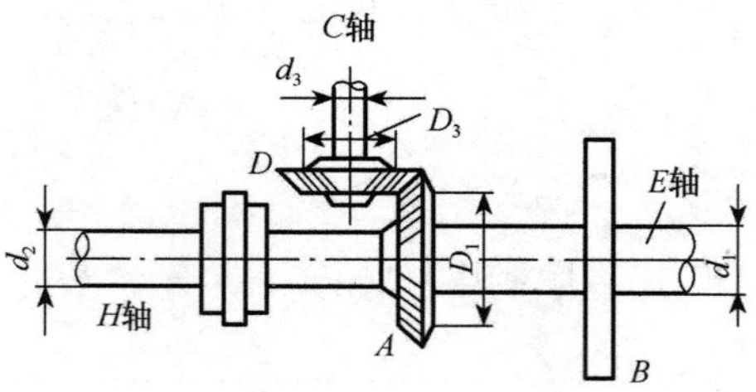

图 4.34　例 4.8 图

【例 4.8】 图 4.34 所示之传动机构中，水平 E 轴的转速 $n_1=120$r/min，从 B 轮上输入功率 $P=14$kW，此功率的一半通过锥形齿轮传给铅垂 C 轴，另一半传给水平 H 轴。若锥齿轮 A 和 D 的齿数分别为 $z_1=36$ 和 $z_3=12$。各轴的直径分别为 $d_1=70$mm，$d_2=50$mm，$d_3=35$mm。轴为钢制，$[\tau]=29.4$MPa。试校核各轴之强度是否安全。

解： 1）计算各轴所受之外力偶矩和扭矩。各轴所传递的功率分别为

$$P_1=14\text{kW}$$

$$P_2=P_3=14/2=7\text{kW}$$

各轴的转速为

$$n_1=n_2=120\text{r/min}$$

$$n_3=n_1\frac{z_1}{z_2}=120\times\frac{36}{12}=360\text{r/min}$$

于是，由式（4.12）可算得各轴的外力偶矩分别为

$$M_{x1}=T_1=9549\frac{P_1}{n_1}=9549\times\frac{14}{120}=1114\ (\text{N}\cdot\text{m})$$

$$M_{x2}=T_2=9549\frac{P_2}{n_2}=9549\times\frac{7}{120}=557\ (\text{N}\cdot\text{m})$$

$$M_{x3}=T_3=9549\frac{P_3}{n_3}=9549\times\frac{7}{360}=185.7\ (\text{N}\cdot\text{m})$$

2）判断危险状态。根据最大切应力公式

$$\tau_{\max}=\frac{M_x}{W_p}=\frac{16}{\pi}\cdot\frac{M_x}{d^3}$$

先比较 E、C 两轴，即直径为 d_1、d_3 的轴。因为 $d_1=2d_3$，$d_1^3=8d_3^3$，而 $M_{x1}<8M_{x3}$，所以 E 轴中的最大切应力小于 C 轴中的最大切应力。亦即 C 轴较 E 轴危险。

再比较 E、H 轴，$M_{x1}=2M_{x2}$，而 $d_1=1.4d_2$，即 $d_1^3>2d_2^3$，所以 E 轴中的最大切应力也比 H 轴中的最大切应力小。亦即 H 轴也比 E 轴危险。所以只需校核 C、H 二轴的强度。

3）强度校核：应用强度设计准则式（4.22）有

C 轴

$$\tau_{\max}=\frac{16M_{x3}}{\pi d_3^3}=\frac{16\times185.7}{\pi\times35^3\times(10^{-3})^3}=22.0\times10^6\text{Pa}=22.0\text{MPa}<29.4\text{MPa}$$

H 轴

$$\tau_{\max}=\frac{16M_{x2}}{\pi d_2^3}=\frac{16\times557}{\pi\times50^3\times(10^{-3})^3}=22.7\times10^6\text{Pa}=22.7\text{MPa}<29.4\text{MPa}$$

上述结果表明，三根轴的强度都是安全的。

习题

4.1 两根不同材料的等截面直杆，它们的截面积和长度都相等，承受相等的轴力。试说明：①二杆的绝对变形和相对变形是否相等？ ②二杆截面上的应力是否相等？③二杆的强度是否相等？

4.2 为什么说空心轴比实心轴更合理？

4.3 试求图 4.35 所示各杆件 1—1、2—2 和 3—3 截面上的轴力，并做轴力图。

4.4 如图 4.36 所示支架，在节点 B 处悬挂一重量 $G=20\text{kN}$ 的重物，杆 AB 及 BC 均为圆截面钢制件。已知杆 AB 的直径为 $d_1=20\text{mm}$，杆 BC 的直径为 $d_2=40\text{mm}$，杆的许用应力 $[\sigma]=160\text{MPa}$，试校核支架的强度。

4.5 一钢制阶梯杆如图 4.37 所示。已知 AD 段横截面面积为 $A_{AD}=400\text{mm}^2$，DB 段的横截面面积为 $A_{DB}=250\text{mm}^2$，材料的弹性模量 $E=200\text{GPa}$。试求①各段杆的纵向变形；②杆的总变形 Δl_{AB}；③杆内的最大纵向线应变。

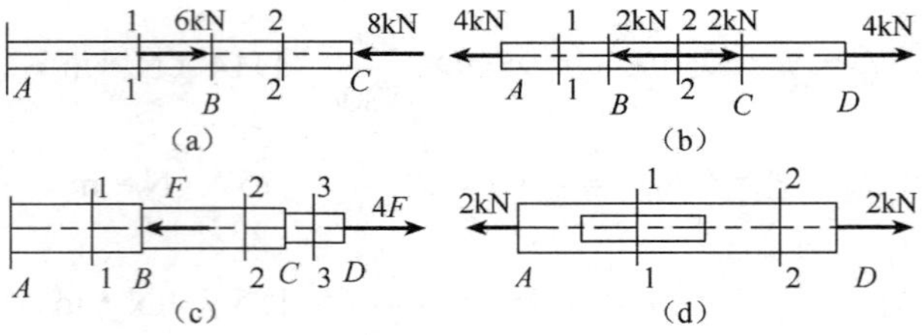

图 4.35　习题 4.3 图

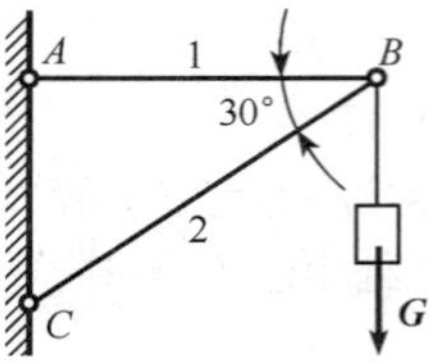

图 4.36　习题 4.4 图

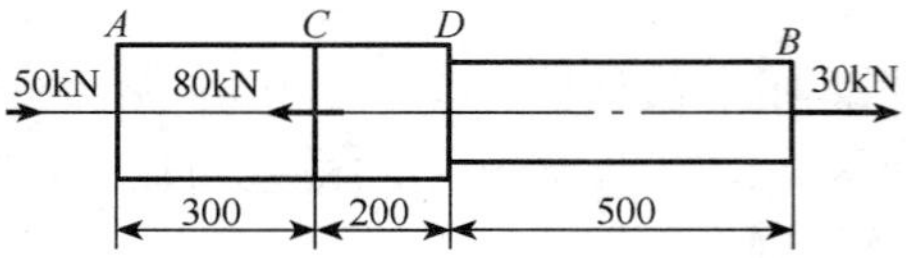

图 4.37　习题 4.5 图

4.6　电动机轴与带轮用平键联接，如图 4.38 所示。已知轴的直径 $d=35\text{mm}$，键的尺寸 $b\times h\times l=10\text{mm}\times 8\text{mm}\times 60\text{mm}$，传递的转矩 $M=46.5\text{N}\cdot\text{m}$。键材料为 45 钢，许用切应力 $[\tau]=60\text{MPa}$，许用挤压应力 $[\sigma_{jy}]=100\text{MPa}$。带轮材料为铸铁，许用挤压应力 $[\sigma_{jy}]=53\text{MPa}$。试校核键联接的强度。

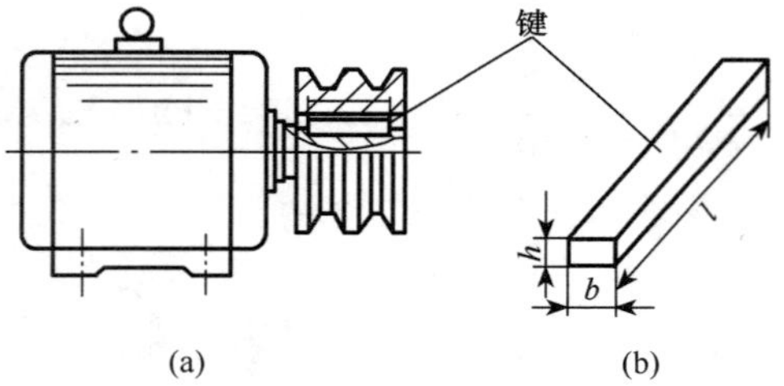

图 4.38　习题 4.6 图

4.7　求图 4.39 所示各轴 1—1、2—2 截面上的扭矩，并做各轴的扭矩图。

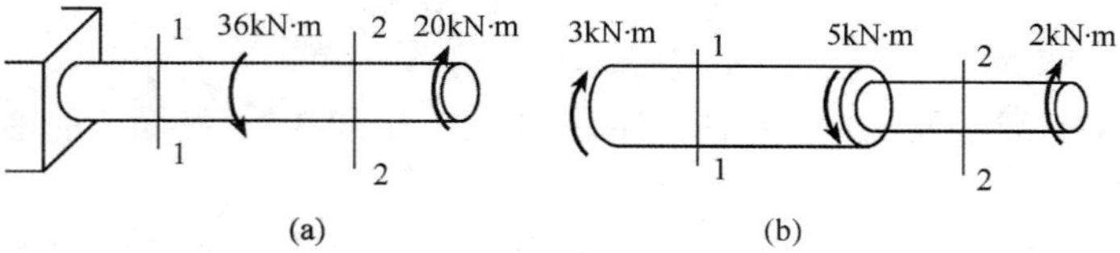

图 4.39　习题 4.7 图

4.8　如图 4.40 所示，实心轴和空心轴通过牙嵌离合器联接在一起，已知轴的转速 $n=100\text{r/min}$，传递的功率 $P=7.5\text{kW}$，$[\tau]=20\text{MPa}$。试设计：①实心轴的直径 d_1；②内、外径比值为 1/2 时的空心轴外径 D_2。

4.9　图 4.41 所示等截面圆轴上安装有 4 个皮带轮，其中 D 轮为主动轮，由此输入功率 100kW。轴的转速为 $n=300\text{r/min}$。轮 A、B 及 C 均为从动轮，其输出功率分别为 25kW、35kW、40kW。试讨论：①图示截面1—1、2—2处的扭矩大小，作出该轴的扭矩图；②试问各轮间的这种位置关系是否合理，若各轮位置可调，应当怎样布置？（提示：应当使得轴内最大扭矩最小）

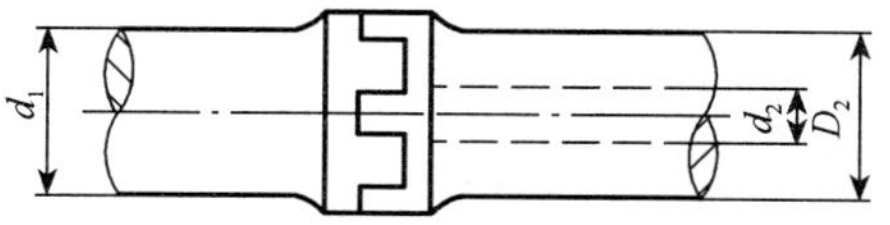

图 4.40　习题 4.8 图

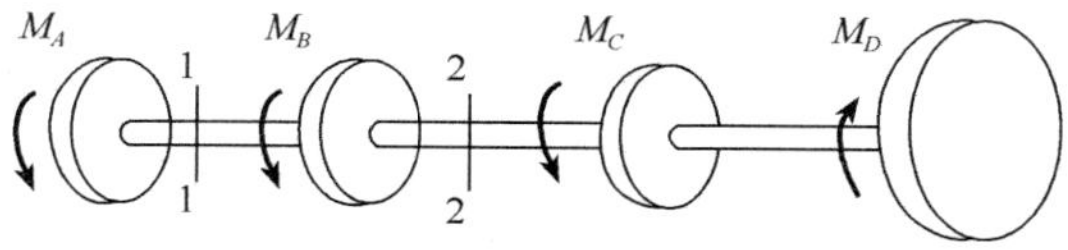

图 4.41　习题 4.9 图

5 单元 直梁弯曲

◎ 单元概述

在工程实际中，有很多构件在工作时都会发生弯曲变形。弯曲变形也是工程中最常见的变形之一。通过本单元的学习，可了解直梁弯曲的概念，学会绘制剪力图和弯矩图，掌握弯曲正应力的计算和应力分布规律，并能熟练应用弯曲强度和刚度条件解决工程实际问题。

◎ 学习目标

- 掌握平面弯曲的概念　掌握剪力和弯矩的计算。
- 掌握弯矩、剪力与载荷集度间的关系，熟练绘制剪力图和弯矩图。
- 掌握梁弯曲时横截面正应力分布与计算，了解横截面切应力计算方法。
- 了解梁的强度条件及其应用。
- 了解挠度和转角的计算，理解提高梁强度和刚度的措施。

◎ 教学节奏与方式

项　目		课时安排	教学方式
1	课前准备	课余	预习教材
2	教师讲授	8学时	重点讲授
3	思考与练习	课余	学生之间相互讨论或独立完成习题

5.1 平面弯曲及工程实例

横力弯曲

工程中最常见的梁可以分为三类，即简支梁、外伸梁和悬臂梁。

一端为固定铰，另一端为滚动铰链支承的梁，称为**简支梁**；若固定铰、滚动铰支承位置不在梁的端点，则称为**外伸梁**（可以是一端外伸，也可以是二端外伸）；一端为固定端，另一端自由的梁，则称为**悬臂梁**。分别如图 5.1（a）～（c）所示。

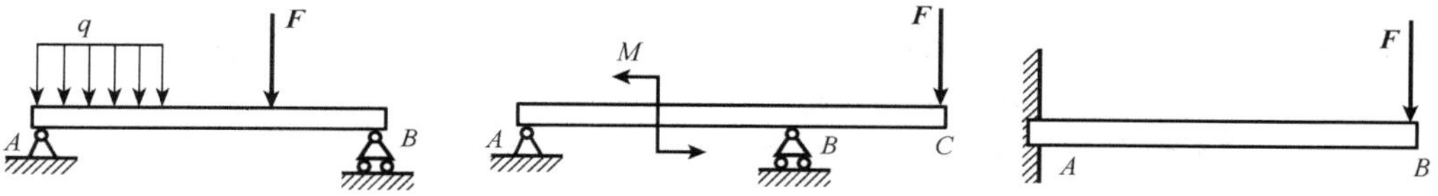

(a) 简支梁　(b) 外伸梁　(c) 悬臂梁

图 5.1　梁的分类

工程中常见的梁，其横截面一般至少有一个对称轴，如图 5.2（a）所示。此对称轴与梁的轴线共同确定了梁的一个纵向对称平面，如图 5.2（b）所示。如果梁上的载荷全部作用于此纵向对称面内，则称**平面弯曲梁**。平面弯曲梁变形后，梁的轴线将在此纵向对称面平面内弯曲成一条曲线，此曲线称为平面弯曲梁的挠曲线。

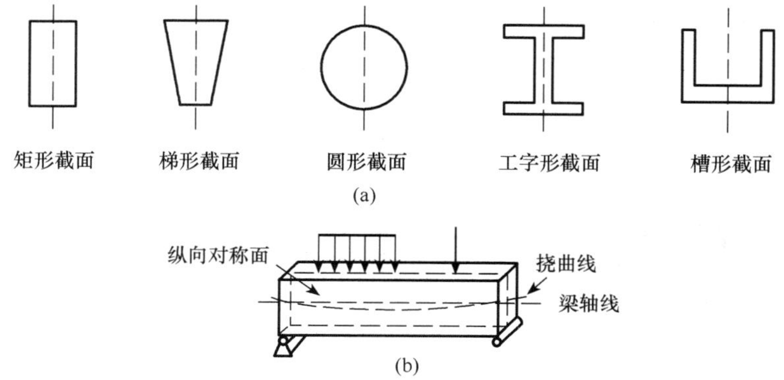

图 5.2　平面弯曲梁

这种梁的弯曲平面（即由梁弯曲前的轴线与弯曲后的挠曲线所确定的平面）与载荷平面（即梁上载荷所在的平面）重合在同一平面，称为**平面弯曲**。平面弯曲是最基本的弯曲问题，本章仅限于讨论平面弯曲。

作用在梁上的载荷多种多样，但可归纳、简化为三种。

（1）集中载荷 $\boldsymbol{F}$

当横向载荷在梁上的分布范围远小于梁的长度时，可简化为作用于一点的集中力，例如，起重机的车轮对横梁的压力即可简化为集中力 $\boldsymbol{F}$，如图 5.3 所示。

厂房行车

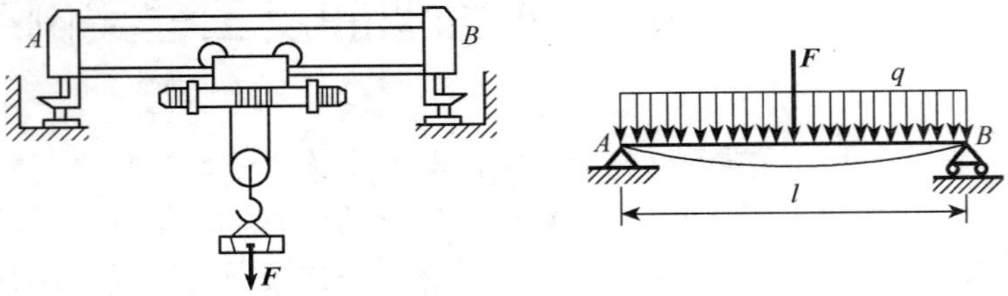

图 5.3　起重机中的集中载荷

（2）分布载荷 q

分布载荷是沿梁的全长或部分长度连续分布的横向载荷，单位为 N/m。按 q 在其分布长度内是否等于常量而分布称为均布载荷和非均布载荷。阳台梁所受重力可简化为一均布载荷 q，如图 5.4 所示。

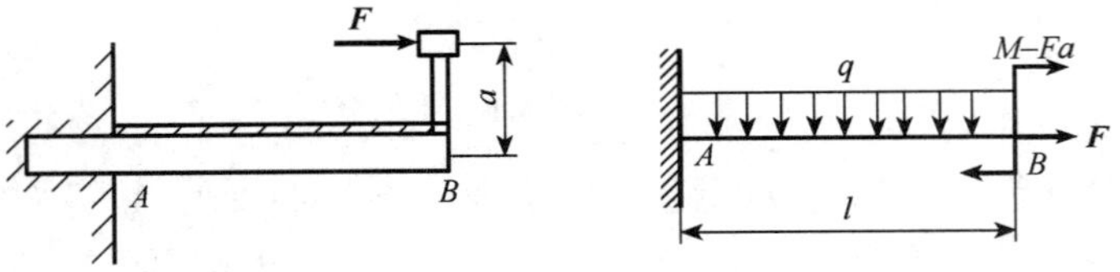

图 5.4　阳台栏杆受水平推力

（3）集中力偶 M

当力偶在梁上的作用长度远小于梁的长度时，可简化为作用在梁的某截面，称为集中力偶，其单位为 N・m。例如，阳台栏杆上的水平推力 $\boldsymbol{F}$ 可以简化为作用于阳台梁自由端 B 处的一个集中力偶 M 和一个水平集中力 $\boldsymbol{F}$，如图 5.4 所示。

5.2　梁的内力及内力图

5.2.1　指定截面上剪力、弯矩的确定

由截面法可以确定在平面弯曲情形下，梁的任意截面上一般同时存在两个内力分量—剪力和弯矩。剪力为作用在截面内的力，用 $\boldsymbol{F}_Q$ 表示；

弯矩为作用在截面内的力偶矩，用 M 表示。剪力和弯矩统称为弯曲内力。

以图 5.5 所示简支梁为例。用假想截面将梁从任意截面 $m—m$ 处截开，分成左、右两段。任取其中一段作为研究对象，例如左段，此时，左段上作用有外力，为保持平衡，截面 $m—m$ 上一定作用有与之平衡的内力。将左段上的所有外力向截面 $m—m$ 的形心平移，得到垂直于梁轴线的外力 $\boldsymbol{F}'$ 及作用在梁对称面内的外力矩 M'。根据平衡要求，截面 $m—m$ 上必然有剪力 $\boldsymbol{F}_{\mathrm{Q}}$ 和弯矩 M 存在，二者分别与 $\boldsymbol{F}'$ 与 M' 大小相等、方向相反。

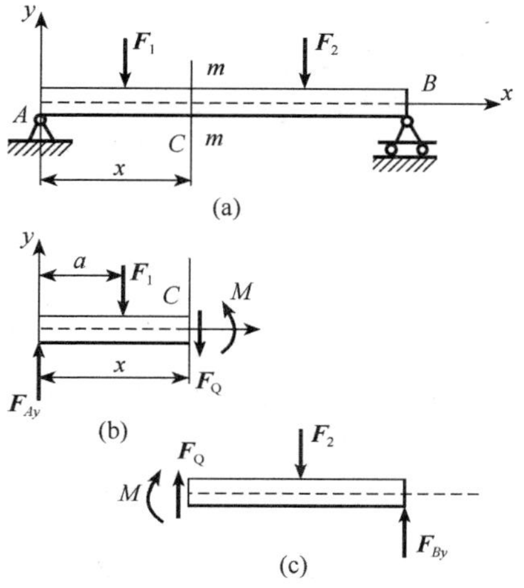

图 5.5 梁横截面上的剪力和弯矩

为了使左、右两段梁求得同一横截面上的剪力和弯矩不仅数值相等，而且符号也相同，需要根据外力的方向，结合梁的变形，对剪力和弯矩符号作如下规定：用两个相邻横截面切出的一小段梁，对如图 5.6（a）所示剪切变形的剪力为正（左上右下为正）；反之，对如图 5.6（b）所示剪切变形的剪力为负（左下右上为负）。对如图 5.7（a）所示弯曲变形的弯矩为正（碗口向上为正）；反之，对如图 5.7（b）所示的弯矩为负（碗口向下为负）。可记为：左上右下 $\boldsymbol{F}_{\mathrm{Q}}$ 为正，反之为负；凸面向下（碗口向上）M 为正，反之为负。值得注意的是，静力学中列平衡方程的符号规定与这里按变形规定的符号并不一致。为了避免符号的混乱，在求内力时，可假定截面上内力 $\boldsymbol{F}_{\mathrm{Q}}$ 和 M 均按变形规定取正号；代入平衡方程运算时沿用静力学符号规定进行；结果为正说明假定方向正确，结果为负说明与假定方向相反。这样做的结果，恰好与按变形规定的符号相一致。

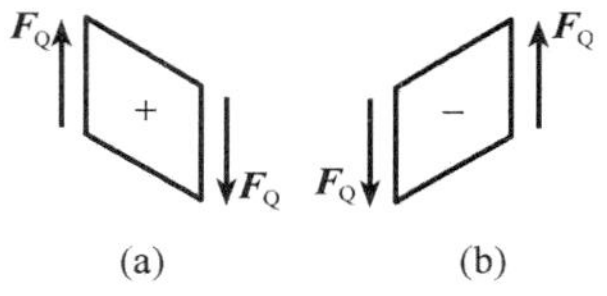

图 5.6 剪力符号规定

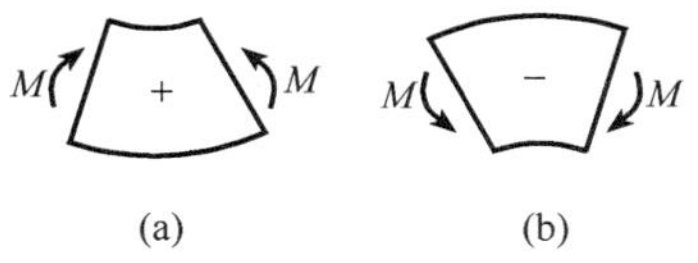

图 5.7 弯矩符号规定

按前述符号规定可推断：截面左侧梁段上方向朝上，或右侧梁段上方向朝下的横向外力 $\boldsymbol{F}_i$ 引起的剪力 $\boldsymbol{F}_{\mathrm{Q}}$，因而规定“左上右下”的 $\boldsymbol{F}_i$ 为正，反之为负；截面左侧梁段上外力对截面形心之矩为顺时针方向、右侧梁段上外力对截面形心之矩为逆时针方向 M_i 为正，反之为负。

【例 5.1】 外伸梁 DB 受力如图 5.8 所示。已知均布载荷集度为 q，集中力偶 $M_C=3qa^2$。图中 2—2 与 3—3 截为 A 点处的临近截面；同样 4—4 与 5—5 截面为 C 点处的临近截面。试求梁各指定截面的剪力和弯矩。

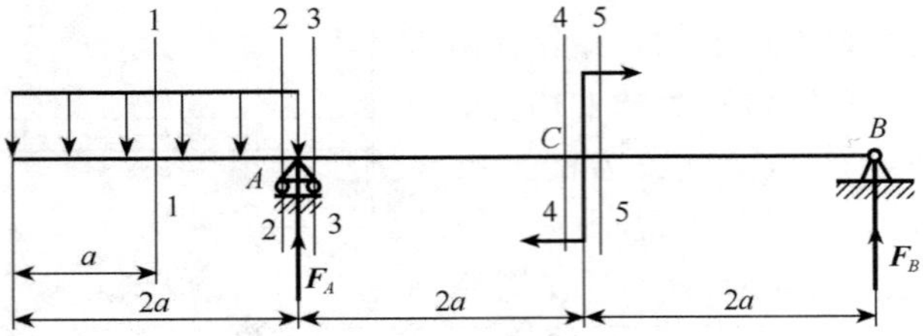

图 5.8　例 5.1 图

解： 1）求梁支座的约束力。取整个梁为研究对象，画受力图，列平衡方程求解得

$$\sum M_B(\boldsymbol{F})=0 \qquad -F_A\times 4a-M_C+q\times 2a\times 5a=0$$

得

$$F_A=\frac{7qa}{4}$$

由

$$\sum F_y=0 \qquad F_B+F_A-q\times 2a=0$$

得

$$F_B=\frac{qa}{4}$$

2）求各指定截面上的剪力和弯矩。

1—1 截面：由 1—1 截面左段梁上外力的代数和求得该截面的剪力为 $F_{Q1}=-qa$

由 1—1 截面左段梁上外力对截面形心力矩的代数和求得该截面的弯矩为

$$M_1=-qa\times\frac{a}{2}=-\frac{qa^2}{2}$$

2—2 截面：取 2—2 截面左段梁计算，得

$$F_{Q2}=-q\times 2a=-2qa$$

$$M_2=-q\times 2a\times a=-2qa^2$$

3—3 截面：取 3—3 截面左段梁计算，得

$$F_{Q3}=-q\times 2a+F_A=-2qa+\frac{7qa}{4}=-\frac{qa}{4}$$

$$M_3=-q\times 2a\times a=-2qa^2$$

4—4 截面：取 4—4 截面右段梁计算，得

$$F_{Q4}=-F_B=-\frac{qa}{4}$$

$$M_4=F_B\times 2a-M_C=\frac{qa^2}{2}-3qa^2=-\frac{5qa^2}{2}$$

5—5 截面：取 5—5 截面右段梁计算，得

$$F_{Q5}=-F_B=-\frac{qa}{4}$$

$$M_5=F_B\times 2a=\frac{qa^2}{2}$$

由以上计算结果可以看出：

1）集中力作用处的两侧临近截面上的弯矩相同，但剪力不同，说明剪力在集中力作用处产生了突变，突变的幅值等于集中力的大小。

2）集中力偶作用处的两侧临近截面上的剪力相同，但弯矩不同，说明弯矩在集中力偶作用处产生了突变，突变的幅值等于集中力偶矩的大小。

3）由于集中力的作用截面上和集中力偶的作用截面上剪力和弯矩有突变，因此，应用截面法求任一指定截面上的剪力和弯矩时，截面不能取在集中力或集中力偶的作用截面处。

5.2.2 剪力和弯矩方程 剪力图和弯矩图

一般受力情形下，为反映剪力和弯矩沿梁轴线方向的变化状况，以梁上某一端点为原点 O，沿轴线方向作 Ox 坐标轴，坐标 x 表示横截面的位置，梁的剪力和弯矩可以表示成 x 的函数，即

$$F_Q=F_Q(x),\quad M=M(x)$$

这两个表达式，分别称为剪力方程和弯矩方程。

由于载荷的变化或支承的影响，在一般情形下，梁全长上各段截面的剪力和弯矩不能只用一个函数来表示，而要分段建立剪力、弯矩方程。一般外力不连续处，如集中力、集中力偶的作用点两侧，以及分布载荷的起点和终点处截面，都应作为分段点。

根据剪力、弯矩方程，可求出梁任意截面上的剪力、弯矩以及它们的最大值。为了更直观地表示出剪力和弯矩沿轴线的变化情况，可以在 F_Q-x 和 M-x 坐标系中分别画出两者变化的图形。两者分别称为剪力图和弯矩图。

【例 5.2】 台钻手柄 AB 用螺纹固定在转盘上［图 5.9（a）］，其长度为 l，自由端作用力 $\boldsymbol{F}$，试建立手柄 AB 的剪力、弯矩方程，并画出其剪力、弯矩图。

解：1）建立手柄 AB 的力学模型。如图 5.9（b）所示，列平衡方程，求得支座约束力

$$F_A=F$$

$$M_A=Fl$$

2）列剪力、弯矩方程。

以梁的左端 A 点为坐标原点，选取任意位置 x 截面，如图 5.9（b）所示，用 x 截面处左段梁上的外力与外力矩的代数和来确定手柄 AB 的剪力方程与弯矩方程

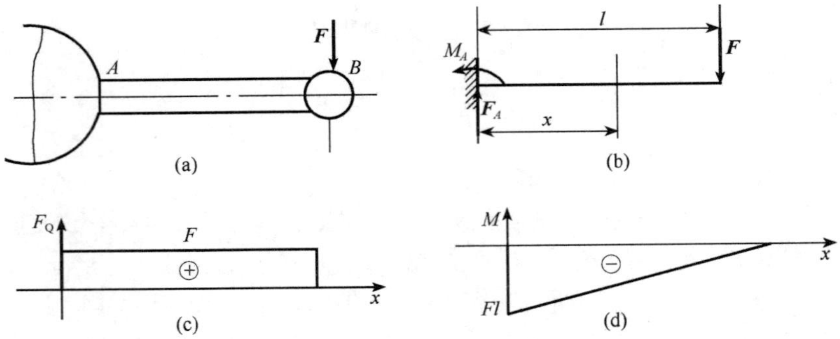

图 5.9　例 5.2 图

$$F_Q(x)=F_A=F \quad (0<x<l)$$

$$M(x)=F_Ax-M_A=-F(l-x) \quad (0<x\leqslant l)$$

3）画剪力图、弯矩图。

由剪力方程 $F_Q(x)=F$ 可知，梁的各横截面上的剪力均等于 F，且为正值，故剪力图为平行于轴的水平线，如图 5.9（c）所示。

由弯矩方程 $M(x)=-F(l-x)$ 可知，梁的各横截面上弯矩是截面坐标 x 的一次函数（图形是直线），确定直线两点的坐标，即 A 端截面的弯矩 $M(0)=-Fl$; B 端截面的弯 $M(l)=0$，连接两点坐标即得此梁的弯矩图，如图 5.9（d）所示。

【例 5.3】　简支梁 AB 受均布载荷的作用，如图 5.10（a）所示，作此梁的剪力图和弯矩图。

解：1）求支反力。由载荷及支反力的对称性可知两个支力相等，即

$$F_A=F_B=\frac{ql}{2}$$

2）列出剪力方程和弯矩方程。以梁左端 A 为坐标原点，选取坐标系如图 5.10（a）所示。距原点为 x 的任意截面上的剪力和弯矩分别为

$$F_Q(x)=F_A-qx=\frac{ql}{2}-qx \quad 0<x<l$$

$$M(x)=F_Ax-qx\cdot\frac{x}{2}=\frac{ql}{2}x-\frac{1}{2}qx^2 \quad 0\leqslant x\leqslant l$$

3）作剪力图和弯矩图。由剪力方程知，剪力图是一条斜直线，确定其上两点后即可绘出此梁的剪力图，如图 5.10（b）所示。由弯矩方程知，弯矩图为二次抛物线，要多确定曲线上的几点，才能画出这条曲线。例如，通过表 5.1 中的几点作梁的弯矩图，如图 5.10（c）所示。

表 5.1　画图点

x	0	$l/4$	$l/2$	$3l/4$	l
$M(x)$	0	$\frac{3ql^2}{32}$	$\frac{ql^2}{8}$	$\frac{3ql^2}{32}$	0

由剪力图和弯矩图可以看出，在两个支座内侧的横截面上剪力为最大值：$\left|F_Q\right|_{max}=\dfrac{ql}{2}$。在梁跨度中点横截面上弯矩最大 $M_{max}=\dfrac{ql^2}{8}$，而在此截面上剪力 $F_Q=0$。

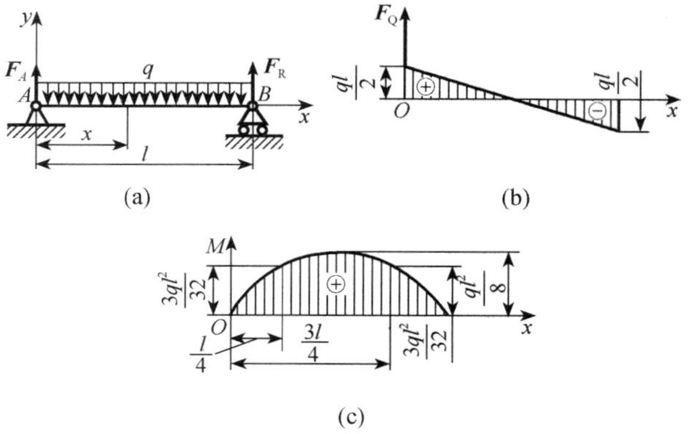

图 5.10　例 5.3 图

5.3 纯弯梁横截面上的正应力

通过以上分析，我们已经知道，梁在一般载荷作用下，存在剪力和弯矩两个内力分量，这种弯曲称为横向弯曲。由于剪力是横截面上切向分布的内力的合力，因此横截面上存在切应力；弯矩是横截面上法向分布的内力的合力，所以横截面上存在正应力。

为简单起见，在这里只考察梁的横截面上只有弯矩而无剪力的特殊情形，这种弯曲称为**纯弯曲**，简称**纯弯**。如图 5.11（a）和图 5.12（a）所示两梁，其 *AB* 段的各截面上均只有弯矩而无剪力作用，因而都属于纯弯。纯弯时，梁横截面上只有正应力而无切应力。

纯弯曲

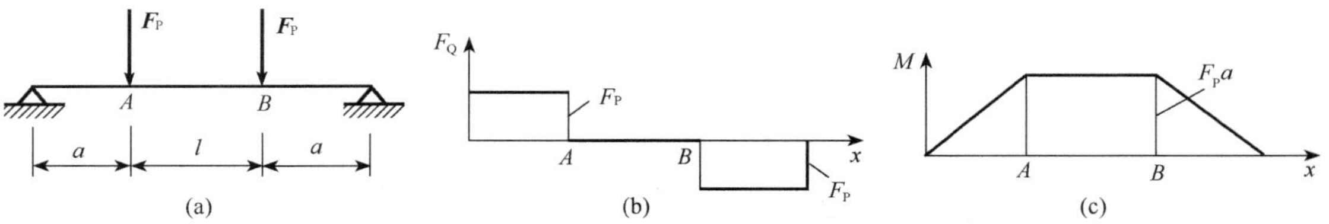

图 5.11　简支梁的纯弯部分

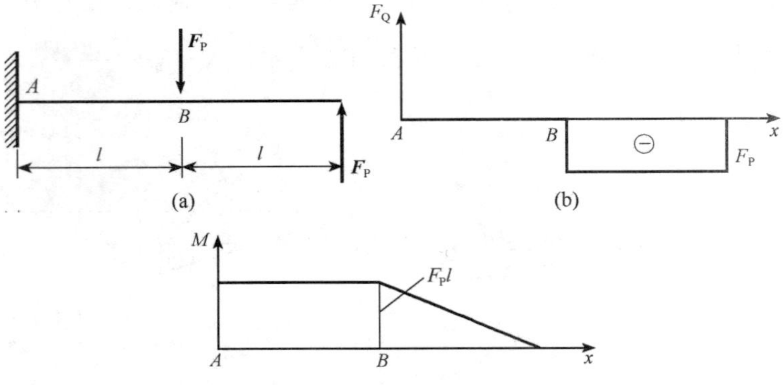

图 5.12　悬臂梁的纯弯部分

5.3.1　纯弯梁的变形特点

面线变形

考察图 5.13 所示的纯弯梁的变形。加载前先在梁表面画上平行于轴线和垂直于轴线的直线［见图 5.13（a）］，在梁的两端作用一对集中力偶，梁的变形如图 5.13（b）。可以看出梁的变形有以下特点：

1）横线仍保持为直线，只是相对转了一个角度，但仍与变形后的轴线垂直。

2）纵线均弯成相互平行的弧线，中间纵线虽然弯曲成曲线，但不发生伸长或缩短变形；此线以上部分的纵线缩短，以下部分的纵线伸长。

平面假设

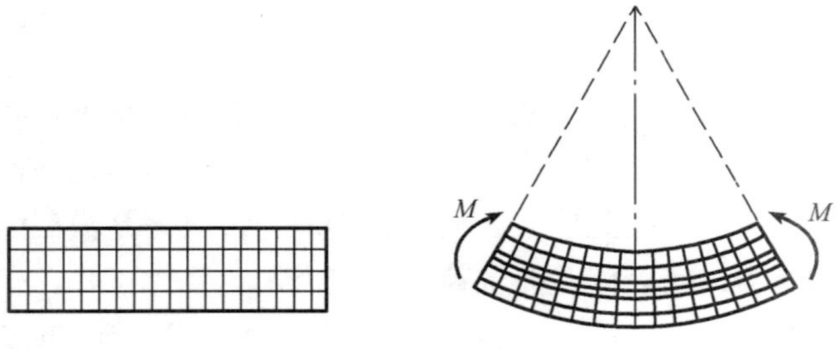

图 5.13　纯弯梁的表面变形

根据梁表面变形的特点，可以对梁内部的变形作如下假定：梁弯曲前的横截面在变形后仍保持平面，并垂直于梁的轴线，只是绕截面上的某一轴转过一个角度。这一假定称为平面假定。

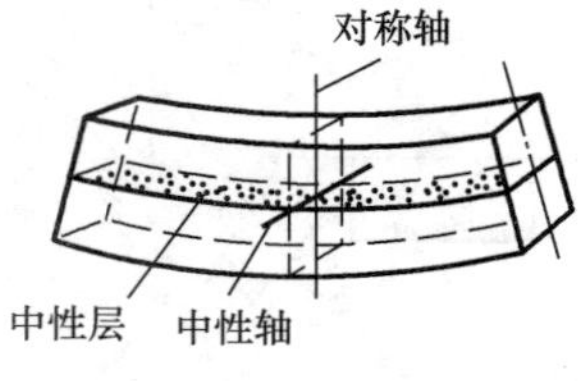

图 5.14　梁的中性层与中性轴

根据以上假定，可以得到一些重要结论。

梁内某些纵向层产生伸长变形，另一些纵向层则产生缩短变形，二者之间必然存在着既不伸长也不缩短的某一纵向层，称之为中性层，如图 5.14 所示。

中性层与横截面的交线称为中性轴。横截面上位于中性轴两侧的各点分别承受拉应力和压应力；中性轴上各点的应力为零。对于平面弯曲问题，由于外力均作用在梁的纵向对称面内，故全梁的变形对称于纵向对称面，因此中性轴与纵向对称面垂直，即与横截面的对称轴垂直，如图 5.14 所示。

5.3.2 纯弯时梁横截面上的正应力分布

通过梁的变形分析，可以看出：越靠近中性层，变形越小，至中性层，变形为零；离中性层越远，变形（伸长或缩短）越大。而且横截面保持平面且转过一角度，因此，两相邻截面之间的 dx 微段上各层梁的纵向变形沿截面高度方向按直线变化。

纤维变形

如果在弹性范围内加载，根据胡克定律，横截面上的正应力，沿截面高度方向也按直线变化。

在梁截面上建立 y-z 坐标，其中 z 轴与中性轴重合，y 轴与截面对称轴一致，如图 5.15 所示。横截面上距离中性轴 y 远处的正应力可以写成

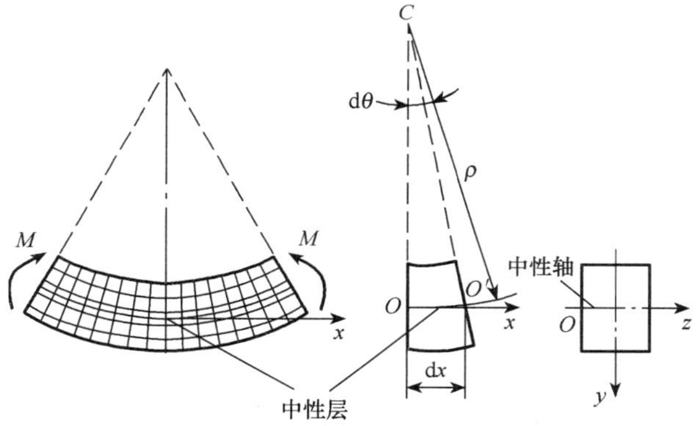

图 5.15 横截面相互转过一角度

$$\sigma = Cy \tag{5.1}$$

式中，常数 $C=E\dfrac{\mathrm{d}\theta}{\mathrm{d}x}=\dfrac{E}{\rho}$，$\dfrac{1}{\rho}$称为中性层的曲率；$\rho$ 为中性层的曲率半径；dθ 为微段两截面转过的角度；E 为材料的弹性模量。

将 $C=\dfrac{E}{\rho}$ 代入式（5.1）后，得到

$$\sigma = \frac{E}{\rho}y \tag{5.2}$$

式中，E、ρ——常数。

根据这一结果可以画出梁横截面上的正应力分布图，如图 5.16 所示。横截

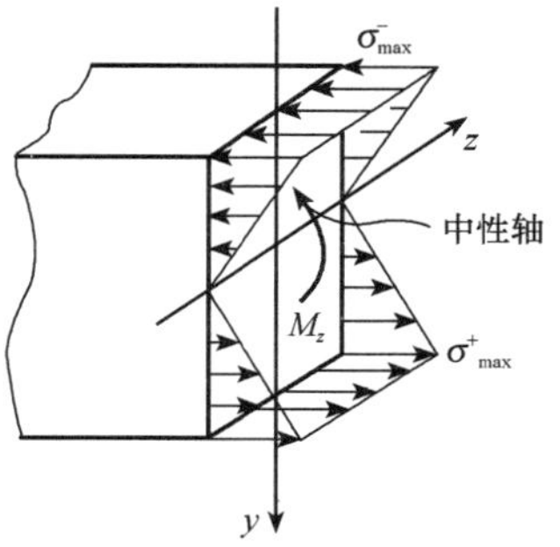

图 5.16 梁横截面上的正应力分布

面上同一高度上各点的正应力相等；截面上距中性轴最远各点分别承受最大拉应力和最大压应力；中性轴上各点正应力为零。

5.3.3 弯曲正应力

利用式（5.2）还不能计算横截面上的正应力，这是因为曲率半径 ρ 以及中性轴的位置都是未知的。

梁横截面上的分布正应力，最后只能合成为一力偶。这一力偶的力偶矩等于横截面上的弯矩 M_z。根据平衡条件，梁的横截面上，也只有 M_z 一个内力分量，轴力 $F_N=0$。

于是，可以证明，对于平面弯曲，中性轴一定通过截面形心，并且垂直于加载方向。如果截面有两根对称轴，并且在一根对称轴方向加载，则另一根对称轴一定是中性轴；如果截面只有一根对称轴，并且在对称轴方向加载，则通过截面形心并且垂直于对称轴的轴，一定是中性轴。

还可以证明，中性层的曲率 $\dfrac{1}{\rho}$ 由下式确定，即

$$\frac{1}{\rho}=\frac{M_z}{EI_z} \tag{5.3}$$

式中，I_z——整个截面对于中性轴（z 轴）的惯性矩，其单位为 mm^4 或 m^4；EI_z 称为梁的弯曲刚度。

式（5.3）是计算梁弯曲变形的基本公式，它表明：在确定的截面处，中性层的曲率 $1/\rho$ 与该截面上的弯矩 M_z 成正比，与弯曲刚度 EI_z 成反比。即弯矩越大，弯曲变形也越大，曲率就越大；而弯曲刚度越大，梁越不易发生变形，曲率就越小。

将式（5.3）代入式（5.2），即可得到梁弯曲时的正应力公式

$$\sigma=\frac{M_z y}{I_z} \tag{5.4}$$

式中，M_z——横截面上的弯矩；

I_z——梁整个截面对于中性轴的惯性矩；

y——所求应力点到中性轴的距离，即该点的 y 坐标。

5.3.4 常见截面的惯性矩

杆类构件横截面的惯性矩可由积分确定，常见截面的惯性矩，在一般设计手册中都可以查到。

1）对于矩形截面［见图 5.17（a）］有

$$\begin{cases} I_z=\dfrac{bh^3}{12} & \text{（中性轴为}z\text{轴）} \\ I_y=\dfrac{hb^3}{12} & \text{（中性轴为}y\text{轴）} \end{cases} \tag{5.5}$$

2）对于圆形截面［见图 5.17（b）］有

$$I=\frac{\pi d^4}{64} \tag{5.6}$$

3）对于空心圆截面［见图 5.17（c）］有

$$I_z=I_y=\frac{\pi D^4}{64}（1-\alpha^4） \tag{5.7}$$

式中，D——外径；

d——内径，$\alpha=d/D$。

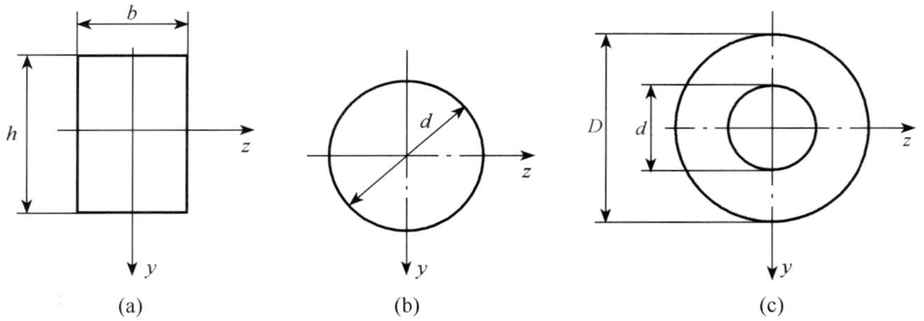

图 5.17　常见横截面

5.3.5　最大弯曲正应力

由正应力公式（5.4）可知，横截面上最大正应力发生在距中性轴最远处，其计算公式为

$$\sigma_{\max}=\frac{M_z}{I_z}y_{\max}=\frac{M_z}{W_z} \tag{5.8}$$

式中，$W_z=I_z/y_{\max}$ 称为截面的弯曲模量，其单位为 mm^3 或 m^3。

常见截面的弯曲模量如下所述。

1）对于矩形截面（$b\times h$）有

$$W_z=\frac{bh^2}{6}（中性轴为 z 轴） \tag{5.9}$$

2）对于圆形截面（直径为 d）有

$$W_z=\frac{\pi d^3}{32} \tag{5.10}$$

3）对于空心圆截面（内、外径分别为 d、D；$\alpha=d/D$）有

$$W_z=\frac{\pi D^3}{32}(1-\alpha^4) \tag{5.11}$$

对于轧制型钢（工字型钢等）截面，其 W_z 可直接从型钢表中查得。

当梁的横截面具有一对相互垂直的对称轴，且加载方向与其中一根对称轴一致时，则中性轴与另一对称轴一致。此时最大拉应力与最大压应力绝对值相等，由式（5.8）计算。

若梁的横截面只有一根对称轴，加载方向与该轴一致，则中性轴过截面形心与该轴垂直，但不是对称轴。此时，横截面上最大拉应力（$\sigma_{\max}^{+}$）与最大压应力（$\sigma_{\max}^{-}$）绝对值不相等，可由式（5.8）分别计算

$$\begin{cases}\sigma_{max}^{+}=\dfrac{M_z y_{max}^{+}}{I_z}\\ \sigma_{max}^{-}=\dfrac{M_z y_{max}^{-}}{I_z}\end{cases} \quad (5.12)$$

式中，y_{max}^{+}——截面受拉一侧离中性轴最远各点至中性轴的距离；

y_{max}^{-}——截面受压一侧离中性轴最远各点至中性轴的距离。

需要注意的是，某个横截面上的最大正应力，不一定就是梁内的最大正应力，应比较所有危险截面上的最大正应力，其中最大者才是梁内横截面上的最大正应力。

5.4 弯曲强度设计

上述各节的分析，确定了平面弯曲梁横截面上的内力及应力，本节将讨论平面弯曲梁的强度设计问题，这是工程中常常需要解决的实际问题。

5.4.1 弯曲强度设计准则

对于一般载荷作用下的细长实心截面梁，由于切应力很小，因此在进行强度计算时，主要是限制弯矩引起的梁内最大正应力不得超过材料的许用应力，即

$$\sigma_{max} \leqslant [\sigma] \quad (5.13)$$

这是只考虑正应力时的弯曲强度设计准则，又称为**弯曲强度条件**。其中［σ］称为弯曲许用应力，等于或略大于拉伸许用应力。σ_{max} 为梁内的最大弯曲正应力发生在梁的“危险截面”上的危险点处。

5.4.2 弯曲强度设计

根据弯曲强度设计准则，进行弯曲强度计算的一般步骤为：

01 进行梁的受力分析，确定约束力，画出梁的弯矩图。

02 根据弯矩图，确定可能的危险截面。对于等截面梁，弯矩最大的截面为危险截面。对于变截面梁，则不仅弯矩最大的截面为可能的危险截面，且截面面积最小的截面也可能为危险截面，因此要综合考察弯矩和截面的变化情形，才能确定危险截面。

03 根据应力分布和材料的力学性能确定可能的危险点。对于拉、压力学性能相同的材料（如低碳钢等），最大拉应力点和最大压应力点具有相同的危险性，通常不加以区别。对于拉、压力学性能不同的材料（如

铸铁等脆性材料），最大拉应力点和最大压应力点都有可能是危险点。

04 应用强度条件解决三类强度问题——强度校核、截面几何尺寸设计和确定许可载荷。对于拉、压许用应力相等的材料，采用式（5.13）的强度条件，对于许用拉、压应力不相等的材料，其强度条件为

$$\begin{cases}\sigma_{\max}^{+}\leqslant[\sigma^{+}]\\ \sigma_{\max}^{-}\leqslant[\sigma^{-}]\end{cases}\tag{5.14}$$

式中，$[\sigma]^{+}$、$[\sigma]^{-}$——材料的拉、压许用应力。

【例 5.4】 图 5.18 所示桥式起重机的大梁由 32b 工字钢制成，其 $W_Z=7.26\times10^5\text{mm}^3$，跨长 $L=10\text{m}$，材料的许用应力为 $[\sigma]=140\text{MPa}$，电葫芦自重 $G=0.5\text{kN}$，梁的自重不计，求梁能够承受的最大起吊重量 F。

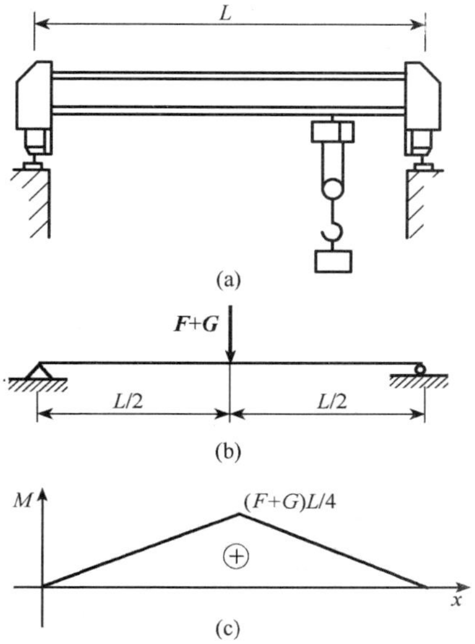

图 5.18 例 5.4 图

起重机大梁

解：起重机大梁的力学模型为图 5.18（b）所示的简支梁。电葫芦移动到梁跨长的中点时，梁中点截面处将产生最大弯矩，作出大梁的弯矩图，如图 5.18（c）所示。梁中点为危险截面，其最大弯矩为 $M_{\max}=\dfrac{(G+F)L}{4}$。

由梁的弯曲条件

$$\sigma_{\max}=\frac{M_{\max}}{W_z}\leqslant[\sigma]$$

得

$$\frac{(G+F)L}{4}\leqslant[\sigma]W_z$$

继而求得

$$F\leqslant\frac{4[\sigma]W_Z}{L}-G=\frac{4\times140\times7.26\times10^5}{10\times10^3}-0.5\times10^3=40.2\times10^3\text{N}=40.2\text{kN}$$

梁能够承受的最大起吊重量为 40.2kN。

【例 5.5】 图 5.19（a）所示为 T 形截面铸铁梁，已知 $F_1=9\text{kN}$，$F_2=4\text{kN}$，$a=1\text{m}$，许用拉应力 $[\sigma^{+}]=30\text{MPa}$，许用压应力 $[\sigma^{-}]=60\text{MPa}$，T 形截面尺寸如图 5.19（b）所示。已知截面对形心轴 z 的惯性矩 $I_z=763\text{cm}^4$，$y_1=52\text{mm}$，试校核梁的抗弯强度。

解：通过静力平衡方程可求得梁支座的约束力为 $F_A=2.5\text{kN}$，$F_B=10.5\text{kN}$，作出梁的弯矩图，如图 5.19（c）所示，由图可见，最大正弯矩在 C 截面，$M_C=F_Aa=2.5\text{kN}\cdot\text{m}$，最大负弯短在 B 截面，$M_B=-F_2a=-4\text{kN}\cdot\text{m}$。

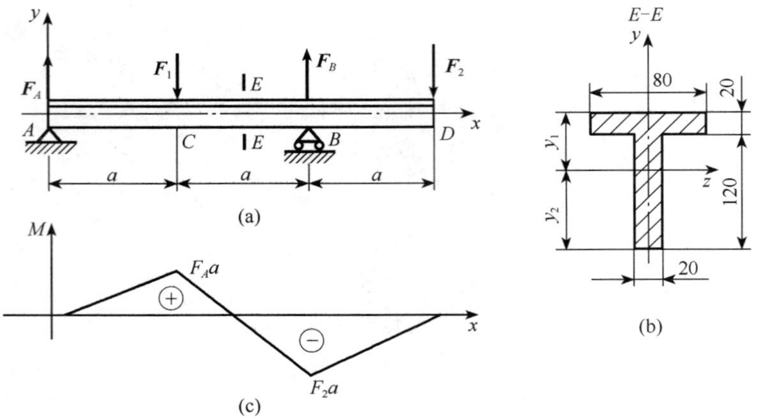

图 5.19　例 5.5 图

铸铁梁 B 截面上的最大拉应力出现在截面的上边缘各点处，最大压应力出现在截面的下边缘各点处，分别为

$$\sigma_B^+ = \frac{M_B y_1}{I_z} = \frac{4\times10^6\times52}{763\times10^4}\text{MPa} = 27.26\text{MPa}$$

$$\sigma_B^- = \frac{M_B y_2}{I_z} = \frac{4\times10^6\times(120+20-52)}{763\times10^4}\text{MPa} = 46.13\text{MPa}$$

铸铁梁 C 截面上的最大拉应力出现在截面的下边缘各点处，最大压应力出现在截面的上边缘各点处，分别为

$$\sigma_C^+ = \frac{M_C y_2}{I_z} = \frac{2.5\times10^6\times88}{763\times10^4}\text{MPa} = 28.83\text{MPa}$$

$$\sigma_C^- = \frac{M_C y_1}{I_z} = \frac{2.5\times10^6\times52}{763\times10^4}\text{MPa} = 17.04\text{MPa}$$

所以，梁的最大拉应力出现在 C 截面的下边缘各点处，最大压应力出现在 B 截面的下边缘各点处，即

$$\sigma_{\max}^+ = \sigma_C^+ = 28.83\text{MPa} < [\sigma^+]$$

$$\sigma_{\max}^- = \sigma_B^- = 46.13\text{MPa} < [\sigma^-]$$

梁的强度足够。

5.5 梁的变形

梁除满足弯曲强度条件外，还要满足刚度条件才能正常安全工作。如果齿轮轴变形过大，会使齿轮不能正常啮合，工作时产生振动和噪声；如

果起重机横梁［图 5.20（a）］的变形过大，会使电葫芦移动困难；机械加工中刀杆或工件的变形会产生较大的制造误差，如图 5.20（b）所示。因此，研究梁的弯曲变形是十分必要的。

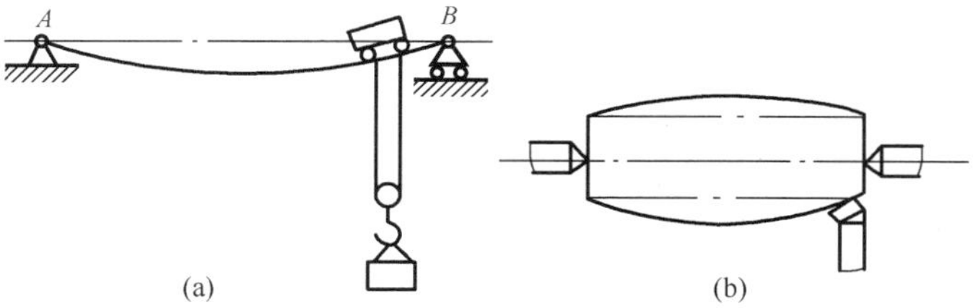

(a) (b)

图 5.20 梁的变形实例

镗刀杆

5.5.1 挠度和转角

度量梁弯曲变形的两个基本量是挠度和转角。研究表明，对于较长的弯曲梁，其产生弯曲变形的主要因素是弯矩，而剪力的影响一般可以忽略不计。以悬臂梁为例，变形前梁的轴线为直线 AB，m-m 截面是梁的某一横截面（图 5.21）；变形后直线 AB 变为光滑的连续曲线 AB_1，m-m 截面转到了 m_1-m_1 的位置。轴线 AB 上各点在 y 方向产生了位移，该位移称为挠度，用 y 表示，如图 5.21 中的 CC_1 即为 C 点的挠度，一般规定向上的挠度为正，向下的挠度为负。挠度的单位为 mm。在弯曲变形过程中，梁的横截面绕中性轴相对于原来位置转过的角度称为该截面的转角，转角用 θ 表示，如图 5.21 中的 θ 即为 m-m 截面的转角，转角的单位为 rad。一般规定逆时针转的转角为正，顺时针转的转角为负。可以看出，转角的大小与挠曲线上 C_1 点的切线与 x 轴的夹角相等。

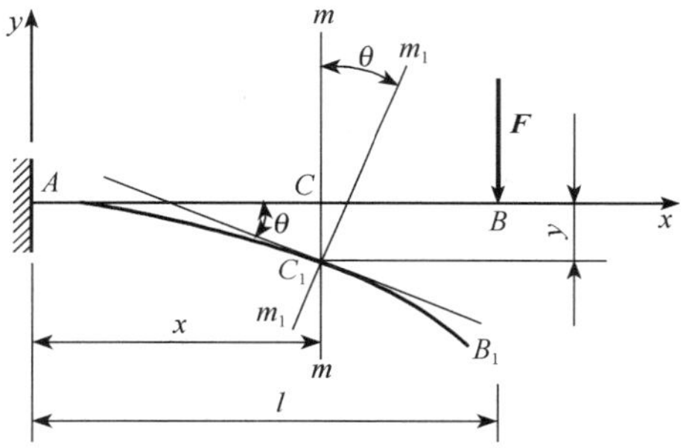

图 5.21 悬臂梁的变形

摇臂钻床

图 5.21 中的曲线 AB_1，表示了全梁各截面的挠度值，故称之为**挠曲线**。挠曲线是梁截面位置 x 的函数，记作 $y=f(x)$，该式称为**挠曲线方程**。

5.5.2 用查表法和叠加法求梁的变形

工程中将梁在简单载荷作用下的弯曲变形列成表（可以查阅相关的工程力学手册）。通过查表确定梁变形值的方法称为**查表法**。如果梁同时受到几种载荷联合作用而发生变形时，可先从表中查出在各种载荷单独作用下的弯曲变形，然后将它们相加求出梁的实际弯曲变形。这种方法称为**叠加法**。下面通过一个例题简单介绍利用查表和叠加法求梁的变形。

【例 5.6】 图 5.22 所示简支梁，试用叠加法求梁跨中点 C 的挠度

y_C和支座处截面的转角θ_A、θ_B。

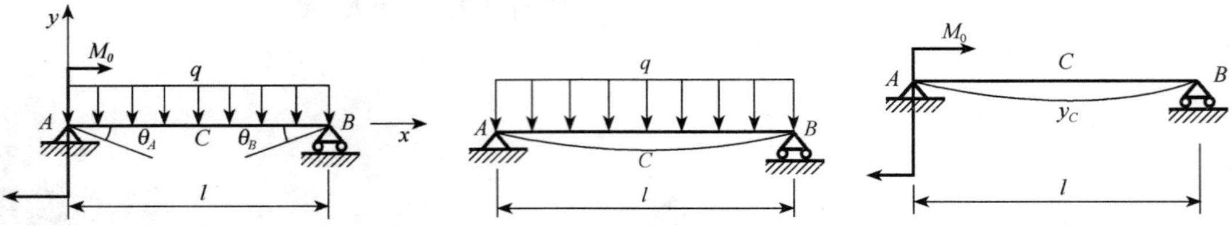

图 5.22　例 5.6 图

解：梁上的作用载荷可以分为两个简单载荷［图 5.22（b）、（c）］，通过查相关手册得到这两种简单载荷下梁的变形，列于表 5.2 中。

利用叠加法求代数和，得

$$y_C=y_{Cq}+y_{CM}=-\frac{5ql^4}{384EI_z}-\frac{M_0l^2}{16EI_z}$$

$$\theta_A=\theta_{Aq}+\theta_{AM}=-\frac{ql^3}{24EI_z}-\frac{M_0l}{3EI_z}$$

$$\theta_B=\theta_{Bq}+\theta_{BM}=\frac{ql^3}{24EI_z}+\frac{M_0l}{6EI_z}$$

表 5.2　例 5.6 中简单载荷梁的挠度和转角计算

梁的简图	挠曲线方程	端截面转角	最大挠度
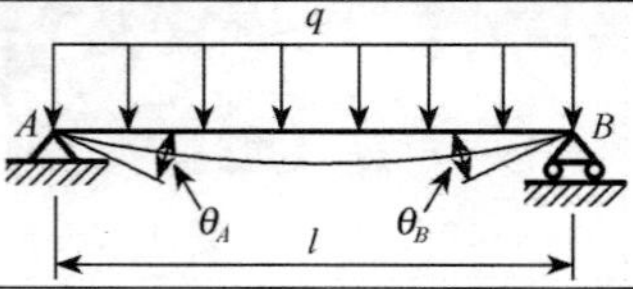	$y=-\frac{qx}{24EI_z}(l^3-2lx^2+x^3)$	$\theta_A=-\theta B$ $=-\frac{ql^3}{24EI_z}$	$x=\frac{l}{2}$ $y_{max}=-\frac{5ql^4}{384EI_z}$
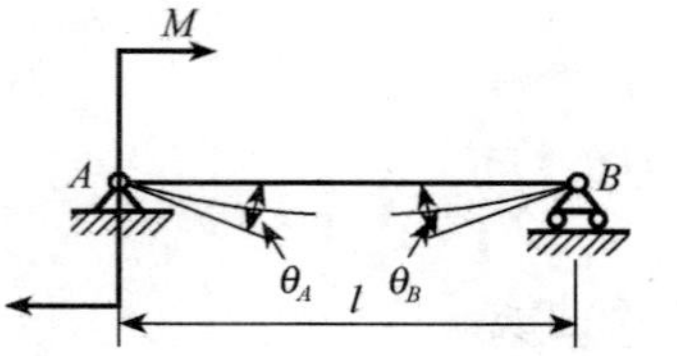	$y=-\frac{Mx}{6EI_zl}(l-x)(2l-x)$	$\theta_A=-\frac{Ml}{3EI_z}$ $\theta_B=\frac{Ml}{6EI_z}$	$x=\left(1-\frac{1}{\sqrt{3}}\right)l$ $y_{max}=-\frac{Ml^2}{9\sqrt{3}EI_z}$ $x=\frac{l}{2}$ $y_{max}=-\frac{Ml^2}{16EI_z}$

5.5.3　梁的刚度条件

计算梁的变形，主要目的在于进行刚度计算。所谓梁要满足刚度要求，就是指梁在外力作用下，应保证最大挠度小于许用挠度，最大转角小于许用转角，即

$$y_{max}\leqslant[y] \tag{5.15}$$

$$\theta_{max}\leqslant[\theta] \tag{5.16}$$

式中，$[y]$——弯曲梁的许用挠度；

[θ]——弯曲梁的许用转角。

两值根据工作要求或参照有关工程实际手册确定。

在设计梁时，一般应使其先满足强度条件，再校核刚度条件。如所选截面不能满足刚度条件，再考虑重新设计。

【例 5.7】 车床空心主轴如图 5.23（a）所示，承受切削力 $F_1=2\text{kN}$，齿轮传动力 $F_2=1\text{kN}$ 作用。已知轴的外径 $D=80\text{mm}$，内径 $d=40\text{mm}$，跨度 $l=400\text{mm}$，外伸长度 $a=100\text{mm}$。材料的弹性模量 $E=210\text{GPa}$。若卡盘 C 处的许可挠度 $[w]=0.0001l$，轴承 B 处的许可转角 $[\theta]=\dfrac{1}{10^3}\text{rad}$。试校核轴的刚度。

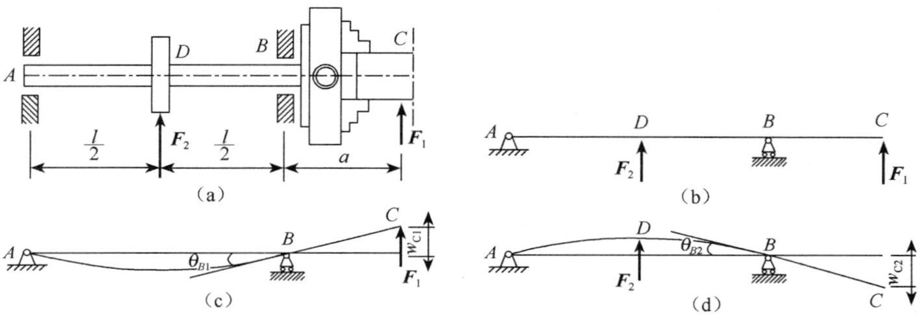

图 5.23 例 5.7 图

解：利用叠加原理，车床主轴［图 5-23（b）］的弯曲变形应该是 F_1、F_2 单独作用下弯曲变形［图 5-23（c）、（d）］的代数和。空心主轴的惯性矩为

$$I=\frac{\pi}{64}(D^4-d^4)=\frac{\pi}{64}(80^4-40^4)\times10^{-12}=188\times10^{-8}\,\text{m}^4$$

其抗弯刚度为

$$EI=210\times10^9\times188\times10^{-8}=39.48\times10^4\,\text{N}\cdot\text{m}^2$$

当 F_1 单独作用时［图 5-23（c）］，由表 5-3 查得 C 端面的挠度和 B 截面的转角分别为

$$\begin{aligned}w_{C1}&=\frac{F_1a^2}{3EI}(l+a)\\&=\frac{2\times10^3\times(100\times10^{-3})^2}{3\times39.48\times10^4}\times(400+100)\times10^{-3}\\&=8.44\times10^{-6}(\text{m})\end{aligned}$$

$$\begin{aligned}\theta_{B1}&=\frac{F_1al}{3EI}=\frac{2\times10^3\times100\times10^{-3}\times400\times10^{-3}}{3\times39.48\times10^4}\\&=0.675\times10^{-4}\,\text{rad}\end{aligned}$$

当 F_2 单独作用时［图 5-23（d）］，由表 5-3 查得 B 截面的转角为

$$\theta_{B2}=\frac{F_2L^2}{16EI}=\frac{1\times10\times(400\times10^{-3})^2}{16\times39.48\times10^4}=-2.53\times10^{-5}\,\text{rad}$$

由图 5-23（d）可知，F_2 作用下，BC 段上无弯曲变形；而且 θ_{B2} 又是一个很小的角度，因此，C 端面的挠度为

$$w_{C2}=\theta_{B2}a=-2.53\times10^{-5}\times100\times10^{-3}=-2.53\times10^{-6}\,\mathrm{m}$$

于是，F_1，F_2 同时作用下 C 端面的挠度和 B 截面的转角分别为

$$w_C=w_{C1}+w_{C2}=(8.44-2.53)\times10^{-6}=5.91\times10^{-6}\,\mathrm{m}$$

$$\theta_B=\theta_{B1}+\theta_{B2}=(0.675\times10^{-6}-2.53\times10^{-5})=0.422\times10^{-4}\,\mathrm{rad}$$

主轴的许可挠度和许可转角为

$$[w_C]=\frac{l}{10^4}=\frac{400\times10^{-3}}{10^{-4}}=40\times10^{-6}\,\mathrm{m}\quad[\theta_B]=\frac{1}{10^3}=10\times10^{-4}\,\mathrm{rad}$$

因为 $w_C<[w_C]$ $\theta_B<[\theta_B]$，所以主轴满足刚度条件。

表 5-3　例 5-7 中简单载荷梁的挠度和转角计算

梁的简图	端截面转角	挠曲线方程	绝对值最大的挠度
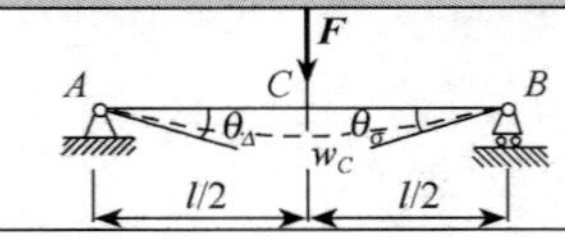	$\theta_A=-\theta_B=-\dfrac{Fl^2}{16EI}$	$0\leqslant x\leqslant\dfrac{l}{2}$ $w=-\dfrac{Fx}{48EI}(3l^2-4x^2)$	$w_C=-\dfrac{Fl^3}{48EI}$
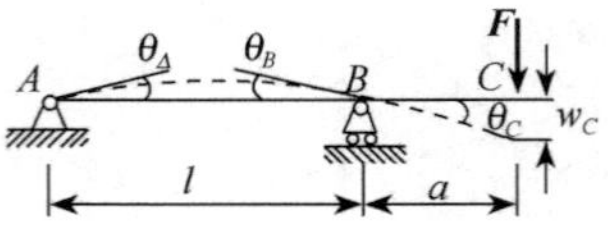	$\theta_A=\dfrac{Fal}{6EI}$ $\theta_B=-\dfrac{Fal}{3EI}$ $\theta_C=-\dfrac{Fa}{6EI}(2l+3a)$	$0\leqslant x\leqslant l$ $w=\dfrac{Fax}{6lEI}(l^2-x^2)$ $l\leqslant x\leqslant l+a$ $w=-\dfrac{F(x-l)}{6EI}[a(3x-l)-(x-l)2]$	在$x=\dfrac{l}{\sqrt{3}}$处， $w=\dfrac{Fal^2}{9\sqrt{3}EI}$ 在$x=l+a$处， $w_C=-\dfrac{Fa^2(l+a)}{3EI}$

5.6 提高梁的强度和刚度的措施

进行工程设计时，往往希望在满足梁的强度与刚度的前提下，尽可能使梁具有较高的承载能力，以节省材料、降低造价，达到既经济又安全的目的。

5.6.1　提高梁强度的措施

对于细长梁，由于影响其强度的主要因素是弯曲正应力，因此，提高梁的强度的方法，就是设法降低梁横截面上的正应力。常见的措施有以下几种。

1. 选择合理的截面形状

由于梁弯曲时，横截面上正应力沿截面高度线性分布，距中性轴越远的点，其上的正应力越大，中性轴附近的点正应力很小。当距中性轴最远点的应力达到许用应力值时，中性轴附近点的应力还远远小于许用应力，这部分材料没有充分利用。因此，在不破坏截面整体性的前提

下，可以将中性轴附近的材料移至距中性轴较远处，从而形成工程结构中常用的空心截面以及工字型、箱形和槽形等“合理截面”。

2. 采用变截面梁或等强度梁

梁的强度计算中，主要是以梁的危险截面上的危险点处的应力为依据的。一般情形下，梁的弯矩沿梁长方向各不相等，当危险截面上危险点达到许用应力时，其他截面上的最大正应力并未达到许用应力。因此，常在弯矩较大处采用尺寸较大的横截面，在弯矩较小处采用尺寸较小的横截面。即截面的尺寸随弯矩的变化而变化，这种梁称为变截面梁。

如果使所有截面上的最大正应力同时达到材料的许用应力，这种梁称为等强度梁。等强度梁无疑是设计最合理的，但其加工制作有一定困难。因此，一些实际弯曲构件大都设计成近似的等强度梁。例如电机转子的阶梯轴（图 5.24）以及摇臂钻床的变截面摇臂（图 5.25）等。

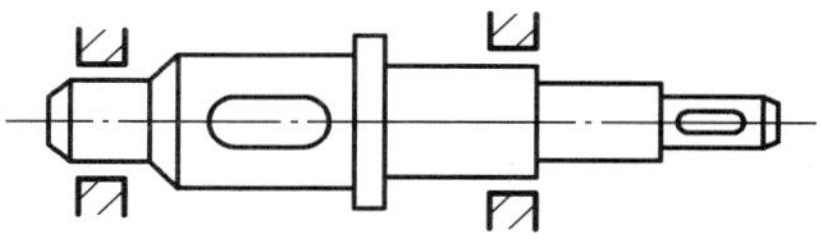

图 5.24　电机转子的阶梯轴

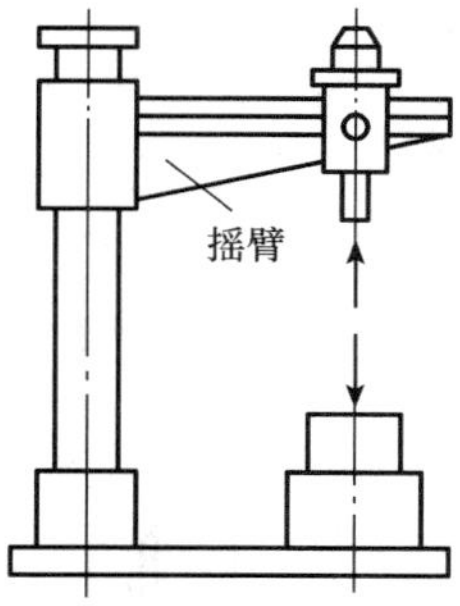

图 5.25　摇臂钻床的变截面

3. 改善梁的受力状况

改善梁的受力方式和约束状况，可以降低梁上的最大弯矩值。适当改变支座位置可以有效降低最大弯矩值。如图 5.26（a）所示梁，将其两支座各向内移动 l/5，则最大弯矩降为原来的 1/5（图 5.27）。

合理布置载荷也是降低最大弯矩的有效措施。如图 5.28 所示的三个简支梁，受大小相等的外力作用，但外力布置的位置与形式有所不同，图 5.28（a）梁的最大弯矩最大，图 5.28（b）梁的最大弯矩减小近一半，图 5.28（c）梁的最大弯矩最小。图 5.29 所示，齿轮轴上的齿轮常常布置在紧靠轴承处。

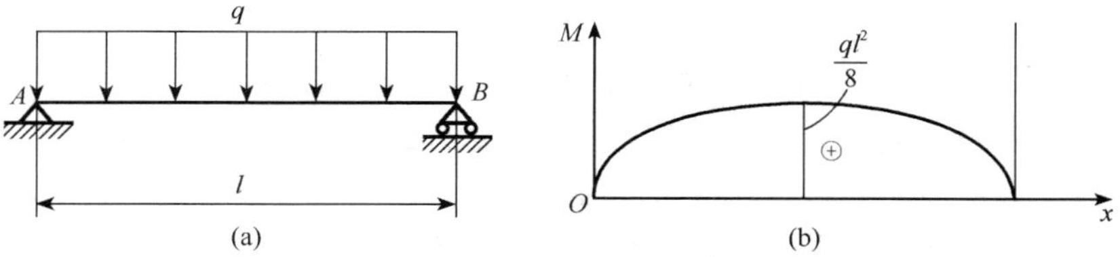

图 5.26　简支梁的弯矩分布

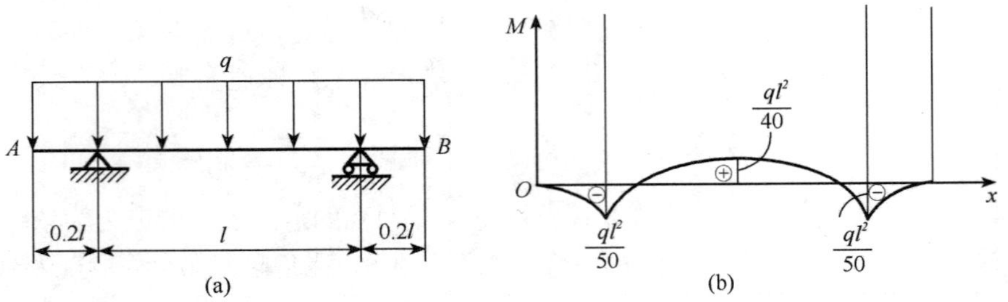

图 5.27　外伸梁的弯矩分布

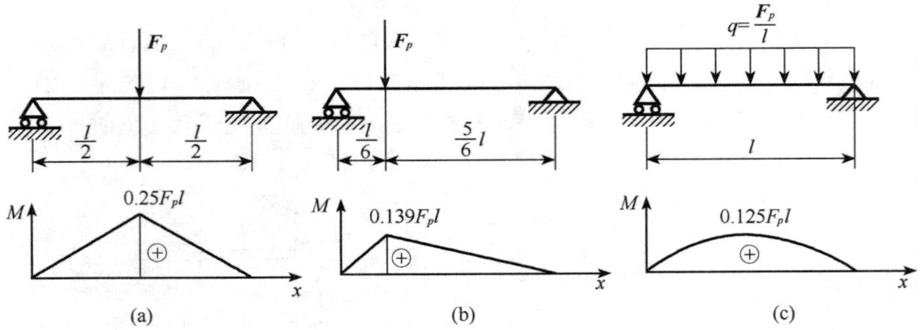

图 5.28　合理布置载荷降低最大弯矩

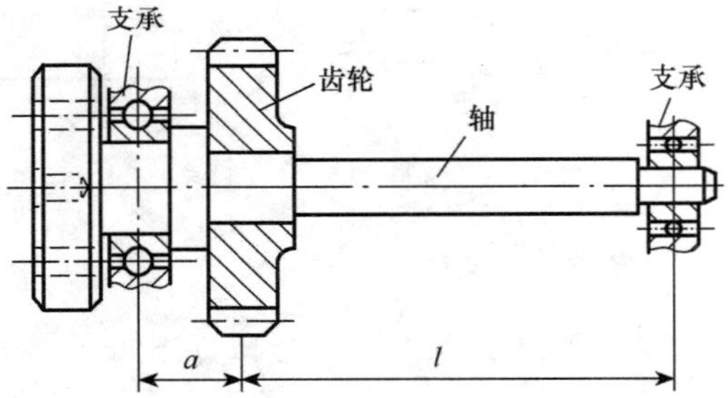

图 5.29　齿轮轴上齿轮的合理位置

5.6.2　提高梁刚度的措施

梁的变形不仅与载荷有关，而且与梁的长度、弯曲刚度及约束条件有关。因此，常采用以下措施提高梁的刚度。

1. 改善受力，减小全长上的弯矩

弯矩是引起弯曲变形的主要原因，通过改善梁的受力可以降低弯矩，从而减小梁的挠度或转角。此时可参考提高梁的强度的措施。但降低某一处截面上的弯矩（例如最大弯矩），并不能有效地提高刚度，这是因为梁的变形是梁上所有截面变形累加的结果，因而梁的变形与梁全长上的弯矩都有关。

2. 增大截面惯性矩

由于各类钢材的弹性模量 E 的数值极为接近，因此采用优质钢材对提高梁的弯曲刚度意义并不大。所以一般选择合理的截面形状以获得较大的截面惯性矩，可参考提高梁的强度的措施。

3. 减小梁的跨度或长度

因为梁的转角或挠度分别与梁跨度（或长度）的平方或立方（集中载荷作用情形）甚至四次方（分布载荷作用情形）成正比，所以减小梁的跨度（或长度）是提高梁刚度的主要措施之一。

4. 增加支座

在梁跨长不能缩短的情况下，为提高梁的刚度，可适当增加支座。例如，在车床上加工较长的工件时，为减小切削力引起的挠度，保证加工精度，可在卡盘与尾架之间增加中间支架，如图 5.30 所示。

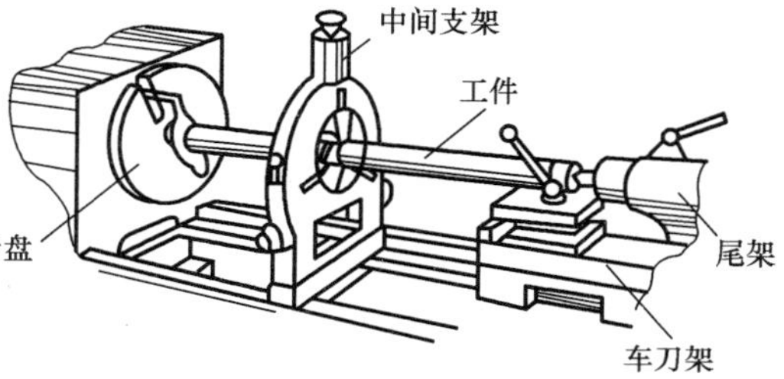

图 5.30　车床的卡盘与尾架之间增加中间支架

5.7 组合变形的强度计算简介

以上所研究的构件在外力作用下只发生一种基本变形。工程上大多数构件的受力情况较为复杂，它们的变形往往是两种或两种以上基本变形的组合。同时产生两种或两种以上基本变形的复杂变形称为组合变形。

5.7.1 拉伸（压缩）与弯曲组合变形的强度计算

现以图 5.31（a）所示的钻床立柱为例来分析拉伸（压缩）与弯曲组合变形的强度计算。用截面法将立柱沿 m-n 截面截开，取上半部分为研究对象，上半部分在外力 F 及截面内力作用下应处于平衡状态，由平衡条件不

难求得 $m—n$ 截面上的轴向拉力 F_N 和弯矩 M 分别为 $F_N=F$，$M=Fe$。轴向拉力 F_N 使立柱产生拉伸作用，弯矩 M 使立柱产生平面弯曲，故立柱的变形为拉伸与弯曲的组合变形。轴向拉力 F_N 在 $m—n$ 截面上产生拉伸正应力，弯矩 M 在 $m—n$ 截面上产生弯曲正应力。这两种基本变形在立柱 $m—n$ 截面上产生的都是正应力，因此在计算 $m—n$ 截面上的总应力时，只需将这两种正应力进行代数相加即可，如图 5.31（c）所示。相加结果为截面左侧边缘处有最大压应力，截面右侧边缘处有最大拉应力，其值分别为

$$\sigma_{\max}^{-}=\frac{F_N}{A}-\frac{M}{W_z}$$

$$\sigma_{\max}^{+}=\frac{F_N}{A}+\frac{M}{W_z}$$

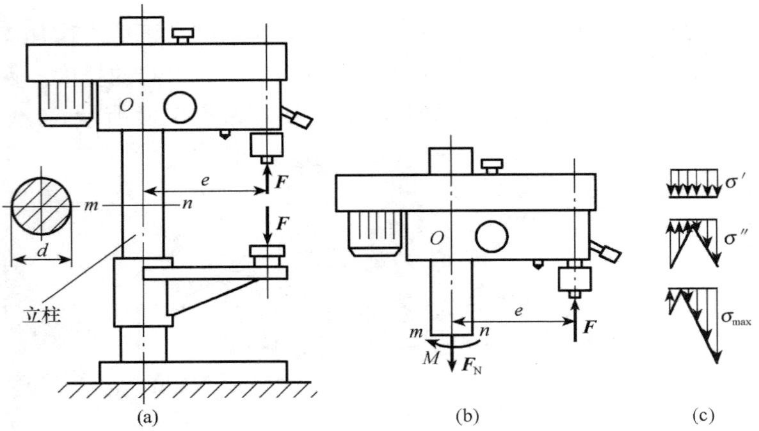

图 5.31　拉伸（压缩）与弯曲组合变形实例

当杆件发生轴向拉伸（压缩）与弯曲的组合变形时，对于抗拉与抗压强度相同的塑性材料，只需按截面上的最大应力进行强度计算即可，其强度条件为

$$\sigma_{\max}=\left|\frac{F_N}{A}\right|+\left|\frac{M}{W_z}\right|\leqslant[\sigma] \tag{5.17}$$

对于抗压强度大于抗拉强度的脆性材料，要分别按最大拉应力和最大压应力进行强度计算，其强度条件分别为

$$\begin{cases}\sigma_{\max}^{+}=\dfrac{F_N}{A}+\dfrac{M}{W_z}\leqslant[\sigma^{+}]\\[2ex]\sigma_{\max}^{-}=\left|-\dfrac{F_N}{A}-\dfrac{M}{W_z}\right|\leqslant[\sigma^{-}]\end{cases} \tag{5.18}$$

5.7.2　弯曲与扭转组合变形的强度计算

机械设备中的传动轴、曲拐等，有时既承受弯曲又承受扭矩，因此弯曲变形和扭转变形同时存在，即产生弯曲与扭转的组合变形。如

图 5.32（a）所示曲拐，A 端固定，在曲拐的自由端 O 作用有铅垂向下的集中力 F。下面以此曲拐的 AB 杆为例，说明杆的弯曲与扭转这种组合变形时，其强度计算方法和步骤。

将 O 端的集中载荷 $\boldsymbol{F}$ 向 AB 杆的截面 B 的形心平移，得到一个作用在 B 端与轴线垂直的力 F'（等于 F）和一个作用面垂直于轴线的力偶 M_O（等于 Fa）。

由图 5.32（b）可知力 F'使轴 AB 产生弯曲变形，力偶 M_O 使轴 AB 产生扭转变形，轴的这种变形称为弯扭组合变形。

单独考虑力 F'的作用，画出弯矩图如图 5.32（c）所示。单独考虑力偶 M_O 的作用，画出扭矩图如图 5.32（d）所示。其危险截面 A 弯矩值和扭矩值（均指绝对值）分别为

$$\begin{cases} M_{\max}=Fl \\ M_{\mathrm{T}}=M_O=Fa \end{cases} \tag{5.19}$$

危险截面上的弯曲正应力和扭转切应力分布情况如图 5.32(e)所示。由于 k、k'两点是危险截面边缘上的点，弯曲正应力和扭转切应力绝对值最大，故为危险点，其正应力和切应力分别为

$$\begin{cases} \sigma=\dfrac{M_{\max}}{W_z} \\ \tau=\dfrac{M_{\mathrm{T}}}{W_{\mathrm{P}}} \end{cases} \tag{5.20}$$

因危险点是二向应力状态［如图 5.32（f）所示］，所以需用强度理论求出相当应力，建立强度条件。

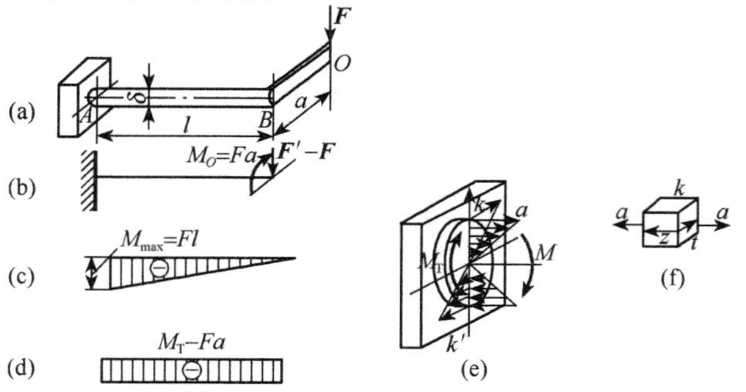

图 5.32　曲拐弯扭组合变形

弯扭

第三和第四强度理论都可以用来建立塑性材料的屈服破坏条件，其中第三强度理论虽然不如第四强度理论更适合于塑性材料，但其误差不大，所以对于塑性材料也经常采用。第三和第四强度理论的强度条件公式为

$$\begin{cases} \sigma_{\mathrm{r3}}=\sqrt{\sigma^2+4\tau^2}\leqslant[\sigma] \\ \sigma_{\mathrm{r4}}=\sqrt{\sigma^2+3\tau^2}\leqslant[\sigma] \end{cases} \tag{5.21}$$

因为是圆截面轴，$W_z=\dfrac{\pi d^3}{32}$，$W_{\mathrm{P}}=\dfrac{\pi d^3}{16}=2W_z$，将式（5.20）代入

式（5.21）中，得

$$\begin{cases}\sigma_{r3}=\dfrac{\sqrt{M^2+M_T^2}}{W_z}\leqslant[\sigma]\\[2ex]\sigma_{r4}=\dfrac{\sqrt{M^2+0.75M_T^2}}{W_z}\leqslant[\sigma]\end{cases}\tag{5.22}$$

以上两式是圆轴弯扭组合变形时按第三和第四强度理论计算的强度条件，将危险截面 A 的弯矩值和扭矩值表达式（5.19）代入式（5.22），按第三强度理论得到的强度条件

$$\sigma_{r3}=\frac{32F\sqrt{l^2+a^2}}{\pi d^3}\leqslant[\sigma]$$

按第四强度理论得到的强度条件

$$\sigma_{r4}=\frac{32F\sqrt{l^2+0.75a^2}}{\pi d^3}\leqslant[\sigma]$$

习　　题

5.1　怎样解释在集中力作用处，剪力图有突变？在集中力偶作用处，弯矩图有突变？

5.2　何谓中性层？何谓中性轴？如何确定其位置？

5.3　试求图 5.33 所示各梁中指定控制面上的剪力、弯矩值。

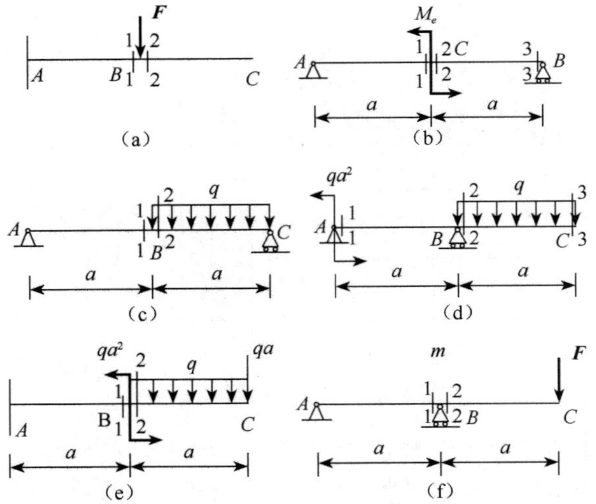

图 5.33　习题 5.3 图

5.4　试写出图 5.34 所示各梁的剪力方程和弯矩方程，并作出剪力图和弯矩图。

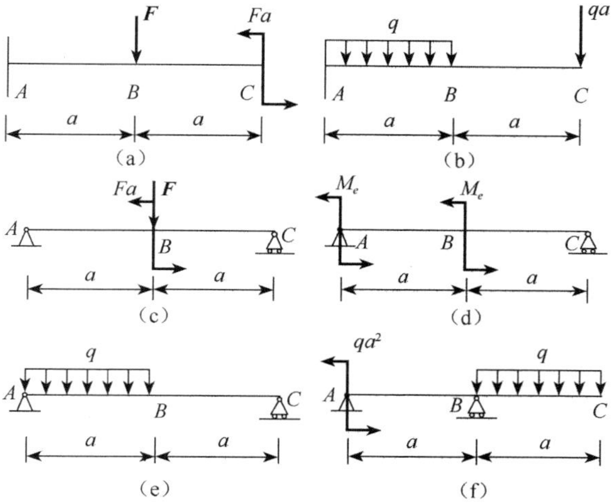

图 5.34 习题 5.4 图

5.5 T 形截面梁如图 5.35 所示，试确定中性轴的位置 y_C；计算截面惯性矩 I_z。若承受的弯矩 $M=M_0$，求梁中的最大拉应力和最大压应力。

5.6 空心活塞销 AB 受力如图 5.36 所示。已知 $D=20\text{mm}$，$d=13\text{mm}$，$q_1=140\text{kN/m}$，$q_2=233.3\text{kN/m}$，许用应力 $[\sigma]=240\text{MPa}$。试校核其强度。

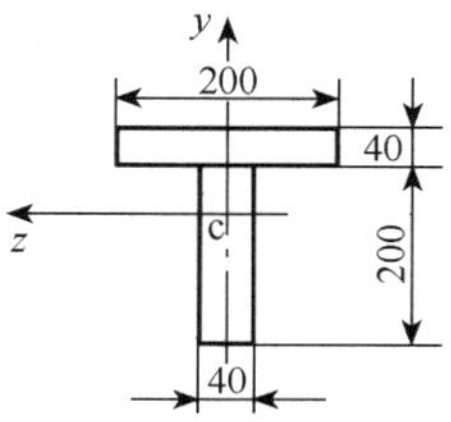

图 5.35 习题 5.5 图

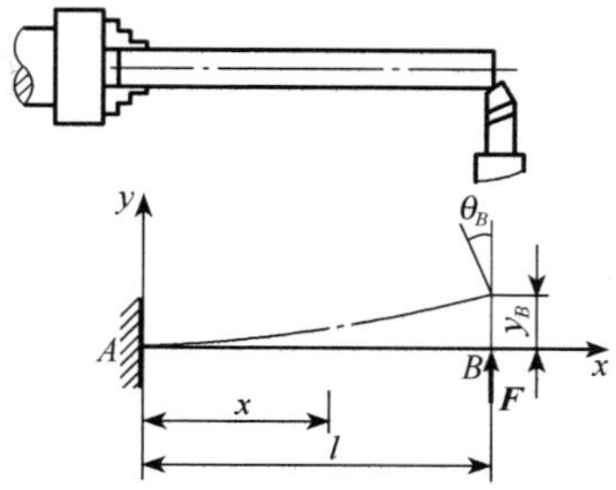

图 5.36 习题 5.6 图

5.7 试求由图 5.37 所示圆轴因弯曲变形而引起的直径误差。已知切削力 $F=100\text{N}$，$l=200\text{mm}$，$d=20\text{mm}$，$E=200\text{GPa}$。

5.8 桥式单梁起重机的大梁是由 32b 号工字钢制成的，如图 5.38 所示，其最大起重重量 $F=50\text{kN}$，电葫芦重量是 30kN，梁跨度 $l=9\text{m}$，梁的许可挠度 $[y]=l/500$，材料的弹性模量 $E=210\text{GPa}$。试校核此梁的刚度。

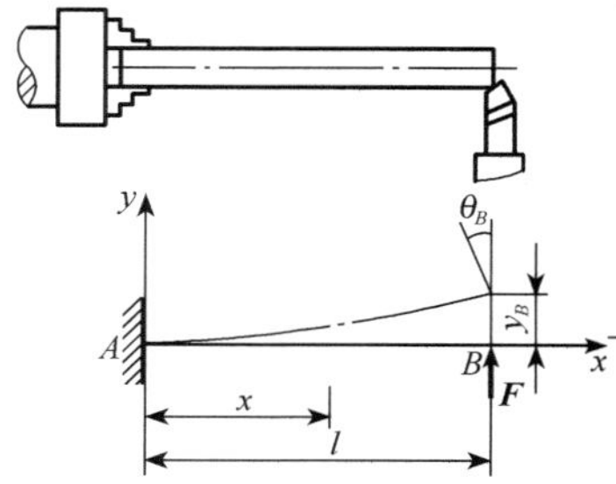

图 5.37 习题 5.7 图

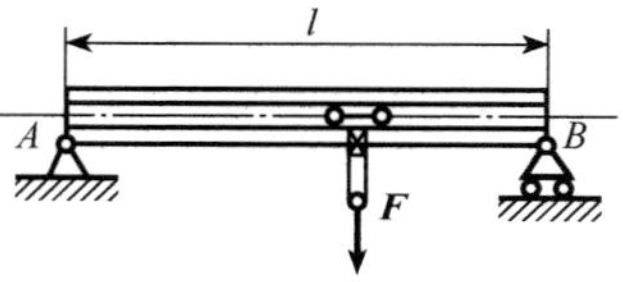

图 5.38 习题 5.8 图

实验1　金属材料的拉伸

塑性、强度等重要机械性能是工程上合理地选用材料和进行强度计算的重要依据。拉伸实验是测定材料力学性能的最基本最重要的实验之一。由本实验所测得的结果，可以说明材料在静拉伸下的一些性能，诸如材料对载荷的抵抗能力的变化规律、材料的弹性等。

1. 实验目的

1）测定低碳钢的屈服极限 σ_s、强度极限 σ_b、延伸率 δ、截面收缩率 ψ 和铸铁的强度极限 σ_b。

2）观察低碳钢和铸铁在拉伸过程中表现的现象，绘出外力和变形间的关系曲线（F-ΔL 曲线）。

3）比较低碳钢和铸铁两种材料的拉伸性能和断口情况。

2. 实验器材

（1）设备及仪器

材料试验机、游标卡尺、两脚标规等。

（2）拉伸试件

金属材料拉伸实验常用的试件形状如实验图 1.1 所示。图中工作段长度称为标距，试件的拉伸变形量一般由这一段的变形来测定，两端较粗部分是为了便于装入试验机的夹头内。

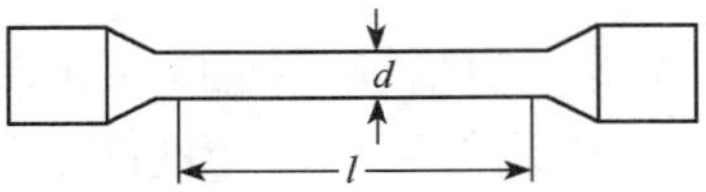

实验图 1.1

为了使实验测得的结果可以互相比较，试件必须按国家标准做成标准试件，即 $l=5d$ 或 $l=10d$。

3. 实验步骤

（1）低碳钢的拉伸实验

01 试件的准备：在试件中段取标距 $l=10d$ 或 $l=5d$ 在标距两端用脚标规打上冲眼作为标志，用游标卡尺在试件标距范围内测量中间和两端三处直径 d（在每处的两个互相垂直的方向各测一次取其平均值）取最小值作为计算试件横截面面积用。

02 试验机的准备：首先了解材料试验机的基本构造原理和操作方法，学习试验机的操作规程。根据低碳钢的强度极限 σ_b 及试件的横截面积，初步估计拉伸试件所需最大载荷，选择合适的测力度盘，并配置相应的摆锤，开动机器，将测力指针调到“零点”，然后调整试验机下夹头位置，将试件夹装在夹头内。

03 进行实验：试件夹紧后，给试件缓慢均匀加载，用试验机上自动绘图装置，绘出外力 F 和变形 ΔL 的关系曲线（F-ΔL 曲线），如实验图 1.2 所示。从图中可以看出，当载荷增加到 A 点时，拉伸图上 OA 段是直线，表明此阶段内载荷与试件的变形成比例关系，即符合胡克定律的弹性变形范围。当载荷增加到 B'点时，测力计指针停留不动或突然下降到 B 点，然后在小的范围内摆动，这时变形增加很快，载荷增加很慢；这说明材料产生了流动（或者叫屈服）与 B'点相应的应力叫上屈服极限，与 B 相应的应力叫**下屈服极限**，因下屈服极限比较稳定，所以材料的屈服极限一般规定按下屈服极限取值。以 B 点相对应的载荷值 F_s 除以试件的原始截面积 A 即得到低碳钢的屈服极限 σ_s，$\sigma_s=F_s/A$ 流动阶段后，试件要承受更大的外力，才能继续发生变形若要使塑性变形加大，必须增加载荷，如实验图 1.2 中 B 点至 D 点这一段为**强化阶段**。当载荷达到最大值 F_b（D 点）时，试件的塑性变形集中在某一截面处的小段内，此段发生截面收缩，即出现**“颈缩”现象**。此时记下最大载荷值 F_b，用 F_b 除以试件的原始截面积 A，就得到低碳钢的强度极限 σ_b，$\sigma_b=F_b/A$。在试件发生“颈缩”后，由于截面积的减小，载荷迅速下降，到 E 点试件断裂。

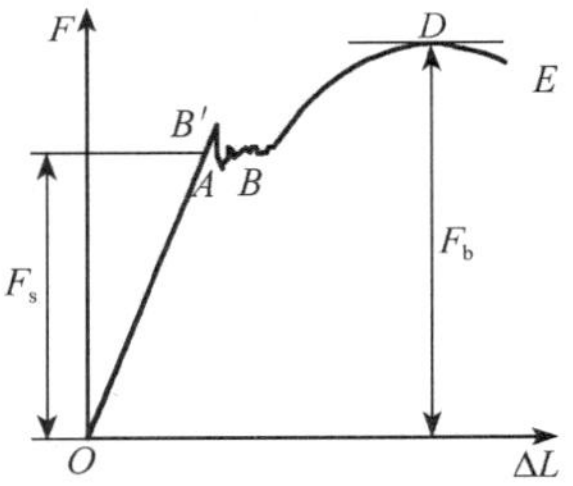

实验图 1.2

关闭机器，取下拉断的试件，将断裂的试件紧对到一起，用游标卡尺测量出断裂后试件标距间的长度 l_1，按下式可计算出低碳钢的延伸率 δ，即

$$\delta=\frac{l_1-l}{l}\times 100\%$$

将断裂的试件的断口紧对在一起，用游标卡尺量出断口（细颈）处的直径 d_1，计算出面积 A_1；按下式可计算出低碳钢的截面收缩率 ψ，即

$$\psi=\frac{A-A_1}{A}\times 100\%$$

从破坏后的低碳钢试件上可以看到，各处的残余伸长不是均匀分布的。离断口越近变形越大，离断口越远则变形越小，因此测得 l_1 的数值与断口的部位有关。为了统一 δ 值的计算，规定以断口在标距长度中央的 1/3 区段内为准，来测量 l 的值，若断口不在 1/3 区段内时，需要采用断口移中的方法进行换算，其方法如下：

设两标点 c 到 c_1 之间共刻有 n 格，如实验图 1.3 所示，拉伸前各格之间距离相等，在断裂试件较长的右段上从邻近断口的一个刻线 d 起，

向右取 $n/2$ 格，标记为 a，这就相当于把断口摆在标距中央，再看 a 点至 c_1 点有多少格，就由 a 点向左取相同的格数，标以记号 b，令 L'表示 c 到 b 的长度，则 $L'+2L''$的长度中包含的格数等于标距长度内的格数 n，故 $l_1=L'+2L''$。

当断口非常接近试件两端，而与其头部之距离等于或小于直径的两倍时，一般认为实验结果无效，需要重作实验。

（2）铸铁的拉伸实验

01 试件的准备：用游标卡尺在试件标距范围内测量中间和两端三处直径 d 取最小值计算试件截面面积，根据铸铁的强度极限 σ_b，估计拉伸试件的最大载荷。

02 试验机的准备与低碳钢拉伸实验相同。

03 进行实验：开动机器，缓慢均匀加载直到断裂为止。记录最大载荷 F_b，观察自动绘图装置上的曲线，如实验图 1.4 所示。将最大载荷值 F_b 除以试件的原始截面积 A，就得到铸铁的强度极限 σ_b，$\sigma_b=F_b/A$。因为铸铁为脆性材料在变形很小的情况下就会断裂，所以铸铁的延伸率和截面收缩率很小，很难测出。

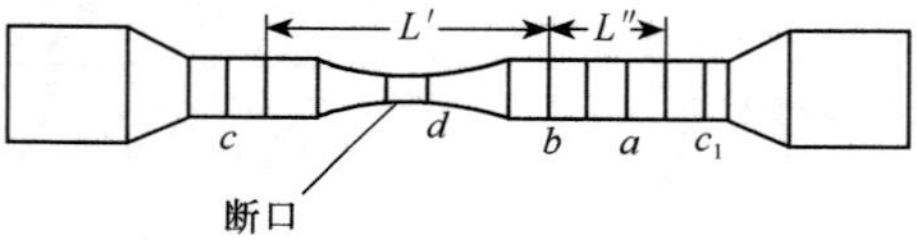

实验图 1.3

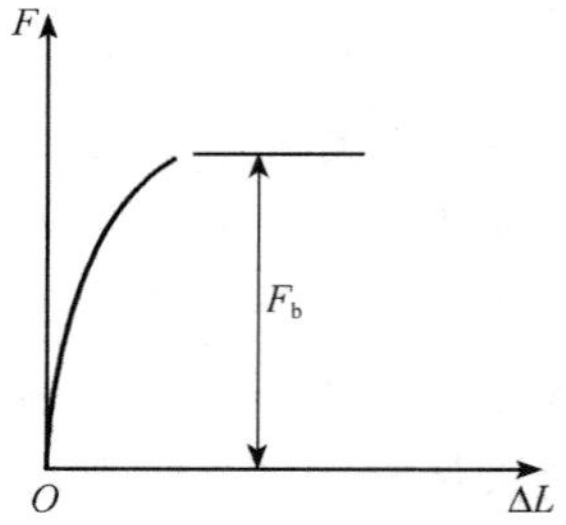

实验图 1.4

金属材料的拉伸实验报告

实验名称：金属材料的拉伸

实验地点＿＿＿＿＿＿＿＿＿＿　　实验日期＿＿＿＿＿＿＿＿＿＿

指导教师＿＿＿＿＿＿＿＿＿＿　　班　　级＿＿＿＿＿＿＿＿＿＿

小组成员＿＿＿＿＿＿＿＿＿＿　　报 告 人＿＿＿＿＿＿＿＿＿＿

1. 实验目的

2. 实验设备及仪器

试验机型号、名称：＿＿＿＿＿＿＿＿＿＿＿＿＿＿

量 具 型 号、名称：＿＿＿＿＿＿＿＿＿＿＿＿＿＿

3. 试件

1）试件材料：试件①：低碳钢 Q235；试件②：灰口铸铁。

2）试件形状和尺寸。

实验前			实验后		
试件原始形状图			试件断后形状图		
尺寸	低碳钢	铸铁	尺寸	低碳钢	铸铁
平均直径 d_0/mm			最小直径 d_1/mm		
横截面积 A_0/mm^2			最小截面积 A_1/mm^2		
标距长度 L_0/mm			断后长度 L_1/mm		

4. 实验数据及计算结果

试件	实验数据		计算结果			
	屈服载荷 F_s/kN	最大载荷 F_b/kN	屈服极限 σ_s/MPa	强度极限 σ_b/MPa	延伸率 δ/%	截面收缩率 ψ/%
低碳钢						
铸铁						

计算结果所需公式如下：

屈服极限

$$\sigma_s=\frac{F_s}{A_0}$$

延伸率

$$\delta=\frac{L_1-L_0}{L_0}\times 100\%$$

强度极限

$$\sigma_b=\frac{F_b}{A_0}$$

截面收缩率

$$\psi=\frac{A_1-A_0}{A_0}\times 100\%$$

5. 拉伸曲线示意图

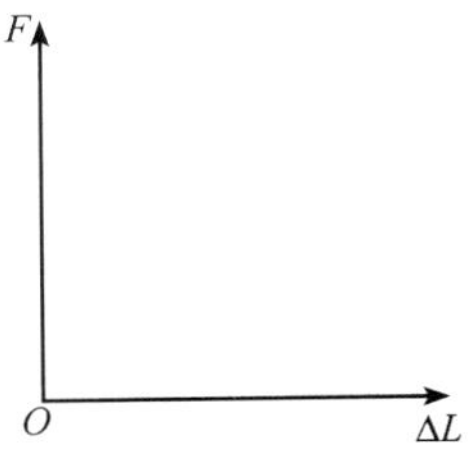

（a）低碳钢

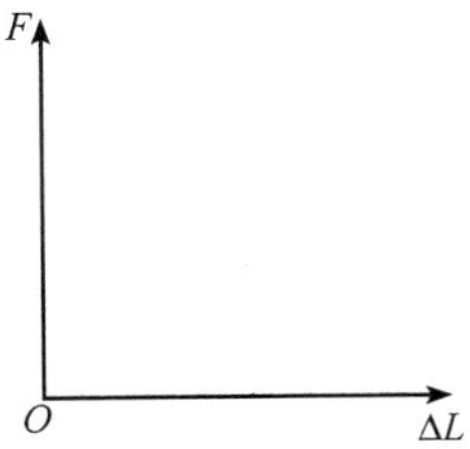

（b）铸铁

6. 回答问题

1）参考低碳钢拉伸图，分段回答力与变形的关系以及在实验中反映出的现象。

2）由低碳钢、铸铁的拉伸图和试件断口形状及其测试结果，回答二者机械性能有什么不同。

3）回忆本次实验过程，你从中学到了哪些知识？

第2篇

工程材料与金属工艺学

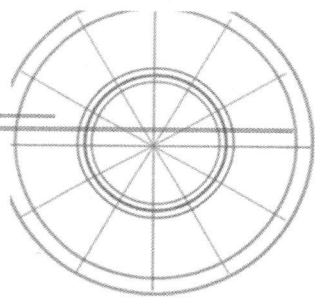

6 单元 金属材料及热处理

◎ 单元概述

金属材料的性能分为使用性能和工艺性能。使用性能是指使用时所表现出来的性能，它包括力学性能、物理性能和化学性能；工艺性能是指金属在各种加工（如铸造、锻造、焊接、热处理和切削加工等）中所表现出来的性能。

◎ 学习目标

- 掌握金属材料的力学性能的概念。
- 了解金属的晶体结构与结晶，晶粒大小对金属力学性能的影响。
- 了解铁碳合金相图中的相、特性点和特性线，铁碳合金金相图的应用。
- 了解钢的热处理的基本概念。钢的退火、正火、淬火、回火的工艺特点及应用。
- 了解钢的表面淬火和化学热处理。

◎ 教学节奏与方式

项目		课时安排	教学方式
1	课前准备	课余	预习教材
2	教师讲授	6 学时	重点讲授
3	思考与练习	课余	学生之间相互讨论或独立完成习题

6.1 金属材料的力学性能

金属材料的力学性能是最常用的使用性能，又称机械性能，指材料抵御载荷（即外力）作用的能力，它包括强度、塑性、硬度、韧性、疲劳强度和断裂、韧性等。

6.1.1 强度

拉伸试样的变形

强度是指材料在载荷作用下抵抗永久变形和断裂的能力。根据受力形式的不同，金属的强度包括：抗拉强度、抗压强度、抗弯强度等。

金属的抗拉试验采用图 6.1 所示的圆形标准试样，试样的原始有效长度 L_0 与原始直径 d_0 之比为 10 或 5。

在拉伸过程中，试验机将自动记录下拉伸力 F 与伸长量 ΔL 之间的对应关系曲线，此曲线被称为 **F-ΔL 曲线**，即**力-伸长量曲线**。图 6.2 为典型的低碳钢力-伸长量曲线。

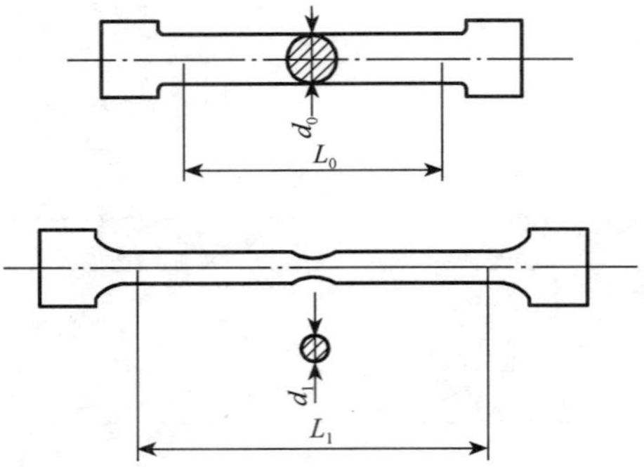

图 6.1　拉伸试样及塑性材料变形后的情况

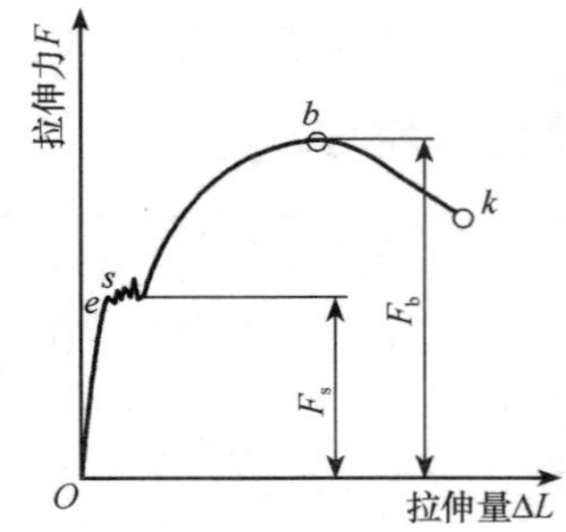

图 6.2　低碳钢的力-伸长量曲线

由图 6.2 可知，当拉力逐渐增大时，试样经历了弹性变形（Oe）、塑性变形（sb）、断裂（bk）三阶段。在 e 点以前，曲线为直线，伸长量与拉力成正比，试样随拉力的增大而略有伸长，去掉外力后，试样将恢复为原长，这种外力消失后金属可恢复原状的变形称为弹性变形。自 s 点开始，试样将发生明显的伸长，而且这种变形是载荷去除后无法恢复的塑性变形，在 s 点附近，曲线出现了一个有波动的平台，之后的曲线斜率也明显变缓，说明力的少量增加将带来较大的塑性变形。到达 b 点时，拉力达到最大值，以后随着试样的继续伸长，拉力值反而下降，直至达到 k 点处，塑性变形达到最大值，试样被拉断。

在塑性材料的拉伸过程中，试样被拉长的同时，试样中间的某一部位将发生直径明显缩小的“缩颈”现象，当“缩颈”现象明显发生后，力-伸长量曲线进入下降阶段（图 6.2 中的 *bk* 段）。

金属材料的强度是用应力来表示的。材料受力时，单位截面的内力称为应力，以 σ 表示，其单位为 MPa。

拉伸试验中可测得的强度指标主要有屈服点和抗拉强度。

1）屈服点（σ_s）：屈服点又称**屈服强度**，是试样在拉伸过程中**拉力不增加而仍能继续伸长**时的拉应力。它是材料开始产生明显塑性变形的最低应力。屈服点的计算公式为

$$\sigma_s=\frac{F_s}{S_0}$$

式中，σ_s——试样屈服强度（MPa）；

F_s——试样屈服时载荷（N）；

S_0——试样的原始截面面积（mm^2）。

对高碳钢、铸铁、大多数合金钢等脆性金属材料，其拉伸曲线不出现平台，即没有明显的屈服现象，因此工程上规定试样产生微量塑性变形（0.2%）时的应力作为该材料的屈服强度，称为材料的条件屈服强度，用 $\sigma_{0.2}$ 表示。

2）抗拉强度（σ_b）：抗拉强度是指试样在拉断前所承受的最大拉应力，其计算公式为

$$\sigma_b=\frac{F_b}{S_0}$$

式中，σ_b——试样抗拉强度（MPa）；

F_b——试样在断裂前的最大载荷（N）；

S_0——试样的原始截面面积（mm^2）。

屈服强度与抗拉强度之比 σ_s/σ_b 称为屈强比，它是一个有重要意义的指标。一般情况下要求屈强比稍高些为好。比值越大越能发挥材料的潜力，减少结构的自重。但当屈强比过高时，屈服强度与抗拉强度在数值上很接近，材料使用时的安全性较差。对重要构件，为安全起见，屈服比不宜过大，适合的比值为 0.65～0.75。几种常用工程材料的抗拉强度见表 6.1。

表 6.1　几种常用工程材料的抗拉强度

材　料	抗拉强度/MPa	材　料	抗拉强度/MPa
铝合金	100～600	马氏体不锈钢	450～1300
铜合金	200～1000	聚乙烯	8～16
灰铸铁	150～400	尼龙 6	70～90
中碳钢	350～500	聚氯乙烯	52～58
铁素体不锈钢	500～600	聚苯乙烯	35～60

6.1.2 塑性

金属材料在静载荷作用下，产生塑性变形而不被破坏的能力称为塑性，常用的塑性指标有断后伸长率 δ 和断面收缩率 ψ 两种。

1. 伸长率

伸长率是试样被拉断时的标距长度的伸长量与原始标距长度的百分比，用符号 δ 表示，即

$$\delta=\frac{L_1-L_0}{L_0}\times 100\%$$

式中，δ ——伸长率；

L_0——试样原始标距长度（mm）；

L_1——试样拉断时的标距长度（mm）。

在材料手册中常常可以看到 δ_5 和 δ_{10} 两种符号，它分别表示用 $L_0=5d_0$ 和 $L_0=10d_0$（d_0 为试样拉伸前的直径）两种不同长度试样测定的伸长率。对同一种材料所测得的 δ_5 和 δ_{10} 的值是不同的，δ_5 要大于 δ_{10}，所以只有在原始直径与长度的比值相同时，才能对伸长率进行比较。由于通常采用的是 $L_0=10d_0$ 的试样，所以常用 δ 来代替 δ_{10}。

2. 断面收缩率

断面收缩率为试样被拉断时，缩颈处横截面积的最大缩减量与原始横截面积的百分比，用符号 ψ 表示，即

$$\psi=\frac{S_0-S_1}{S_0}\times 100\%$$

式中，ψ——断面收缩率；

S_1——试样被拉断时缩颈处最小横截面积（mm^2）；

S_0——原始截面面积（mm^2）。

断面收缩率不受试样标距长度的影响，因此能更可靠地反映材料的塑性。对必须承受强烈变形的材料，塑性指标具有重要意义。需进行深冲压成形的工件，选用的材料必须具有良好的塑性，重要的受力零件也要求具有一定塑性，以防止超载时发生突然的断裂。

6.1.3 硬度

硬度是材料抵抗局部塑性变形、压入及划伤的能力，也是衡量金属软硬的依据。

生产上常采用的硬度试验方法为压入法。根据试验的原理和具体操作方法的不同，常用金属的硬度指标有布氏硬度、洛氏硬度、维氏硬度等。

1. 布氏硬度

布氏硬度试验原理如图 6.3 所示。它是用一定直径的钢球或硬质合金球，以相应的试验力压入试样表面，并保持规定的时间后，然后卸除试验力，用读数显微镜测量试样表面的压痕直径。布氏硬度值 HBS 或 HBW 是试验力 F 除以压痕球形表面积所得的商，即

$$\text{HBS（HBW）}=\frac{F}{A}=\frac{0.102\times 2F}{\pi D（D-\sqrt{D_2-d_2}）}$$

式中，F——压入载荷（N）；

A——压痕表面积（mm^2）；

d——压痕直径（mm）；

D——淬火钢球（或硬质合金球）直径（mm）。

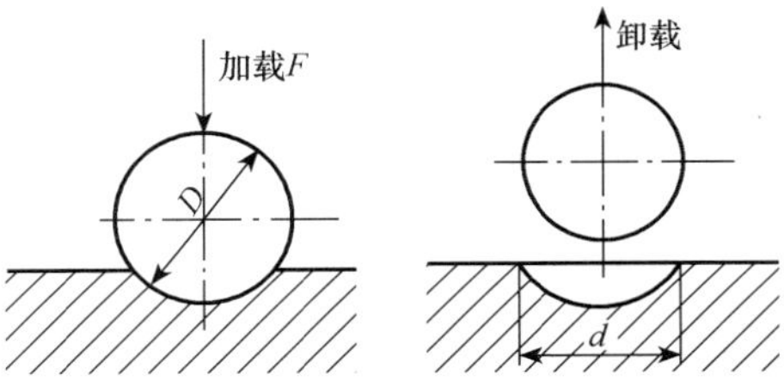

图 6.3　布氏硬度试验原理

布氏硬度的标注方法是，硬度值写在硬度符号前面。其值的单位为 kgf/mm^2（$1kgf/mm^2$=9.80665MPa），通常不标出。压头为淬火钢球时，布氏硬度用符号 HBS 表示，适用于布氏硬度值在 450 以下的材料；压头为硬质合金球时，用 HBW 表示，适用于布氏硬度值在 650 以下的材料。符号 HBS 或 HBW 为硬度值，符号后面按以下顺序用数值表示试验条件：①球体直径；②试验力；③试验力保持时间（10～15s 不标注）。

例如，125HBS10/1000/30 表示用直径 10mm 淬火钢球在 1000×9.8N 试验力作用 30s 测得的布氏硬度值为 125；500HBW5/750 表示用直径 5mm 硬质合金球在 750×9.8N 作用下保持 10～15s 测得的布氏硬度值为 500。在采用直径 D 为 10mm 的压头、试验力为 29.42kN（3000kgf）、保持时间为 10～15s 的实验条件下，仅标明硬度值与符号即可，硬度符号后的相应试验条件数值可不写。

布氏硬度试验的优点：测出的硬度值准确可靠，因压痕面积大，能消除因组织不均匀引起的测量误差；布氏硬度值与抗拉强度之间有近似的正比关系：$\sigma_b=K$HBS（或 HBW）（低碳钢 K=0.36，合金调质钢 K=0.325；灰铸铁 K=0.1）。

布氏硬度试验的缺点：当压头用淬火钢球时，不能用来测量大于 450HBS 的材料；用硬质合金球时，不宜超过 650HBW；压痕大，不适宜测量成品件硬度，也不宜测量薄件硬度；测量速度慢，测得压痕直径后还需计算或查表。

布氏硬度常用于测量灰铸铁、结构钢、非铁金属及非金属材料。

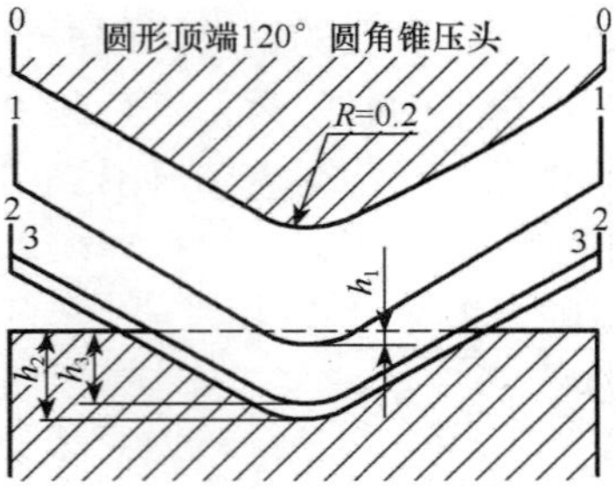

图 6.4　洛氏硬度实验原理

2. 洛氏硬度

洛氏硬度原理：用顶角为 120° 的金刚石圆锥体或直径 1.588mm 的淬火钢球作压头，以规定的试验力使其压入试样表面，根据压痕的深度确定被测金属的硬度值。如图 6.4 所示，当载荷和压头一定时，所测得的压痕深度 $h=h_3-h_1$ 越大，表示材料硬度越低，一般来说人们习惯数值越大硬度越高。为此，用一个常数 K（对于 HRC，K 为 0.2；对于 HRB，K 为 0.26）减去 h，并规定每 0.002mm 深为一个硬度单位，因此，洛氏硬度计算公式为

$$\text{HRC（HRA）}=0.2-h=100-\frac{h}{0.002}$$

$$\text{HRB}=0.26-h=130-\frac{h}{0.002}$$

根据所加的载荷和压头不同，洛氏硬度值有三种标度——HRA、HRB、HRC。常用 HRC，其有效值范围是 20～70HRC。

洛氏硬度是在洛氏硬度试验机上进行的，其硬度值可直接从表盘上读出。洛氏硬度符号 HR 前面的数字为硬度值，后面的字母表示级数。如 60HRC 表示 C 标尺测定的洛氏硬度值为 60。

洛氏硬度试验操作简便、迅速，效率高，可以测定软、硬金属的硬度；压痕小，可用于成品检验。但压痕小，测量组织不均匀的金属硬度时，重复性差，故通常需测试三点，取其算术平均值。不适宜测试组织不均匀的材料，且不同的硬度级别测得的硬度值无法比较，HRA 通常用于测量硬质合金、表面淬火钢、渗碳钢等；HRB 通常用于测量非铁金属、退火钢、正火钢等；HRC 通常用于测量调质钢、淬火钢等。

3. 维氏硬度

维氏硬度试验原理与布氏硬度相同，同样是根据压痕单位面积上所受的平均载荷计量硬度值，不同的是维氏硬度的压头采用金刚石制成的锥面夹角，为 136° 的正四棱锥体，如图 6.5 所示。

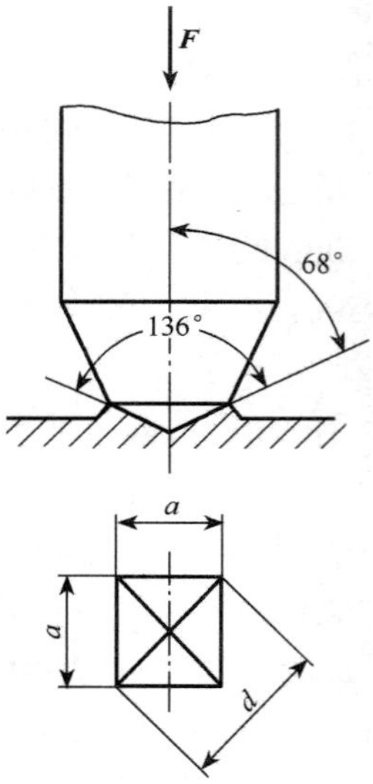

图 6.5　维氏硬度试验原理

维氏硬度试验是在维氏硬度试验机上进行的。试验时，根据试样大小、厚薄选用（5～120）×9.8N 载荷压入试样表面，保持一定时间后去除载荷，用附

在试验机上测微计量压痕对角线长度 d，然后通过查表或根据下式计算维氏硬度值，即

$$HV=\frac{F}{A}=\frac{0.1891\times F}{d^2}$$

式中，A——压痕的面积（mm）；

d——压痕对角线的长度（mm）；

F——试验力（N）。

维氏硬度的测量范围是 5～1000HV，标注方法与布氏硬度相同。硬度数值写在符号的前面，试验条件写在符号的后面。对于钢及铸铁的试验力保持时间为 10～15s 时，可以不标出。例如，640HV30 表示用 294.2N（30kgf）试验力保持 10～15s，测定的维氏硬度值为 640。

维氏硬度的适用范围宽，从极软的材料到极硬的材料都可以测量，弥补了布氏硬度因压头变形而不能测高硬度材料，洛氏硬度由于试验力与压头直径比的约束而使硬度值不能相互换算的不足；压痕轮廓清晰，采用对角线长度计量，精确可靠，误差小，能够更好地测量极薄试件的硬度，尤其是化学热处理的渗层硬度等。但维氏硬度需测量对角线长度，然后计算或查表才可获得硬度值，而且试样表面质量要求高。所以，测量效率较低，不适宜于大批生产，不适合测量组织不均匀的材料（如铸铁的硬度）。

6.1.4　冲击韧性

许多机械零件是在冲击载荷下工作的，如锻锤的锤杆、冲床的冲头、火车挂钩、活塞等。冲击载荷比静载荷的破坏能力大，对于承受冲击载荷的材料，不仅要求具有高的强度和一定塑性，还必须具备足够的冲击韧性。金属材料抵抗冲击载荷作用而不破坏的能力称为冲击韧度，冲击韧度通常用一次摆锤冲击试验来测定。

1）摆锤式一次冲击试验（夏比冲击试验）是目前最普遍的一种试验方法。为了使试验结果可以相互比较，按国家标准 GB/T229—2007 规定，将材料制成冲击试样，如图 6.6 所示。

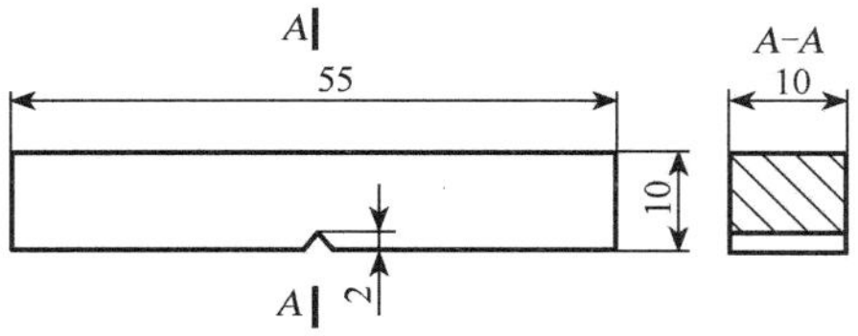

图 6.6　冲击试件

摆锤冲击试验原理如图 6.7 所示。将标准试样安放在摆锤式试验机的支座上，试样缺口背向摆锤，将质量为 m 的摆锤提升至高度 h_1，使其获得一定势能 mgh_1，然后由此高度落下将试样冲断，摆锤剩余热能为

mgh_2。冲击吸收能量（K）除以试样缺口处的截面积 A，得出材料的冲击韧度 α_k，即

$$\alpha_k=\frac{K}{A}=mg(h_1-h_2)/A$$

式中，α_k——冲击韧度（J/cm^2）；

K——冲击吸收功（J）；

S——试样缺口处横截面积（cm^2）。

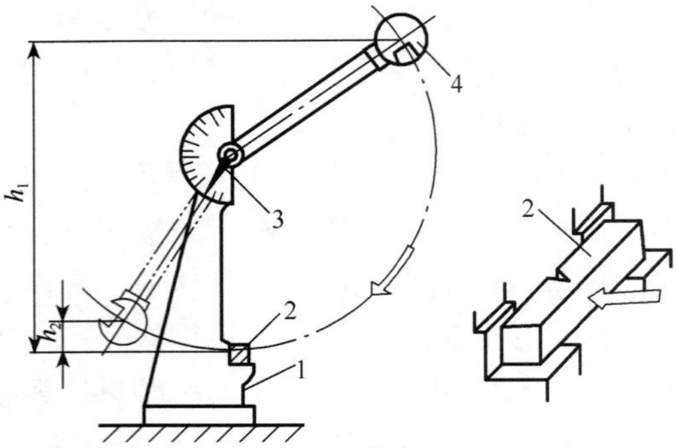

图 6.7　摆锤冲击试验

1．支座；2．试样；3．指针；4．摆锤

需要说明一点，使用不同类型的标准试样（U 形缺口或 V 形缺口）进行试验时，冲击韧度分别以 α_{kU} 或 α_{kV} 表示。

冲击韧度 α_k 值越大，表明材料的韧性越好，受到冲击时不易断裂。材料的 α_k 值大小受很多因素影响，不仅与试样形状、表面粗糙度，内部组织有关，还与温度密切相关。因此冲击韧度值一般只作为选材时的参考，而不作为计算依据。

2）小能量多次冲击试验。工程实际中，在冲击载荷作用下工作的机械零件，很少因受大能量一次冲击而破坏，大多数是经千百万次的小能量多次重复冲击导致断裂的。例如，冲模的冲头，凿岩机上的活塞等，所以用 α_k 值来衡量材料的冲击抗力，不符合实际情况，而应采用小能量多次重复冲击试验来测定，如图 6.8 所示。

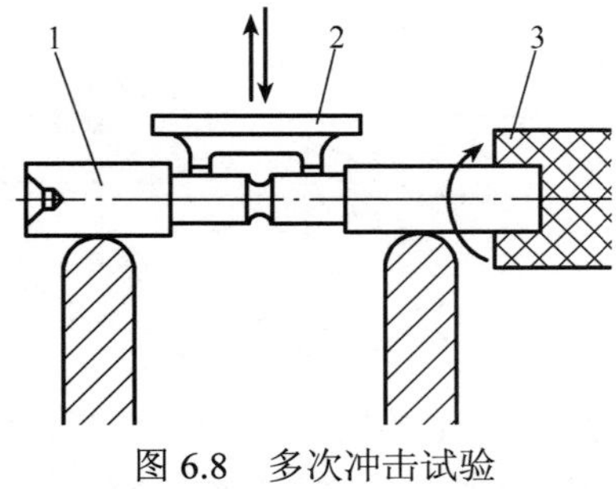

图 6.8　多次冲击试验

1．多次冲击缺口试样；2．试验机锤头；3．橡皮

试验证明，材料在多次冲击下的破坏过程是裂纹产生和扩展过程，

它是多次冲击损伤积累发展的结果。因此材料的多次冲击抗力是一项取决于材料强度和塑性的综合性指标，冲击能量高时，材料的多次冲击抗力主要取决于塑性；冲击能量低时，主要取决于强度。

6.1.5　疲劳强度

许多机械零件是在交变应力作用下工作的，如轴类、弹簧、齿轮、滚动轴承等。虽然零件所受的交变应力数值小于材料的屈服强度，但在长时间运转后也会发生断裂，这种现象叫疲劳断裂。

疲劳断裂不管是脆性材料还是韧性材料，都是突然发生的，事先均无明显的塑性变形，具有很大的危险性，常常造成严重事故。据统计，机械零件断裂中，有 80%是由于疲劳引起的。因此，研究疲劳现象对于正确使用材料，合理设计零件具有重要意义。

研究表明，疲劳断裂的产生原因是在零件应力集中部位、表面划痕、残余内应力或内部某一薄弱部位（如夹杂、气孔、疏松等）产生微裂纹（即裂纹源），然后在变应力作用下，裂纹不断向纵深扩展，使零件有效承载截面不断减小，最终当减小到不能承受外加载荷作用时，产生突然断裂。

工程上规定，材料经无数次重复交变载荷作用而不发生断裂的最大应力称为疲劳强度。图 6.9 是通过试验测定的材料交变应力 σ 和断裂前应力循环次数 N 之间的关系曲线(疲劳曲线)。曲线表明，材料受的交变应力越大，则断裂时应力循环次数（N）越少，反之，则 N 越大。当应力低于一定值时，试样经无限周次循环也不破坏，此应力值称为材料的疲劳强度，用 σ_r 表示；对称循环 $r=-1$ 时，疲劳强度用 σ_{-1} 表示。规定黑色金属的循环周次 $N=10^7$，有色金属和某些高强度钢的循环周次 $N=10^8$。

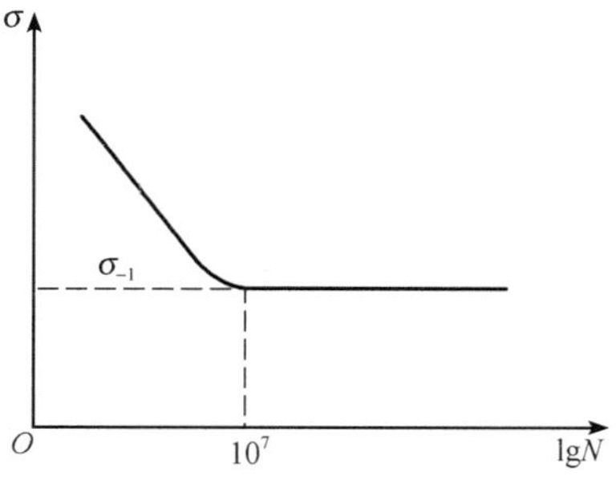

图 6.9　疲劳曲线

提高疲劳强度的途径很多，在设计时应改善零件结构避免应力集中；改善工艺减少材料内部组织缺陷；改善零件表面粗糙度和进行表面热处理（如高频淬火、表面形变强化、化学热处理以及各种表面复合强化）从而改变零件表层残余应力状态等。

材料的疲劳极限与其抗拉强度之间存在着一定的经验关系，如碳钢 $\sigma_{-1}\approx$（0.4－0.5）σ_b，灰铸铁 $\sigma_{-1}\approx 0.4\sigma_b$，非铁金属 $\sigma_{-1}\approx$（0.3－0.4）σ_b，因此在其他条件相同的情况下，材料的疲劳强度随其抗拉强度的提高而增加。

6.2 金属的晶体结构与结晶

金属材料的组织结构与性能有着密切的联系，了解了这些内在规律对于正确地选用材料，控制材料的性能有着重要的意义。

6.2.1 金属的晶体结构

1. 纯金属的晶体结构

（1）晶体与非晶体

固体物质可按其原子或分子排列有无规律分为晶体与非晶体。晶体内部的原子或分子在三维空间按一定规律周期性地排列，而非晶体中原子的位置是混乱的。自然界中的大多数的固态物质为晶体，如金属及合金、盐类结晶等，少数物质为非晶体。

（2）晶格与晶胞

为便于表述晶体内原子排列的规律，可认为晶体原子是刚性的小球，它们按一定规律堆积排列。把那些相邻原子的中心用假象的直线连接起来，可构成有规律的空间网格——**晶格**。

由于晶格中的原子排列规律很明显，可从中取出能反映原子排列规律的空间立体最小单元——**晶胞**。晶胞的各棱边长度 a、b、c 称为**晶格常数**。

（3）常见的金属晶格类型

根据固体原子排列最密集性的规律，常见的晶体结构类型有以下三种（图 6.10）。

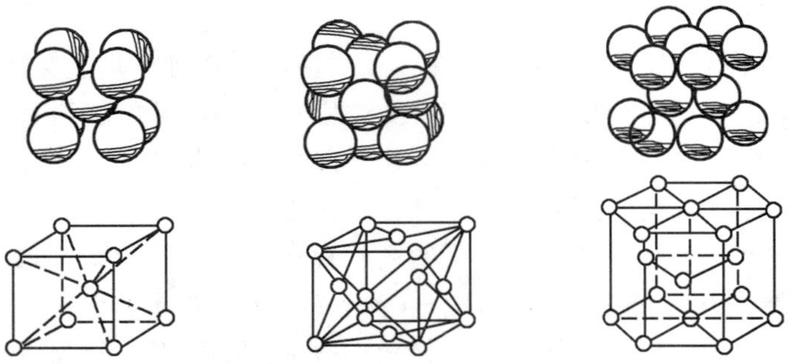

(a) 体心立方晶格　(b) 面心立方晶格　(c) 密徘六方晶格

图 6.10　三种常见晶格示意图

1）体心立方晶格的晶胞是一个中心和八个顶角各有一个原子的立方体，其致密度为0.68。体心立方晶格的金属包括α-Fe、铬、钨、钼、钒、β-Ti等。

2）面心立方晶格。如图6.10（b）所示，面心立方晶格的晶胞是一个六个面的中心和八个顶角各有一个原子的立方体，其致密度为0.74。体心立方晶格的金属包括γ-Fe、铝、铜、银、金、镍等。

3）密排六方晶格。如图6.10（c）所示，密排立方晶格的晶胞是一个上下底面为正六边形的六棱柱体，六棱柱体的十二个顶角和上、下底面的中心各有一个原子，六棱柱体的中间还有三个原子，其致密度为0.74。密排六方晶格的金属包括：镁、锌、α- Ti、镉、铍等。

（4）晶体结构中的缺陷

由于原子的运动，实际金属晶体中总是存在原子排列不规则的局部区域，这些区域称为晶体缺陷。根据缺陷的几何形态，可将其分为**点缺陷**、**线缺陷**、**面缺陷**三种。点缺陷包括空位和间隙原子，如图6.11（a）所示；线缺陷包括刃形位错和螺形位错，如图6.11（b）所示；面缺陷包括晶界和亚晶界，如图6.11（c）所示。晶体缺陷造成了晶格的畸变，增大了变形的抗力，提高了材料的强度和硬度。

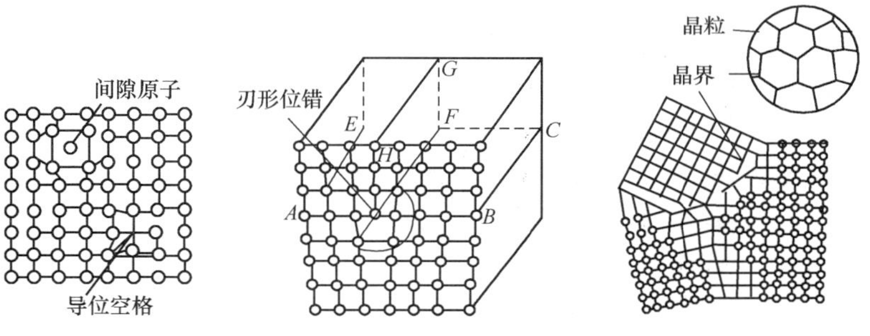

(a) 点缺陷　(b) 线缺陷　(c) 面缺陷

图6.11　晶体结构中的缺陷示意图

2. 合金的晶体结构

由两种或两种以上的金属或非金属元素组成的、具有金属性质的物质称为合金。为提高材料的强度，满足各种不同场合的要求，生产中常采用合金材料。

组成合金的最基本的、独立的单元称为组元。根据组元数目的不同，合金分为二元合金、三元合金等。

合金的内部由相组成。相是金属或合金中具有相同的结构，相同的物理、化学性能，并与系统中的其他部分具有明显的区分界面的均匀部分。只有一个相的合金称为单相合金；而具有两个或两个以上相组成的合金称为多相合金。

合金的种类虽然很多，但其晶体结构可归纳为三类，即固溶体、金属化合物和机械混合物。

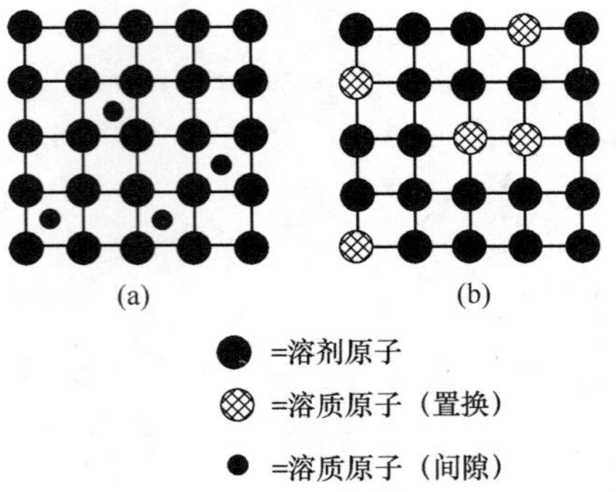

图 6.12　间隙固溶体与置换固溶体

（1）固溶体

合金在固态下溶质原子溶入溶剂，仍保持溶剂晶格的叫**固溶体**。

按溶质原子在溶剂晶格中所占据的位置，固溶体可分为**置换固溶体**和**间隙固溶体**两种。置换固溶体中溶质原子置换了溶剂晶格的部分原子，间隙固溶体的溶质原子则嵌在溶剂原子间的某些空隙中，如图 6.12（a）、（b）所示。

由于置换固溶体中溶剂原子与溶质原子的尺寸不同，以及间隙固溶体中溶质原子一般比溶剂晶格的空隙尺寸大，因而引起固溶体的晶格畸变，如图 6.13（a）～（c）所示。晶格畸变将使合金的强度、硬度和电阻值升高，而塑性、韧性下降，这种由于溶质原子的溶入，使基体金属（溶剂）的强度、硬度升高的现象，叫做**固溶强化**。

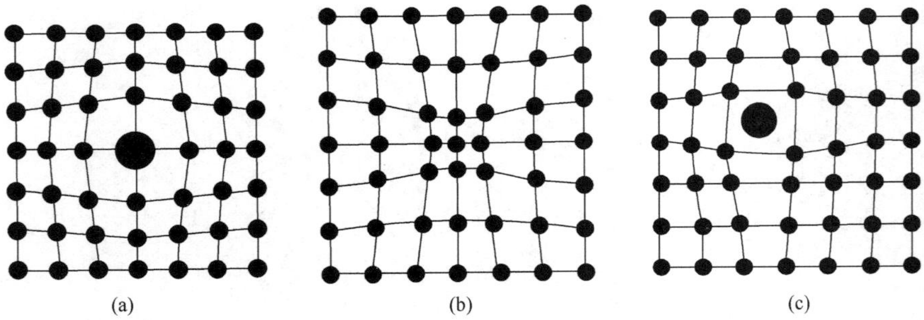

图 6.13　固溶体的晶格畸变

（2）金属化合物

组成合金的元素相互化合形成一种新的晶格组成金属化合物。这种化合物通常可用分子式表示，如 Mg_2Si、CuZn、Cu_2Al、Fe_3C 等。金属化合物的特点是熔点高、硬度高而脆性大。

（3）机械混合物

由两种或两种以上的组元或固溶体组成，或者由固溶体与金属化合物组成的合金，称机械混合物，其中组元、固溶体或金属化合物均保持各自的晶格类型。在显微镜下可以分辨出不同的组成部分。机械混合物的性能决定于各自组成部分的性能和相对数量，还决定于它们的大小形状和分布。

6.2.2　金属的结晶

1．金属的结晶

金属从液体状态变为晶体状态（固态）的过程称为结晶。从原子排列的情况来看，结晶就是原子从排列不规则状态（液态）变为规则排列状态的过程。

实验证明，结晶过程首先是从液体中形成一些称之为结晶核心的细小晶体开始的（结晶核心可由液体中一些原子集团形成，也可依附于液体中的杂质形成），然后，已形成的晶核按各自不同的位向不断长大。同时在液体中又产生新的结晶核心，并逐渐长大，直至液体全部消失为止。换言之晶体的结晶是形核、长大；从局部到整体的过程，如图 6.14 所示。

结晶的开始阶段，各晶核的长大不受限制，此后由于晶核的不断长大，在它们的接触处将被迫停止生长。全部凝固后，便形成了许许多多位向不同、外形不规则的多晶体构造。

金属结晶时，都存在着一个平衡结晶温度 T_0，这时，液体中的原子结晶到晶体上的数目，等于晶体上的原子熔入液体中的数目。从宏观范围来看，此时既不结晶，也不熔化，液体和晶体处于动平衡状态。只有冷却到低于平衡温度时才能有效地进行结晶。因此，实际结晶温度 T_1 总是低于平衡结晶温度的。两者之差（T_0-T_1）称为**过冷度** ΔT。过冷度的大小与冷却速度有关，冷却速度越快，过冷度亦越大。

金属的实际结晶温度可用热分析法加以测定。将熔化的金属以缓慢的速度进行冷却，同时记录下温度随时间的变化规律，绘出如图 6.15 所示的冷却曲线。金属结晶时放出的结晶潜热，补偿了冷却时向外散出的热量，冷却曲线上暂时出现水平线段，即温度保持不变的恒温现象。该温度即为实际结晶温度 T_1。

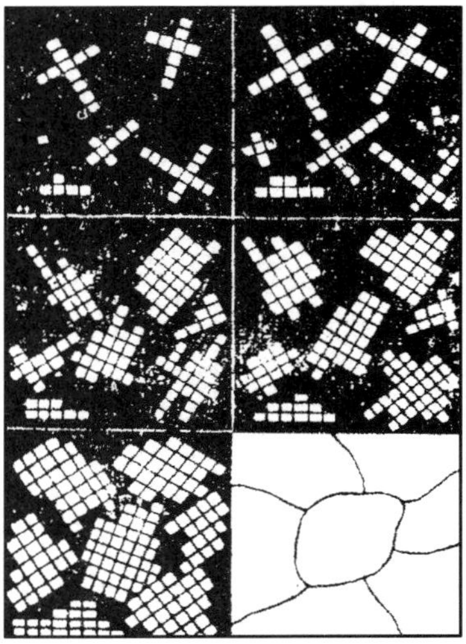

图 6.14　结晶过程示意图

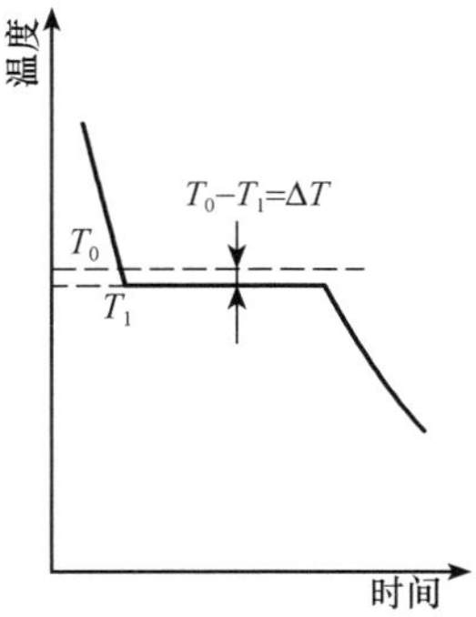

图 6.15　纯金属的冷却曲线

当散热极其缓慢，即冷却速度极其缓慢时，实际结晶温度与平衡结晶温度趋于一致。

结晶条件不同，晶粒的大小差别也很大。粗晶粒组织用眼睛就可分辨出来，而细晶粒组织必须通过金相显微镜才能分辨出来。在金相显微镜下观察到的金属晶粒的类别、大小、形态、相对数量和分布，通常称为显微组织。金属晶粒的大小对其性能有很大的影响。一般情况下金属的强度、塑性和韧性都随晶粒的细化而提高。因此，在生产中常采取以下两种细化晶粒的措施以改善机械性能。

1）加快冷却速度。增加冷却速度可增大过冷度，使晶核生成速率的增长大于晶粒长大速率的增长，因而使晶粒细化。但增加冷却速度受铸件的大小、形状的限制。

2）变质处理。在液态金属中加少量变质剂（又称孕育剂）作为人工晶核，以增加晶核数，从而使晶粒细化。

此外，在结晶过程中采用机械振动、超声波振动和电磁振动，也有细化晶粒的作用。

2. 金属的同素异晶转变（重结晶）

某些金属，如铁、锰、钛、锡等，凝固后在不同的温度下有着不同的晶格形式，这种金属在固态下由于温度的改变而发生晶格改变的现象称为同素异晶转变或同素异构转变，也称重结晶。图 6.16 表示纯铁的同素异晶转变。

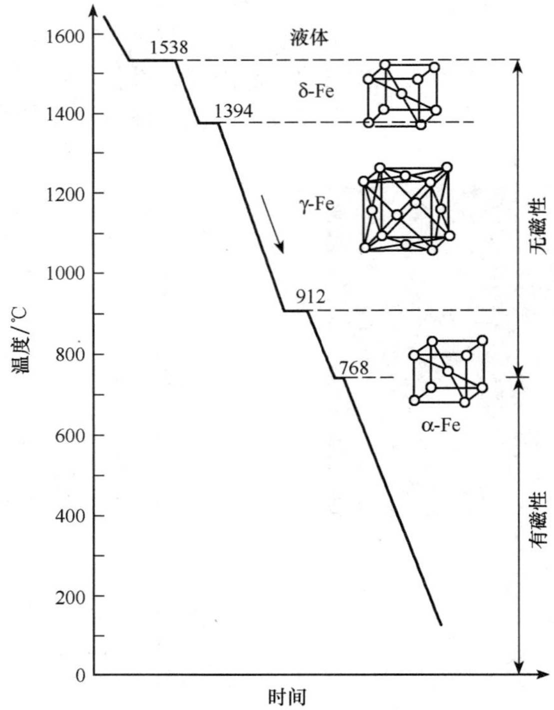

图 6.16　纯铁同素异晶转变

纯铁从液体结晶后具有体心立方晶格，称 δ-Fe；在 1394℃时发生同素异晶转变，由 δ-Fe 转变成面心立方晶格的γ -Fe；在 912℃，γ -Fe 又转变成体心立方晶格的 α-Fe。图 6.16 中，768℃处的温度停顿并非同素异晶转变，而是磁性转变。

同素异晶转变与液态金属的结晶相似，也是一个结晶过程，也必然通过原子的重新排列来完成，遵守结晶的一般规律，即有一定的转变温度，转变时需要过冷，转变过程也是通过生核和晶核长大来完成的。只不过固态转变的过冷度较大，且易在金属中引起较大的内应力，这是由于转变时体积变化所引起的。

6.3 铁碳合金状态图

6.3.1 铁碳合金的基本组织

在铁碳合金中，碳通常以三种形式存在：一是以石墨形态而独立存在；二是以原子态溶解于纯铁的晶格中；三是与铁元素形成化合物。其基本组织有以下几种。

1）铁素体，用符号“F”表示。它是碳溶解于α-Fe 中的间隙固溶体。碳原子的溶入引起晶格发生畸变，从而使合金的强度和硬度有所增加，而塑性和韧性下降。铁素体保留了α-Fe 的体心立方晶格，但溶碳能力很小，随温度升高而略有增加，在 727℃时也只能固溶 0.0218%的碳元素。

铁素体的性能接近纯铁，强度、硬度低，塑性、韧性很好，所以具有铁素体组织多的低碳钢，能够进行冷变形、轧制、锻造和焊接。

2）奥氏体，以符号“A”表示。它是碳溶解于γ -Fe 面心立方晶格中的间隙固溶体。奥氏体具有γ -Fe 的面心立方晶格，原子间空隙较大，能固溶较多的碳原子，在 1148℃时固溶量达到了 2.11%。由于奥氏体通常是高温组织，强度、硬度不高，塑性非常好，所以在锻造或轧钢时，常把钢材加热到奥氏体状态进行。

3）渗碳体。以分子式“Fe_3C”表示。它是铁和碳形成的金属化合物，具有复杂的晶格类型。渗碳体中碳的含量为 6.69%，其性能是硬度高、强度低、塑性几乎为零，是硬而脆的物质，故不能单独使用，而是在铁碳合金中以强化相的形式出现。渗碳体的形状、大小、分布和数量对铁碳合金的性能有极大的影响。

4）珠光体。以符号“P”表示，它是铁素体和渗碳体的机械混合物，碳的质量分数为 0.77%，具有较高的强度（$\sigma_b = 800$MPa）和硬度

（230HBS），但塑性较铁素体低（δ=12%）。

5）莱氏体。由奥氏体和渗碳体组成的机械混合物叫做**莱氏体**，碳的质量分数为 4.3%，用符号 Ld 表示，它只在高温（727℃以上）时存在，称为**高温莱氏体**。在 727℃以下时，莱氏体是由珠光体和渗碳体组成的机械混合物，称为**低温莱氏体**，用符号 Ld′表示。莱氏体的机械性能和渗碳体相似，硬度很高（大于 700HB），塑性极差。

铁碳合金在室温时的基本组织是铁素体、渗碳体和珠光体，其中珠光体组织是两相机械混合物，其性能如表 6.2 所示。

表 6.2　铁碳合金基本组织的机械性能

名称	符号	结合类型	机械性能			
			σ_b/MPa	HB	δ/%	α_k/（J/cm^2）
铁素体	F	碳溶于α-Fe 中的固溶体（体心立方晶格）	230	80	50	200
渗碳体	Fe_3C	铁与碳的金属化合物（复杂晶格）	30	800	≈0	≈0
珠光体	P	铁素体和渗碳体的层片状机械混合物	750	180	20～25	30～40

6.3.2　铁碳合金状态图及其分析

铁碳合金状态图是研究铁碳合金在平衡状态下的组织随温度和成分变化的图形。掌握它就能对钢和生铁的内部组织及其变化规律有一个较完整的概念，以便更好地利用它为制定热处理、压力加工等工艺规程打下基础。

必须指出，这个状态图并不是碳的质量分数由 0～100%的全部图形，而是碳的质量分数在 6.69%以下的部分，实际是完整的铁-渗碳体状态图（Fe-Fe_3C 状态图）。其简化后的状态图如图 6.17 所示。

状态图中用字母标注的点，都表示一定的特性（成分和温度），所以叫做特性点。各主要特性点的含义列于表 6.3。

状态图中各条线段都表示铁碳合金内部组织发生转变时的界线或叫组织转变线。如图 6.17 所示，*ACD* 线为液相线，此线以上的合金为液态，冷却到此线便开始结晶。*AECF* 线为固相线，此线以下的合金为固态。加热到此线便开始熔化。*GS* 线是冷却时从不同含碳量的奥氏体中开始析出铁素体的温度线，又称 A_3 线。*ES* 线是碳在奥氏体中的溶解度曲线，又称 A_{cm} 线。*ECF* 线是共晶线。碳的质量分数大于 2.11%的铁碳合金冷却到此温度（1148℃）均发生共晶转变。共晶转变是在 1148℃的恒温下从含碳 4.3%的液态合金中同时结晶出奥氏体和渗碳体晶体的机械混合物，该机械混合物又称莱氏体，用符号 Ld 表示。碳的质量分数为 2.11%～6.69%的所有铁碳合金冷却到此线时，都会在恒温下发生共晶反应，故此线是一条水平线。*PSK* 线是共析线，又称 A_1 线。含碳 0.77%

的奥氏体冷却到此线（727℃），在恒温下同时析出的铁素体和渗碳体晶体的机械混合物称为共析体，该机械混合物又称珠光体，用符号 P 表示。碳的质量分数在 0.0218%～6.69%的所有铁碳合金，缓慢冷却到 *PSK* 线，都会在恒温下发生共析反应，即重结晶，生成一定数量的珠光体。

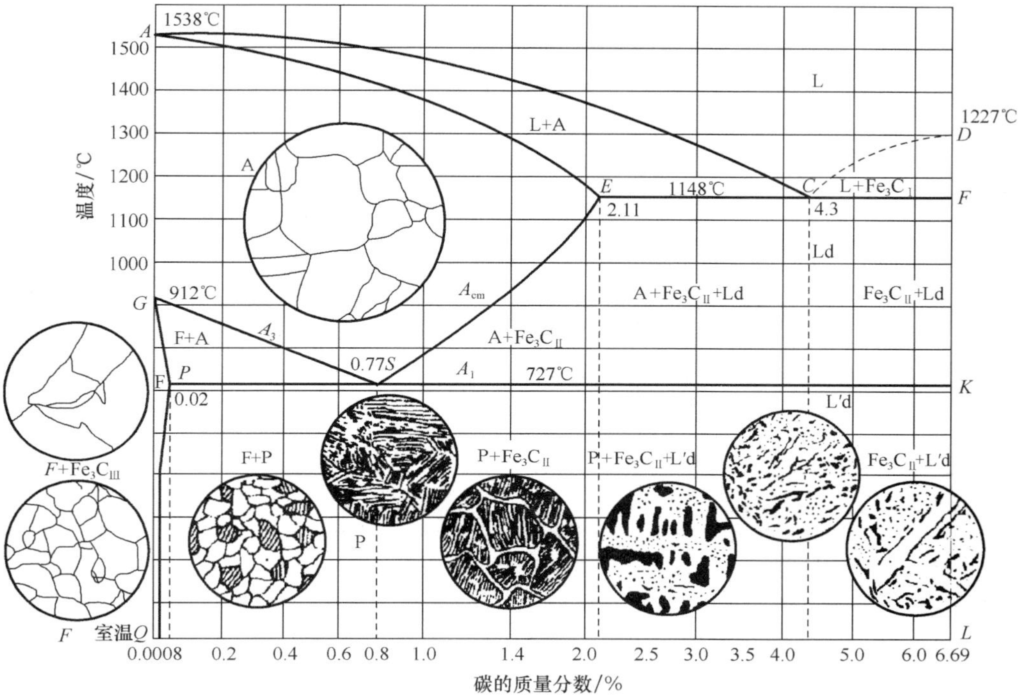

图 6.17　Fe-Fe_3C 状态图

表 6.3　铁碳合金状态图中主要特性点的含义

特性点符号	温度/℃	碳的质量分数/%	含　义
A	1538	0	纯铁的熔点
C	1148	4.3	共晶点 $L_C \longleftrightarrow A_E + Fe_3C$
D	1227	6.69	渗碳体的熔点
E	1148	2.11	碳在 γ-Fe 的最大溶解度
G	912	0	纯铁的同素异构转变点α-Fe⟷γ-Fe
S	727	0.77	共析点 $A_S \longleftrightarrow F_P + Fe_3C$
P	727	0.0218	碳在α-Fe 的最大溶解度
Q	600	0.0008	室温时碳在α-Fe 的最大溶解度

6.3.3　铁碳合金状态图的应用

1. 作为选材的主要依据

相图表明了钢铁材料成分、组织的变化规律，据此可判断出力学性能变化特点，从而为选材提供了可靠的依据。例如，要求塑性、韧性、焊接性能良好的材料，应选低碳钢；而要求硬度高、耐磨性好的各种工具钢，应选用含碳量较高的钢。

2. 制定各种热加工工艺的主要依据

铸造生产中，相图可估算钢铁材料的浇注温度，一般在液相线上50～100℃；由相图可知共晶成分的合金结晶温度最低，结晶区间最小，流动性好，体积收缩小，易获得组织致密的铸件，所以通常选择共晶成分的合金作为铸造合金。

在锻造工艺上，相图可作为确定钢的锻造温度范围依据。通常把钢加热到奥氏体单相区，塑性好、变形抗力小，易于成形。一般始锻温度控制在固相线以下 100～200℃范围内，而终锻温度亚共析钢控制在 *GS* 线以上；过共析钢应在稍高于 *PSK* 线以上。

在焊接工艺中，焊缝及周围热影响区受到不同程度的加热和冷却，组织和性能会发生变化，相图可作为研究变化规律的理论依据。

6.4 钢的热处理

6.4.1 钢的热处理概述

热处理就是采用特定的方式对金属材料或工件进行**加热**、**保温**，再以不同的速度**冷却**，以获得预期的组织和性能的工艺。

热处理是决定着机械零件使用寿命的关键工序，由于金属材料的力学性能包括着强度、硬度、塑性、韧性等诸多方面，而强度、硬度与塑性、韧性之间通常是矛盾中此消彼长的两个方面，通过热处理可以按材料的使用及加工要求，合理地调整好这对矛盾，改变材料性能、发挥其潜力，节约材料。

热处理的种类很多，根据其目的、加热和冷却方法的不同，划分方法如下：

热处理
- 普通热处理：退火、正火、淬火和回火
- 表面热处理
  - 表面淬火：火焰加热、感应加热
  - 化学热处理：渗碳、渗氮、碳氮共渗、渗金属等

根据热处理在零件加工过程中的工序位置不同，热处理可分为预先热处理（如退火、正火）和最终热处理（如淬火、回火）。

6.4.2　钢的整体热处理工艺

1．退火

退火是将钢加热至适当温度，保温后缓慢冷却，以获得接近于平衡组织的热处理工艺。退火的目的如下：①降低钢的硬度，提高塑性，以利于切削加工及冷变形加工；②消除钢中的残余内应力，以防工件变形和开裂；③改善组织，细化晶粒，改变钢的性能或为以后的热处理作准备。

常用的退火方法有完全退火、球化退火、等温退火和去应力退火等。

（1）完全退火

完全退火是指将钢加热到 A_3 以上 30～50℃，保温一定时间后，然后随炉缓慢冷却（或埋在砂中或石灰中冷却）至 600℃以下，最后空冷。完全退火可获得接近平衡状态的组织，主要用于亚共析成分的各种碳钢和合金钢的铸、锻件及热轧型材，有时也用于焊接结构，也可用作不重要工件的最终热处理。过共析钢不宜采用完全退火，因为过共析钢完全退火需加热到 A_{cm} 以上，在缓慢冷却时，钢中将析出网状渗碳体，使钢的机械性能变坏。

（2）球化退火

将钢加热到 A_1 以上 20～30℃，保温一定时间缓慢冷却，使渗碳体成为颗粒状的热处理工艺称球化退火。其显微组织如图 6.18 所示。球化退火主要用于过共析钢，如碳素工具钢、合金量具钢、轴承钢等，其目的是使钢中渗碳体球化，以降低钢的硬度，改善切削加工性能，并为以后的热处理工序做好组织准备。若钢的原始组织中有严重的网状渗碳体，应先进行正火处理。

图 6.18　过共析钢球化退火显微组织

（3）等温退火

等温退火是将钢加热至 A_3 以上 30～50℃，保温后较快地冷却到 A_1 以下某一温度恒温一定时间，使奥氏体在恒温下转变成珠光体和铁素体，然后出炉空冷的热处理工艺。等温退火常用来代替亚共析钢的完全退火，可获得比完全退火更为均匀的组织，缩短退火时间，提高效率。

（4）去应力退火

将钢加热到 A_1 以下 100～200℃，钢的组织不发生变化，只是消除内应力。主要用于消除铸、锻、焊工件的残余应力，减少变形，稳定尺寸。

（5）扩散退火（均匀化退火）

扩散退火是指将钢加热到略低于固相线温度，长时间保温（10～

15h），然后随炉冷却，以使钢的化学成分和组织均匀化。主要用于质量要求高的合金钢铸锭、铸件或锻件。如图 6.19 所示为各种退火及正火的工艺规范。

2. 正火

将钢加热到 A_3 或 A_{cm} 以上 30～50℃，保温适当时间，出炉后**在空气中冷却**的热处理工艺称为正火，如图 6.19 所示。

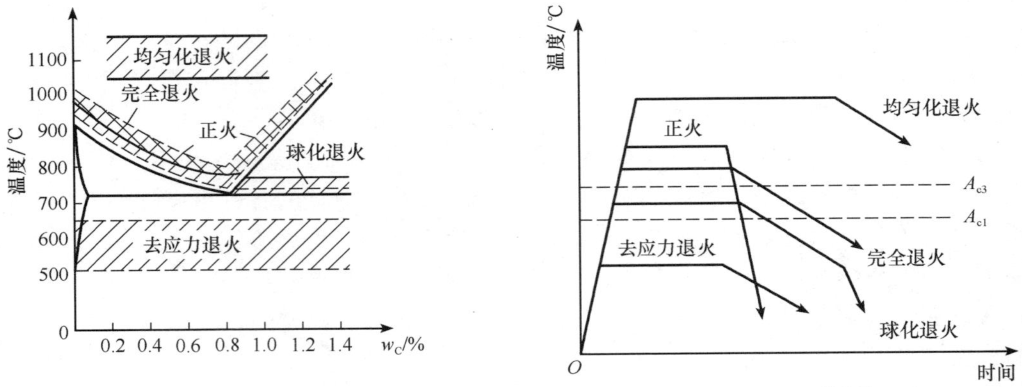

(a) 加热温度范围　　(b) 工艺曲线

图 6.19　各种退火及正火的工艺规范示意

正火与退火的主要差别是正火的冷却速度比退火稍快，故正火钢的组织比较细小，强度和硬度也高。正火生产周期短、能耗少。目前正火主要应用于以下几方面。

1）作为普通结构零件的最终热处理。

2）改善低碳钢和低合金结构钢的切削加工性能。一般硬度 170～230HBS 范围内，切削加工性较好，硬度太高，刀具易磨损；硬度太低，易“豁刀”，加工后零件表面光洁度差。低碳钢、低合金钢若退火，硬度小于 160HBS，通过正火，则能达到良好切削加工硬度。

3）过共析钢球化退火前进行正火，可消除网状二次渗碳体，以保证球化退火后得到良好的球状珠光体组织。

3. 淬火

淬火是将钢加热至 A_{c3} 或 A_{c1} 以上，保温一定时间，以适当速度冷却，获得马氏体或下贝氏体组织的热处理工艺。

（1）淬火加热温度

钢的淬火加热温度主要根据 $Fe\text{-}Fe_3C$ 相图来确定。亚共析钢的淬火加热温度为 A_{c1} 以上 30～50℃，这是为了获得细晶粒的奥氏体，以便淬火后获得细小马氏体组织。如果加热温度过高，则马氏体组织粗大，使钢的机械性能下降。若加热温度过低，A_{c1}～A_{c3} 则淬火组织中将出现大块未熔铁素体，使淬火面积出现转点造成钢的硬度不足。

共析钢和过共析钢的淬火加热温度为 A_1 以上 30～50℃，淬火后可得到马氏体及粒状渗碳体组织。由于渗碳体的硬度比马氏体高，能增加钢的硬度和耐磨性，所以加热温度在 A_1 以上是适宜的。如果加热温度超过 A_{cm} 以上，不仅使奥氏体的晶粒粗化，淬火后得到粗针状马氏体，增加脆性；同时残余奥氏体量也提高，降低了钢的硬度和耐磨性。

（2）淬火冷却方法

工业上常用的淬火冷却介质有水、矿物油、盐水溶液等。水的冷却特性是在 650～500℃内冷却速度快，300～200℃内冷却速度过大，易使工件变形开裂。一般用于形状简单的碳钢零件的淬火。在水中加入 10%左右的盐或碱，可改善水的冷却能力。

矿物油冷却特性是 300～200℃内冷却能力较小，有利于减少工件的变形和开裂，但在 650～500℃内冷却能力远低于水的冷却能力，不能用于碳钢淬火，主要适用于合金钢的淬火。

（3）淬透性和淬硬性

淬透性——钢在淬火后，获得淬透层（也称淬硬层）深度的能力称为钢的淬透性。淬硬层越深，则表明钢的淬透性越好。如果淬硬层深度至心部，则表明全部淬透。淬硬层深度，通常以获取 50%马氏体组织位置来测定。

机械制造中许多大截面零件和在动载荷下工作的重要零件，以及承受静压力的重要工件如螺栓、拉杆、锤杆等，常要求零件的表面和心部的力学性能一致，此时应选用能全部淬透的钢。

焊接件一般不选用淬透性高的钢，否则易在焊缝热影响区内出现淬火组织，造成焊件变形和裂纹。

淬硬性——指钢淬火时能达到的最高硬度，主要取决于马氏体中的碳含量。淬透性好的钢，其淬硬性不一定好，反之亦然。如低碳合金钢淬透性好，但其淬硬性都不高。

4. 回火

将**淬火后的钢件**加热至 A_{c1} 以下某一温度，保温一定的时间后，冷至室温的热处理工艺称为回火。回火的主要目的如下：①减少或消除淬火应力；②稳定工件尺寸，防止工件变形与开裂；③获得工件所需的组织和性能。

回火的种类及其应用如下所述。

根据钢件的性能要求确定回火温度，一般将回火分为三种。

（1）低温回火

低温回火（150～250℃）后得到的组织是回火马氏体，其性能是具有高的硬度（58～64HRC）和高的耐磨性，主要用于刀具、量具、模具、滚动轴承、渗碳件等淬火后及零件表面淬火后的回火处理。

（2）中温回火

中温回火（350～500℃）后得到的组织是回火屈氏体，其性能是具有较高的弹性极限和屈服强度，具有一定的韧性和硬度（35～45HRC），主要用于处理各种弹性零件及热锻模等。

（3）高温回火

高温回火（500～650℃）后得到的组织是回火索氏体，这种组织既有较高强度，同时又具有较好的塑性、韧性，即综合机械性能良好，硬度一般为 25～35HRC，广泛应用于各种重要的结构件，如连杆、齿轮、轴类等。生产上通常将淬火与高温回火相结合的热处理称为**调质处理**。

淬火钢在 250～400℃和 500～650℃两个温度范围内回火时，会出现冲击韧性明显下降的现象，称为**回火脆性**，前者称为**低温回火脆性**或**第一类回火脆性**，后者称为**高温回火脆性**或**第二类回火脆性**，主要发生在某些合金钢。

6.5 钢的表面处理

6.5.1 钢的表面淬火

1. 表面淬火的基本原理

感应加热的原理如图 6.20 所示，把零件放在紫铜作成的感应器内（铜管中加水冷却），使感应器接通交流电，即在它的内部和周围产生与电流频率相同的交变磁场。在零件内产生频率相同，方向相反的感应电流。感应电流在工件截面上的分布是不均匀的，靠近表面密度最大，中心处几乎为零，这种现象叫做**交流电的集肤效应**。电流透入工件表层的深度主要与电流频率有关，电流频率越高，电流透入工件的表层深度越薄，因此，通过改变频率可以达到不同的淬硬层深度。

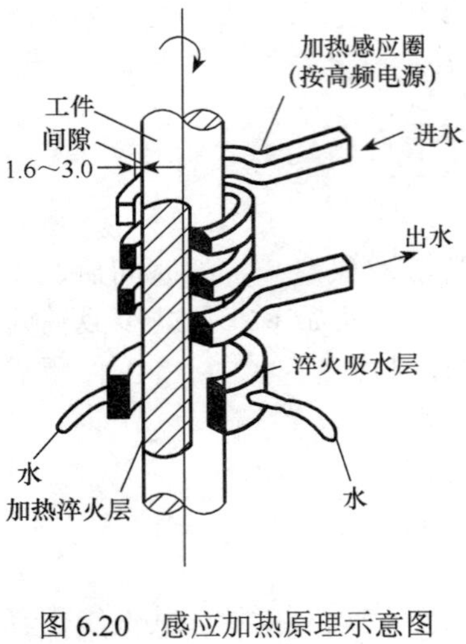

图 6.20 感应加热原理示意图

2. 感应加热淬火的种类

1）高频淬火：电流频率为 100～500kHz，淬硬层深度为 0.5～2mm。主要用于要求淬硬层较薄的中小型零件，如小模数齿轮、中小型轴等。

2）中频淬火：电流频率为 500～1000Hz，淬硬层深度为 2～10mm。主要用于淬硬层要求较深的零件，如直径较大的轴类和中等模数的齿轮，大模数齿轮单齿加热淬火等。

3）工频淬火：电流频率为 50Hz。淬硬层深度可达 10～20mm。主要用于大直径零件（轧辊、火车车轮等）的表面淬火，也可用于较大直径零件的透热。

3. 感应加热表面淬火的特点

表面淬火一般适用于中碳钢和中碳低合金钢如 45 钢、40Cr、40MnB 等。这些钢经预备热处理（正火或调质处理）后，其心部具有良好的综合机械性能，再进行表面淬火，使表面具有较高的硬度（＞50HRC）和耐磨性。

感应加热表面淬火的主要特点如下：

1）加热速度极快，一般只需几秒钟到几十秒钟的时间就将工件加热到淬火温度。因此，在相变过程中，铁和碳原子来不及扩散，因而珠光体转变为奥氏体的相变温度升高，相变温度范围扩大，通常比普通加热温度高几十度。

2）加热时间短，奥氏体晶粒细小均匀，淬火获得极细马氏体，零件硬度比普通淬火的硬度高 2～3HRC，且脆性较低。

3）因加热速度快，没有保温时间，工件内部未被加热，所以工件氧化和脱碳少，淬火变形小。

4）淬火后表面层存在残余压应力，可提高其疲劳极限；生产率高，易实现机械化和自动化，适宜于大批量生产。但设备昂贵，处理形状复杂的零件比较困难。

6.5.2　钢的化学热处理

化学热处理是将钢件置入具有活性的介质中，通过加热和保温，使活性介质分解析出活性元素，渗入工件的表面，改变工件表面的化学成分、组织和性能的一种热处理工艺。化学热处理与其他热处理不同，它不仅改变了钢的组织，同时还改变了**钢体表层的化学成分**。

按钢件中渗入元素的不同，化学热处理可分为渗碳、氮化、碳氮共渗（氰化）、渗硼、渗铝、渗铬等。

化学热处理的基本过程是分解、吸收、扩散。通过化学热处理的工件能有效地提高钢件表层的耐磨性、抗腐性、抗氧化性和疲劳强度等。

目前生产中最常用的化学热处理工艺是渗碳、氮化和碳氮共渗。

1. 表面渗碳处理

渗碳是向钢的表层渗入碳原子的过程，将工件置于含碳的介质中加热和保温，使活性碳原子渗入钢的表面，以达到提高钢的表面含碳量的目的。渗碳后的工件经淬火及低温回火后，表面可获得高硬度、高耐磨性，而心部具有高韧性。

根据渗碳介质的状态，渗碳方法可分为气体渗碳、固体渗碳和液体渗碳三种。其中最常用的是气体渗碳。

气体渗碳是将工件置于密封的渗碳炉中，加热到900～950℃，然后滴入煤油、丙酮、甲醇等渗碳剂。高温下渗碳剂产生活性碳原子，活性碳原子渗入高温奥氏体中，依靠碳浓度差不断从表面向内部扩展形成渗碳层。工件渗碳后，其表面含碳量可达 0.9%～1.05%，含碳量从表面到心部逐渐减少。

渗碳件经淬火与低温回火后，其表面显微组织为细针状马氏体均匀分布的细粒状渗碳体和少量的残余奥氏体。心部组织随钢的淬透性而异，低碳钢为铁素体和珠光体；低碳合金钢则为低碳马氏体＋铁素体＋珠光体。渗碳钢的含碳量一般小于 0.25%，常用的钢号有 15、20、20CrMnTi 等，主要用于制造表面耐磨而心部抗冲击的零件，如汽车、拖拉机中的变速齿轮、内燃机上的凸轮轴、机床的变速齿轮等。

渗碳零件的一般工艺路线：

锻造→正火→机械加工→渗碳→淬火＋低温回火→精加工

2. 表面渗氮（氮化）处理

表面渗氮是向钢的表面渗入氮原子的过程。其目的是提高工件表面硬度、耐磨性、耐蚀性及疲劳极限。

渗氮的工艺过程是将工件置于渗氮介质中，加热至 500～550℃保温，渗氮介质分解出活性氮原子渗入工件表层形成坚硬而稳定的氮化物层，氮化层一般不超过 0.6～0.7mm，氮化几乎是加工工艺路线中的最后一道工序，最多进行精磨或研磨。

氮化用钢通常是含有 Al、Cr、Mo 等元素的合金钢，最典型的钢是 38CrMoAl，氮化后硬度可达 1000HV 以上。工件氮化后，表面形成高度弥散、硬度极高的氮化物，具有极高的硬度和耐磨性，不需再进行热处理。但为保证心部具有良好的综合机械性能，氮化前需进行调质处理。氮化零件的一般工艺路线如下：

锻造→退火→粗加工→调质→精加工→去应力退火→粗磨→氮化→精磨

渗氮处理广泛用于要求耐磨且变形小的零件，如精密齿轮、精密机床主轴等。

（1）气体渗氮

将工件置于井式炉中加热到 500～600℃后通入氨气（NH_3），氨气分解出活性氮原子［N］。活性氮原子［N］被零件表面吸收并与钢中的合金元素化合形成氮化物。氮化层深度为 0.1～0.6mm。

（2）离子渗氮

在高电压作用下，含氮的稀薄气体（氨气）中分离出氮离子，具有高能量的氮离子以极大速度轰击工件表面，并渗入工件表层形成氮化层。离子渗氮氮化速度快（仅为气体渗氮的 1/4），工件变形小。

3. 碳氮共渗（氰化）处理

碳氮共渗是向零件表面同时渗入碳原子和氮原子的过程，常用的有低温气体碳氮共渗和中温气体碳氮共渗两种。

低温气体碳氮共渗（气体软氮化）以渗氮为主，常用的共渗介质有尿素、二乙醇胺等。处理温度不超过 570℃，时间为 1～3h，渗层深度为 0.3～0.5mm，用于模具、量具及耐磨零件的处理。材料种类不限，碳钢、合金钢、铸铁以及粉末冶金材料均可。

中温气体碳氮共渗以渗碳为主，常用的共渗剂为煤油和氨气。处理温度为 820～860℃，时间为 1～9h，渗层深度为 0.3～0.6mm。目前主要用于形状复杂、要求变形小的小型耐磨零件，如轻载齿轮等，材料主要为低、中碳钢和合金钢，经过中温气体碳氮共渗工艺后还要进行淬火和低温回火处理，以提高表面硬度和耐磨性。

习 题

6.1 力学性能指标中，强度、塑性、硬度、冲击韧度、疲劳极限各自反映了材料的哪些性能？

6.2 什么叫应力、应变？低碳钢拉伸应力-应变曲线可分为哪几个变形阶段？这些阶段各具有什么特征？

6.3 布氏硬度法和洛氏硬度法各有什么优缺点？各适用于何种场合。下列情况应采用哪种硬度法测定其硬度？

6.4 下面列举的几种材料（工件）应采用什么方法测定其硬度值？

锉刀、中碳钢、铸铁、黄铜轴套、硬质合金刀片、耐磨工件表面硬化层、铝合金。

6.5 钢进行热处理的理论依据是什么？常用热处理方法有哪些？

6.6 什么是退火？说明它的种类及应用范围。

6.7 什么是退火？什么是正火？两者的特点和用途有什么不同？

6.8 什么是淬火？举例说明淬火的目的。

6.9 钢在淬火后为什么要回火？三种类型回火的用途有何不同？

6.10 现有低碳钢和中碳钢齿轮各一个，为使齿面具有高的硬度和耐磨性，试问各应进行何种热处理？并比较它们经热处理后在组织和性能上有何不同？

6.11 要制造齿轮、连杆、热锻模具、弹簧、冷冲压模具、滚动轴承、车刀、锉刀、机床床身等零件，试从下列牌号中分别选出合适的材料并叙述所选材料的名称、成分、热处理工艺。

20CrMnTi 渗碳钢；65Mn 弹簧钢；Cr12MoV；GCr15Mo 轴承钢；

W6Mo5Cr4V2 高速钢；T10 碳素工具钢；5CrMnMo 热变形模具钢；机床床身。

6.12　用一根冷拉钢丝绳吊装一大型工件进入热处理炉，并随工件一起加热到 1000℃保温，当出炉后再次吊装工件时，钢丝绳发生断裂，试分析其原因。

6.13　高碳高合金钢工件淬火时极易开裂，采取什么措施可有效防止其开裂？

6.14　渗碳目的是什么？渗碳后为什么要进行淬火加低温回火？

6.15　某 40MnB 钢主轴，要求整体有足够的韧性，表面要求有较高的硬度和耐磨性，采用何种热处理工艺可满足要求？简述理由。

6.16　机械式计数器内部有一组计数齿轮，最高转速为 350r/min，该齿轮用下列哪些材料制造合适，并简述理由。

40Cr、20CrMnTi、尼龙 66。

6.17　现有一碳钢制支架刚性不足，采用以下三种方法中的哪种方法可有效解决此问题？为什么？①改用合金钢；②进行热处理改性强化；③改变该支架的截面与结构形状尺寸。

7 单元 钢铁材料

◎ 单元概述

钢铁材料是由金属元素或以金属元素为主要材料组成的具有金属特性的工程材料，主要包括碳素钢、合金钢和铸铁。

◎ 学习目标

- 掌握常用钢铁材料性能、分类和牌号。
- 了解常用钢铁材料的用途。

◎ 教学节奏与方式

项　目		课时安排	教学方式
1	课前准备	课余	预习教材
2	教师讲授	6 学时	重点讲授
3	思考与练习	课余	学生之间相互讨论或独立完成习题

7.1 碳素钢

碳素钢，指含碳量在0.0218%～2.11%且不含有特意加入的合金元素的铁碳合金。碳素钢冶炼方法简单、容易加工、价格低廉，具有较好的力学性能和工艺性能，因此在机械制造、交通运输等许多部门中得到广泛的应用。

7.1.1 杂质元素对钢性能的影响

碳素钢中除铁和碳两种元素外，还含有一些其他元素如硅、锰、硫和磷等。

1）硅。硅作为脱氧剂，进行脱氧后残留在钢中，形成固溶体，可提高钢的强度和硬度，钢材中的硅是有益元素。但由于含量少，故其强化作用不大，钢中的硅含量通常小于 0.5%，碳素镇静钢中一般控制在0.17%～0.37%。

2）锰。锰的存在可防止形成 FeS，减轻硫的有害作用，强化铁素体，使组织细化，提高钢的强度。锰和硫形成 MnS，降低钢的脆性，从而减轻对钢的危害。所以锰是钢中的有益元素，在钢中锰的含量一般为0.25%～0.8%。

3）硫。硫主要是在炼钢时由生铁和燃料带入钢中的杂质。它在钢中与铁生成化合物 FeS，FeS 与铁形成共晶体（Fe+FeS），它的熔点低，约为 985℃。当钢材加热到 1000～1200℃进行轧制或锻造时，沿晶界分布的 Fe-FeS 共晶体已经熔化，各晶粒间的连接被破坏，导致钢材开裂，这种现象称热脆。从总体来讲，硫是钢材中的有害元素，钢的含硫量不得超过 0.05%。

4）磷。磷主要来源于炼钢原料生铁。磷在钢材中能全部溶于铁素体中，可提高铁素体的强度和硬度。但在室温下却使钢材的塑性和韧性急剧下降，产生低温脆性，这种现象称为冷脆。一般来说，磷是钢材中的有害元素，应严格控制其含量，一般小于 0.04%。

钢中的硫和磷是有害元素，其含量应予严格控制。但在易切削钢中，适当地提高硫、磷的含量，增加钢的脆性，反而有利于形成崩碎切屑，从而提高切削效率和延长刀具寿命。

7.1.2 碳素钢的分类

1. 按碳素钢中碳的质量分数分类

1）低碳钢是指碳的质量分数为 0.218%$<w_C<$0.25%的铁碳合金。

2）中碳钢是指碳的质量分数为 0.25%≤w_C≤0.6%的铁碳合金。

3）高碳钢是指碳的质量分数为 0.6%<w_C<2.11%的铁碳合金。

2. 按碳素钢中所含杂质 S、P 的质量分数分类

1）普通钢。硫的质量分数 w_S≤0.05%；磷的质量分数 w_P≤0.045%。

2）优质钢。硫的质量分数 w_S≤0.035%；磷的质量分数 w_P≤0.035%。

3）高级优质钢。硫的质量分数 w_S≤0.025%；磷的质量分数 w_P≤0.025%。

4）特级优质钢。硫的质量分数 w_S≤0.015%；磷的质量分数 w_P≤0.025%。

3. 按碳素钢的用途分类

（1）碳素结构钢

碳素结构钢主要用于制造各种机械零件和工程结构件，其碳的质量分数 w_S<0.7%，分为普通碳素结构钢和优质碳素结构钢。此类钢常用于制造齿轮、轴、螺母、弹簧等机械零件，或制作桥梁、船舶、建筑等工程结构件。

（2）碳素工具钢

碳素工具钢主要用于制造工具，如制作刃具、模具、量具等。其碳的质量分数 w_C>0.7%。此外，按冶炼方法不同，碳素工具钢可分为平炉钢、转炉钢和电炉钢，按冶炼时脱氧程度不同分为沸腾钢、镇静钢和半镇静钢等。

7.1.3 碳素钢的牌号和用途

1. 普通碳素结构钢

普通碳素结构钢含碳量为 0.06%～0.38%。这类钢强度和硬度不高，但冶炼方便、产量大、价格便宜，有良好的塑性和焊接性，适用于一般工程结构、桥梁、船舶和厂房等建筑结构以及力学性能要求不高的机械零件（如螺钉、螺母和铆钉等）。

普通碳素结构钢的牌号由屈服强度字母、屈服强度数值、质量等级符号、脱氧方法符号组成。其中屈服强度字母以“Q”，表示；质量等级有 A、B、C、D 四级，质量依次提高；脱氧方法用汉语拼音字首表示，“F”——沸腾钢、“b”——半镇静钢、“Z”——镇静钢、“TZ”——特殊镇静钢。例如，Q235-AF 表示 σ_s≥235MPa、质量等级为 A 级、脱氧程度为沸腾钢的普通碳素结构钢。普通碳素结构钢的具体牌号、质量等级、化学成分、力学性能和应用见表 7.1。

表 7.1　普通碳素结构钢的牌号、质量等级、化学成分、力学性能和应用

牌号	质量等级	化学成分/%	力学性能（不小于）			应用举例
		w_C	σ_s/MPa	σ_b/MPa	δ/%	
Q195	—	0.06～0.12	195	315～390	33	用于制作开口销、铆钉、垫片及载荷较小的冲压件
Q215A	A	0.09～0.15	215	335～410	31	
Q215B	B	0.09～0.15	215	335～410	31	
Q235A	A	0.14～0.22	235	375～460	26	用于制作后桥壳盖、内燃机支架、制动器底板、发电机机架、曲轴前挡油盘
Q235B	B	0.12～0.20	235	375～460	26	
Q235C	C	≤0.18	235	375～460	26	
Q235D	D	≤0.17	235	375～460	26	
Q255A	A	0.18～0.28	255	410～510	24	用于制作拉杆、心轴、转轴、小齿轮、销、键
Q255B	B	0.18～0.28	255	410～510	24	
Q275	—	0.28～0.38	275	490～610	20	

2. 优质碳素结构钢

优质碳素结构钢的硫、磷含量均较低，塑性和韧性较好，主要用来制作较重要的机械零件，如轴类、齿轮、弹簧等零件。这类钢经热处理后具有良好的综合力学性能。

优质碳素结构钢的牌号用两位数字表示，两位数字表示钢中碳的平均质量分数的万分之几。如 45 钢，表示碳平均 w_C=0.45%的优质碳素结构钢。钢中含锰较高（w_{Mn}=0.7%～1.2%）时，在数字后面附以符号“Mn”，如 65Mn 钢，表示平均 w_C=0.65%并含有较多锰（w_{Mn}=0.9%～1.2%）的优质碳素结构钢。高级优质钢在数字后面加“A”。特级优质钢在数字后面加“E”。沸腾钢在数字后面加“F”。半镇静钢数字后面加“b”。优质碳素结构钢的牌号和化学成分、力学性能和应用见表 7.2。

1）08～25 钢属于低碳钢。此类钢含碳量低，强度、硬度较低，塑性、韧性好，具有良好的焊接性能和塑性变形能力，常常轧制成薄板或钢带，主要用于制造冷冲压零件、焊接结构件以及强度要求不太高的机械零件及表面硬而心部韧的渗碳零件，如各种仪表板、容器、内燃机油盆、油箱、小轴、销子、螺钉、螺母等。

2）30～55 钢属于中碳钢。这类钢具有较高的强度和硬度且切削性能良好，其塑性和韧性随含碳量的增加而逐步降低，此类钢经调质处理后可获得较好的综合力学性能，主要用来制作齿轮、连杆、轴类、套类等零件，其中 40、45 钢应用广泛。

表 7.2 优质碳素结构钢牌号、化学成分、力学性能和应用

牌号	化学成分/%	力学性能					应用举例
		σ_s	σ_b	δ	ψ	α_k	
	w_C	MPa		%		J/cm^2	
		不小于					
08F	0.05～0.11	175	295	35	60	—	塑性和焊接性好，宜制造冲压件、焊接件及强度要求不高的机械零件和渗碳件，如一般的螺钉、铆钉、垫圈等
08	0.05～0.12	195	325	33	60	—	
10F	0.07～0.14	185	315	33	55	—	
10	0.07～0.14	205	335	31	55	—	
15F	0.12～0.19	205	355	29	55	—	
15	0.12～0.19	225	375	27	55	—	
20	0.17～0.24	245	410	25	55	—	
25	0.22～0.30	275	450	23	50	88.3	
30	0.27～0.35	295	490	21	50	78.5	优良的综合力学性能，宜用于制作受力较大的机械零件，如齿轮、连杆、活塞杆、轴类零件及联轴器等零件
35	0.32～0.40	315	530	20	45	68.5	
40	0.37～0.45	335	570	19	45	58.8	
45	0.42～0.50	355	600	16	40	49	
50	0.47～0.55	375	630	14	40	39.2	
55	0.52～0.60	380	645	13	35	—	
60	0.57～0.65	400	675	12	35	—	屈服强度高、弹性好，宜用于制造弹性元件（如各种螺旋弹簧、板簧等）及耐磨零件
65	0.62～0.75	410	695	10	30	—	
70	0.67～0.75	420	715	9	30	—	
75	0.72～0.80	880	1080	7	30	—	
80	0.77～0.85	930	1080	6	30	—	
85	0.82～0.90	980	1130	6	30	—	
15Mn	0.12～0.19	245	410	26	55	—	用于制造渗碳零件、受磨损零件及较大尺寸的各种弹性元件等
20Mn	0.17～0.24	275	450	24	50	—	
25Mn	0.22～0.30	295	490	22	50	88.3	
30 Mn	0.27～0.19	315	540	20	45	78.5	
35 Mn	0.32～0.40	335	560	18	45	68.5	
40 Mn	0.37～0.45	335	590	17	45	58.7	
45 Mn	0.42～0.50	375	620	15	40	49	
50 Mn	0.47～0.55	390	645	13	40	39.2	
60 Mn	0.57～0.65	410	695	11	35	—	
65 Mn	0.62～0.70	430	735	9	30	—	
70 Mn	0.67～0.75	450	785	8	30	—	

3）60～85 钢属于高碳钢。这类钢具有较高的强度、硬度和良好的

弹性，但焊接性和冷变形塑性较差、切削性能不好，主要用来制造具有较高强度、耐磨性和弹性的零件，如弹簧、弹簧垫圈等零件，其中65Mn作为弹簧钢应用较多。

3. 碳素工具钢

碳素工具钢的含碳量为0.65%～1.35%，属于优质钢或高级优质钢。这类钢经热处理后具有较高的硬度和耐磨性，主要用于制作低速切削刀具以及对热处理变形要求低的一般模具、低精度量具。碳素工具钢的牌号用“T+数字”表示，其中T代表碳素工具钢，数字表示钢中平均含碳量的千分之几，如T10表示碳平均含量 ω_C=1.0%的碳素工具钢。若在牌号后加字母A，则表示为高级优质碳素工具钢，如T12A表示碳平均含量 ω_C=1.2%的高级优质碳素工具钢。碳素工具钢牌号、化学成分、力学性能和应用见表7.3。

表7.3 碳素工具钢的具体牌号、化学成分、力学性能和应用

牌号	化学成分/%			硬度		应用举例
	w_C	w_{Si}	w_{Mn}	退火后 HBW	淬火后 HRC	
T7 T7A	0.65～0.74	≤0.35	≤0.40	≤187	≤62	承受冲击、韧性较好、硬度适当的工具，如扁铲手钳、大锤旋具、木工工具
T8 T8A	0.75～0.84	≤0.35	≤0.40	≤187	≤62	承受冲击、要求较高硬度的工具，如冲头、压缩空气锤工具、木工工具
T8Mn T8MnA	0.80～0.90	≤0.35	≤0.40～0.60	≤187	≤62	承受冲击、具有较高硬度和耐磨性的工具，如冲头、压缩空气锤工具、木工工具
T9 T9A	0.85～0.94	≤0.35	≤0.40	≤192	≤62	韧性中等、硬度高的工具，如冲头，木工工具，凿岩工具
T10 T10A	0.95～1.04	≤0.35	≤0.40	≤197	≤62	不受剧烈冲击、高硬度耐磨的工具，如车刀、刨刀、丝锥、钻头、手锯条
T11 T11A	1.05～1.14	≤0.35	≤0.40	≤207	≤62	不受剧烈冲击、高硬度耐磨的工具，如车刀、刨刀、丝锥、钻头
T12 T12A	1.15～1.24	≤0.35	≤0.40	≤207	≤62	不受冲击、要求高硬度耐磨的工具，如锉刀、刮刀、精车刀、丝锥、量具
T13 T13A	1.25～1.35	≤0.35	≤0.40	≤217	≤62	不受冲击、要求高硬度、耐磨的工具，如锉刀、刮刀、精车刀、丝锥、量具

碳素工具钢在锻、轧后进行的预备热处理为球化退火，目的是降低硬

度、改善切削加工性能，并为淬火做组织准备。最终热处理采用淬火＋低温回火，淬火温度约为780℃，回火温度约为180℃，组织为回火马氏体＋粒状渗碳体＋少量残余奥氏体。碳素工具钢红硬性（金属材料高温下保持高硬度的能力）低，一般工作温度为200℃以下，只适于制作低速刀具。

4. 工程用铸造碳钢

工程用铸造碳钢的碳的质量分数平均约为0.2%～0.6%，主要用来制作形状复杂、难以进行锻造或切削加工，且要求较高强度和韧性的零件。

工程用铸造碳钢的牌号用“ZG＋两组数字”表示，其中ZG表示铸钢，第一组数字表示最低屈服强度数值，第二组数字表示最低抗拉强度数值，如ZG270-500表示屈服强度不小于270MPa、抗拉强度不小于500MPa的工程用铸造碳钢。工程用铸造碳钢的牌号、化学成分、力学性能和应用见表7.4。

表7.4 工程用铸造碳钢的具体牌号、化学成分、力学性能和应用

牌号	化学成分/%					力学性能					应用举例
	w_C	w_{Si}	w_{Mn}	w_P	w_S	σ_s/MPa	σ_b/MPa	δ/%	ψ/%	α_k/(J/cm^2)	
ZG200-400	≤0.20	≤0.50	≤0.80	≤0.04	≤0.04	≥200	≥400	≥25	≥40	≥60	机座和减、变速箱体
ZG230-450	≤0.30	≤0.50	≤0.90			≥230	≥450	≥22	≥32	≥45	轴承盖、阀体、外壳、底板
ZG270-500	≤0.40	≤0.50	≤0.90			≥270	≥500	≥18	≥25	≥35	轧钢机机架、连杆、箱体、缸体、曲轴、轴承座、飞轮
ZG310-570	≤0.50	≤0.60	≤0.90			≥310	≥570	≥15	≥21	≥30	大齿轮、制动轮、气缸体
ZG340-640	≤0.60	≤0.60	≤0.90			≥340	≥640	≥12	≥18	≥20	齿轮、联轴器、棘轮

7.2 合金钢

7.2.1 合金元素在钢中的作用

熔炼时在钢中有目的地加入一定比例的合金元素，能够改善钢的性

能，通常在钢中加入的合金元素有硅、锰、铬、镍、钨、钼、钒、钴、铝、钛和稀土元素等。合金元素在钢中的作用如下所述。

（1）形成合金铁素体

大多数合金元素都能溶于铁素体，形成合金铁素体。合金元素溶入铁素体后，必然引起铁素体晶格畸变，产生固溶强化，使铁素体强度、硬度提高，塑性、韧性有所下降。

（2）形成碳化物

碳化物是钢中的重要相之一，碳化物的种类、数量、大小、形状及其分布对钢的性能有重要的影响。合金元素在钢中形成的碳化物有合金渗碳体和特殊碳化物两类，弱碳化物元素形成的合金渗碳体的熔点较低、硬度较低、稳定性较差；中强碳化物元素形成的合金渗碳体的熔点、硬度都比较高，耐磨性以及稳定性较好；强碳化物元素在钢中优先形成特殊碳化物，它们的稳定性最高，不易分解，熔点、硬度高，耐磨性好，它们弥散分布在钢的基体上，能显著提高钢的强度、硬度和耐磨性。

（3）减缓奥氏体化过程

大多数合金元素（除镍、钴）都会减缓奥氏体化过程。

（4）细化晶粒

几乎所有的合金元素都能抑制钢在加热时的奥氏体长大的作用，达到细化晶粒的目的。强碳化物元素形成的碳化物弥散地分布在奥氏体的晶界上，均能十分有效地阻碍奥氏体晶粒长大，使合金钢在热处理后获得比碳钢更细的晶粒。

（5）提高钢的淬透性

大多数合金元素（除钴外）溶解于奥氏体中后，均可增加过冷奥氏体的稳定性，使 C 曲线右移，减小淬火临界冷却速度，从而提高钢的淬透性。往往，单一合金元素对淬透性的影响没有多种合金元素联合作用的效果显著，通过复合元素，采用多元少量的合金化原则，对提高钢的淬透性会更有效。

（6）提高钢的回火稳定性

淬火钢在回火时抵抗硬度下降的能力称为回火稳定性。合金钢都有较好的耐回火性。合金钢在回火过程中，由于合金元素的阻碍作用，使马氏体不易分解，碳化物不易析出，即使析出后也难以聚集长大，从而提高了钢的回火稳定性。

7.2.2 合金钢的分类

合金钢的分类方法有很多，一般可按其主要质量等级和使用特性分类。

1. 按主要质量等级分类

（1）优质合金钢

这种钢在生产过程中需要特别控制质量和性能，但其生产质量控制和性能要求的严格程度不如特殊质量合金钢。

（2）特殊质量合金钢

这种钢在生产过程中需要特别严格控制质量和性能，除优质合金钢以外的所有其他合金钢都为特殊质量合金钢。

2. 按使用特性分类

合金钢按使用特性可分为工程结构用合金钢（一般工程结构用合金钢、合金钢筋钢、高锰耐磨钢等）、机械结构用合金钢（调质处理合金结构钢、表面硬化合金结构钢、合金弹簧钢等）、工具钢（合金工具钢、高速工具钢等）、特殊性能钢（不锈钢、耐蚀钢、耐热钢、磁钢等）、轴承钢（高碳铬轴承钢、不锈轴承钢等），以及如铁道用合金钢等。

7.2.3 合金钢的牌号和用途

1. 合金结构钢

合金结构钢在机械制造、交通运输、石油化工及建筑工程等方面应用最广，是用量最大的一类合金钢。合金结构钢是在优质碳素结构钢的基础上加入一些合金元素而形成的。

合金结构钢的牌号采用“两位数字（碳含量）＋化学元素符号＋数字”表示。前面的“两位数字”表示钢的平均含碳量的万分之几，“化学元素符号”表示钢中含有的主要合金元素，其后面“数字”则标明该元素的含量百分之几。当合金元素的平均含量小于1.5%时，牌号中仅标明元素符号，不标注含量；如果平均含量为1.5%～2.5%，2.5%～3.5%，3.5%～4.5%，…时，则相应地标以2，3，4，…，依此类推。例如，40Cr钢表示平均含碳量为0.40%、主要合金元素为铬、其含量在1.5%以下的合金结构钢。若合金结构钢为高级优质钢，则在牌号后加注A，若为特级优质钢则加注E。

（1）低合金结构钢

低合金结构钢是在碳素结构钢的基础上加入少量合金元素而制成的工程用钢，是一种低碳（$w_C \leqslant 0.2\%$）、低合金（合金总量≤3%）钢。这类钢比相同含碳的碳素结构钢的强度要高得多，并且有良好的塑性、韧性、耐蚀性和焊接性。低合金结构钢以少量锰为主加元素，含硅量较碳素结构钢高，以提高钢的强度；并辅加其他合金元素，如铜、钛、钒、稀土元素等，以提高钢的耐蚀性和淬透性。低合金结构钢大多数是在热轧、正火状态下使用，组织为铁素体和珠光体。在强度级别较高的低合金结构钢中，也加入铬、钼、硼等元素，主要是为了提高钢的淬透性，以便在空冷条件下得到比碳素钢更高的力学性能。低合金结构钢牌号表示方法与碳素结构钢相同，如最常用的Q345。

（2）合金渗碳钢

合金渗碳钢的含碳量为0.10%～0.20%，合金渗碳钢是用来制造既要有优良的耐磨性、耐疲劳性，又能在承受冲击载荷的作用下有足够的韧性和足够高强度的零件，如汽车、拖拉机中的变速齿轮、内燃机上的凸轮轴、活塞销等。这种合金钢心部有足够好的塑性和韧性，加入铬、镍、锰、硅、硼等合金元素能提高淬透性，使零件在热处理后，表层和心部都得到强化，加入钒、钛等合金元素，可以阻碍奥氏体晶粒长大，起细化晶粒的作用。常用的合金渗碳钢有20Cr、20CrMnTi。

（3）合金调质钢

合金调质钢是在中碳钢（30、35、40、45、50）的基础上加入一种或几种合金元素，以提高淬透性和耐回火性，使之在调质处理后具有良好的综合力学性能的钢。常加入的合金元素有锰、硅、铬、硼、钼等，主要作用是提高钢的强度和韧性，增加钢的淬透性。合金调质钢的热处理工艺是淬火后高温回火（调质），处理后获得回火索氏体组织，使零件具有良好的综合性能。若要求零件表面有很高的耐磨性，可在调质后再进行感应淬火或渗氮。合金调质钢常用来制造负荷较大的重要零件，如发动机轴、连杆及传动齿轮等。常用的合金调质钢有40Cr、40MnB、40CrNi。

（4）合金弹簧钢

合金弹簧钢主要用于制造各种机械和仪表中的弹簧，应具有高的弹性极限和高的屈服强度，高的疲劳极限与足够的塑性和韧性。合金弹簧钢的碳含量为0.50%～0.70%。加入合金元素锰、硅、铬、钼、钒等主要是提高淬透性、抗回火稳定性和强化铁素体，热处理后能获得高的弹性和屈服强度，加入少量铬、铝、钒可防止脱碳，并能细化晶粒，提高屈服强度、弹性极限和高温强度。弹簧钢按加工和热处理分为热成形弹簧钢和冷成形弹簧钢。

1）热成形弹簧钢：当弹簧直径或板簧厚度大于1时，常采用热态下成形，即将弹簧加热至比正常淬火温度高50～80℃进行热卷成形，然后利用余热立即淬火、中温回火，获得回火托氏体，硬度为40～48HRC，具有较高的弹性极限、疲劳强度和一定的塑性与韧性。

2）冷成形弹簧钢：当弹簧直径或板簧厚度小于8～10mm时，常用冷拉弹簧钢丝或弹簧钢带冷卷成形。由于弹簧钢丝在生产过程中已具备了很好的性能，所以冷绕成形后不再淬火；通过250～300℃的去应力退火，可消除在冷绕过程中产生的应力，并使弹簧定型。

常用的合金弹簧钢有60Si2Mn、60Mn。

2. 合金工具钢

合金工具钢主要用于制造尺寸大、精度高和形状复杂的模具、各种精密量具以及切削速度较高的刀具。合金工具钢的牌号和结构钢的区别仅在于碳含量的表示方法，它用一位数字表示平均含碳量的千分之几，当碳含量w_C≥1.0%时，不予标出。例如，9CrSi表示平均含碳量为0.90%、主要合金元素为铬和硅、其含量都在1.5%以下的低合金工具钢；Cr12MoV表示平均含碳量w_C≥1.0%、主要合金元素铬的平均含量为

12%、钼和钒的含量均小于1.5%的高合金工具钢。高速钢牌号的表示方法略有不同，其含碳量 w_C≤1.0%也不予标出，合金元素及其含量的标注相同。例如，W18Cr4V 表示平均含碳量为 0.7%～0.8%、平均含钨量为18%、平均含铬量为 4%、含钒量小于 1.5%的高速工具钢。合金工具钢按用途可分为刃具钢、模具钢、量具钢。

（1）合金刃具钢

合金刃具钢主要用来制造车刀、铣刀、拉刀、钻头等各种金属切削用刀具。合金刃具钢要求高硬度、耐磨、高红硬性、足够的强度以及良好的塑性和韧性。合金刃具钢分为低合金刃具钢和高速钢两种。

1）低合金刃具钢。低合金刃具钢是在碳素工具钢的基础上加入少量合金元素的钢。钢中主要加入铬、锰、硅等元素，其目的是提高钢的淬透性，同时还能提高钢的强度。加入钨、钒等强碳化物元素，可提高钢的硬度和耐磨性，并防止加热时过热，保持晶粒细小。最常用的低合金刃具钢有 9SiCr、CrWMn 等。其中，9SiCr 具有较高的淬透性和回火稳定性，碳化物细小均匀，红硬性可达 300℃，适用于制作刀刃细薄的低速刀具，如丝锥、板牙、铰刀等；CrWMn 的含碳量为 0.90%～1.05%，具有更高的硬度和较好的耐磨性，但红硬性不如 9SiCr，但 CrWMn 热处理后变形小，故称微变形钢；主要用来制造较精密的低速刀具，如拉刀、铰刀等。

2）高速钢。用于制造高速切削工具的钢称为高速钢，又称锋钢。高速钢是一种含有钨、钒、铬、钼等多种元素的高合金工具钢。高速钢的碳含量一般大于 0.70%，最高可达 1.5%左右。钢中有较多的碳和大量的钨、铬、钒、钼等碳化物形成元素，形成了大量的合金碳化物，使高速钢具有高的硬度和好的耐磨性。这些碳化物较稳定，回火时要在 550℃以上才发生显著的聚集和长大，具有良好的红硬性，其工作温度高达 600℃。高速钢经高温锻造后必须进行退火处理，为了缩短时间，一般采用等温退火，以降低硬度、消除应力、改善切削加工性能，并为淬火作组织上的准备。高速钢中含有大量的钨、钼、钒、铬等难熔碳化物，它们只有在 1200℃以上才能大量溶入奥氏体中，以保证淬火、回火后获得高的红硬性。因此高速钢的淬火加热温度高，一般为 1220～1280℃，常在油中淬火。高速钢淬火后必须在 550～570℃进行多次回火，此时由马氏体中析出极细的碳化物，并使残余奥氏体转变成回火马氏体，以进一步提高钢的硬度和耐磨性，使钢的硬度达 63～66HRC。常用的高速钢有 W18Cr4V、W6Mo5Cr4V2、W9Mo3Cr4V、W18Cr4V2Co8 等。

（2）合金模具钢

合金模具钢按使用条件不同分为冷作模具钢和热作模具钢。

1）冷作模具钢：冷作模具钢用于制造在冷态下分离和成形的模具，如冷冲模、冷墩模、冷挤压模。这类模具工作时，要求有高的硬度和耐磨性，足够的强度和韧性。大型模具用钢还应具有良好的淬透性、热处理变形小等性能。冷作模具钢的含碳量高，一般碳含量$\omega_C \geq 1.0\%$，有时高达2.0%，其目的是获得高硬度和好的耐磨性。加入合金元素铬、钼、钨、钒等，目的是提高耐磨性、淬透性和耐回火稳定性。冷作模具钢的最终热处理一般为淬火加低温回火，硬度可达60～62HRC。目前应用较广的是Cr12MoV、Cr12、9Mn2V、CrWMn等，其中Cr12MoV具有很高的硬度和耐磨性、较高的强度和韧性、热处理变形小等特点。冷作模具钢主要用于制造截面较大、形状复杂的冷作模具。

2）热作模具钢：热作模具钢是用来制造使金属在高温下成形的模具，如热锻模、热挤压模、压铸模等。热作模具要在高温下工作，承受很大的冲击力，因此要求热作模具钢具有好的热强性、红硬性、高温耐磨性和抗氧化性，以及较好的抗热疲劳性和导热性。热作模具钢一般采用中碳（0.30%～0.60%）合金钢制成。加入合金元素铬、镍、锰、硅等的目的是为了强化钢的基体和提高钢的淬透性；加入钼、钨、钒等是为了提高钢的回火稳定性和耐磨性。热作模具钢的最终热处理是淬火加中温回火（高温回火），以保证其有足够的韧性。

目前常采用5CrMnMo和5CrNiMo制作热锻模，采用3Cr2W8V制作挤压模和压铸模。

（3）合金量具钢

量具钢主要用于制造测量零件尺寸的各种量具，如卡尺、千分尺、塞规、样板等。由于量具在使用过程中经常与被测零件接触，易受到磨损或碰撞，量具本身应具有非常高的尺寸精度和恒定性，因此要求量具有高的硬度、好的耐磨性和尺寸稳定性和足够的韧性。同时，还要求其有良好的磨削加工性，以便达到很小的表面粗糙度要求。量具钢含碳量高，一般碳含量为0.90%～1.5%，以保证有较高的硬度和耐磨性。加入铬、钨、锰等合金元素以形成合金碳化物，提高钢的淬透性和耐磨性，减少淬火变形及应力，提高马氏体的稳定性，从而获得较高的尺寸稳定性。量具钢的热处理工艺中往往预先热处理是球化退火，最终热处理是淬火＋低温回火。为了提高量具尺寸的稳定性，精密量具在淬火后应立即进行冷处理，然后在150～160℃下低温回火；低温回火后还应进行一次人工时效，尽量使淬火组织转变为较稳定的回火马氏体并消除淬火应力。量具精磨后要在120℃下人工时效2～3h，以消除磨削应力。常用量具钢目前没有专用钢种，对一般要求的量具，可用碳素工具钢、合金工具钢和滚动轴承钢制造；精度要求较高的量具，均采用微变形合金工具钢CrMn、CrWMn等制成。

3. 滚动轴承钢

滚动轴承钢用来制造各种轴承的钢球、滚子和内外套圈，也用来制造刀具、冷冲模、量具及性能与滚动轴承相似的耐磨零件。由于滚动轴承在工作时受到交变载荷的作用，套圈和滚动体之间产生强烈摩擦。因此滚动轴承钢必须具有高接触疲劳强度、高的弹性极限、高的硬度和好的耐磨性，并有足够的韧性、淬透性和一定的耐蚀性。滚动轴承钢是高碳铬钢，含碳量为 0.95%～1.05%，含铬量为 0.40%～1.65%。加入合金元素铬是为了提高淬透性，并在热处理后形成均匀分布的碳化物，以提高钢的硬度、接触疲劳极限和改善耐磨性。制造大型轴承时，为了进一步提高淬透性，还可以加入硅、锰等元素。

滚动轴承钢的牌号表示为“G＋Cr＋数字”，“G”，表示“滚”字的汉语拼音首字母，“Cr”表示铬元素，“数字”表示含铬量的千分之几，其他元素含量仍按百分数表示。例如，GCr15SiMn 表示平均含铬量为 1.5%，硅、锰含量均小于 1.5%的滚动轴承钢。目前应用最多的滚动轴承钢有 GCr15，主要用于中、小型滚动轴承；GCr15SiMn 主要用于较大的滚动轴承。

滚动轴承钢的热处理包括预先和最终热处理。预先热处理是为了获得球状珠光体组织的球化退火。其目的是降低锻造后钢的硬度，便于切削加工，并为淬火作好组织上的准备。最终热处理为淬火＋低温回火，其目的是获得极细的回火马氏体和细小均匀分布的碳化物组织，以提高轴承的硬度和耐磨性，硬度可达 61～65HRC。

4. 特殊性能钢

用于制造在特殊工作条件或特殊环境下工作、具有特殊性能要求的机械零件的钢材，称特殊性能钢。特殊性能钢牌号表示方法与合金工具钢的表示方法基本相同，如不锈钢 4Cr13，表示平均含碳量为 0.4%，平均含铬量为 13%的不锈钢。工程中常用的特殊性能钢有不锈钢、耐热钢、耐磨钢等。

（1）不锈钢

不锈钢是具有抵抗大气或某些化学介质腐蚀作用的合金钢。常用的不锈钢主要有铬不锈钢和铬镍不锈钢两类；按其组织不同分为铁素体不锈钢、马氏体不锈钢、奥氏体不锈钢。

1）铁素体不锈钢：这类钢的含碳量小于 0.12%，铬含量为 16%～18%，加热时组织无明显变化，为单相铁素体组织，故不能用热处理强化，通常在退火状态下使用。这类钢耐蚀性、高温抗氧化性、塑性和焊接性好，但强度低，主要用来制作化工设备的容器和管道等。常用牌号有 1Cr17 等。

2）马氏体不锈钢：这类钢的碳含量为 0.10%～0.40%，随含碳量增加，钢的强度、硬度和耐磨性提高，但耐蚀性下降；钢中铬的含量为 12%～14%。这类钢在大气、水蒸气、海水、氧化性酸等氧化性介质中有较好的耐蚀性。热处理工艺为淬火＋低温回火，可获得回火马氏体组织，硬度可达 50HRC 左右，具有较高的硬度和较好的耐磨性，用于制造力学性能要求较高并具有一定耐蚀性的零件，如医疗器械，量具、轴承、阀门等。常用牌号有 1Cr13、3Cr13 等。

3）奥氏体不锈钢：奥氏体不锈钢的含碳量低，含铬量为 18%，含镍量为 8%～11%，也称 18-8 型不锈钢。铬、镍使钢有好的耐蚀性和耐热性，较高的塑性和韧性。奥氏体不锈钢主要用于制造在强腐蚀介质中工作的各种设备和零件，如储槽、吸收塔、化工容器和管道等。此外，由于奥氏体不锈钢没有磁性，还可用于制造仪表、仪器中的防磁零件。奥氏体不锈钢采用固溶处理，即将钢加热到1050～1150℃，使碳化物全部溶于奥氏体中，然后水淬快冷至室温，得到单相奥氏体组织，使钢具有高的耐蚀性、好的塑性和韧性，但强度低。为了提高其强度，可以通过冷变形强化方法得以实现。

常用的奥氏体不锈钢的牌号主要有0Cr18Ni9、1Cr18Ni9、2Cr18Ni9、1Cr18Ni9Ti等。

（2）耐热钢

耐热钢是指具有高温抗氧化性和热强性的钢。高温抗氧化性是指金属材料在高温下对氧化作用的抗力。为提高钢的抗氧化能力，可向钢中加入合金元素铬、硅、铝等，使其在钢的表面形成一层致密的氧化膜，保护金属在高温下不再继续被氧化。热强性是指钢在高温下对机械负荷作用有较高的抗力。高温下金属原子间结合力减弱，强度降低，此时金属在恒定应力作用下，随时间的延长会产生缓慢的塑性变形，称此现象为蠕变。为提高高温强度，防止蠕变，可向钢中加入铬、钼、钨、镍等元素，或加入钛、铌、钒、钨、铬等元素。耐热钢分为抗氧化钢、热强钢和汽阀钢。

1）抗氧化钢：抗氧化钢主要用于制造长期在高温下工作但强度要求低的零件，如各种加热炉内结构件、渗碳炉构件、加热炉传送带料盘、燃气轮机的燃烧室等。常用钢种有3Cr18Mn12Si2N、3Cr18Ni25Si2、2Cr20Mn9Ni2Si2N等。

2）热强钢：热强钢不仅要求在高温下具有良好的抗氧化性，而且具有较高的高温强度。常用的热强钢，如12CrMo、15CrMo、15CrMoV、24CrMoV等是典型的锅炉用钢，可制造在350℃以下工作的零件（如锅炉钢管等）。

3）汽阀钢：汽阀钢是热强性较高的钢，主要用于高温下工作的汽阀，如1Cr11MoV、1Cr12WMoV、4Cr9Si2，用于制造600℃以下工作的汽轮机叶片、发动机排气阀、螺栓紧固件等；4Cr14Ni14W2Mo是目前应用最多的汽阀钢，用于制造工作温度不高于650℃的内燃机重载荷排气阀。

（3）耐磨钢

在强烈冲击和磨损条件下具有良好韧性和高耐磨性的钢称为耐磨钢。典型的耐磨钢是高锰钢，钢中的含碳量为1.0%～1.3%，含锰量为11%～14%，因此称为高锰耐磨钢。由于高锰耐磨钢板易冷作硬化，很难进行切削加工，因此大多数高锰耐磨钢件采用铸造成形。高锰耐磨钢的铸态组织中存在许多碳化物，因此硬而脆，为改善其组织以提高韧性，可将铸件加热至1000～1100℃，使碳化物全部溶入奥氏体中，然后水冷得到单相奥氏体组织，称此处理为水韧处理。铸件经水韧处理后，强度、硬度（180～230HBW）不高，塑性、韧性好，工作时，若受到强烈冲击、巨大压力或摩擦，则因表面塑性变形而产生明显的冷变形强化，同时还发生奥氏体向马氏体的转变，使表面硬度和耐磨性大大提高，而心部仍保持奥氏体组织和良好韧性和塑性，有较高的抗冲击能力。耐磨钢主要用于制造在强烈冲击载荷和严重磨损下工作的机械零件，如球磨机的衬板、挖掘机的铲斗、各种碎石机的颚板、铁道上的道岔、拖拉机和坦克的履带板、主动轮和履带支承滚轮等。常用牌号有 ZGMn13-1 和 ZGMn13-2。

7.3 铸铁

铸铁是含碳量大于 2.11%的铁碳合金。工业上常用的铸铁，其含碳量一般在 2.5%～4.0%的范围内，此外还含有硅、锰、硫、磷等元素。铸铁具有良好的铸造性能，生产成本低、用途广。在一般的机械中，铸铁约占机器总质量的 40%～70%，在机床和重型机械中高达 80%～90%。近年来，铸铁组织进一步改善，热处理对基体的强化作用也更明显，因此铸铁日益成为物美价廉、应用广泛的结构材料。

7.3.1 铸铁的种类

铸铁的种类很多，根据碳在铸铁中存在的形式不同，铸铁可分为以下几种。

（1）白口铸铁

碳主要以渗碳体形式存在，其断口呈**银白色**，所以称为白口铸铁。这类铸铁的性能既硬又脆，很难进行切削加工，所以很少直接用来制造机器零件。

（2）灰铸铁

碳主要以片状石墨形式析出的铸铁，外表和断口呈**灰色**，故称为灰铸铁。

（3）可锻铸铁

通过**石墨化**或**氧化脱碳退火处理**，改变白口铸铁金相组织或成分而获得的有较高韧性的铸铁称为可锻铸铁。

（4）球墨铸铁

铁液经过球化处理而不是在凝固后经过热处理，使石墨大部分或全部呈**球状**，有时少量为团絮状的铸铁称为球墨铸铁。

（5）蠕墨铸铁

金相组织中石墨形态主要为**蠕虫状**的铸铁，称蠕墨铸铁。

（6）麻口铸铁

碳部分以游离碳化铁形式析出，部分以石墨形式析出的铸铁，断口呈**灰白色相间**，故称麻口铸铁。

7.3.2 铸铁的石墨化

铸铁中的石墨，在缓慢冷却时，从液体或奥氏体中直接析出；快速冷却时，形成渗碳体，渗碳体在高温下进行长时间加热时，可分解为铁和石墨（$Fe_3C \rightarrow 3Fe + C$）。铸铁中的碳以石墨形态析出的过程称为石墨化。影响石墨化的主要因素是铸铁的成分和冷却速度。

（1）成分的影响

铸铁中的元素按其对石墨化的作用，可以分为两大类。一类是促石墨化元素，如碳、硅等，其中碳和硅是强烈的促进石墨化元素。碳、硅含量高，析出的石墨量多，石墨片的尺寸粗大。适当降低碳、硅含量能使石墨细化。另一类是阻碍石墨化的元素，如铬、钨、钼、钒、锰、硫等，它们均阻碍渗碳体分解，阻碍石墨化。

（2）冷却速度的影响

冷却速度对石墨化的影响也很大，当铸铁结晶时，缓慢冷却有利于扩散，石墨化过程可充分进行，结晶出的石墨又多又大；而快冷则阻碍石墨化，促使白口化。铸铁的冷却速度主要决定于铸件的壁厚和铸型材料。例如，铸铁在砂型中冷却比在金属型中冷却慢，铸件越厚，冷却越慢，这样的铸件有利于石墨化。

7.3.3 常用铸铁

1. 灰铸铁

（1）灰铸铁的化学成分、组织和牌号

灰铸铁中的碳多以片状石墨形式存在，其化学成分一般为：w_C＝2.7%～3.6%、w_{Si}＝1.0%～2.2%、w_{Mn}＝0.4%～1.2%、w_S＜0.15%、w_P＜0.3%，灰铸铁的基体组织有三种：铁素体＋片状石墨；铁素体＋珠光体＋片状石墨；珠光体＋片状石墨。灰铸铁的牌号由“灰铁”两字的汉语拼音首字母“HT”和一组数字组成，数字表示最低抗拉强度，如HT200，表示最低抗拉强度是200MPa。灰铸铁的牌号、力学性能和应用见表7.5。

表 7.5　灰铸铁的牌号、力学性能和应用

基体组织	牌号	σ_b /MPa	硬度 HBW	应用举例
铁素体	HT100	100	143～229	适用于制造盖、外罩、手轮、支架、重锤等负载小、对摩擦、磨损无特殊要求的零件
珠光体＋铁素体	HT150	150	163～229	适用于制造支柱、底座、工作台等承受中等载荷的零件
珠光体	HT200	200	170～241	适用制造气缸、活塞、齿轮、轴承座、联轴器等承受较大负荷和较重要的零件
	HT250	250	170～241	

续表

基体组织	牌号	σ_b /MPa	硬度 HBW	应用举例
孕育处理后的组织	HT300	300	187～225	适用于制造齿轮、凸轮、车床卡盘、高压液压筒和滑阀壳体等承受高负荷的零件
	HT350	350	197～269	

（2）灰铸铁的性能

由于灰铸铁内分布着许多片状石墨，而石墨的强度很低，塑性、韧性几乎为零。它的存在，相当于在钢的基体上分布了许多细小的裂纹，割裂了基体的连续性，减小了有效承载面积，而且石墨的尖角处易产生应力集中，所以灰铸铁的强度、塑性、韧性均比同基体的钢低。石墨片数量越多，尺寸越大，分布越不均匀，灰铸铁的抗拉强度越低。灰铸铁的硬度和抗压强度与同基体的钢差不多，石墨对其影响不大。灰铸铁的抗压强度约为同基体的钢的抗拉强度的 3～4 倍，故广泛用于制造受压构件。石墨虽然降低了铸铁的强度、塑性和韧性，但却使铸铁获得了下列优良性能：

1）铸造性能好、熔点低、流动性好。在结晶过程中析出体积较大的石墨，部分补偿了基体的收缩，所以收缩率较小。

2）良好的减振性和吸振性。石墨割裂了基体，阻止了振动的传播，并将振动能量转变为热能而消耗掉，其减振能力比钢高 10 倍左右。

3）良好的减摩性。石墨本身有润滑作用，石墨从基体上剥落后所形成的孔隙有吸附和储存润滑油的作用，可减少磨损。

4）良好的切削加工性能。片状石墨割裂了基体，使切屑变脆易断裂，且石墨有减摩作用，减小了刀具的磨损。

5）缺口敏感性低。灰铸铁中石墨的存在相当于许多微裂纹，致使外来缺口的作用相对减弱。

（3）灰铸铁的孕育处理

为提高灰铸铁的力学性能，生产中常进行孕育处理，即在浇注前往铁水中投加少量的硅铁、硅钙合金等作孕育剂，以获得大量的、高度弥散分布的人工晶核，使石墨片及基体组织得到细化。经过孕育处理后的铸铁称为孕育铸铁，其强度较高，塑性和韧性有所提高。因此，孕育铸铁常用于制造力学性能要求较高、截面尺寸变化较大的大型铸件。

（4）灰铸铁的热处理

灰铸铁可以通过热处理改变基体组织，但不能改变石墨的形态和分布。因而对提高灰铸铁的力学性能作用不大。灰铸铁的热处理有减小铸件内应力的去应力退火，提高表面硬度和耐磨性的表面淬火，消除铸件白口组织、降低硬度的石墨化退火。

2. 球墨铸铁

（1）球墨铸铁的化学成分、组织和牌号

球墨铸铁的化学成分一般为 w_C＝3.6%～3.9%、w_{Si}＝2.0%～2.8%、

w_{Mn}=0.6%～0.8%、w_S＜0.07%、w_P＜0.1%。与灰铸铁相比，它的碳、硅含量较高，有利于石墨球化。球墨铸铁的基体组织有三种：铁素体＋球状石墨；铁素体＋珠光体＋球状石墨；珠光体＋球状石墨。球墨铸铁的牌号是由“球铁”两字的汉语拼音首字母“QT”及后面的两组数字组成，两组数字分别表示其最低抗拉强度和最小伸长率。如QT450-10，表示其最低抗拉强度为450MPa，最小伸长率为10%。球墨铸铁的牌号、力学性能和应用见表7.6。

表7.6　球墨铸铁的牌号、力学性能和应用

基体组织	牌号	σ_b/MPa	σ_s/MPa	δ/%	硬度HBW	应用举例
		不小于				
铁素体	QT400-18	400	250	18	130～180	汽车、拖拉机或柴油机零件，机床零件，减速器壳等。
	QT400-15	400	250	15	130～180	
	QT450-10	450	310	10	160～210	
珠光体＋铁素体	QT500-7	500	320	7	170～230	机油泵齿轮、机车轴瓦等
	QT600-3	600	370	3	190～270	
珠光体	QT700-2	700	420	2	225～305	柴油机曲轴、凸轮轴、连杆，缸体等
	QT800-2	800	480	2	245～335	
下贝氏体	QT900-2	900	600	2	280～360	汽车锥齿轮，拖拉机齿轮，柴油机凸轮轴

（2）球墨铸铁的性能

由于球墨铸铁中的石墨呈球状，其割裂基体的作用及应力集中现象大为减小，可以充分发挥金属基体的性能，它的强度和塑性超过灰铸铁，接近铸钢。球墨铸铁具有良好的力学性能和工艺性能，因此，球墨铸铁可以代替碳素铸钢、可锻铸铁制造一些受力复杂，强度、硬度、韧性和耐磨性要求较高的零件，如内燃机曲轴、凸轮轴、连杆等。

（3）球墨铸铁的热处理

由于球状石墨对基体的割裂作用小，所以通过热处理改变球墨铸铁的基体组织，对提高其力学性能有重要作用。常用的热处理工艺有以下几种。

1）退火：退火的主要目的是得到铁素体基体的球墨铸铁，以提高球墨铸铁的塑性和韧性，改善切削加工性能，消除内应力。

2）正火：正火的目的是得到珠光体基体的球墨铸铁，从而提高其强度和耐磨性。

3）调质：调质的目的是得到回火索氏体基体的球墨铸铁，从而获得良好的综合力学性能。

4）等温淬火：等温淬火的目的是获得下贝氏体基体的球墨铸铁，从而获得高强度、高硬度、韧性好的综合力学性能。对于一些要求综合力学性能好、形状复杂、热处理易变形开裂的重要零件，常采用等温淬火。

3. 可锻铸铁

（1）可锻铸铁的化学成分、组织和牌号

可锻铸铁是将白口铸铁通过石墨化或氧化脱碳退火处理，改变其金相组织或成分而获得有较好韧性的铸铁，其石墨形态呈团絮状。可锻铸铁的化学成分一般为 w_C=2.2%～2.8%、w_{Si}=1.0%～1.8%、w_{Mn}=0.4%～0.6%、w_S<0.25%、w_P<0.1%。以铁素体为基体的黑心可锻铸铁也称为铁素体可锻铸铁；以珠光体为基体的可锻铸铁称为白心可锻铸铁。可锻铸铁的牌号是由三个字母及两组数字组成，前面两个字母“KT”，是“可铁”两字的汉语拼音首字母，第三个字母代表可锻铸铁的类别，后面两组数字分别代表最低抗拉强度和最小伸长率的数值。例如，KTH300-6 表示最低抗拉强度为 300MPa、最小伸长率为 6%的黑心可锻铸铁。可锻铸铁的牌号、力学性能和应用见表 7.7。

表 7.7　可锻铸铁的牌号、力学性能及应用

<table>
<tr><th rowspan="2">牌　　号</th><th>σ_b/MPa</th><th>σ_s/MPa</th><th>δ/%</th><th rowspan="2">硬度 HBW</th><th rowspan="2">应　　用</th></tr>
<tr><th colspan="3">不小于</th></tr>
<tr><td>KTH300-6</td><td>300</td><td>—</td><td>6</td><td rowspan="4">≤150</td><td>适用于管道配件、中低压阀门等气密性要求高的零件</td></tr>
<tr><td>KTH300-8</td><td>330</td><td>—</td><td>8</td><td>适用于扳手、车轮壳、钢丝绳接头承受中等动载和静载的零件</td></tr>
<tr><td>KTH350-10</td><td>350</td><td>220</td><td>10</td><td rowspan="2">适用于汽车车壳、差速器壳、制动器等承受较高冲击、振动及扭转负荷的零件</td></tr>
<tr><td>KTH370-12</td><td>370</td><td>—</td><td>12</td></tr>
<tr><td>KTZ450-06</td><td>450</td><td>270</td><td>6</td><td>150～200</td><td rowspan="4">适用于曲轴、凸轮轴、连杆、齿轮、摇臂等承受较高载荷、耐磨损且要求有一定韧性的重要零件</td></tr>
<tr><td>KTZ550-04</td><td>550</td><td>340</td><td>4</td><td>180～230</td></tr>
<tr><td>KTZ650-02</td><td>650</td><td>430</td><td>2</td><td>210～260</td></tr>
<tr><td>KTZ700-02</td><td>700</td><td>530</td><td>2</td><td>240～292</td></tr>
</table>

（2）可锻铸铁的性能

由于石墨形状的改变，减轻了石墨对基体的割裂作用，因此与灰铸铁相比，可锻铸铁的强度高、塑性和韧性好，但并没有到达可以锻造的地步，注意，可锻铸铁不可以锻造。与球墨铸铁相比，可锻铸铁具有质量稳定、铁液处理简单、易于组织流水线生产等优点。可锻铸铁广泛应用于汽车、拖拉机制造行业，常用来制造形状复杂、承受冲击载荷的薄壁、中小型零件。

4. 蠕墨铸铁

在一定成分的铁液中加入适量的蠕化剂和孕育剂，使石墨的形态呈蠕虫状的铸铁称蠕墨铸铁。蠕墨铸铁中的碳主要以蠕虫状石墨形态存在，其石墨的形态介于片状石墨和球状石墨之间，形状与片状石墨类似。蠕墨铸铁的显微组织有三种类型：铁素体＋蠕虫状石墨；珠光体＋铁素体＋蠕虫状石墨；珠光体＋蠕虫状石墨。

蠕墨铸铁的牌号用“RuT＋数字”表示。“RuT”是蠕铁两字汉语拼音的字首，其后的数字表示蠕墨铸铁的最低抗拉强度。如 RuT420，表示最低抗拉强度为 420MPa 的蠕墨铸铁。

蠕墨铸铁的性能介于优质灰铸铁和球墨铸铁之间。抗拉强度和疲劳强度相当于铁素体球墨铸铁，减振性、导热性、耐磨性、切削加工性和铸造性能近似于灰铸铁。蠕墨铸铁常用于制造受热循环载荷、要求组织致密、强度较高、形状复杂的大型铸件，如机床的立柱、柴油机的气缸盖、缸套、排气管等。

习　题

7.1　合金元素对钢的组织和性能有何影响？

7.2　碳素结构钢、优质碳素结构钢、碳素工具钢及铸造碳钢的牌号如何表示？

7.3　在一般钢中，应严格控制杂质元素 S、P 的含量，为什么？

7.4　合金元素对钢的工艺性能有何影响？

7.5　合金钢常用的分类方法有哪些？

7.6　什么是红硬性？为什么它是高速钢的一种重要性能？哪些元素在高速钢中提高红硬性？

7.7　合金工具钢、高速工具钢的牌号是如何表示的？

7.8　试说出下列牌号各代表什么钢，牌号中字母符号和数字的含义，主要用途，并举例：Q235A、45、40Cr、T8A、GCr15、ZGMn13-1、1Cr13。

7.9　为什么滚动轴承钢要有高的含碳量？滚动轴承钢常含哪些合金元素？它们起什么作用？

7.10　常用的铸铁有哪几种类型？

7.11　灰铸铁有何特点？为何机床床身常用灰铸铁制造？

7.12　可锻铸铁、球墨铸铁、蠕墨铸铁各有何特点？有什么用途？

7.13　试从 9SiCr、T12、W18Cr4V、3Cr2W8V、3Cr13、9Mn2V 钢中选择铰刀、车刀、冷冲模、热挤压模、医疗手术刀等工具的材料。

7.14　从下列材料中选出最合适的材料填表，并确实相应的最终热处理方法或使用状态：Q235A、T10、16Mn、9SiCr15、45A、20CrMnTi、60Si2Mn、HT200、QT600-3、Cr12MoV、3Cr13、GGr15、W18Cr4V。

零 件 名 称	选 用 材 料	最终热处理方法或使用状态
圆板牙		
手工锯条		
越野车变速箱齿轮		
普通车床主轴		
载重汽车减振簧板		
铣床床身		
纪念币落料模的凹模		
汽车发动机曲轴		
食堂蒸饭架		
牙科医用器械		
整体型麻花钻		
钢窗		
滚动轴承		

7.15　常见的合金结构钢有哪些？写出其牌号，说明其一般使用时的热处理状态（即最终热处理）和用途。

7.16　按刃具钢的工作条件，其性能要求是什么？

7.17　有人提出用高速钢制锉刀，用碳素工具钢制钻木材的 $\phi 10$ 的钻头，你认为合适吗？说明理由。

8 单元 非铁金属及硬质合金

◎ 单元概述

钢铁材料以外的其他金属材料称为非铁金属（有色金属）。按合金密度可分为，重非铁金属（$\rho > 4.58g/cm^3$），如铜、镍、铅、锌等；轻非铁金属（$\rho < 4.5g/cm^3$），如铝等。常用的非铁金属有铜和铜合金、铝和铝合金、铅和铅合金、钛和钛合金、轴承合金等。

◎ 学习目标

- 掌握常用非铁金属及硬质合金材料性能、分类和牌号。
- 了解常用非铁金属及硬质合金材料的用途。

◎ 教学节奏与方式

项目		课时安排	教学方式
1	课前准备	课余	预习教材
2	教师讲授	4学时	重点讲授
3	思考与练习	课余	学生之间相互讨论或独立完成习题

8.1 铜及其合金

8.1.1　纯铜

纯铜是玫瑰红色金属，表面形成氧化铜膜后，外观呈紫红色，故常称为紫铜。铜的密度为 8.9×10^3g/cm^3，熔点 1083℃。纯铜导电性很好，大量用于制造电线、电缆、电刷等；异热性好，常用来制造防磁性干扰的磁学仪器、仪表，如罗盘、航空仪表等；塑性极好，易于热压力加工和冷压力加工，可制成管、棒、线、条、带、板、箔等铜材。纯铜产品有冶炼品及加工品两种。

工业纯铜的牌号、成分及用途如表 8.1 所示。

表 8.1　纯铜加工产品的牌号、成分及用途

牌号	含铜量（质量分数）/%	杂质含量（质量分数）/%		杂质总量（质量分数）/%	用　途
		Bi	Pb		
T_1	99.95	0.002	0.005	0.05	用作导电材料和配制高纯度合金
T_2	99.90	0.002	0.005	0.1	用作导电材料，如电线、电缆等
T_3	99.70	0.002	0.01	0.3	用作一般铜材，如电气开关、垫圈、铆钉、油管等
T_4	99.50	0.003	0.05	0.5	

8.1.2　铜合金

铜合金是在纯铜中加入合金元素后制成的，常用的合金元素为锌、锡、铝、锰、镍、铁等。根据化学成分，可将铜合金分为**黄铜**、**青铜**、**白铜**三大类。

1. 黄铜

黄铜是铜与锌的合金。按照化学成分的不同黄铜可分为普通黄铜和特殊黄铜，按工艺可分为加工黄铜和铸造黄铜。

（1）普通黄铜

普通黄铜是不含其他合金元素的铜-锌合金，不仅具有良好的加工性能，而且具有优良的铸造性能。另外，普通黄铜还对海水和大气有良好的耐蚀性。

锌对普通黄铜力学性能的影响如图 8.1 所示。在平衡状态下，当 $w_{Zn}<39\%$时，Zn 完全溶于 Cu 内，室温下的组织为单相α固溶体。α固溶体有较好的强度和塑性，最适合进行冷热加工。当 $w_{Zn}>39\%$时，除α固溶体外，开始出现β相，它是以 CuZn 为基的固溶体，在高温下塑性较好，在室温下较脆硬，适合压力加工和铸造。当 $w_{Zn}>45\%$时，普通黄铜的强度、塑性均急剧下降，在生产中已无实用价值。

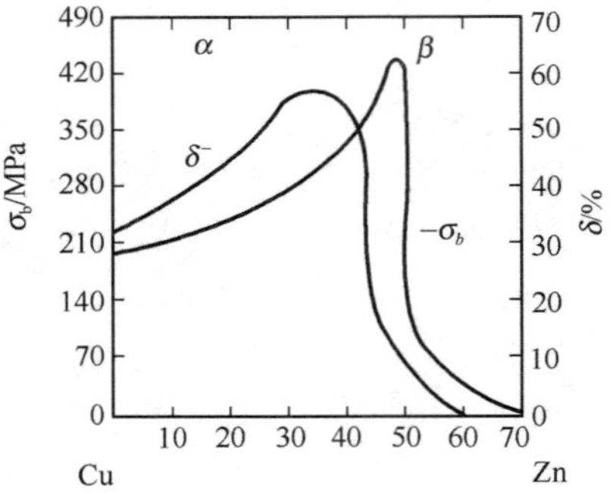

图 8.1　黄铜的组织和力学性能与锌的关系

普通黄铜中，塑性最好的是 $w_{Zn}=30\%$的“三七黄铜”，由于这种黄铜可深冲加工成子弹壳，又被称为“子弹黄铜”。

普通黄铜其代号由“H＋数字”组成，“H”表示“黄”，数字表示平均含铜量。如 H68 表示平均含铜量为 68%（$w_{Zn}=32\%$）的普通黄铜。铸造用的黄铜牌号用“ZCuZn＋数字”表示，“Z”表示“铸”，数字表示锌的平均质量分数，如 ZCuZn38 表示含锌量为 38%，而铜含量为 62%的铸造黄铜。

（2）特殊黄铜

为改善黄铜的性能而加入少量 Al、Mn、Sn、Pb、Si 等元素的铜锌合金称为特殊黄铜，如铅黄铜、锡黄铜、铝黄铜等。其中 Pb 元素能改善黄铜的切削加工性能，提高其耐磨性；Sn 元素能提高抗蚀性，Al 元素能提高黄铜的强度和硬度；Si 元素能提高黄铜的机械性能、耐磨性和耐蚀性。

加工特殊黄铜的牌号由“H＋主添加合金元素符号（Zn 除外）＋数字－数字”组成。其中“H”是“黄”字的汉语拼音字首，第一组数字是以名义百分数表示的 Cu 的质量分数，第二组数字是以名义百分数表示的主加合金元素的质量分数。如 HSn62-1 表示 $w_{Cu}\approx62\%$，$w_{Sn}\approx1\%$，其余为 Zn 的加工锡黄铜。

铸造特殊黄铜的牌号由“Z＋Cu＋合金元素符号＋数字”组成。合金元素符号后的数字是以名义百分数表示的该元素的质量分数。如 ZCuZn40Mn3Fe1，其含义是 $w_{Zu}\approx40\%$、$w_{Mu}\approx3\%$、$w_{Fe}\approx1\%$、其余为 Cu 的铸造特殊黄铜。

常用黄铜的牌号、化学成分、力学性能及用途如表 8.2 所示。

表 8.2　黄铜的牌号、化学成分、力学性能及用途

类别	牌号	化学成分（质量分数）/%		状态	力学性能			用　途
		Cu	其他		σ_b/MPa	δ/%	HBW	
黄铜	H96	95～97	Zn 余量	TL	240 450	50 10	45 120	冷凝管、散热器管及导电零件
	H62	60.5～63.5	Zn 余量		330 600	49 15	56 164	铆钉、螺母、垫圈、散热器零件
特殊黄铜	HPb59-1	57～60	Pb0.8～0.9 Zn 余量	TL	420 550	45 10	75 149	用于热冲压和切削加工的各种零件
	HMn58-1	57～60	Mn 1.0～2.0 Zn 余量	TL	400 700	40 10	90 178	腐蚀条件下工作的重要零件和弱电流工作零件
	HSn90-1	88～91	Sn 0.25～0.75 Zn 余量	TL	280 400	40 10	58 148	汽车、拖拉机弹性套管及其他耐腐蚀减磨零件
铸造黄铜	ZCuZn38	60～63	Zn 余量	SJ	295	30	590	一般结构件，如支座、阀座等
	ZCuZn31A12	66～68	Al 2.0～3.0 Zn 余量	SJ	390	15	880	电机、仪表等压铸件及船舶机械中的耐蚀件
	ZCuZn38Mn2Pb2	57～60	Mn 1.5～2.5 Pb1.5～2.5 Zn 余量	SJ	345	18	785	仪表等使用外形简单的铸件套筒、轴瓦等
	ZCuZn16Si4	79～81	Si 2.5～4.5 Zn 余量	SJ	345	15	858	船舶、内燃机零件

注：表中符号的意义：T——退火；L——冷变形状态；S——砂型铸造；J——金属型铸造。

2. 青铜

除了黄铜和白铜（铜和镍的合金）外，所有的铜基合金都称为青铜。按主加元素种类的不同，青铜可分为锡青铜、铝青铜、硅青铜和铍青铜等。

青铜的编号规则：Q＋主加元素符号＋主加元素含量＋其他元素含量，“Q”表示“青”的汉语拼音字头。如 QSn4-3 表示成分为 4%（质量分数）Sn、3%（质量分数）Zn、其余为铜的锡青铜。

常用青铜的牌号、化学成分、力学性能和用途如表 8.3 所示。

3. 白铜

以镍为主要合金元素的铜合金称为白铜，白铜分普通白铜和特殊白铜。在固态下，铜与镍无限固溶，因此工业白铜的组织为单相 α 固溶体。

白铜多用于制造船舶仪器零件、化工机械零件及医疗器械等。锰含量高的锰白铜可制作热电耦丝。常用白铜有 B30、B19、B5、BZn15-20、BMn3-12、BMn40-1.5 等。

表 8.3　常用青铜的牌号、化学成分、力学性能和用途

牌号	化学成分（质量分数）/%		力学性能			用　　途
	主加元素	其他	σ_b/MPa	δ/%	HBW	
QSn4-3	Sn3.5～4.5	Zn 2.7～3.7 其余 Cu	270～410	8～30	60～160	弹性元件、管配件、化工机械中的耐磨抗磁零件
QSn7-0.2	Sn6.0～7.0	P0.1～0.25 其余 Cu	≥440	≥19	130～200	中等载荷耐磨零件，如抗磨垫圈、轴套、涡轮等
QAl 7	Al 6.0～8.0	其余 Cu	640	≥5	70～154	重要弹性元件
QAl 9-4	Al 8.0～10	Fe2.0～4.0 其余 Cu	540	≥17	110～180	耐磨及耐蚀零件，如轴承、涡轮、齿圈等
QBe2	Be 1.9～2.2	Ni0.2～0.5 其余 Cu	500～850	3～30	80/200	重要弹性元件，耐磨件及在高速、高压、高温下工作的零件

8.2 铝及其合金

8.2.1　纯铝

纯铝是一种银白色的轻金属，密度为 2.72g/cm^3，熔点为 660℃，导电性好，仅次于银、铜和金，导热性好，可用作各种散热材料。在大气中与氧作用，在表面形成一层氧化膜，从而使它在大气和淡水中具有良好的耐蚀性。纯铝具有优良的工艺性能，易于铸造，易于切削，可冷、热变形加工，还可能通过热处理提高其强度。表 8.4 是工业纯铝的牌号，化学成分和用途。

表 8.4　工业纯铝的牌号、化学成分和用途

旧牌号	新牌号	化学成分（质量分数）/%		用　　途
		Al	杂质	
L1	1070	99.7	0.3	电容、垫片、电子管隔离罩、电缆、导电体和装饰件
L2	1060	99.6	0.4	
L3	1050	99.5	0.5	
L4	1035	99.0	1.0	
L5	1200	99.0	1.0	电线保护导管，通信系统零件、垫片和装饰件

8.2.2　铝合金

纯铝的强度很低，其抗拉强度仅有 90～120MPa，所以一般不宜直接作为结构材料和制造机械零件。但加入适量合金元素的铝合金，再经

过强化处理后，其强度可以得到很大提高，铝合金按其成分、组织和工艺特点，可以将其分为铸造铝合金与变形铝合金。

1）常用变形铝合金的牌号、力学性能和用途如表 8.5 所示。

表 8.5 常用变形铝合金的牌号、力学性能和用途

类别	牌号（旧牌号）	热处理	力学性能			用途举例
			σ_b/MPa	δ/%	HBW	
防锈铝合金	5A05（LF5）	退火	280	20	70	中等载荷零件、焊接油箱、油管、铆钉等
	3A21（LF21）		130	20	30	焊接油箱、油管、铆钉等轻载零件及制品
硬铝合金	2A01（LY11）	退火＋自然时效	300	24	70	工作温度不超过 100℃的中强铆钉
	2A11（LY11）		420	18	100	中强零件，如骨架、螺旋桨叶片、铆钉
	2A12（LY12）		470	17	105	高等强度、150℃以下工作零件，如梁、铆钉
超硬铝合金	7A04（LC4）	淬火＋人工时效	600	12	150	主要受力构件，如飞机大梁超落架
	7A09（LC9）		680	7	190	主要受力构件，如飞机大梁起落架
锻铝合金	2A50（LD5）	淬火＋人工时效	420	13	105	形状复杂、中等强度的锻件，内燃机活塞
	2A70（LD7）		415	13	120	高温下工作的复杂锻件，内燃机活塞
	2A14（LD10）		480	19	135	承受高载荷的锻件和模锻件

2）常用铸造合金的牌号、化学成分、力学性能和用途如表 8.6 所示。

表 8.6 常用铸造铝合金的牌号、化学成分、力学性能和用途

牌号	化学成分（质量分数）/%				热处理及状态	力学性能（不低于）			用途
	Si	Cu	Mg	其他		σ_b/MPa	δ/%	HBW	
ZL101	6.5～7.5	—	0.25～0.045	—	J，T5 S，T5	202 192	22	60 60	飞机仪器上的零件、工作温度<185℃的汽化器
ZL102	10～13	—	—	—	J，SB JB，SB T2	153 143 133	2 4 4	50 50 50	仪表、抽水机壳体，承受低载荷、工作温度<200℃的气密性零件
ZL105	4.5～5.5	1.0～1.5	0.4～0.6	—	J，T5 S，T5 S，T6	23 212 222	0.5 1.0 0.5	70 70 70	形状复杂、在低于225℃下工作的零件，如油泵体

续表

牌号	化学成分（质量分数）/%				热处理及状态	力学性能（不低于）			用途
	Si	Cu	Mg	其他		σ_b/MPa	δ/%	HBW	
ZL108	11～13	1.0～2.0	0.4～1.0	Mn0.3～1.0	J，T1 J，T6	192 251	—	85 90	较好高温度强度、低膨胀系数、耐热的零件，高速内燃机活塞
ZL201	—	4.5～5.3	—	Mn0.6～1.0 Ti0.15～0.35	S，T4 S，T5	290 330	8 4	70 90	内燃机气缸、活塞、支臂
ZL202	—	9.0～11	—	—	S，J S，J，T6	104 163	—	50 100	形状简单、表面光洁的中等载荷零件
ZL301	—	—	9.0～11.5	—	S，JT4	280	9	60	承受强振动载荷、工作温度<150℃的零件
ZL401	6.0～8.0	—	0.1～0.3	Zn9.0～13.0	J，T1 S，T1	241 192	1.52	90 80	形状复杂的汽车、飞机零件，工作温度<200℃

注：铸造方法与合金状态的符号：J——金属型铸造；S——砂型铸造；B——变质处理；T1——人工时效；T2——退火；T4——淬火＋自然时效；T5——淬火＋不完全时效；T6——淬火＋人工时效。

8.3 钛及钛合金

钛及钛合金具有密度小、比强度高、耐高温、耐腐蚀以及低温韧性良好等优点，同时资源丰富，所以有着广泛的应用前景。但目前钛及钛合金的加工条件复杂，成本较昂贵，因此在航空、航天、化工、导弹及舰艇等方面，钛及其合金得到了广泛的应用。

1. 钛

常用工业纯钛的牌号、力学性能和用途如表 8.7 所示。

表 8.7 常用工业纯钛的牌号、力学性能和用途

牌号	材料状态	力学性能			用途
		σ_b/MPa	δ/%	HBW	
TA1	板材	350～500	30～40	—	航空：飞机骨架、发动机部件； 化工：热交换器、泵体； 造船：耐海水腐蚀的管道、阀门、泵、柴油发动机活塞、连杆； 机械：低于 350℃条件下工作且受力较小的零件
	棒材	343	25	80	
TA2	板材	450～600	25～30	—	
	棒材	441	20	75	
TA3	板材	550～700	20～25	—	
	棒材	539	15	50	

2. 钛合金

钛合金中加入的主要元素有铝、锡、铜、铬、钼、钒等。常用钛合金的牌号、性能及用途见表 8.8。

表 8.8　常用钛合金的牌号、性能及用途

组别	牌号	化学成分组	热处理状态	室温力学性能（不小于）			用途举例
				σ_b/MPa	δ/%	弯曲角 α/°	
α 型钛合金	TA5	Ti-4Al-0.005B	退火	686	12～20	60	在 400℃以下工作的零件，如飞机蒙皮、骨架零件、压气机壳体、叶片等
	TA6	Ti-5Al	退火	686	12～20	40～50	
β 型钛合金	TB2	Ti-5Mo-5V-8Cr-3Al	淬火	≤980	20	120	在 350℃以下工作的零件，如压气机叶片、轴、轮盘等重载旋转件，以及飞机的构件等
			淬火＋时效	1324	8	—	
$\alpha+\beta$ 型钛合金	TC4	TC4	退火	902	10～12	30～50	在 400℃以下长期工作的零件、锻件，如各种容器、泵、低温部件、舰艇耐压壳体、坦克履带等
	TC10	TC10	退火	1059	8～10	25	在 450℃以下长期工作的零件，如飞机结构零件起落架、导弹发动机外壳、武器结构件等

8.4 轴承合金

轴承合金主要用于制造滑动轴承，是汽车、拖拉机、机床及其他机器中的重要部件。常用的轴承合金按主要化学成分可分为锡基、铅基和铜基等。

1）锡基轴承合金（锡基巴氏合金）。锡基轴承合金是以锡、锑为基础，并加入少量其他元素的合金。常用的牌号有 ZSnSb11Cu6（w_{Sb}＝11%、w_{Cu}＝6%，其余为 Sn）等。锡基轴承合金的牌号、化学成分、力学性能和用途如表 8.9 所示。

表 8.9　锡基轴承合金的牌号、化学成分、力学性能和用途

牌号	化学成分（质量分数）/%				力学性能			用　途
	Sn	Sb	Pb	Cu	σ_b/MPa	δ/%	HBW	
ZSnSb11Cu6	余量	10～12		5.5～6.5	90	6.0	30	较硬，适用于 1472kW 以上的高速汽轮机、368kW 的涡轮机、高速内燃机轴承
ZSnSb8Cu3	余量	7.25～8.25		2.3～3.5	80	10.6	24	一般大型机械轴承及轴套
ZSnSb4Cu4	余量	4.0～5.0		4.0～5.0	80	7.0	22	涡轮机及内燃机高速轴承及轴衬

2）铅基轴承合金（铅基巴氏合金）。铅基轴承合金是以铅为基，加入锑、锡、铜等合金元素的轴承合金。常用的牌号有 ZPbSb16Sn16Cu2，常用铅基轴承合金的牌号、化学成分、力学性能和用途如表 8.10 所示。

表 8.10　铅基轴承合金的牌号、化学成分、力学性能和用途

牌号	化学成分（质量分数）/%					HBW	用　途
	Sb	Cu	Sn	杂质	Pb		
ZPbSb16Sn16Cu2	15～17	1.5～2	15～17	0.60	余量	≥30	110～880kW 蒸气涡轮机
ZPbSb15Sn5Cu3	14～16	2.5～3	5～6	0.40	Pb1.75～2.25 As0.6～1	≥32	船舶机械、功率小于 250kW 的电动机轴承
ZPbSb15Sn10	14～16	—	9～11	0.50	余量	≥24	高温、中等压力条件下工作的机械轴承
ZPbSb15Sn5	14～15.5	0.5～1	4～5.5	0.75	余量	≥20	低速、轻压力条件下工作的轴承
ZPbSb10Sn6	9～11	—	5～7	0.75	余量	≥18	重载、耐蚀、耐磨轴承

3）铝基轴承合金。铝基轴承合金是一种新型减磨材料，具有密度小、导热性好、疲劳抗拉强度高、耐蚀性好等优点，并且原料丰富，成本低，但膨胀系数大，运转易咬合。目前采用铝基的有铝锑镁合金和高锡铝基合金两种。

铝锑镁轴承合金成分一般为 w_{Sb}＝3.5%～4.5%、w_{Mg}＝0.3%～0.7%，其余为铝。可制成双金属板轴承，用于承受中等载荷的机器。高锡铝基轴承合金是以铝为基，加入锡和铜，使 w_{Sn}＝20%，w_{Cu}＝1%。适于制造高速、重载的发动机轴承。

8.5 硬质合金

硬质合金是将一种或多种难熔金属的碳化物和起黏合作用的金属钴粉末，用粉末冶金方法制成的金属材料。

8.5.1 硬质合金的性能特点

硬质合金的硬度高，常温下可达 86～93HRA（69～81HRC），热硬性高，在 900～1000℃温度下仍然有较高的硬度，抗压强度高，但抗弯强度低，韧性差。通常情况下不能进行切削加工制成形状复杂的整体刀具，一般将硬质合金制成一定规格不同形状的刀片，采用焊接、粘接、机械紧固等方法将其安装在机体或模具体上使用。

8.5.2 常用的硬质合金

1. 钨钴类硬质合金

它的主要成分为碳化钨（WC）及钴（Co）。其牌号用“YG”（“硬”、“钴”两字的汉语拼音字母字头）加数字表示，数字表示含钴量的百分数。例如，YG8 表示钨钴类硬质合金，$w_{Co}=8\%$。

2. 钨钴钛类硬质合金

它的主要成分为碳化钨（WC）、碳化钛（TiC）及钴（Co）。其牌号用“YT”（“硬”“钛”两字的汉语拼音字母头）加数字表示，数字表示碳化钛含量的百分数。例如，YT5 表示钨钴类硬质合金，$w_{TiC}=5\%$。

硬质合金中，碳化物含量越多，钴含量越少，则合金的硬度、热硬性及耐磨性越高，合金的强度和韧性越低，反之则相反。

3. 钨钴钽（铌）类硬质合金

这类硬质合金又称为通用硬质合金或万能硬质合金。其牌号用“YW”（“硬”“万”两字汉语拼音字母字头）加顺序号表示，如 YW1、YW2 等。

常用硬质合金的牌号、化学成分和力学性能如表 8.11 所示。

表 8.11　常用硬质合金的牌号、成分和性能

类　别	牌　号	化学成分（质量分数）/%				力 学 性 能	
		WC	TiC	TaC	Co	HRA	σ_b/MPa
钨钴类	YG3X	96.5	—	<0.5	3	≥91.5	≥1079
	YG6	94.0	—	—	6	≥89.5	≥1422
	YG6X	93.5	—	<0.5	6	≥91.0	≥1373
	YG8	92.0	—	—	8	≥89.0	≥1471
	YG8N	91.0	—	1	8	≥89.5	≥1471
	YG11C	89.0	—	—	11	≥86.5	≥2060
	YG15	85.0	—	—	15	≥87	≥2060
	YG4C	96.0	—	—	4	≥89.5	≥1422
	YG6A	92.0	—	2	6	≥91.5	≥1373
	YG8C	92.0	—	—	8	≥88	≥1716
钨钛钴类	YT5	85.0	5	—	10	≥89.5	≥1373
	YT15	79.0	15	—	6	≥91	≥1150
	YT30	66.0	30	—	4	≥92.5	≥883
通用类	YW1	84～85	6	3～4	6	≥91.5	≥1177
	YW2	82～83	6	3～4	8	≥90.5	≥1324

钢结硬质合金是近年来开发的一种介于高速工具钢和硬质合金之间的新型材料，是用一种或多种碳化物以碳钢或合金钢（不锈钢或高速钢）粉末为粘结剂，经配料、混料、压制和烧结而成的粉末冶金材料。它可以像钢一样进行锻造、切削、热处理及焊接，可以制成各种形状复杂的刀具、模具及耐磨零件等。例如，高速钢结硬质合金可以制成滚刀、圆锯片等刀具。

习　题

8.1　铝合金如何分类？

8.2　铸造铝合金中哪种系列铝合金应用最广？常用何种方法提高其力学性能？原因是什么？

8.3　变形铝合金可分为哪几类？主要性能特点是什么？

8.4　H62 是什么材料？说明字母和数字的含义。

8.5　为什么炮弹弹壳常用 H70、H68 黄铜材料制造？

8.6　铜合金主要分为哪几类？试述锡青铜的主要性能特点及应用。

8.7　什么是黄铜？工业用黄铜中锌含量为何不大于 45%？

8.8　硬质合金具有哪些性能？哪些地方用得比较多？

8.9　轴承合金具有哪些性能？

8.10　钛合金的主要性能是什么？

8.11　下列零件选用何种有色金属材料制造较为合适？试写出其牌号。

焊接油箱、气缸体、散热器、仪表弹簧、机床的主轴轴承、重型汽车轴承。

8.12　指出下列金属材料的类别。

（1）H68		（12）40Cr	
（2）W18Cr4V		（13）20	
（3）Q235-A.F		（14）Q235C	
（4）1Cr18Ni9Ti		（15）QSn4-3	
（5）GCr15		（16）Qal7	
（6）QT600-02		（17）08	
（7）45		（18）T12	
（8）HT200		（19）Y30	
（9）55Si2Mn		（20）HT150	
（10）KTH350-06		（21）16Mn	
（11）T10A		—	

9 单元 非金属材料

◎ 单元概述

非金属材料是指除金属材料以外的所有固体材料。非金属材料主要包括塑料、橡胶、树脂类粘结剂等。非金属材料由于来源广泛，成型工艺简单，具有某些特殊性能，已被广泛地应用于工业生产之中，在工程材料中占据着重要的地位。

◎ 学习目标

- 掌握常用非金属材料性能、分类和牌号。
- 了解常用非金属材料的用途。

◎ 教学节奏与方式

项目		课时安排	教学方式
1	课前准备	课余	预习教材
2	教师讲授	2 学时	重点讲授
3	思考与练习	课余	学生之间相互讨论或独立完成习题

9.1 工程塑料

9.1.1 塑料的组成

塑料是以树脂（天然的或合成的）为主要组分，加入一些用来改善使用性能和工艺性能的添加剂而制成的。

1. 树脂

树脂是塑料最基本的也是最重要的成分，在塑料中的占有量为30%～100%。树脂是高分子聚合物，加工成型前为固态或半液态或液态，在加工成形的过程中具有流动性与塑性，成型后转化为固态。树脂的种类、性能、数量决定了塑料的类型和主要性能，因此，绝大多数塑料就是以树脂命名的。树脂也可以直接用作塑料，如聚乙烯，聚苯乙烯、聚碳酸酯等。

2. 添加剂

为改善塑料性能而必须加入的物质称为添加剂。常用的是填料（填充剂），它是为改善塑料的某些性能（如强度等），扩大其应用范围，减少树脂用量，降低成本而加入的一些物质，在塑料中占有相当大的比例，可达40%～70%。除此之外，还有增塑剂、固化剂、稳定剂（防老剂），润滑剂、着色剂及发泡剂、催化剂、阻燃剂和抗静电剂等。

9.1.2 工程塑料的分类

1. 按树脂的性质分类

1）热塑性塑料，这类塑料受热软化熔融，冷却时发生固化，此过程可反复进行而基本性能不变。热塑性塑料特点是力学性能较高，成形工艺简单，但耐热性和刚性较差，使用温度低于 120℃。常用品种有聚乙烯、聚氯乙烯、聚苯乙烯、聚酰胺、聚四氟乙烯、ABS 等。

2）热固性塑料，这类塑料在加入固化剂前为液态或具有可塑性的黏稠状态，加入固化剂固化成型后，再加热不发生软化，也不溶于有机溶剂。热固性塑料的特点是有较好的耐热性和抗蠕变性，受压时不易变形，但强度不高，成型工艺复杂，生产率低。常用品种有酚醛塑料、氨基塑料、环氧塑料等。

2. 按应用范围分类

1）通用塑料。主要指产量大、用途广、通用性强、价格低廉的一些塑料，其典型的品种有聚乙烯、聚氯乙烯、聚苯乙烯、聚丙烯、酚醛等。这类塑料的产量占塑料总产量的 70%～80%以上，广泛用于工业、农业和日常生活各个方面。

2）工程塑料。塑料中力学性能良好的各种塑料。它们是制造工程结构、机器零件、工业容器和设备等一类新型工程结构材料。典型的品种有聚酰胺（尼龙）、聚甲醛、聚碳酸酯、ABS 四种。

3）特殊塑料。如耐热塑料等，其工作温度可在 100～200℃，典型的有聚四氟乙烯、聚三氟乙烯、环氧树脂等。耐热塑料产量少，价格贵，仅用于特殊用途。

3. 常用工程塑料的性能和用途

与金属材料相比较，工程塑料具有质轻、比强度高、化学稳定性好、电绝缘性能优异、减摩耐磨性能和自润滑性好等特点。工程塑料和金属材料一样，也可在金属切削机床上进行车、铣、刨、磨、滚花和锯割等，但塑料的导热性差、弹性大，加工时容易引起工件变形、开裂和分层等缺点。常用塑料的种类、性能及用途见表 9.1。

表 9.1 常用塑料的种类、性能及用途

类别	名称	代号	主要性能	用途举例
热塑性塑料	聚乙烯	PE	具有良好的耐腐蚀性和电绝缘性	薄膜、塑料瓶、电线电缆的绝缘材料及管道、中空制品等
	聚酰胺（尼龙）	PA	具有较高的强度和韧性，耐磨、耐疲劳、耐油、耐水，但吸温性强，日光下曝晒易老化	用于制造一般机械零件，如轴承、齿轮、凸轮轴、蜗轮、泵及阀门零件等
	聚甲醛	POM	具有优良的综合力学性能，吸湿性较小，尺寸稳定性高，但遇火易燃，曝晒易老化	用于制造减摩、耐磨零件，如齿轮、轴承、叶轮、仪表外壳、阀、汽化器、线圈骨架等
	聚碳酸酯	PC	具有良好的力学性能、耐热性、耐寒性及电性能，尺寸稳定性高，化学稳定性很好	用于制造机械传动零件、高绝缘性零件及飞机构件，如轴承、齿轮、蜗轮、蜗杆、垫圈、电容器、飞机挡风罩及座舱盖等
	聚四氟乙烯（俗称塑料王）	F-4	具有优良的耐高低温、耐腐蚀和电绝缘性能，不受任何化学药品的腐蚀，但强度和刚度较低，250℃以上分解并放出毒性气体	用于制造特殊性能要求的零件，如化工机械中的过滤板、反应罐、贮藏液态气体的低温设备、自润滑轴承、密封环等
	ABS 塑料	ABS	具有良好的综合性能，尺寸稳定性好，易于成形加工	用途广泛，如方向盘、手柄、仪表盘、化工容器、电器设备外壳等

续表

类　别	名　称	代号	主要性能	用途举例
热塑性塑料	聚砜	PSU	具有良好的电绝缘性和化学稳定性，尺寸稳定性好，蠕变值极低，可在－100～150 ℃下长期工作	用于制造耐腐蚀、耐磨及绝缘零件，如汽车零件、齿轮、凸轮、仪表精密零件、管道、涂层等
热固性塑料	有机玻璃	PMMA	强度高、透光性好、耐老化、易于成形加工	用于制造航空、仪器仪表及无线电工业中的透明件，如飞机座舱、汽车风挡、屏幕、光学镜片等
	酚醛塑料（俗称电木）	PF	具有良好的耐热性、绝缘性、化学稳定性和尺寸稳定性，蠕变值低，强度、硬度高，脆性大，价格便宜	用于制造磨损零件，如轴承、齿轮、刹车片、离合器片等，在电器工业中的应用也很广泛
	环氧塑料	EP	强度和韧性高，电绝缘性、化学稳定性及耐有机溶剂性好	用于制造塑料模具、量具、电子元件等，也是一种封装材料

9.2 工业橡胶

橡胶是在使用温度范围内处于高弹性状态的高分子材料，在较小的外力作用下，就可产生很大的变形，去掉外力又能很快地恢复原状的高分子材料。

9.2.1 橡胶的组成

橡胶的原料是生胶，加入配合剂硫化后，才能制成性能优异的各种橡胶制品。

1. 生胶

未加配合剂的天然或合成橡胶统称为生胶，是橡胶制品的主要组分。生胶在橡胶制备过程中不但起着黏结其他配合剂的作用，而且决定橡胶制品的性能。早期的生胶主要采自橡胶树，生胶乳液经过滤、脱水干燥后形成胶片。现代橡胶工业多采用人工合成的有机物作为生胶。

2. 配合剂

配合剂是用以改善和提高橡胶制品性能而加入的物质。常用的有硫化剂、硫化促进剂、增塑剂、填充剂、防老剂、增强材料及着色剂、发泡剂、电磁性调节剂等。其中硫化剂的作用是使生胶的线型结构分子相互交联变为橡胶制品的网状分子结构，提高橡胶的弹性、耐磨性、耐蚀性和抗老化能力，并使之具有不溶解、不熔融的特性。

9.2.2 橡胶的分类

橡胶的品种很多，按原料来源可分为天然橡胶和合成橡胶。天然橡胶是橡树中流出的乳胶经凝固、干燥、加压等工序制成的片状生胶，再经硫化工序所制成的一种弹性体。合成橡胶是以石油产品为主要原料，经过人工合成制得的一类高分子材料。

按应用范围，橡胶可分为通用橡胶和特种橡胶。通用橡胶是指制造轮胎、工业用品、日常用品的量大面广的橡胶；特种橡胶是指用于特殊条件（高温、低温、酸、碱、油、辐射等）下的橡胶。

9.2.3 橡胶的性能特点

橡胶最显著的性能特点是在很宽的温度范围内（－50～150℃）具有高弹性。其主要表现为在较小的外力作用下就能产生很大的变形，最大伸长率可达 800%～1000%，外力去除后，能迅速恢复原状；高弹性的另一个表现为其宏观弹性变形量可达 100%～1000%。同时橡胶具有优良的伸缩性和可贵的积储能量的能力，良好的隔音性、阻尼性、耐磨性，优良的电绝缘性、不透水性和不透气性，一定的强度和硬度。但一般橡胶的耐蚀性较差，易老化。橡胶及制品在储运和使用时，要注意防止氧化、光辐射和高温，以避免橡胶老化、变脆、龟裂、发黏、裂解和交联。

常用橡胶的种类、性能及用途见表 9.2。

表 9.2 常用橡胶的种类、性能及用途

类 别	名 称	代号	主 要 性 能	用 途 举 例
通用橡胶	天然橡胶	NR	具有良好的耐磨性、抗撕裂性和加工性能，但耐高温、耐油、耐溶剂性、耐臭氧性及耐老化性差	用于制造轮胎、胶带、胶管、铁路用防振垫、通用橡胶制品等
	丁苯橡胶	SBR	具有较好的耐磨性、耐热性和耐老化性能，质地均匀，价格便宜，但耐寒性和加工性能较差	
	顺丁橡胶	BR	具有良好的弹性、耐磨性和耐低温性能，但抗拉强度、抗撕裂性和加工性能较差	主要用于制造轮胎、胶带、胶管、胶鞋等
	氯丁橡胶	CR	具有良好的耐油、耐溶剂、耐氧化、耐老化、耐酸、耐碱、耐热、耐燃烧等性能，但密度大、电绝缘性和加工性能较差	用于制造胶管、传送带、垫圈、油罐衬里、各种模型制品、门窗嵌条等

续表

类 别	名 称	代号	主 要 性 能	用 途 举 例
特种橡胶	硅橡胶	SR	具有良好的耐候性、耐臭氧性和电绝缘性，可在－100～300℃下工作，但强度低、耐油性差	用于制造航空航天工业中的密封制品、食品工业中的运输带及罐头密封圈、医药卫生行业中的橡胶制品，也可用于电子设备和电线电缆的外皮等
	氟橡胶	FPM	具有优良的耐腐蚀性，可在315℃下工作，耐油、耐高真空及抗辐射能力良好，但加工性能较差，价格较贵	用于特殊用途，如化工设备的衬里、垫圈、高级密封件、高真空橡胶等

9.3 陶 瓷

陶瓷是以天然硅酸盐或人工合成无机化合物为原料，用粉末冶金法生产的无机非金属材料。

9.3.1 陶瓷的分类

陶瓷按原料不同分为普通陶瓷和特种陶瓷；按用途不同分为日用陶瓷和工业陶瓷。

普通陶瓷的原料是黏土、长石、石英等天然硅酸盐矿物，又称传统陶瓷、硅酸盐陶瓷。它包括日用陶瓷、建筑陶瓷、绝缘陶瓷、化工陶瓷、多孔陶瓷等。

特种陶瓷的原料是人工合成的金属氧化物、碳化物、氮化物、硅化物、硼化物等，又称近代陶瓷。特种陶瓷具有独特的性能，能满足工程结构的特殊需要。

9.3.2 陶瓷的性能

（1）力学性能

与金属相比，陶瓷弹性模量大、硬度高、抗压强度高，但脆性大、抗拉强度低。

（2）热性能

陶瓷熔点高、耐高温、热硬性高、热膨胀系数和热导系数小。

（3）化学性能

陶瓷化学性质非常稳定、耐腐蚀、不会发生老化。

（4）电性能

大多数陶瓷绝缘性好。

9.3.3 常用陶瓷

常用陶瓷的种类、性能及用途见表 9.3。

表 9.3 常用陶瓷的种类、性能及用途

类 别	名 称	主要性能	用途举例
普通陶瓷	日用陶瓷 化工陶瓷 绝缘用陶瓷	质地坚硬、耐腐蚀、不导电，加工成形性好，价格便宜，但强度较低，耐高温性能较差	用于化工、电气、纺织、建筑等行业，如容器、反应塔、管道、绝缘子等
氧化铝陶瓷	刚玉瓷 莫来石瓷 刚玉-莫来石瓷	强度、硬度高，具有良好的电绝缘性和耐腐蚀性，可在 1500℃下工作，但脆性大，耐急冷急热性能差	用于制作高温容器、坩埚、热电偶绝缘套管、内燃机火花塞、切削刀具等
氮化硅陶瓷	反应烧结氮化硅瓷	具有良好的化学稳定性、电绝缘性和耐急冷急热性能，硬度高，耐磨性好。	用于制造耐磨、耐腐蚀、耐高温、绝缘的零件，如高温轴承、阀门、燃气轮机叶片、各种泵的配件等
氮化硼陶瓷	立方氮化硼陶瓷	具有良好的化学稳定性、电绝缘性、耐热性及耐急冷急热性能，热稳定性和热导率较高，可进行切削加工	用于制作刀具或磨料
	六方氮化硼陶瓷		用于制造高温轴承、玻璃制品的成形模具等

9.4 复合材料

由两种或两种以上物理、化学性质不同的物质，经人工合成而得到的多相固体材料称为复合材料。复合材料保留了单一材料的优点，克服了单一材料的缺点，实现了对材料的综合性要求。人类在生产和生活中创造了许多人工复合材料，如钢筋混凝土、轮胎、玻璃钢等。

9.4.1 复合材料的分类

复合材料常见的分类方法有以下三种。

1. 按基体类型分类

按基体类型，复合材料可分为金属基体和非金属基体两类。目前使用最多的是以高聚物材料为基体的复合材料。

2. 按增强剂的性质和形态分类

按增强剂的性质和形态分类，复合材料可分为纤维增强复合材料、细粒复合材料、层叠复合材料。纤维增强复合材料是以玻璃纤维、碳纤维、硼纤维等陶瓷材料作为复合材料的增强剂，与塑料、树脂、橡胶或金属等材料复合而成，如橡胶轮胎、玻璃钢、纤维增强陶瓷等。而硬质合金属于细粒复合材料，三合板、五合板、双金属轴承等则属于层叠复合材料。

3. 按材料的用途分类

按材料的用途分类，复合材料可分为结构复合材料和功能复合材料。结构复合材料利用其力学性能，如强度、硬度、韧性等，用以制造各种结构件和机械零件。功能复合材料利用其物理性能，如光、电、声、热、磁等，用以制造各种结构件。

9.4.2　复合材料的性能特点

复合材料同金属或其他固体材料相比，具有比强度和比模量高，疲劳极限高，减振性能好，耐高温能力强，工作安全性高等特点。表 9.4 为常用材料的性能比较。

表 9.4　常用材料性能比较

材料	密度/（$g \cdot cm^{-3}$）	抗拉强度/MPa	弹性模量/MPa	比强度/m
钢	7.8	1030	210 000	13 000
铝	2.8	470	75 000	17 000
钛	4.5	960	114 000	21 000
玻璃钢	2.0	1060	40 000	53 000
碳纤维/环氧树脂	1.45	1500	140 000	103 000
硼纤维/环氧树脂	2.1	1380	210 000	66 000

9.4.3　常用复合材料简介

1. 玻璃纤维增强复合材料

玻璃纤维增强复合材料是以玻璃纤维为增强剂，以合成树脂为黏结剂制成的，俗称玻璃钢。玻璃钢是目前机械工业中应用最广的一类复合材料，其增强效果因使用的树脂不同而有所差异。以尼龙、聚苯乙烯类等热塑性树脂为粘结剂制成的热塑性玻璃钢，具有较高的力学性能，耐热性能和抗老化性能强，工艺性能较好，可用于轴承、齿轮、壳体等零件的制造。以环氧树脂、酚醛树脂、有机硅树脂等热固性树脂为粘结剂制成的热固性玻璃钢，具有密度小、强度高、化学稳定性好、工艺性能好的特点，可用于车身、船体等构件的制造。

2. 碳纤维增强复合材料

玻璃钢有许多优点，但刚度较低。碳纤维增强复合材料是以碳纤维和环氧树脂、酚醛树脂、聚四氟乙烯等组成的复合材料。它克服了玻璃钢的缺点，具有较高的强度和弹性模量，密度小，冲击韧度和疲劳极限较高。另外，碳纤维增强复合材料还具有良好的减摩性、导热性、耐腐蚀性和耐热性能。碳纤维增强复合材料可用于制造耐磨零件，如轴承、齿轮等，制造化工设备中的耐蚀零件及飞行器中的结构件。

3. 细粒复合材料

细粒复合材料是由一种或几种细小颗粒均匀分布在基体材料中制成的。颗粒起增强剂的作用，其粒度有一定的要求，否则会使增强效果下降。常用的细粒复合材料有两类，一类是由金属细粒与塑料复合制成的，导热、导电性能好，线膨胀系数低，可用于制造轴承、防射线的屏罩及隔音设备；另一类是由陶瓷细粒与金属复合制成的，硬度高，耐磨性和耐热性能好，可用于制造切削刃具及耐高温零件。

4. 层叠复合材料

层叠增强复合材料是由两层或多层不同性质的材料组合而成的。这类材料具有密度小、刚度和抗压稳定性高、抗弯强度好的特点，常用于航空、船舶及化工等行业。

习　题

9.1　高分子材料的主要性能特点是什么？
9.2　什么是塑料？它有哪些性能特点？
9.3　什么是热塑性塑料与热固性塑料？举例说明它们的用途。
9.4　什么是橡胶？它有哪些性能特点？
9.5　陶瓷材料的主要性能特点是什么？
9.6　什么是复合材料？它有哪些性能特点？
9.7　解释下列名词：塑料；尼龙；有机玻璃；电木；刚玉；玻璃钢。

10 单元 金属热加工

◎ 单元概述

金属的热加工主要包括铸造、锻造和焊接。

◎ 学习目标

- 掌握铸造的实质、特点及应用范围，铸造方法分类。
- 掌握锻压的实质、特点和应用，锻压方法分类。
- 掌握焊接的实质、焊接方法及分类，焊接在工业生产中的应用。

◎ 教学节奏与方式

项　目		课时安排	教学方式
1	课前准备	课余	预习教材
2	教师讲授	6 学时	重点讲授
3	思考与练习	课余	学生之间相互讨论或独立完成习题

10.1 金属的铸造

10.1.1 概述

铸造是指熔炼金属、制造铸型，并将熔融金属浇入铸型，凝固后获得一定形状和性能铸件的成型方法。铸型是指形成铸件形状的工艺装置。铸件是指用铸造方法获得的金属件。

1. 铸造成型的特点

（1）铸造成型适应性强

铸造是依靠液态金属的流动性成型的，可以生产各种形状、尺寸、质量的铸件。铸件的材料可以是铸铁、铸钢、铝合金、铜合金等各种金属材料，也可以是高分子材料和陶瓷材料，总之，只要能把材料加工成熔融状态并浇入铸型，就能生产出铸件。

（2）铸造生产成本低

铸造原材料来源广泛，可以利用废料、废旧件等。铸造生产的设备简单，投资较少。由于铸造成型方便，铸件的形状、尺寸接近于零件，能够节省材料和切削加工工时。

（3）铸件力学性能较差

由于铸造工艺环节较多，而且部分工艺难以控制，易产生铸造缺陷，质量不够稳定。铸件的组织疏松、晶粒粗大、化学成分不均匀，力学性能较差。因此，铸造成型常用于制造承受静载荷及压应力的零件，如支架、机座、箱体、床身等。

2. 铸造方法分类

铸造成型的方法很多，一般分为砂型铸造和特种铸造两类。利用砂型生产铸件的铸造方法称为砂型铸造，砂型铸造成本低、灵活性强、适应性广、生产准备简单、操作技术成熟，是一种历史悠久并需要发展的铸造方法。与砂型铸造不同的其他铸造方法称为特种铸造，包括金属型铸造、压力铸造、离心铸造、熔模铸造等。特种铸造生产的铸件表面质量好，尺寸精度及力学性能高。特种铸造能够提高材料利用率，改善劳动条件，减少环境污染，便于实现机械化和自动化，具有很大的发展潜力。

3. 金属的铸造性能

金属的铸造性能是指铸造成型过程中获得外形准确、内部健全铸件的能力，主要包括金属的流动性和收缩性。了解金属的铸造性能，对于铸造金属的选用、铸件的结构设计、铸造工艺的制定及保证铸件质量有十分重要的意义。

（1）流动性

流动性是指熔融金属的流动能力，是影响金属液充型能力的主要因素。

1）流动性对铸件质量的影响。金属液的流动性好，浇注时金属液容易充满铸型，能够获得形状完整、轮廓清晰、质量好的铸件。金属液的流动性差，充型能力弱，铸件容易出现浇不足、冷隔、气孔、夹杂物等缺陷。

2）影响流动性的因素。金属液流动性的大小与金属的种类及化学成分、浇注温度、铸型的充填条件等因素有关。金属液的流动性通常用螺旋形试样来测定，如图 10.1 所示，将金属液浇入螺旋形铸型中，在相同的铸造条件下，获得的试样越长，表明金属液的流动性越好。常用铸造合金的流动性见表 10.1。

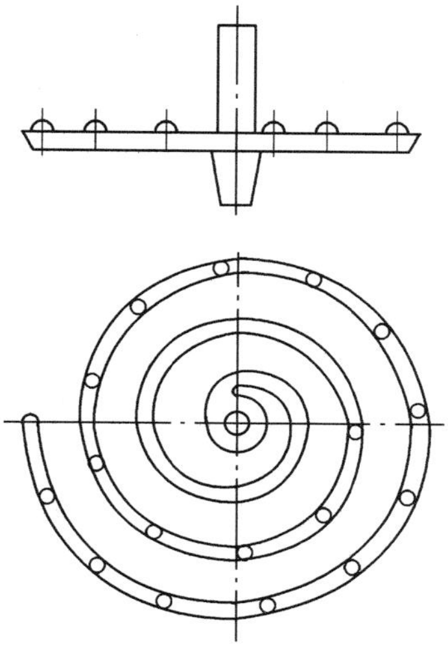

图 10.1　螺旋形试样

表 10.1　常用铸造合金的流动性

铸造合金	铸型材料	浇注温度/℃	螺旋线长度/mm
灰铸铁	砂型	1300	600～1800
铸钢	砂型	1640	200
铝硅合金	金属型	700	750
硅黄铜	砂型	1100	1000
锡青铜	砂型	1040	420

化学成分是影响金属液流动性的**本质因素**。纯金属和共晶成分的合金在恒温下结晶，结晶时从表面开始，逐层凝固，液相与固相的界面较为光滑，对尚未凝固的金属液流动阻力小，因而流动性好，容易充满铸型。其他成分的合金在一个温度范围内结晶，先形成的初晶一般呈树枝状，阻碍金属液的流动，结晶温度范围越宽，金属液的流动性越差。

提高浇注温度可以改善金属液的流动性。浇注温度越高，金属保持液态的时间越长，金属液黏度降低，有利于提高金属液的流动性。但浇注温度过高，金属液的收缩量增大，气体溶解度提高，使铸件产生缺陷的可能性增加。

铸型中凡能增加金属液流动阻力及加快金属液冷却速度的因素均使流动性降低。一般，金属液在干砂型中的流动性优于湿砂型，在砂型中的流动性优于金属型。

（2）收缩性

收缩性是指金属从液态凝固并冷却至室温过程中产生的体积和尺寸减小的现象。收缩是金属本身的物理性质，包括液态收缩、凝固收缩和固态收缩三个阶段。

金属的液态收缩和凝固收缩主要表现为金属体积的减小，一般用**体积收缩率**来表示，是形成铸件缩孔和缩松的主要原因。**金属的固态收缩**主要表现为铸件外部尺寸的变化，一般用线收缩率来表示，是形成铸件变形和裂纹的主要原因。

1）收缩性对铸件质量的影响。金属的收缩率小，能够获得尺寸接近于铸型、组织致密、形状完整的铸件；金属的收缩率大，易使铸件产生铸造缺陷。

2）影响收缩性的因素。化学成分也是影响金属收缩率的本质因素。不同成分的金属，其收缩率不同，常用铸造合金的线收缩率见表 10.2。

表 10.2 常用铸造合金的线收缩率 （单位：%）

类别	灰铸铁	球墨铸铁	可锻铸铁	铸钢	铝硅合金	普通黄铜	锡青铜
线收缩率	0.1～1.0	1.0	0.75～1.0	1.6～2.0	1.0～1.2	1.8～2.0	1.4

金属的浇注温度越高，液态收缩量越大。铸件结构和铸型材料往往对铸件的凝固收缩及固态收缩有影响，铸件结构越复杂、铸型材料的退让性越差，对铸件收缩的阻力越大，因此，铸件的实际线收缩率比自由线收缩率要小。

10.1.2 砂型铸造

砂型铸造是指用型砂紧实成型的铸造方法。由于造型材料来源广泛，成本低廉，所以砂型铸造是最常用的铸造方法。砂型铸造的工艺过程如图 10.2 所示。

砂型铸造

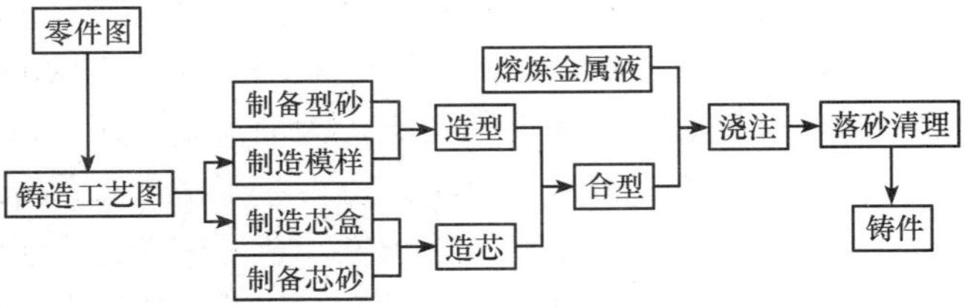

图 10.2 砂型铸造的工艺过程

铸型是指用型砂制成的，包括形成铸件形状的空腔、芯及浇注系统的组合体，如图10.3所示。

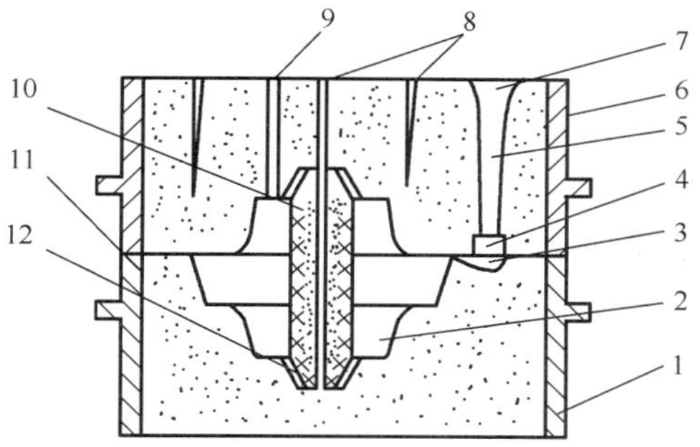

图10.3　铸型的组成

1．下砂箱；2．型腔；3．内浇道；4．横浇道；5．直浇道；6．上砂箱；7．浇口杯；
8．排气孔；9．冒口；10．芯；11．分型面；12．芯头

型砂被紧实在上、下砂箱之中，连同砂箱一起，称为上型和下型；上型与下型的接触面称为分型面；铸型中由造型材料所包围的空腔称为型腔，型腔用来形成铸件的外部轮廓；型腔中有阴影线的部分称为芯，芯主要用来形成铸件的内腔，有时也可以用来形成铸件的局部外形；芯头是芯的外伸部分，用于芯的支承和固定；浇口杯、直浇道、横浇道、内浇道组成浇注系统，金属液经浇注系统注入型腔；型腔的最高处并有出气口，称为冒口，用来排除型腔中的气体、观察金属液是否注满及补充金属液的收缩。

1．模样与芯盒

模样和芯盒是砂型铸造的基本工艺装备。模样用于制造铸型的型腔，其形状与铸件的形状相似；芯盒用于制造芯，芯盒的内腔与铸件的内腔相似。在单件、小批量生产时，广泛采用木材制造模样和芯盒。在大批量生产时，常用金属或塑料制造模样和芯盒。根据铸件的结构特点和造型的工艺要求，模样可以设计成整体模、分开模、刮板模、组合模等多种形式。

2．造型材料

砂型铸造用的造型材料主要是型砂和芯砂。型砂和芯砂是由原砂、黏结剂、附加物、旧砂及水按一定比例混合而成。常用的黏结剂有黏土、膨润土、水玻璃、桐油、树脂等。附加物主要有煤粉和锯木屑。根据型砂和芯砂中使用的黏结剂不同，型砂和芯砂可分为黏土砂、水玻璃砂、油砂、树脂砂等，其中黏土砂适应性强、价格低廉，应用最广。

在制备型砂和芯砂时，各组分要混合均匀，制备好的型砂和芯砂应具有如下性能：

1）足够的强度，防止铸型在制造、搬运过程中变形或破坏。

2）高的耐火性，防止铸型在高温下出现软化或熔化，导致铸造缺陷，甚至造成废品。

3）好的透气性，能够使铸型中的气体顺利排除。

4）良好的退让性，防止铸件收缩受阻，减小铸件在冷却过程中产生的内应力。

3．造型

造型是指用型砂及模样等工艺装备制造铸型的过程。根据生产性质，造型方法通常分为手工造型和机器造型两类。

（1）手工造型

手工造型是指全部用手工或手动工具完成的造型工序。根据铸件的结构特点，手工造型可分为整模造型、分模造型、挖砂造型、活块造型、三箱造型、刮板造型等方法。手工造型操作灵活、工艺装备简单，生产准备时间短，但生产率低，劳动强度大，铸件质量较差。因此，手工造型仅适用于单件或小批量生产。

1）整模造型。如果铸件的最大截面在一端且为平面，则适于整模造型，即模样为一个整体，分型面为平面，型腔位于同一砂箱内，起模方便，不会出现错型缺陷，操作简单。整模造型如图 10.4 所示。

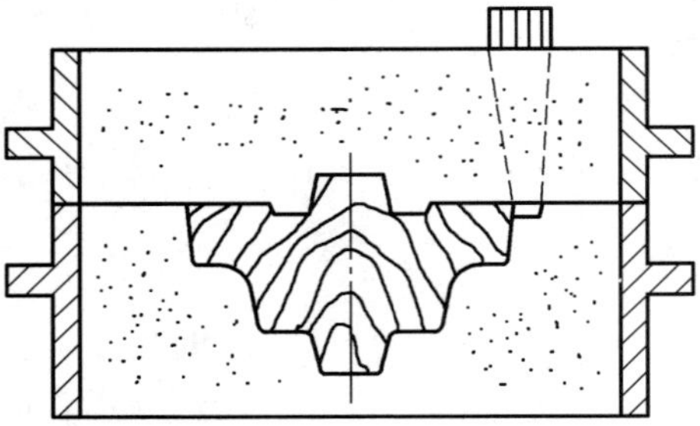

图 10.4　整模造型

2）分模造型。如果铸件的最大截面不在端部或回转体铸件，则适于分模造型，即模样在最大截面处分开，分型面与分模面处于同一平面内，型腔位于上、下砂型中，起模、修型方便，操作简单，但上、下砂型定位不准时将产生错型缺陷。分模造型如图 10.5 所示。

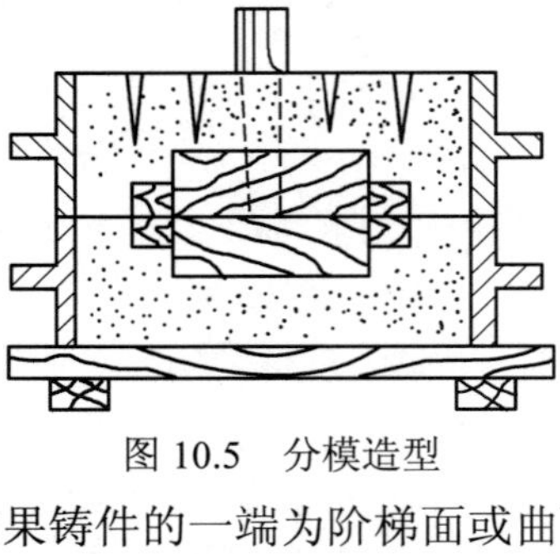

图 10.5　分模造型

3）挖砂造型。如果铸件的一端为阶梯面或曲面，则适于挖砂造型，即模样为一个整体，分型面为曲面，造型时需挖去阻碍起模的型砂，才能起出模样。挖砂造型对操作者的技术水平要求较高，生产率较低。只有在单件或小批量生产时，对于端面不平又不便分模的带轮、手轮等铸件才采用挖砂造型，如图 10.6 所示。

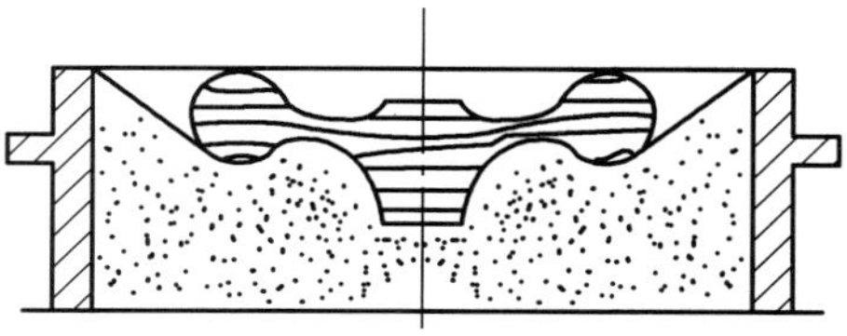

图 10.6　挖砂造型

4）活块造型。如果铸件带有凸起部分，妨碍起模，则适于活块造型，即将模样上妨碍起模的部分做成活块，造型时先起出模样的主体，然后再从侧面将活块取出。活块造型操作难度大，生产率低，铸型修补困难。只有在单件或小批量生产时，对于侧面带有凸台的铸件才采用活块造型，如图 10.7 所示。

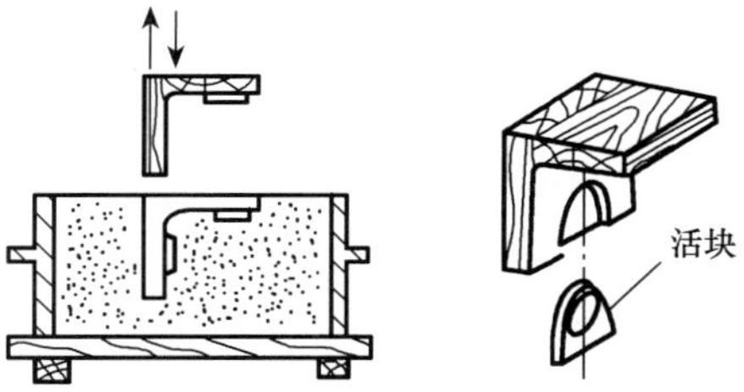

图 10.7　活块造型

5）三箱造型。如果铸件的中间截面小，两端截面大，则适于三箱造型，即将模样从最小截面处分开，使用上、中、下三个砂箱，有两个分型面。三箱造型操作复杂，生产率低，中砂箱的高度有一定要求，易出现错型缺陷。三箱造型一般适用于单件或小批量生产，如图 10.8 所示。

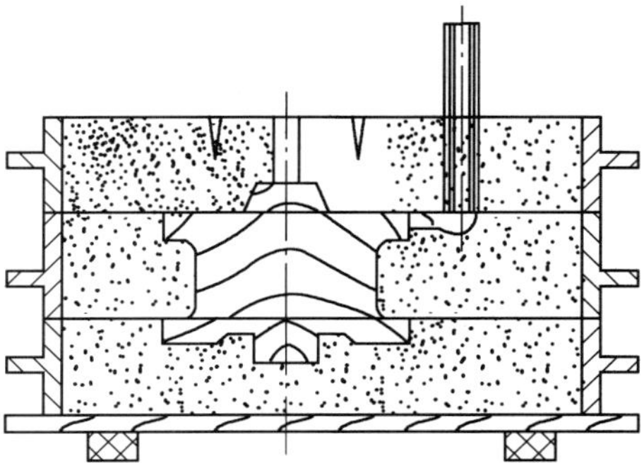

图 10.8　三箱造型

6）刮板造型。对于大、中型轮类及管类铸件，则适于刮板造型。造型时，用一个与铸件截面形状相似的刮板代替模样，刮板绕转轴旋转，刮出所需铸型的型腔。刮板造型可简化模样的制造工序，节约模样制造材料和工时，但对操作者的技术水平要求较高，生产率较低，如图 10.9 所示。

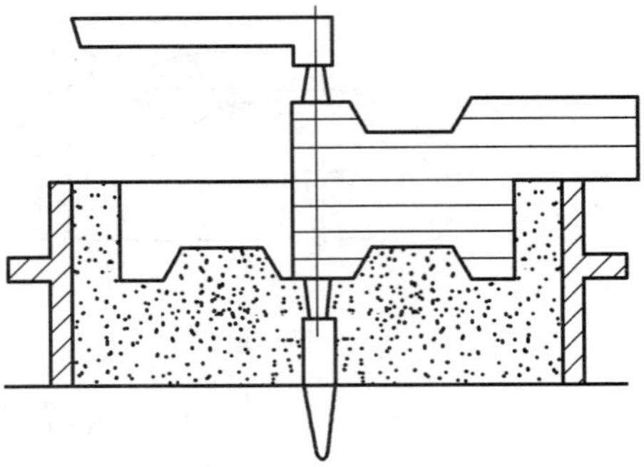

图 10.9　刮板造型

（2）机器造型

机器造型是指用机器完成全部或至少完成紧砂操作的造型工序。机器造型是现代化铸造生产中的基本造型方法，生产率高，劳动强度低，铸件质量好，但设备投资大，生产准备时间长，主要用于大批量生产。按紧砂方式，机器造型主要有震压造型、微震压实造型、高压造型、射压造型、气流冲击造型、抛砂造型等方法，其中震压造型应用最广。震压造型如图 10.10 所示，首先将砂箱放在模板上并填满型砂，以压缩空气为动力，使砂箱与模板一起震动，然后用压头进行挤压，使型砂得到紧实。

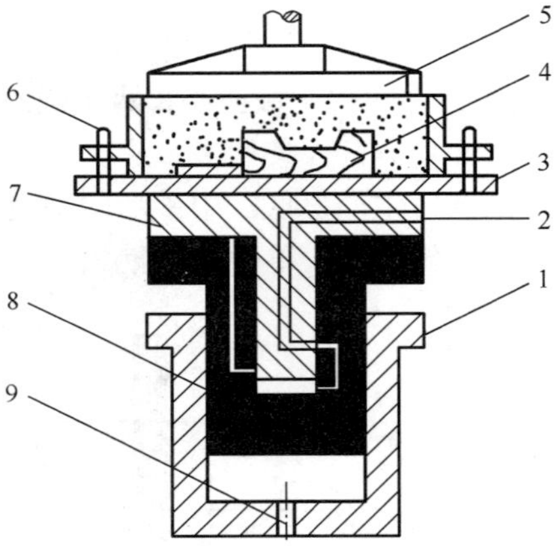

图 10.10　震压造型

1．压实气缸；2．进气口；3．模板；4．模样；5．压头；6．定位销；7．震击活塞；8．震击气缸（压实活塞）；9．进气口 B

震压造型机结构简单，价格低廉，但噪声大，铸型紧实度不高。震压造型机常常两台配对使用，一台造上型，一台造下型。

机器造型用的模样一般与模板固定在一起，常用的起模方法主要有顶箱、翻转、漏模等，如图 10.11 所示。

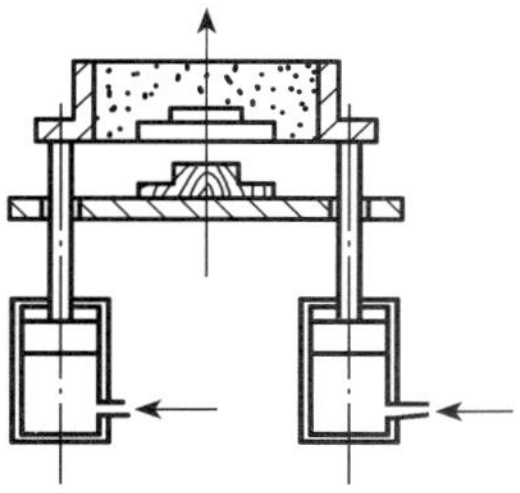

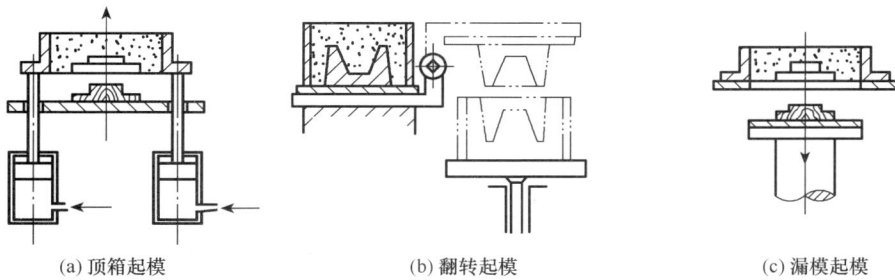

(a) 顶箱起模　　(b) 翻转起模　　(c) 漏模起模

图 10.11 起模方法

机器造型具有很高的生产率，但只能实现紧砂和起模的机械化和自动化。其他辅助工序如翻转砂箱、下芯、合箱、压铁、浇注、落砂及砂箱运输等也需实行机械化和自动化，这样才能发挥出机器造型的效率。在大批量生产时，将造型机与其他辅助机器按照铸造工艺流程，用传送带组合在一起，组成铸造生产流水线，如图 10.12 所示。

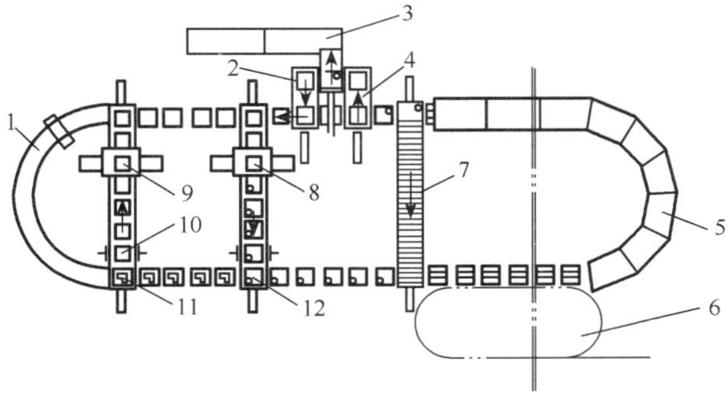

图 10.12 铸造生产流水线

1.铸型输送带；2.砂箱；3.落砂机；4.捅箱机；5.冷却室；6.浇注
7.压铁机；8.上型造型机；9.下型造型机；10.翻箱机；11.下芯；12.合型机

4. 造芯

由于芯在浇注时被高温金属液包围，对芯砂的性能要求比型砂高，并且要具有良好的溃散性，以便于铸件落砂时清除芯砂。造芯也可分为手工造芯和机器造芯两种方法。芯盒可分为整体、对开和组合三种形式。对开式芯盒造芯如图 10.13 所示。在大批量生产时，可采用机器造芯，常用的造芯机有震击造芯机、射芯机、热芯盒射芯机、壳芯机等。造芯时，要在芯中放置芯骨，如图 10.14 所示，并将芯烘干，以增加芯的强度。为了提高芯的透气能力，在芯中要作出通气孔，形状简单的芯可用针扎出通气孔，形状复杂的芯，可在其中埋入蜡线，当烘干时蜡线燃烧而形成通气孔。制造好的芯表面常常要刷一层涂料，防止铸件黏砂。

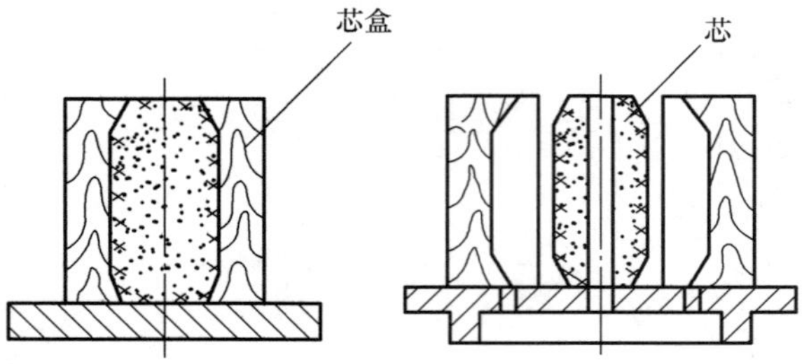

图 10.13　对开式芯盒造芯

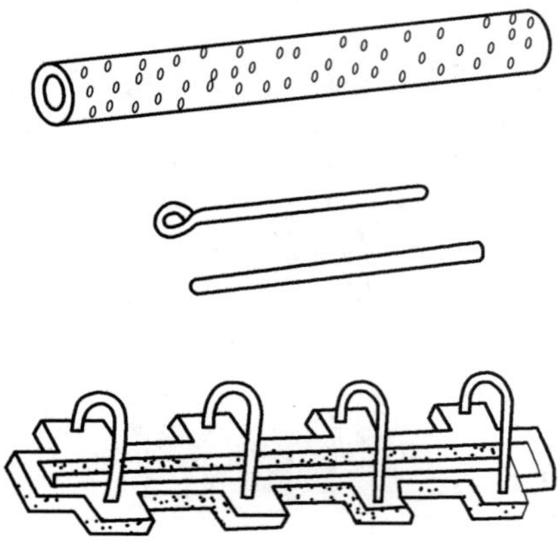

图 10.14　芯骨

5. 浇注系统

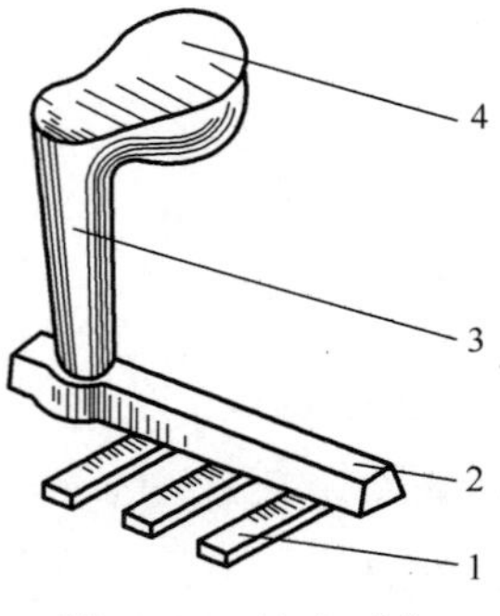

图 10.15　浇注系统

1．内浇道；2．横浇道；3．直浇道；4．浇口杯

浇注系统是指为填充型腔和冒口而开设于铸型中的一系列通道。一般由浇口杯、直浇道、横浇道和内浇道组成，如图 10.15 所示。浇口杯承接金属液，有挡渣和防止气体进入型腔的作用；直浇道为浇注系统中的垂直通道，通常带有一定锥度，以产生静压力，使金属液能够充满型腔，并调节金属液注入型腔的速度；横浇道为浇注系统中的水平通道，为各个内浇道分配金属液，并有挡渣的作用；内浇道为金属液注入型腔的通道，有控制金属液注入型腔的速度和方向、调节铸件各部分冷却速度的作用，内浇道的形状、数目、位置及方向，对铸件的质量有重要的影响。

按内浇道在铸件上的位置，浇注系统可分为顶注式浇注系统、侧注式浇注系统、底注式浇注系统、阶梯式浇注系统等多种形式。

6. 合型

合型是指将铸型的各个组元如上型、下型、芯等组合成一个完整铸型的操作过程。合型时，首先应确认铸型的各个组元是否完好，然后安装砂芯，在确保砂芯位置正确的条件下，盖上上型，并将上、下型紧固在一起或压上压铁。合型后准备浇注。

7. 熔炼与浇注

熔炼是指金属由固态转变为液态的过程。熔炼所获得的金属液，其化学成分和温度必须符合铸造工艺的要求，否则将使铸件的质量和性能降低。铸造生产中常用的熔炼设备主要有冲天炉、感应电炉、坩埚炉、电弧炉等，其中冲天炉用于铸铁的熔炼。

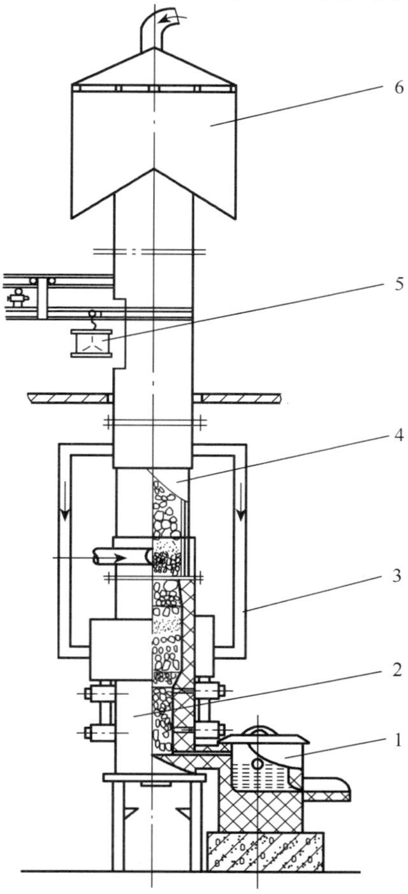

图 10.16　冲天炉
1．前炉；2．炉缸；3．送风系统；4．炉身；5．加料系统；6．烟囱

冲天炉如图 10.16 所示，主要由烟囱、炉身、炉缸、前炉、送风系统和加料系统组成。冲天炉的大小以单位时间熔化的铁液量来表示。冲天炉的主要经济指标是铁焦比，即熔化的金属炉料质量与消耗的焦炭质量之比。冲天炉的炉料包括金属料、燃料和熔剂三部分，其中金属料主要由新生铁、回炉铁、废钢及铁合金组成；燃料主要是焦炭；熔剂主要是石灰石，其作用是造渣。炉料按一定比例依次加入冲天炉内。

浇注是指将金属液从浇包注入铸型的操作。浇包是指容纳、输送和浇注金属液的容器，如图 10.17 所示。浇包应根据铸件的大小、批量等进行选择。

(a) 端包

(b) 抬包

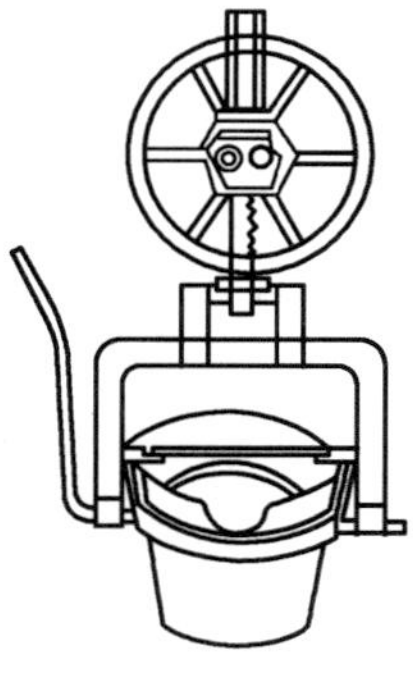
(c) 吊包

图 10.17　浇包

金属液应在一定温度范围内按规定速度注入铸型。浇注温度过高，金属液吸气量大，体收缩量大；浇注温度过低，金属液流动性降低；浇注速度过快，铸型中的气体不易排除，容易冲毁铸型；浇注速度过慢，型腔表面容易翘起脱落。

8. 落砂、清理与检验

落砂是指用手工或机械使铸件与型砂、砂箱分开的操作。落砂一般应在铸件适当冷却后进行。对于铸铁件，落砂时间过早，易使铸件表层产生白口组织，导致切削加工困难；落砂时间过晚，由于铸件收缩受阻，导致内应力增大，使铸件出现裂纹。

清理是指落砂后从铸件上清除表面黏砂、芯砂、多余金属的操作。

清理后的铸件应根据其技术要求进行检验。铸件表面一般采用观察法进行检验；铸件内部可采用压力试验、超声波探伤、磁粉探伤、力学性能试验进行检验。检验合格的铸件应进行适当的热处理，以消除内应力和表层白口组织，改善切削加工性能。

9. 铸件缺陷

铸造生产的工艺过程复杂，影响铸件质量的因素很多，容易产生铸件缺陷。常见铸件缺陷的特征及形成原因如下所述。

（1）气孔

气孔是指铸件内部出现的圆形或梨形孔洞，孔的内壁光滑，有时也出现在铸件的表面，如图 10.18 所示。形成气孔原因主要是铸型紧实度过高、型砂太湿、起模或修型时刷水过多、芯未烘干或通气孔堵塞、浇注系统不正确。

（2）缩孔

缩孔是指铸件最后凝固处出现的集中孔洞或细小分散孔洞，孔的内壁粗糙，如图 10.19 所示。形成缩孔原因主要是铸件结构设计不合理，壁厚不均匀；浇注系统或冒口设置不正确；浇注温度过高，金属液化学成分不符合要求，使液态收缩量过大。

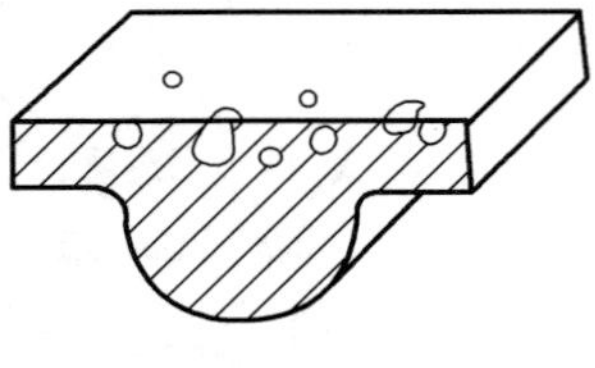

图 10.18　气孔

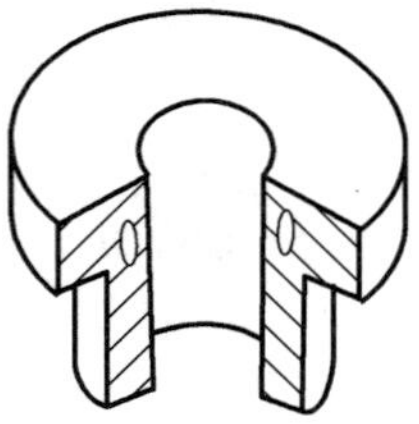

图 10.19　缩孔

（3）砂眼

砂眼是指铸件表面或内部出现的孔洞，形状不规则且内含砂粒，如

图 10.20 所示。形成砂眼原因主要是型砂强度不够或局部没有紧实；型腔或浇注系统内散砂未清理干净；合型时砂型局部损坏；芯强度不够；浇注系统不合理。

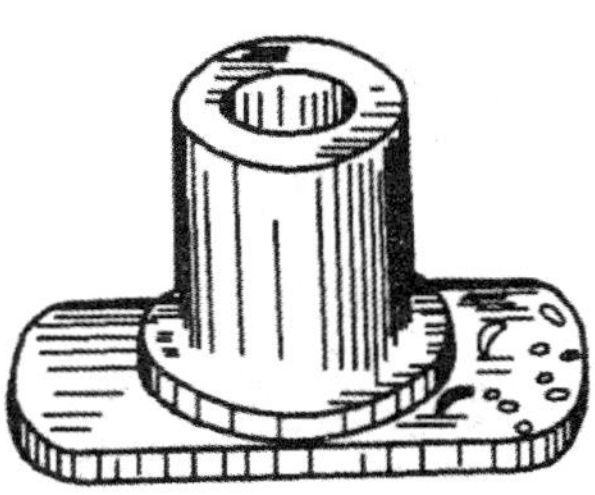

图 10.20　砂眼

（4）错型

错型是指铸件沿分型面错开的现象，如图 10.21 所示。形成错型原因主要是造型时上、下模样错动；合型时上、下砂型错位；合型记号不准确。

（5）偏芯

偏芯是指铸件内腔、局部形状位置偏移或歪斜，如图 10.22 所示。形成偏芯原因主要是芯安放位置不正确或不稳固、芯变形。

（6）浇不足

浇不足是指铸件轮廓残缺或形状完整但边角圆滑光亮，如图 10.23 所示。形成浇不足原因主要是浇注温度过低、铸件壁太薄、内浇道截面尺寸过小或未开通气孔、浇注时金属液不够。

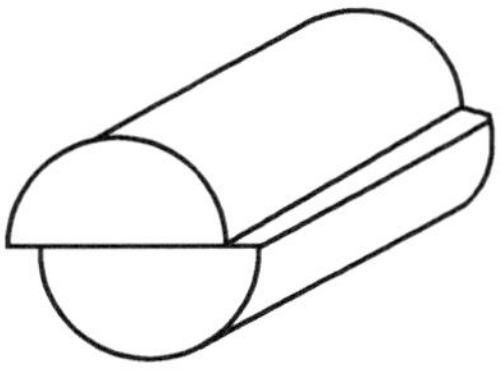

图 10.21　错型

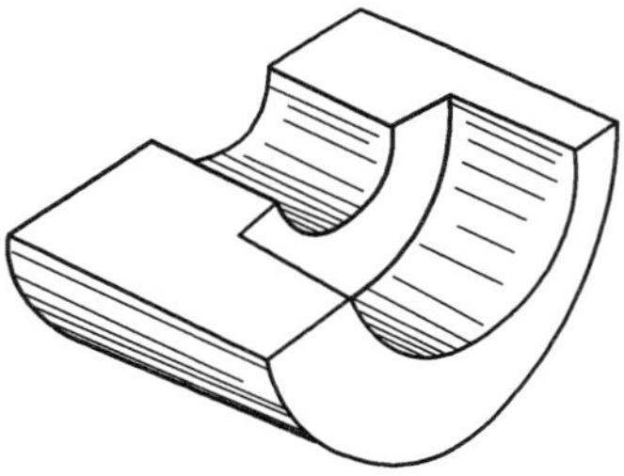

图 10.22　偏芯

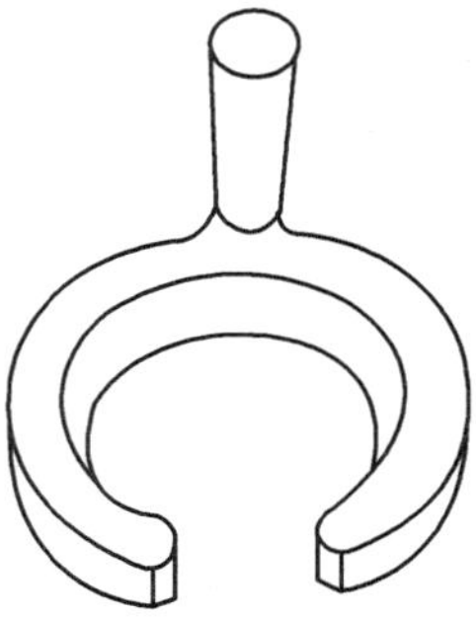

图 10.23　浇不足

（7）冷隔

冷隔是指铸件表面有未完全融合的圆弧状缝隙，如图 10.24 所示。形成冷隔原因主要是浇注温度过低、浇注速度过慢或浇注不连续、内浇道截面尺寸过小或位置不正确。

（8）黏砂

黏砂是指铸件表面黏附着一层砂粒，如图 10.25 所示。形成黏砂原因主要是浇注温度过高、型砂紧实度不够、砂粒过粗、型腔或芯表面未刷涂料。

（9）裂纹

裂纹是指铸件开裂的现象，可分为冷裂和热裂两种情况，如图 10.26 所示。冷裂纹的断面发亮，呈连续直线状；热裂纹的断面呈氧化色，曲折而不规则。形成裂纹原因主要是铸件结构不合理，壁厚不均匀；浇注系统设置不正确；铸型退让性差；落砂时间过早或过晚。

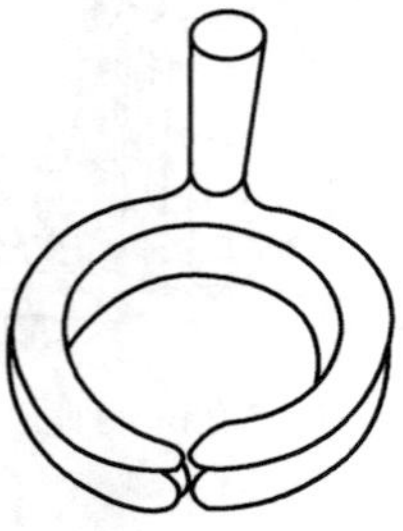

图 10.24　冷隔

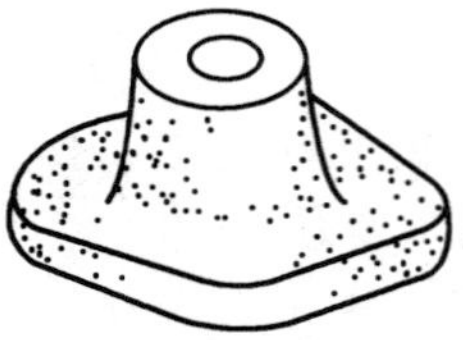

图 10.25　黏砂

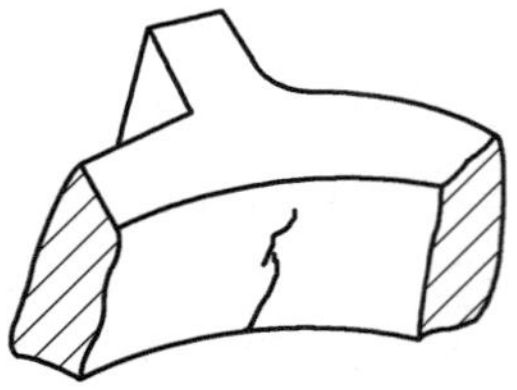

图 10.26　裂纹

10.1.3　砂型铸造工艺设计

铸造生产时，应根据零件的结构特征、技术要求、生产批量及生产条件等因素进行铸造工艺设计，其内容主要包括确定浇注位置、选择分型面、确定铸造工艺参数和绘制铸造工艺图等。

1. 浇注位置的确定

浇注位置是指浇注时铸型分型面所处的位置。一般有水平浇注、垂直浇注和倾斜浇注三种形式。铸件的浇注位置对铸件的质量和造型工艺有很大影响。确定浇注位置的基本原则如下所述。

1）铸件的重要表面应朝下。由于金属液中杂质的质量较轻，容易上浮，铸件在铸型中的上表面容易出现砂眼、气孔、夹杂物等类缺陷，因此，铸件的重要表面在铸型中朝下有利于保证其质量均匀一致、组织致密、性能优良。例如，加工车床床身铸件时，应将导轨面朝下。

2）铸件的薄壁部分冷却速度较快，在浇注时应使其处于下部、垂直或倾斜位置，防止出现浇不足和冷隔缺陷。铸件的厚壁部分容易产生缩孔，在浇注时应使其处于上部或分型面的侧面，便于设置冒口进行补缩及实现定向凝固。

2. 分型面的选择

分型面是指铸型组元间的接合面。分型面一般选择在铸件的最大截面处，以保证起模方便、简化造型工艺。选择分型面的基本原则如下所述。

1）起模是指使模样或模板与铸型分离的操作。为了便于起模，分型面应选择在铸件的最大截面处。

2）尽量减少分型面数量，以保证铸件精度，简化造型工艺。

3）尽量采用平直面为分型面，以简化制模和造型工艺。

4）尽量使铸件的全部或大部分处于同一砂箱中，以保证铸件上各表面之间的位置精度，便于合型，防止错型。

5）最好使铸件及芯位于下砂箱中，便于起模、修型、放置砂芯、翻转砂箱等操作。选择分型面和确定浇注位置的各项原则应协调考虑。一般，对于质量要求高的铸件，应优先考虑浇注位置；对于一般铸件，应优先考虑简化工艺。

3．主要工艺参数的选择

（1）收缩率

由于铸件在冷却过程中产生收缩，其各部位的尺寸均小于模样尺寸。为保证冷却后的铸件符合图样的要求，在制造模样和芯盒时，应根据铸件的尺寸和铸造合金的线收缩率，调整模样与芯盒的尺寸。一般，灰铸铁件的线收缩率约为1%；铸钢件的线收缩率约为2%；非铁金属的线收缩率约为1.5%。

（2）加工余量

铸件的加工余量是指为保证铸件加工面尺寸和零件精度，在铸件工艺设计时预先增加的、并在切削加工时去除的金属层厚度。加工余量的大小取决于铸件的精度等级，与铸造合金、铸造方法、铸件结构、铸件尺寸、生产批量及浇注位置等因素有关。一般，灰铸铁件比铸钢件加工余量要小；机器造型的铸件比手工造型的铸件加工余量要小；非铁金属铸件和高压造型的铸件加工余量小。尺寸大的铸件或浇注时处于顶部的加工面加工余量应加大。

（3）起模斜度

起模斜度是指为使模样容易从铸型中取出或芯从芯盒中脱出，平行于起模方向在模样或芯盒壁上设置的斜度。起模斜度通常为1°～3°。一般，模样越高，斜度越小；机器造型的起模斜度比手工造型小；金属模的起模斜度比木模小；模样外壁的起模斜度比内壁小。内壁的起模斜度通常为3°～10°。

（4）铸造圆角

在设计铸件和制造模样时，其壁间连接或拐角处应做成圆弧过渡，称为铸造圆角。铸造圆角可分为外圆角和内圆角，对于中、小铸件，外圆角半径一般取2～8mm，内圆角半径一般取4～16mm。

（5）芯头

芯头是指芯的外伸部分，它不形成铸件轮廓，只是落入芯座内，用来定位和支承砂芯。芯头可分为垂直芯头和水平芯头两种。芯座是指铸型中专为放置芯头的空腔。设计芯头时应遵循砂芯定位准确、安放牢固、排气通畅、装配与清理方便的原则。

4．绘制铸造工艺图

铸造工艺图是指表示铸型的浇注位置与分型面、铸造工艺参数、砂芯结构、浇冒口系统、控制凝固措施等内容的图样。这些内容在零件图纸上用红、蓝色铅笔按规定的符号画出，并加注必要的文字说明。铸造工艺图是制造模样、生产准备、造型、铸型与铸件检验的依据，是指导铸造生产的主要技术文件。绘制铸造工艺图的步骤如下：①分析零件的结构与技术条件；②选择造型方法；③确定浇注位置和分型面；④确定铸造工艺参数；⑤设计砂芯；⑥设计浇冒口系统；⑦确定控制凝固措施。

铸件图是指反映铸件实际形状、尺寸和技术要求的图样。铸件图是根据铸造工艺图画出的，是铸件检验和机械加工的依据。

图 10.27 为套筒零件的零件图、铸造工艺简图和铸件图。

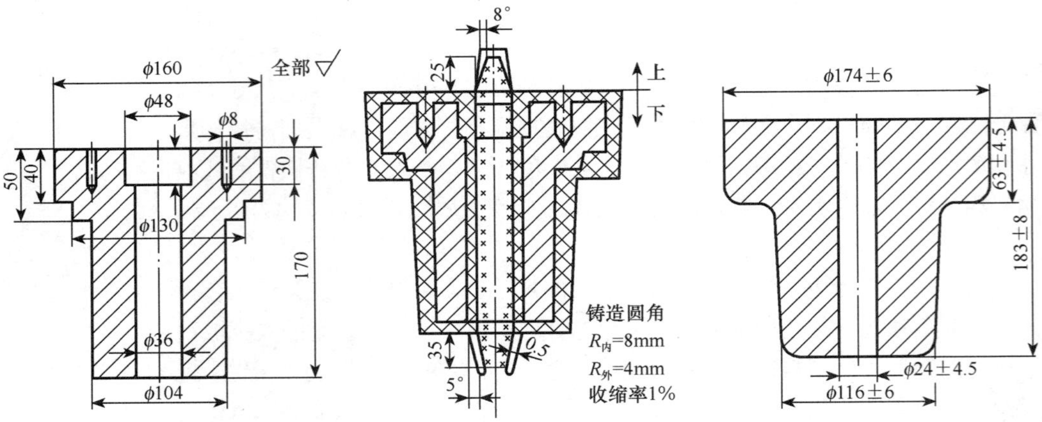

(a) 零件图　(b) 铸造工艺图　(c) 铸件图

图 10.27　套筒

10.1.4　铸件的结构工艺性

铸件的结构除了应满足使用性能和机械加工的要求外，还应满足铸造工艺的基本要求，即铸件结构应有利于简化铸造生产工艺和提高铸件质量。零件结构和生产工艺之间的关系，通常称为结构工艺性。

1. 铸造工艺对铸件结构的要求

（1）铸件的外形应力求简单

铸件的外形应尽量采用规则的、易加工的平直轮廓，面与面之间尽可能采用垂直连接，避免不规则的表面，以便于制造模样和铸型。

（2）分型面少而简单

铸件结构应尽可能具有一个简单的平直分型面，以便于简化造型工艺，保证铸件质量，如图 10.28 所示。

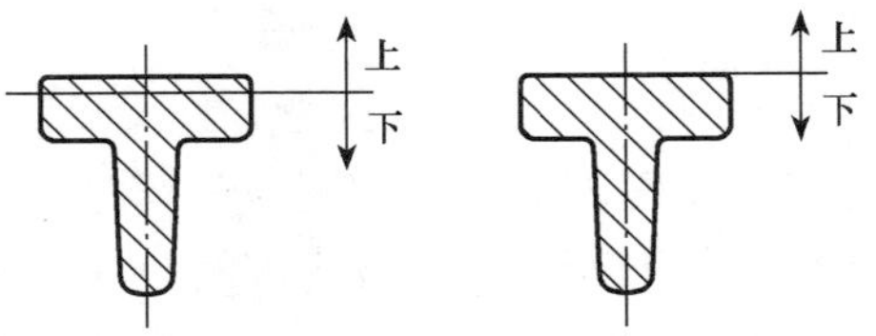

(a) 不合理　(b) 合理

图 10.28　铸件分型面

（3）尽量不用或少用芯

芯的形状简单且数量少，可显著简化造型工艺。因此，铸件结构设计时应尽量采用省芯结构，如图 10.29 所示。

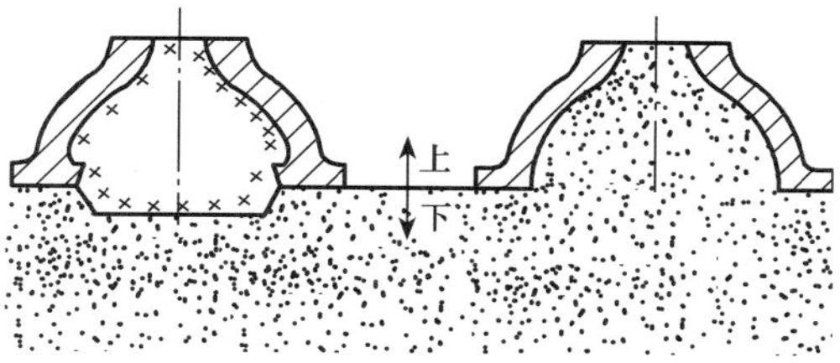

(a) 不合理　　　　(b) 合理

图 10.29　铸件的内腔设计

（4）芯的设置应稳固并有利于排气和清理

砂芯的设置应力求安装方便稳固，易于排气和清理，尽量避免悬臂式砂芯，如图 10.30 所示。

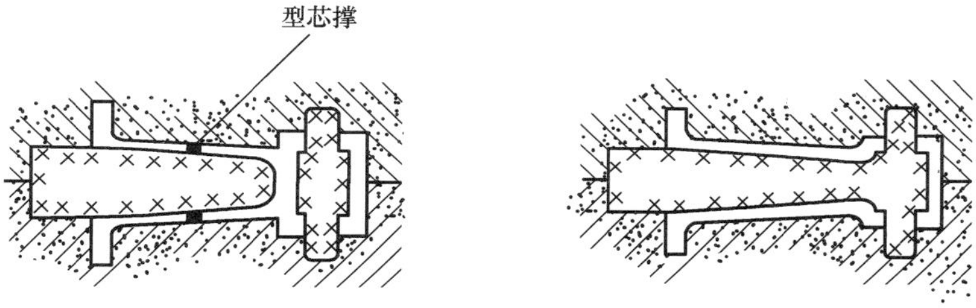

(a) 不合理　　　　(b) 合理

图 10.30　铸件砂芯的设计

（5）铸件应尽量设计结构斜度

铸件上垂直于分型面的非加工表面，应设计结构斜度，造型时便于起模。结构斜度随壁的高度增加而减小，内壁斜度要大于外壁斜度，如图 10.31 所示。

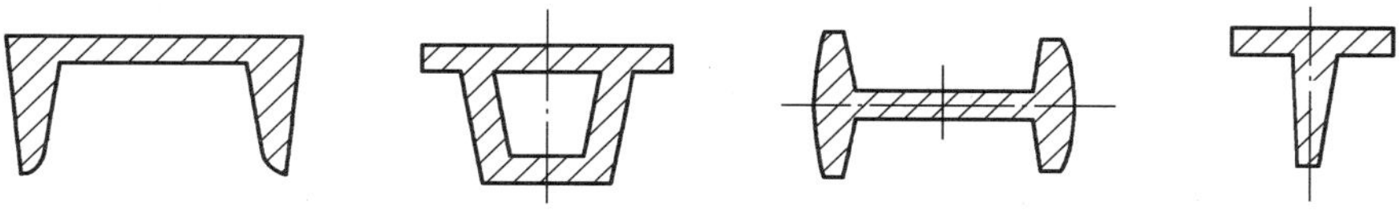

图 10.31　铸件的结构斜度

（6）铸件尽量避免使用活块

活块造型起模不方便，修型困难，要求操作技术水平高。若将凸台部分延伸至分型面，可简化造型工艺，如图 10.32 所示。

(a) 不合理　　　　(b) 合理

图 10.32　铸件的凸台设计

2. 铸造性能对铸件结构的要求

（1）铸件的壁厚应合理、均匀

铸件壁厚合理是指按铸造合金的流动性设计铸件壁厚。壁厚过小，金属液不易充满铸型，导致浇不足、冷隔缺陷。在一定铸造条件下，金属液充满型腔的最小厚度称为该铸造合金的最小允许壁厚，见表 10.3。

表 10.3　铸件的最小允许壁厚　（单元：mm）

铸件尺寸	灰铸铁	球墨铸铁	可锻铸铁	铸钢	铝合金	铜合金
＜200	5～6	6	5	6～8	3	3～5
200～500	6～10	12	8	10～12	4	6～8
＞500	15			15	5～7	

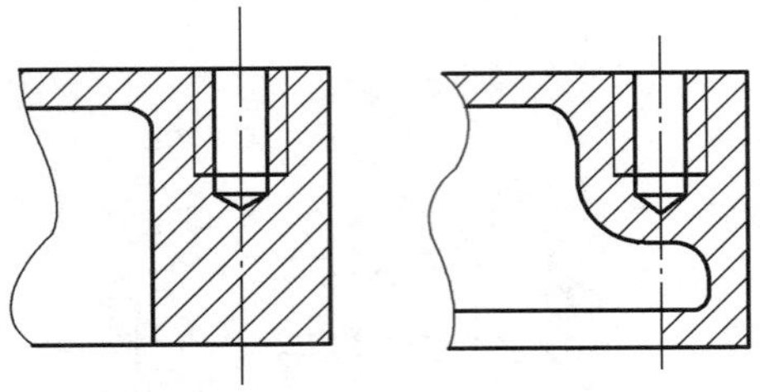

(a) 不合理　(b) 合理

图 10.33　铸件的壁厚

铸件壁厚均匀是指铸件应具有冷却速度相近的壁厚。铸件壁厚相差过大，将使各部分的冷却速度不均匀，易产生较大的铸造内应力，造成铸件开裂，而且，在厚大部位容易产生缩孔，如图 10.33 所示。

（2）铸件壁与壁的连接应逐步过渡

铸件壁与壁的连接处应设置结构圆角，避免直角、锐角或十字交叉连接，以免局部产生应力集中、缩孔等缺陷。铸件上有厚、薄壁连接时，可采用圆角过渡、倾斜过渡、复合过渡等形式，如图 10.34（a）～（g）所示。

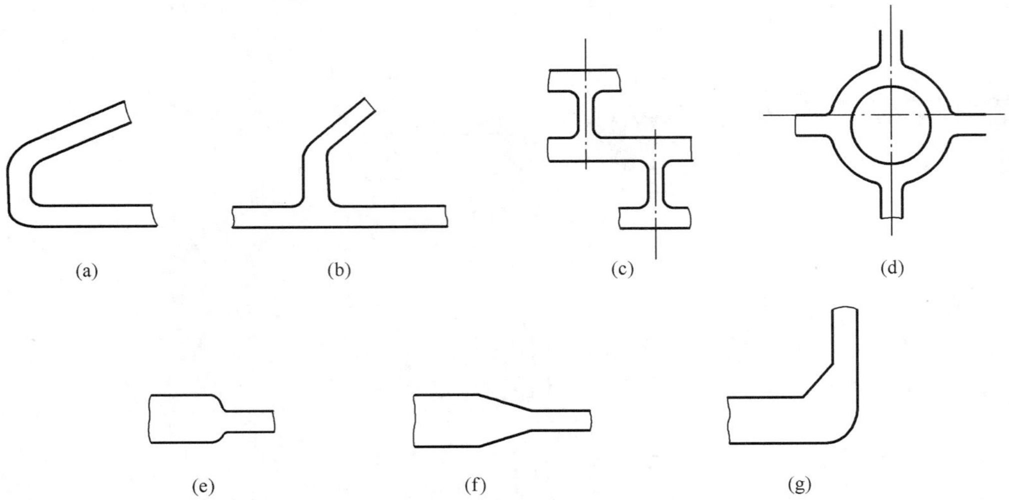

(a)　(b)　(c)　(d)

(e)　(f)　(g)

图 10.34　铸件的壁间连接

（3）铸件结构应力求自由收缩

铸件在冷却过程中，**收缩受阻**是产生铸造内应力、变形和裂纹的根本原因。设计铸件结构时，应尽可能保证其各部分能够自由收缩，如图 10.35 所示。

（4）铸件结构应尽量避免大平面

铸件结构中过大的平面不利于金属液的填充，易产生浇不足、冷隔、气孔、夹砂等缺陷。设计铸件结构时，应尽量避免出现大平面或将大平面设计成倾斜式结构，如图 10.36 所示。

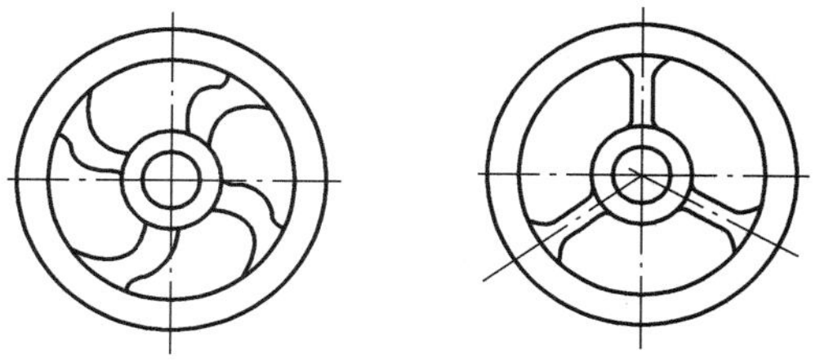

(a) (b)

图 10.35 铸件的自由收缩结构

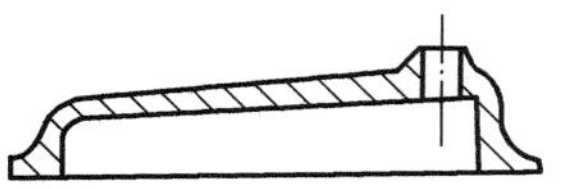

图 10.36 大平面倾斜结构

（5）铸件结构应有利于减少变形

对于细长类和平板类铸件，可设计成对称结构或增设加强肋，来防止变形，如图 10.37 所示。

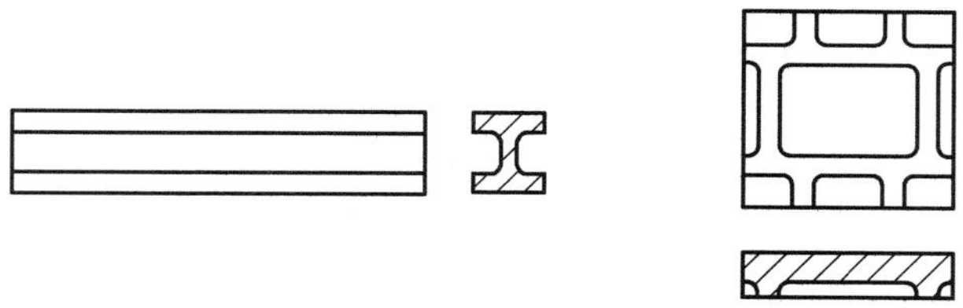

(a) (b)

图 10.37 防变形铸件结构

10.1.5 特种铸造

特种铸造是指与砂型铸造方法不同的其他铸造方法。虽然砂型铸造是生产中应用最广的一种铸造方法，生产灵活，成本低廉，但铸件尺寸精度与力学性能较低，表面粗糙，劳动条件较差。随着生产技术的发展，特种铸造得到了日益广泛的应用。常用的特种铸造方法有金属型铸造、压力铸造、离心铸造、熔模铸造等。

1. 金属型铸造

金属型铸造是指在重力作用下将金属液注入金属铸型中获得铸件的方法。一般，金属铸型采用铸铁或铸钢制造。按分型面位置不同，金属铸型有垂直分型式、水平分型式、组合式等。垂直分型式金属铸型的结

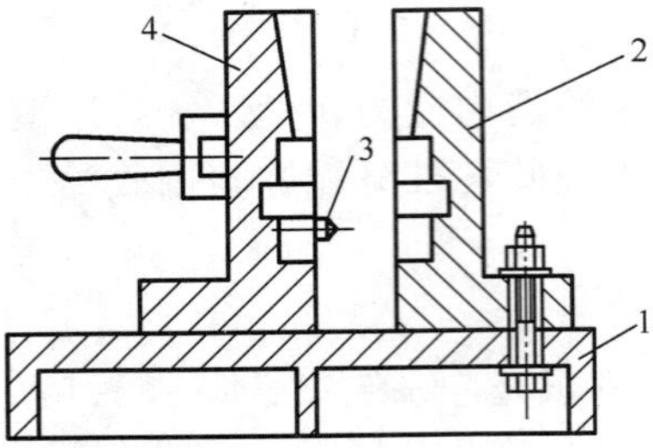

图 10.38　垂直分型式金属铸型

1. 底座；2. 定型；3. 定位销；4. 动型

构如图 10.38 所示。

垂直分型式金属铸型由定型、动型和底座三部分组成，分型面位于垂直位置，浇注系统在分型面上，为改善金属铸型的通气性，可在分型面处开设通气槽。浇注时先使动型与定型合紧，凝固后利用机构移开动型，取出铸件。

与砂型铸造相比，金属铸型使用寿命长，可反复使用，实现了一型多铸，节省了造型材料和造型工时，改善了劳动条件，提高了生产率，而且铸件尺寸精度较高。由于铸件在金属铸型中冷却速度快，组织细密，力学性能较高。但金属铸型导热快、退让性和透气性差，铸件容易出现浇不足、冷隔、气孔、裂纹等缺陷。

金属铸型制造周期较长，成本较高，不能生产形状复杂或薄壁铸件。在大批量生产中，金属铸型常用于非铁金属铸件的生产，如内燃机活塞、气缸体、轴瓦、轴套等。

2. 压力铸造

压力铸造是指将金属液在高压下注入金属铸型中，并在压力下凝固的铸造方法。压力铸造常用的压力为 5～70MPa，金属液的充型速度为 5～100m/s，充型时间为 0.01～0.2s。压力铸造在压铸机上进行，如图 10.39 所示。

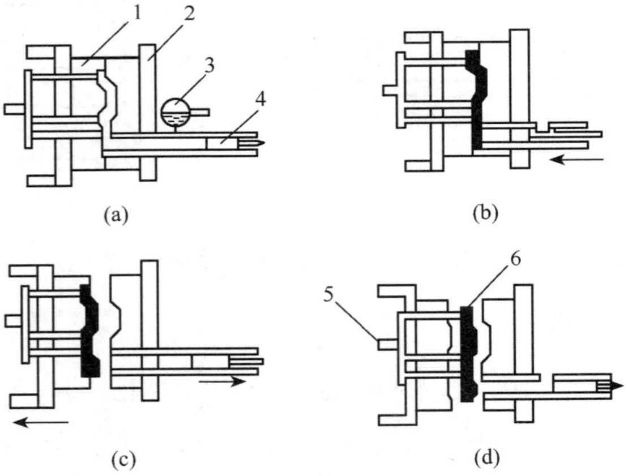

图 10.39　压铸机工作过程

1. 动型；2. 定型；3. 金属液；4. 压射机构；5. 顶出机构；6. 铸件

压铸机由合型机构、压射机构和顶出机构三部分组成。工作时，由合型机构将动型与定型合紧；压射机构将金属液压射到型腔中；凝固后打开铸型，由顶出机构将铸件顶出。

压力铸造是在金属型铸造的基础上，增加了金属液高压高速充型的功能，从而解决了金属液的流动性问题，能够得到形状复杂的薄壁铸件，铸件精度高、表面质量好、组织细密、力学性能好，压力铸造生产率高，易于实现机械化和自动化。但压力铸造的充型速度快，排气困难，压铸件内部常有气孔存在。受热时，气孔中的气体膨胀将导致铸件变形，故压铸件一般不进行热处理。

压力铸造设备投资较大，压铸型制造周期较长。在大批量生产中，压力铸造常用于非铁金属薄壁铸件，如壳类零件、工艺品、装饰品等的生产。

3. 离心铸造

离心铸造是指将金属液注入绕水平、垂直或倾斜轴旋转着的铸型中，并在离心力作用下凝固成型的铸造方法。离心铸造主要用于圆筒类铸件的生产，铸造时，铸件的轴线与铸型的旋转轴线重合，不用砂芯就可以形成内孔。离心铸造是在离心铸造机上进行的，如图 10.40 所示。生产时，铸型绕旋转轴线旋转，金属液在离心力的作用下充填铸型，并形成中空。金属液中的杂质由于质量轻，往往集中于铸件的内表面。离心铸造生产的铸件组织致密，基本无缺陷，力学性能高。但铸件的内表面质量较差，尺寸精度低。

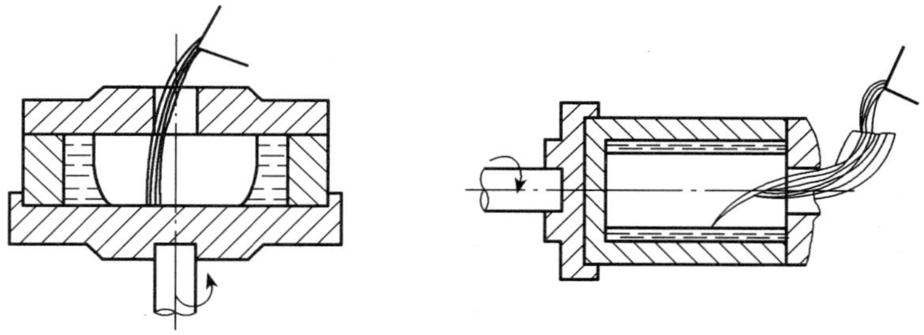

(a) 立式离心铸造　　(b) 卧式离心铸造

图 10.40　离心铸造

离心铸造可省去砂芯和浇注系统，同砂型铸造相比省工省料、成本低、生产率高。一般，立式离心铸造适合铸造圆环类铸件；卧式离心铸造适合铸造管、套类铸件，如大直径铸铁管、双金属轴承、轴套、活塞环等。

4. 熔模铸造

熔模铸造是指用易熔材料（如蜡料）制成模样，在模样上包覆若干层耐火材料，制成型壳，模样熔化流出后，经高温焙烧即可浇注的铸造方法。熔模铸造的工艺过程如图 10.41 所示。

1）制造蜡模。首先根据铸件的形状、尺寸，用钢、铜合金或铝合金制成标准模样；然后根据标准模样制造压型；利用压力铸造的方法制取蜡模。

2）组装蜡模。为能一次铸出多个铸件，以提高生产率，通常将许多蜡模粘接在一个蜡制的浇注系统上，成为蜡模组。

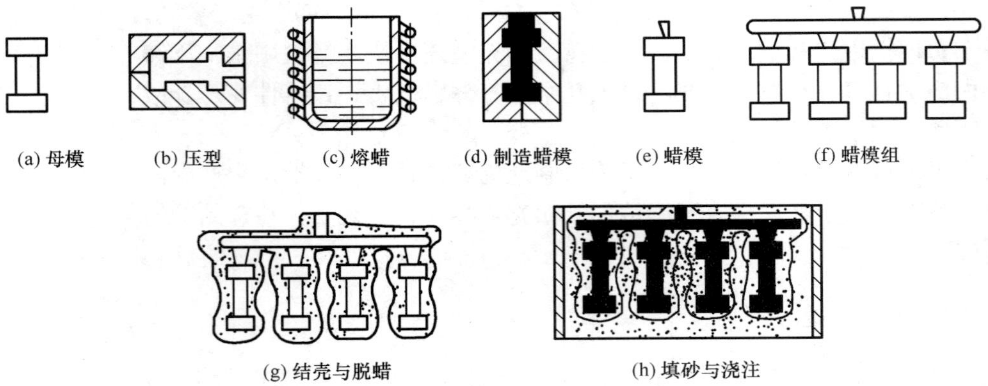

图 10.41　熔模铸造

3）制造型壳。将蜡模组浸入用水玻璃和石英粉配制的涂料中，取出后撒上石英粉，并在氯化铵溶液中进行硬化。重复此过程至结成 5～10mm 厚的硬壳。干燥后放入 85～95℃的热水中浸泡，使蜡模熔化流出，从而获得铸件的铸型。为提高铸型的强度并除去残余蜡料和水分，可将其置于 850～950℃的炉内进行焙烧。

4）浇注。为防止浇注时型壳倾倒、变形或破裂，通常将型壳置于砂箱中进行浇注。为保证金属液的流动性，防止出现浇不足、冷隔缺陷，一般，焙烧后的型壳应趁热浇注。

熔模铸造使用的铸型是一个整体，无分型面，可生产形状复杂的铸件。铸件尺寸精度高，表面质量好，可达到少切削或无切削。但熔模铸造工艺复杂，生产周期长，成本高，不适合铸造大型铸件。因此，熔模铸造常用于生产中、小型形状复杂的精密铸件或高熔点、难加工金属的铸件，如叶轮、叶片、刀具等。

10.2　金属的焊接

10.2.1　概述

焊接是使用加热、加压或两者并用的方式，使用或不用填充材料，使工件结合的一种方法。焊接中，被焊两部分金属之间产生了原子之间的相互结合、溶解与扩散，使工件的两部分在宏观上与微观上建立了永久性连接。

焊接的方法很多，可按焊接过程特点分为熔焊、压焊和钎焊三大类。常用焊接方法及其分类见图 10.42。

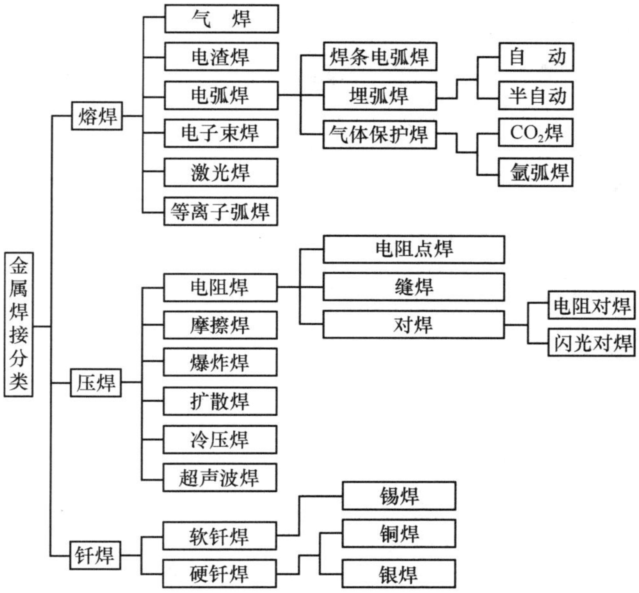

图 10.42　常用焊接方法及其分类

焊接特点：①节省金属材料；②能连接同类或不同类比的金属；③能化大为小，以小拼大；④结构强度高，产品质量好；⑤接头密封性能好；⑥焊后易产生应力、变形与裂纹。

10.2.2　金属的焊接性能

1. 金属焊接性概念

焊接性是材料在限定的施工条件下焊接成规定设计要求的构件，并满足预定性能要求的能力。它包括了焊缝的形成难易与焊合后的焊缝性能两方面。

2. 钢材焊接性的评定

钢的焊接性取决于钢中的碳及合金元素的含量。其中，碳的影响最大，其他合金元素可按影响程度的大小换算成碳的相对含量，两者加在一起便是材料的碳当量，碳当量法是评价钢材可焊性最简便的方法，其计算公式为

$$w_{CE}=\left(w_C+\frac{w_{Mn}}{6}+\frac{w_{Cr}+w_{Mo}+w_V}{5}+\frac{w_{Ni}+w_{Cu}}{15}\right)$$

计算 w_{CE} 时，各元素的质量分数取成分的上限。当 $w_{CE}<0.4\%$时，钢的焊接性良好；当 $w_{CE}=0.4\%\sim0.6\%$时，钢的焊接性较差；当 $w_{CE}>0.6\%$时，钢的焊接性很差，焊接时必须进行预热等处理。

10.2.3　各类金属材料焊接特点

低碳钢的碳当量小，塑性好，没有淬硬与冷裂倾向，焊接性优良。

中、高碳钢的焊接接头易产生淬硬组织，焊缝的冷裂倾向大，焊前需预热 150～250℃，还需采用抗裂性好的低氢型焊条，采用细焊条、小电流、开坡口、多焊层的焊法，防止母材过多地熔入焊缝。奥氏体不锈钢的焊接需采用与母材成分相近的焊条。铸铁的补焊则需预热至 400℃以上，并在焊条中加入碳、硅等元素。铝及其合金的焊接和铜及其合金的焊接应考虑到材料导热性好的问题，采用大功率热源、预热等技术措施。

10.2.4 焊接方法

1. 熔焊

熔焊又称**熔化焊**。它是将焊缝处的母材金属熔化，同时向焊缝局部加入熔化状态的填充金属，待其冷却后焊合的焊接方法。

焊条电弧焊是用手工进行操纵焊条的电弧焊。焊接时，采用交流或直流弧焊机作为主要焊接设备，由操作工人手持夹有电焊条的焊枪，将两被焊金属焊接在一起。焊条由焊芯和药皮组成，焊芯的作用是与焊件之间产生电弧并熔化作为焊缝的填充金属；药皮的作用是在焊接处形成高温下的熔池，以隔绝空气、保护被焊金属，改善焊接工艺性，除去焊缝中的有害杂质以改善焊缝质量。根据药皮熔化后的熔渣特性不同，焊条分为酸性焊条和碱性焊条。酸性焊条性能较好，用途广泛；碱性焊条脱氢性好，故又称为低氢型焊条，一般只适合于直流焊接电源。常用的焊条牌号、型号及适用范围见表 10.4。

表 10.4　焊条牌号、型号及适用范围对照表

牌号	型号	药皮类型	焊接电源	焊接位置	适 用 范 围
J422	E4303	钛钙型	直流或交流	全位置焊	焊接一般低碳钢结构
J426	E4316	低氢钾型	直流反接或交流	全位置焊	焊接重要低碳钢结构
J507	E5015	低氢钠型	直流反接	全位置焊	焊接重要的低碳钢和中碳钢结构
J707	E7015	低氢钠型	直流反接	全位置焊	焊接重要的低碳钢和中碳钢结构

选用电焊条时应考虑如下原则：焊接低碳钢、普通低合金钢构件时，应选用与母材强度相等的焊条，特别要注意钢材的强度是以屈服强度表示的，而焊条强度是以抗拉强度表示的；焊接耐热钢、不锈钢时，应选择与母材化学成分相近的焊条；工件结构复杂、承受交变载荷或冲击载荷时，以选用碱性焊条；在满足使用要求的前提下，尽量选用可用于交流电源、对油及锈水等不敏感的酸性焊条。

焊条电弧焊是使用最为广泛的焊接方式，在其焊接工艺中主要应考虑如下内容。

1）接头与坡口的形式。常见的接头与坡口的形式见图 10.43～图 10.45。

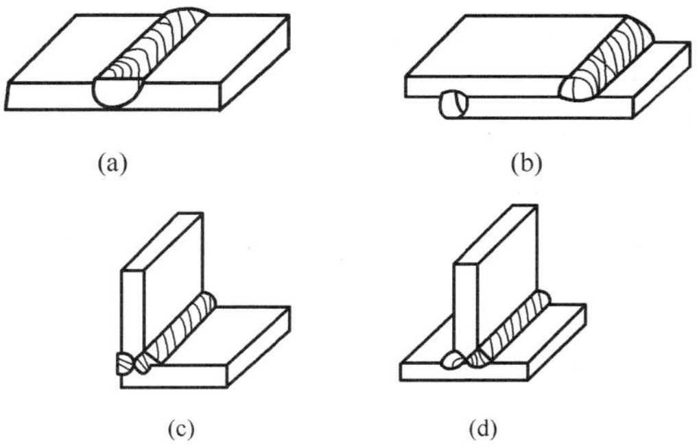

图 10.43　焊接接头形式

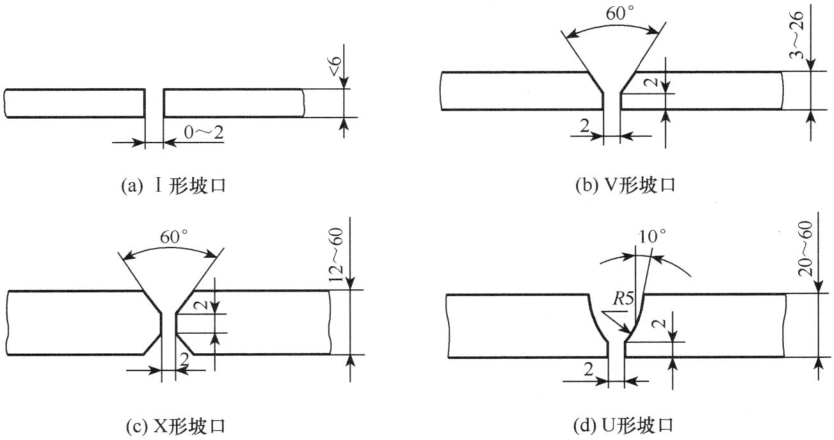

图 10.44　对接接头的坡口形式

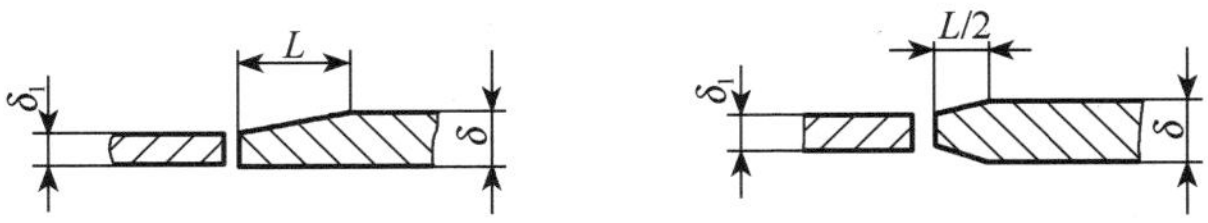

图 10.45　不同厚度钢板的对接方式

2）焊接的空间位置。焊接的空间位置见图 10.46。

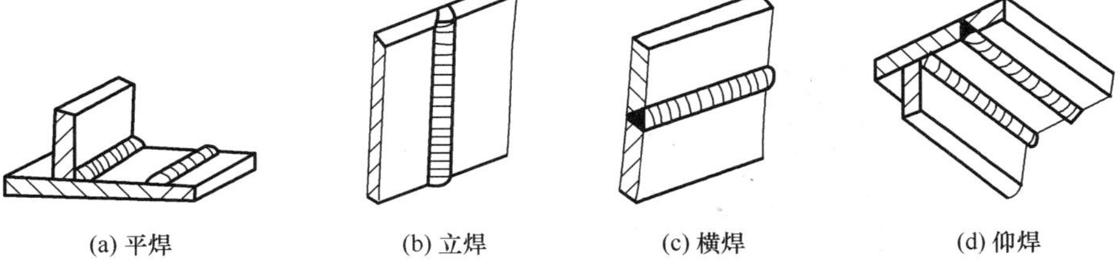

图 10.46　焊接的空间位置

3）焊条直径与焊件厚度的选择。焊条直径与焊件厚度的选择见表 10.5。

表 10.5　焊条直径与焊件厚度的关系

焊件厚度/mm	1.5～2	2.5～3	3.5～4.5	5～8	10～12	13
焊条直径/mm	1.6～2	2.5	3.2	3.2～4	4～5	5～6

4）减小焊接变形。焊接变形的基本形式见图 10.47，具体的焊接变形预防措施包括采用合理的对称、防止焊缝集中的结构；采用反变形法，见图 10.48；采用刚性固定法；选择合理的焊接次序，见图 10.49；焊前预热，焊后处理。

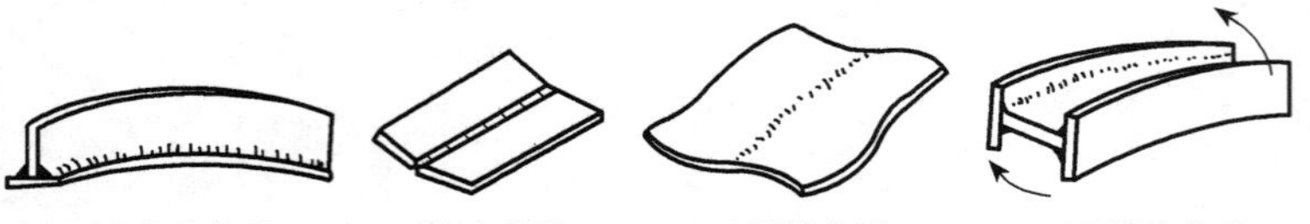
(a) 弯曲变形　(b) 角变形　(c) 波浪变形　(d) 波浪变形

图 10.47　焊接变形的基本形式

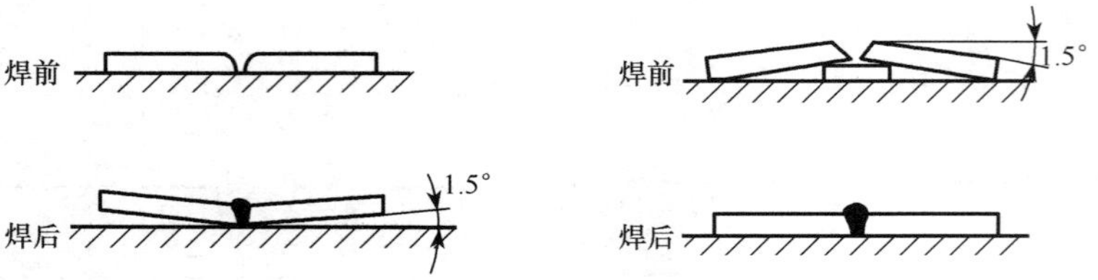

(a) 未采用反变形法　(b) 采用反变形法

图 10.48　防止角变形的反变形

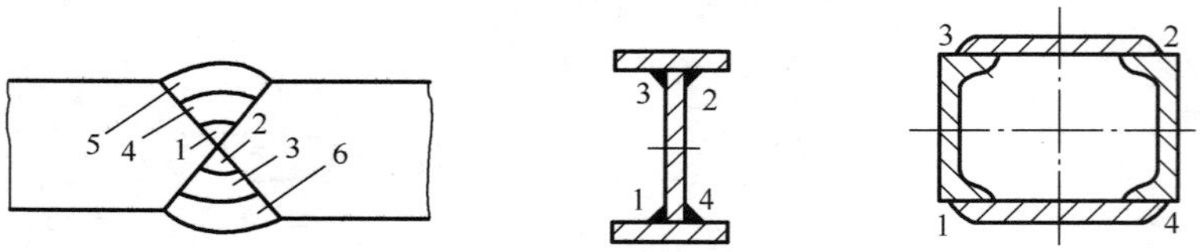

(a) X形坡口　(b) 工字形焊件　(c) 矩形焊件

图 10.49　对称焊接法

2. 其他熔焊方式

（1）埋弧焊

埋弧焊是电弧在焊剂层下燃烧的一种机械化焊接方法。焊接中，由机械装置驱动送丝和电弧移动，电弧被焊剂覆盖，如图 10.50 所示。

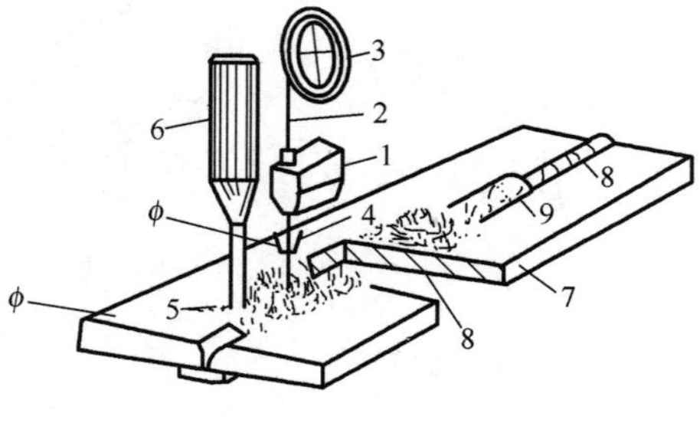

图 10.50　埋弧焊示意图

1．机头；2．焊丝；3．焊丝盘；4．导电嘴；5．焊剂；6．焊剂漏斗；7．工件；8．焊缝；9．渣壳

用埋弧焊法焊接时，焊车带着焊丝按预定的速度匀速前移或转动，机头将焊丝匀速送入电

弧区，并维持选定的弧长，焊剂从焊丝前面的漏斗中流出并堆在工件表面电弧周围，电弧在粒状焊剂下燃烧，将焊丝端部和母材金属熔化形成熔池，熔池金属凝固后形成焊缝。

埋弧焊的特点是使用较大的焊接电流，故焊接速度很快，生产率较高；焊接时采用渣保护，没有飞溅物，焊接质量好且劳动条件好。但焊接过程中观察不到焊接情况；只适用于直焊缝或环形焊缝的平焊；设备复杂，投资大，装配要求高，调整等准备工作量较大。

（2）气体保护焊

气体保护焊是利用特定气体作为电弧介质并保护焊接区的电弧焊，简称气体保护焊。常用的有氩弧焊、CO_2气体保护焊。

氩弧焊是利用惰性气体——氩气作为保护气体的气体保护焊。按电极不同，氩弧焊分为熔化极（金属极）氩弧焊和不熔化极（钨极）氩弧焊两种，如图 10.51 所示。

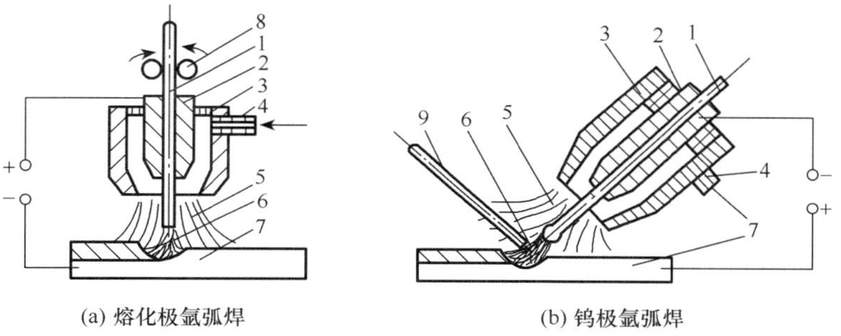

图 10.51　氩弧焊示意图

1．焊丝（或钨电极）；2．导电嘴；3．喷嘴；4．进气管；
5．氩气流；6．电弧；7．工件；8．送丝辊轮；9．填充焊丝

熔化极氩弧焊的电极是连续送进的焊丝，与埋弧焊类似；不熔极氩弧焊的电极是高熔点的金属钨，焊接时电极不熔化，只起导电和产生电弧的作用，需另加随电极移动并连续送丝的填充焊丝。

氩弧焊的特点是焊缝金属纯净，焊缝质量好，成型美观，焊缝致密，焊接变形小；焊接电弧稳定，飞溅少，表面无熔渣；电弧可见，便于操作，易于实现自动化。其缺点为设备和控制系统较复杂，氩气较贵，焊接成本高。氩弧焊常用于焊接不锈钢、耐热钢和非铁合金（如铝及铝合金）。

CO_2气体保护焊是利用CO_2作为保护气体的气体保护焊，如图 10.52 所示。

（3）气焊和气割

1）气焊。气焊是利用气体火焰作热源的焊接方法，常用的是氧-乙炔焊。根据氧和乙炔的混合容积比例的不同，氧-乙炔火焰分为三种，分别为中性焰、氧化焰、碳化焰，如图 10.53 所示。

中性焰的氧气与乙炔混合比为（1∶1）～（1∶2），氧气与乙炔燃烧充

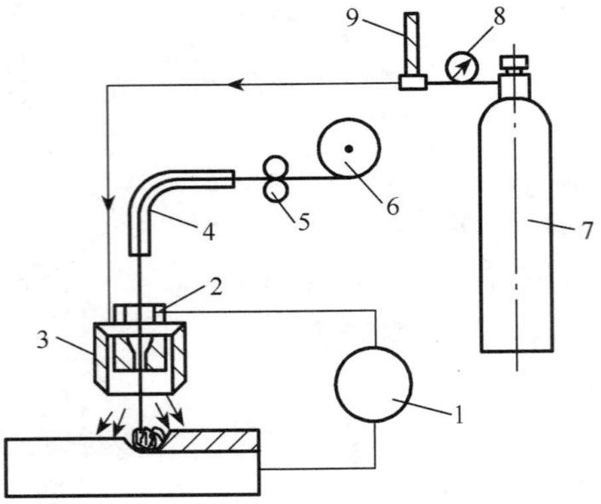

图 10.52　CO_2 气体保护焊示意图

1．焊接电源；2．导电嘴；3．焊炬喷嘴；
4．送丝软管；5．送丝机构；6．焊丝盘；
7．CO_2 气瓶；8．减压器；9．流量计

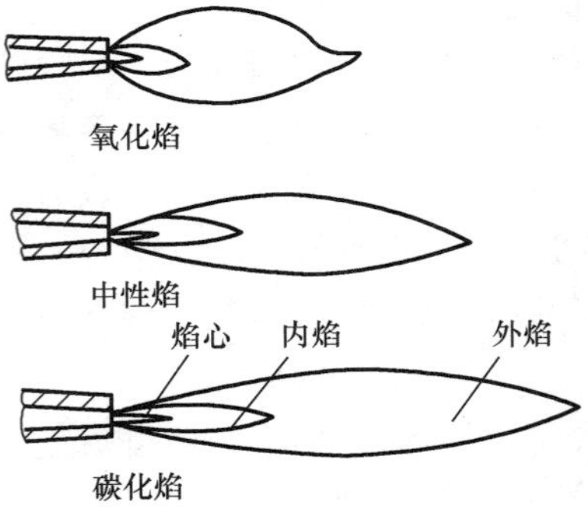

图 10.53　氧-乙炔火焰的种类

分，内焰温度可达 3150℃，适合于焊接低碳钢、中碳钢、低合金钢、紫铜、青铜、铝及其合金等；氧化焰的氧气与乙炔混合比大与 1∶2，有过量的氧，燃烧剧烈，最高温度可达 3300℃，适合于焊接黄铜、镀锌铁皮等；碳化焰的氧气与乙炔混合比小于 1∶1，火焰中有过量的碳，温度稍低，适合于焊接高碳钢、高速钢、铸铁及硬质合金等。

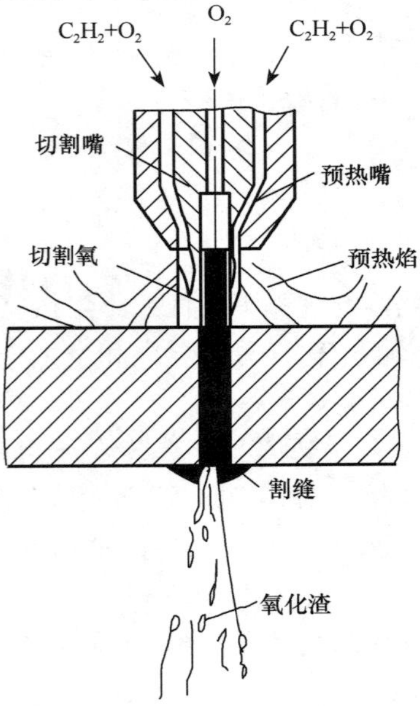

图 10.54　气割示意图

气焊特点是设备简单，搬运方便，不需电源；但火焰温度低，加热缓慢，生产率低，加热面积大，焊件变形大，接头晶粒较粗，力学性能较差，手工操作，难于实现机械化。气焊通常只适应于焊接厚度小于 5mm 的薄板件，非铁金属及其合金和铸铁件的补焊。

2）气割。气割是利用气体火焰的能量将工件切割处预热到一定温度后，喷出高速切割氧流，使其燃烧并放出热量实现切割的方法，如图 10.54 所示。

气割时，先利用气体火焰进行预热，加热到金属熔点后开启高压氧气流，利用氧气流的吹力吹去氧化燃烧产生的熔渣而形成缺口。

为保证割口质量良好，应满足以下条件：金属的燃点应比熔点低；金属燃烧生成的氧化物的熔点应低于金属自身的熔点；金属在氧气流中燃烧时能放出大量热量，且金属自身的导热性不能太好。满足此条件的常见金属只有纯铁、低碳钢、中碳钢和低合金钢。

（4）压焊

压焊是指在焊接过程中必须对工件施加压力，以完成焊接的方法。加压可使两个焊件之间紧密接触，并在焊接部位产生一定的塑性变形，促使原子扩散，使焊件结合在一起。加热可进一步提高原子的扩散能力，也使连接处的晶粒细化。压焊中最常用的是电阻焊。

电阻焊是工件组合后通过电极施加压力，利用电流通过接头的接触面产生的电阻热进行焊接的方法。

图 10.55 是电阻焊的示意图。电阻焊分为点焊、缝焊和对焊三种方式。而对焊又分为电阻对焊和闪光对焊。

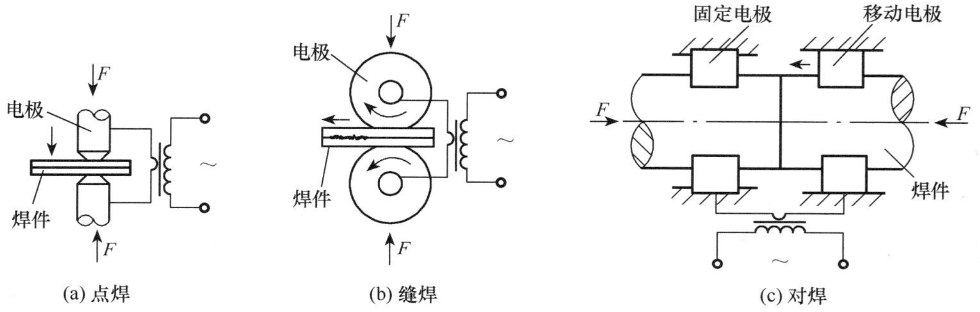

图 10.55　电阻焊示意图

（5）钎焊

钎焊是采用比母材熔点低的金属材料作钎料，将工件和钎料加热到高于钎料熔点、低于母材熔点的温度，利用液态钎料润湿母材，填充接头间隙并与母材相互扩散实现连接工件的方法。

钎焊比熔焊的焊接变形小，焊件尺寸精确，便于焊接异种材料，生产率高，易于实现机械化。根据钎料的熔点不同，钎焊分为硬钎焊与软钎焊。

硬钎焊采用钎料的熔点高于 450℃，有铜基、铝基、银基、镍基等，常用的为铜基、银基钎料。硬钎焊的加热方式有氧-乙炔火焰加热，电阻加热，感应加热，炉内加热等。用于温度高，受力大的场合。软钎焊采用钎料的熔点低于 450℃，常用的为锡铅钎料，主要用于电子元件的焊接。

10.2.5　焊接方法的选择

选择电焊方法时，可参考表 10.6。

表 10.6　常用焊接方法比较

焊接方法	主要接头形式	焊接位置	焊件厚度/mm	常用焊件材料	生产效率	适用范围
焊条电弧焊	对接、搭接、角接、T 型接、卷边接	全位置焊	≥2	碳素钢、低合金钢、铸铁、不锈钢	中	在静止、冲击或振动载荷下工作的构件，补焊铸铁件缺陷或损坏的构件

续表

焊接方法	主要接头形式	焊接位置	焊件厚度/mm	常用焊件材料	生产效率	适用范围
气焊	对接、角接、卷边接	全位置焊	0.5～3	碳素钢、低合金钢、铸铁、铜、铝及其合金	低	耐热性、致密性、静载荷、受力不大的薄板结构，补焊铸铁件缺陷及损坏的构件
埋弧焊	对接、搭接、T型接	平焊	≥4	碳素钢、低合金钢	高	在各种载荷下工作，成批生产、中厚板长直焊缝和较大直径焊缝
氩弧焊	对接、搭接、角接、T型接	全位置焊	≥0.1	铝、铜、镁、钛及钛合金、耐热钢、不锈钢	中等偏高	有色金属及高合金钢重要焊件
CO_2焊	对接、搭接、角接、T型接	全位置焊	≥0.8	碳素钢、低合金钢	中	薄板及小型焊件
对焊	对接	平焊	—	碳素钢、低合金钢、不锈钢、铝及其合金	很高	焊接杆状零件及管子
点焊	搭接	全位置焊	0.5～3	碳素钢、低合金钢、不锈钢	很高	焊接薄板壳体
缝焊	搭接	平焊	<3	碳素钢、低合金钢、不锈钢	很高	焊接薄壁容器和管道
钎焊	搭接	全位置焊	—	碳素钢、低合金钢、铸铁、铜、铜及其合金	高	异种金属间的焊接、电子元件以及对强度要求不高的焊件

10.3 锻造

锻造

10.3.1 金属的可锻性

金属材料在锻造过程中经受塑性变形而不开裂的能力称金属的可锻性。锻造加工成型的过程是先将金属材料加热到奥氏体状态，然后在锻造设备上直接对金属材料施加外力，使金属材料产生变形而获得所需几何形状及内部质量的工件。

影响金属可锻性的因素可分为内在因素与外部加工条件两方面。内在因素指金属材料自身的塑性，它受金属的化学成分、金相组织等的影响；外部加工条件主要指变形的温度、速度、应力状态等。变形的温度提高、材料处于三向受压状态时可提高金属的可锻性，而变形温度降低、材料处于两向受压一向受拉状态时会降低金属的可锻性。图 10.56 和图 10.57 为挤压与拉拔时的金属应力状态示意图。

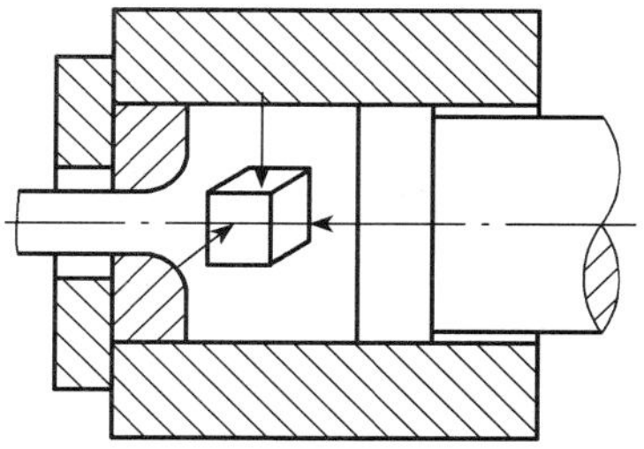

图 10.56 挤压时的金属应力状态示意图

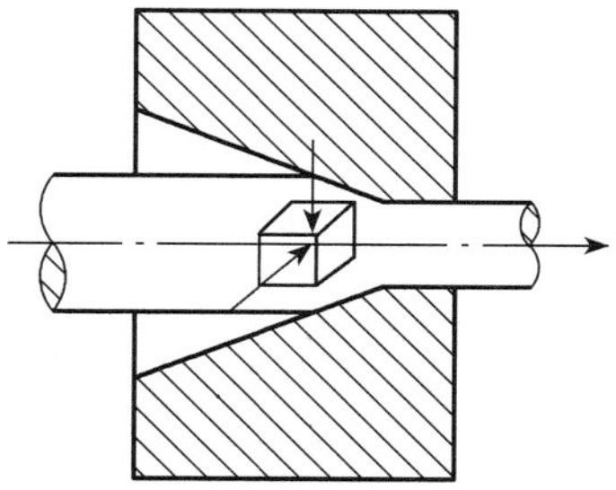

图 10.57 拉拔时的金属应力状态示意图

10.3.2 自由锻

自由锻是用简单的通用性工具，在锻造设备的上、下砧铁之间直接对坯料施加外力，使坯料产生变形而获得所需几何形状及内部质量的锻件的加工方法。自由锻是通过对坯料的局部锻打逐步使其成型的，其基本工序包括镦粗、拔长、切割、弯曲、扭转、错移及锻接等。

通过对工件坯料的锻造变形，使坯料变成需要的几何形状仅仅是锻造的目的之一；锻造的第二个目的是获得工件内部的流线型组织结构，以提高工件在使用条件下承受载荷能力；对工具钢等含碳量高的钢种，还需通过锻造使其组织中的大量碳化物破碎、并改变碳化物的分布形态，这是锻造的第三个目的，为保证此目的的实现，必须保证金属在锻造时有足够的变形量。

1. 自由锻的基本工序

（1）拔长

拔长又称**延伸**，是使坯料横断面积减小、长度增加的锻造工序。常用于锻造杆、轴类锻件。

拔长的方法分为**在平砧上拔长**及**在芯棒上拔长**两种，见图 10.58(a)、(b)。

（2）镦粗

镦粗是使坯料高度减小，横断面积增大的锻造工序，主要用于锻造齿轮坯等圆饼类锻件。镦粗工序可有效地改善坯料的组织，镦粗与拔长工序反复进行，常作为改善高合金工具钢中的碳化物形态与分布的有效手段。

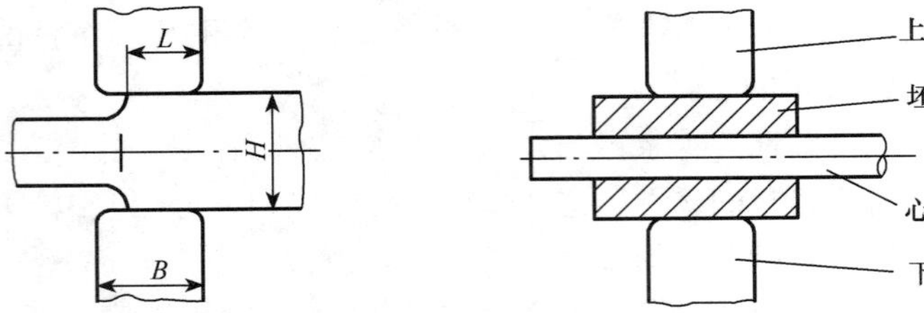

(a) 在平砧上拔长　　(b) 在芯轴上拔长

图 10.58　拔长示意图

镦粗主要有**完全镦粗**、**端部镦粗**、**中间镦粗**三种形式，如图 10.59 所示。

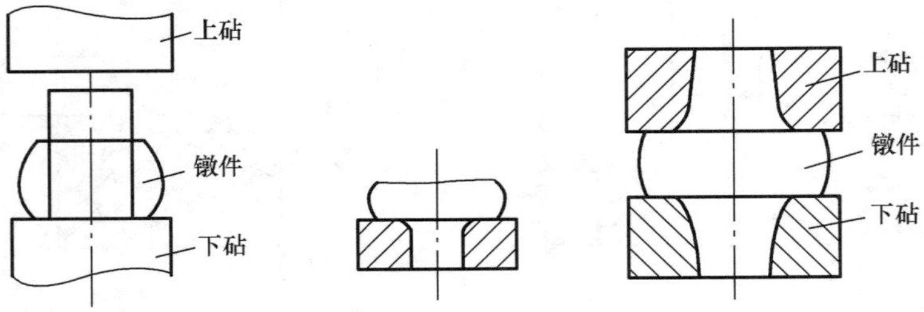

(a) 完全镦粗　　(b) 一端镦粗　　(c) 中间镦粗

图 10.59　镦粗示意图

（3）冲孔

冲孔是使坯料上冲出透孔或不透孔的锻造工艺。

冲孔的方法主要有双面冲孔法、单面冲孔法等，分别见图 10.60 和图 10.61。

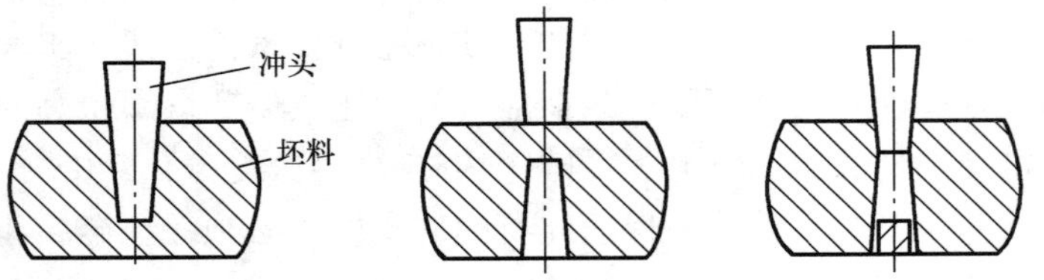

(a) 冲一面　　(b) 冲另一面　　(c) 冲孔完成

图 10.60　双面冲孔示意图

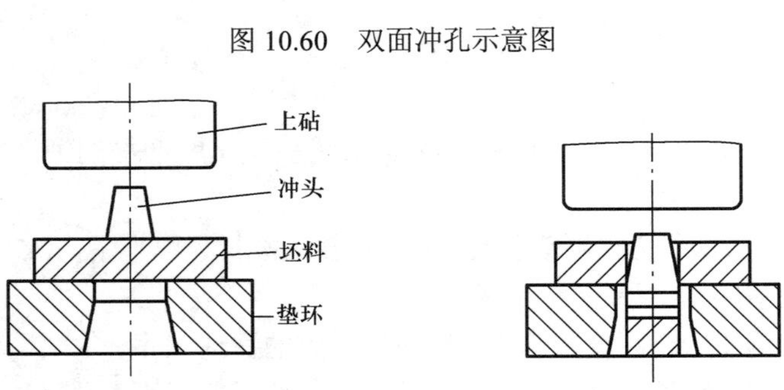

(a) 准备冲孔　　(b) 冲孔结束

图 10.61　单面冲孔示意图

（4）其他基本工序

自由锻的其他基本工序见图 10.62。

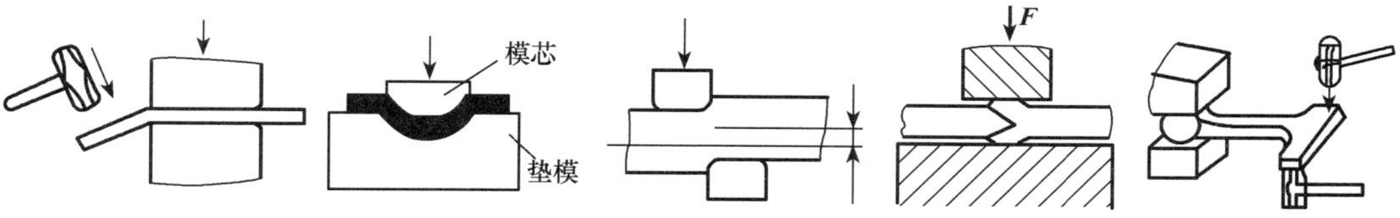

图 10.62　其他自由锻工序示意图

2．自由锻的生产特点及应用

自由锻具有工具和设备简单，通用性好，成本低的优点。但自由锻主要是靠人工操作来控制锻件的形状和尺寸，故锻件的形状与尺寸精度低，所需的加工余量较大，操作者的劳动强度大，生产率较低，因此它主要应用于单件及小批量的锻件生产。对大型锻件来说，自由锻几乎是唯一的锻造方法。

10.3.3　模锻

模锻是利用模具使坯料变形而获得锻件的锻造方法。

根据所用的设备不同，模锻可分为锤上模锻、曲柄压力机上模锻、摩擦压力机上模锻等。锻模由上模和下模两部分组成，工作时上模随锤头（或滑块）一起上下运动，下模安装在锤头（或滑块）下端的固定模垫上。上模向下模扣合时，对模膛中的坯料进行冲击或挤压，使之充满整个模膛，得到所需铸件。

1．单膛模锻

单膛模锻的结构见图 10.63。锻模的模膛尺寸要比锻件大一个收缩量。为便于金属在模膛内流动及增加锻模强度，模膛内所有拐角都必须是圆角。模膛内垂直于锻件出模方向的上壁必须有斜度，其中锻件的内壁

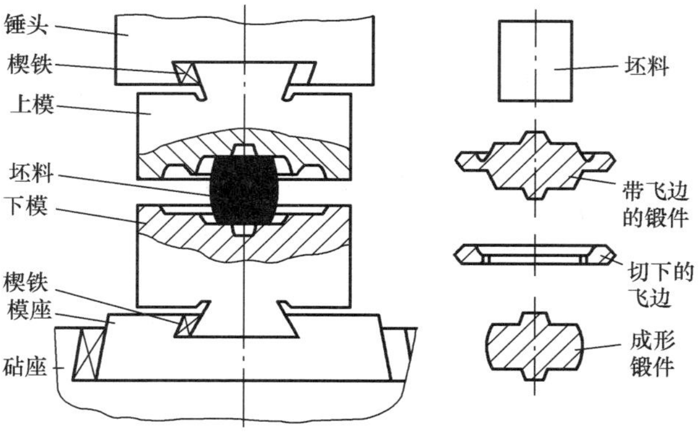

图 10.63　单模膛锻模及锻件成型过程示意图

斜度要比外壁斜度大。为使锻件尺寸完整、轮廓清晰，必须使金属充满整个模膛，故坯料体积略大于模膛空积。为容纳坯料充满模膛后的多余金属，模膛周围需设飞边槽。若坯料不能充满模膛，则易造成锻模的对击而损坏。当模锻件上有通孔时，因不可能依靠膛模内的上下冲芯将金属冲透，模锻件的孔内总有一层冲孔连皮，因此在设计上下冲模冲芯的高度时，必须使合模时上下冲芯不接触。

2. 多膛模锻

对形状复杂的锻件，不能一次模锻成型，须分工步模锻，将多工步模膛安排在一个锻模内，便形成多膛模锻。

图 10.64 为用多膛模锻生产弯曲连杆锻件的示意图，锻造弯曲连杆时需要使用五个不同的模膛，依次为拔长（延伸）模膛、滚压模膛、弯曲模膛、预锻模膛、终锻模膛。

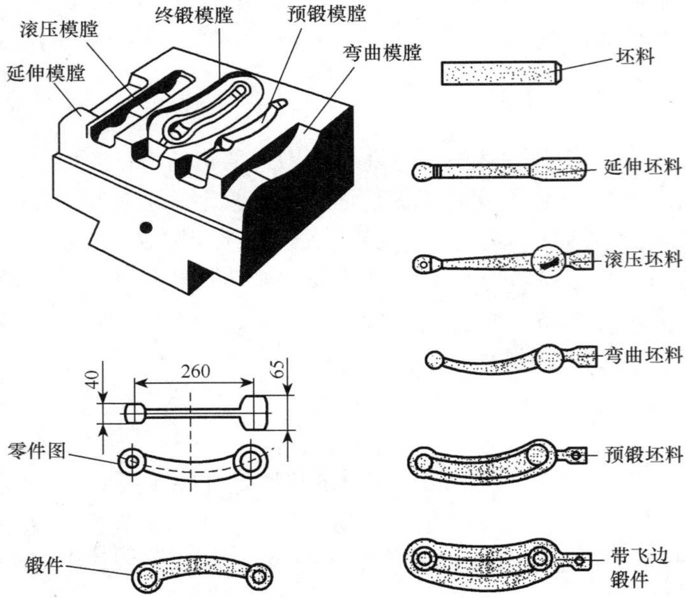

图 10.64　多模膛锻模锻件及成型过程示意图

3. 锤上模锻的特点及应用

锤上模锻与自由锻、胎模锻相比，具有生产率高、表面质量好，加工余量小，余块少甚至没有，尺寸准确，锻件公差比自由锻小 2/3～3/4，可节省大量金属材料及机加工工时，操作简单等优点。

锤上锻模的主要缺点：模锻件的重量受到一般模锻设备的限制，大多在 70kg 以下；锻模自身的制造周期长，制造成本高；模锻设备的投资费用比自由锻大。

模锻主要用于小型锻件的大批量生产。

10.3.4　胎模锻

胎模锻是在自由锻设备上使用可移动模具（胎模）生产模锻件的锻造方法。胎模不固定在锤头和砧座上，在锻打时才放上去。在中、小型锻件的中、小批量生产中，广泛采用了自由锻制坯，胎模锻成型的工艺方法。

胎模锻工艺灵活，胎模的种类也较多，根据其结构特点的不同，胎模分为摔子、扣模、套筒模和合模四种，如图 10.65 所示。

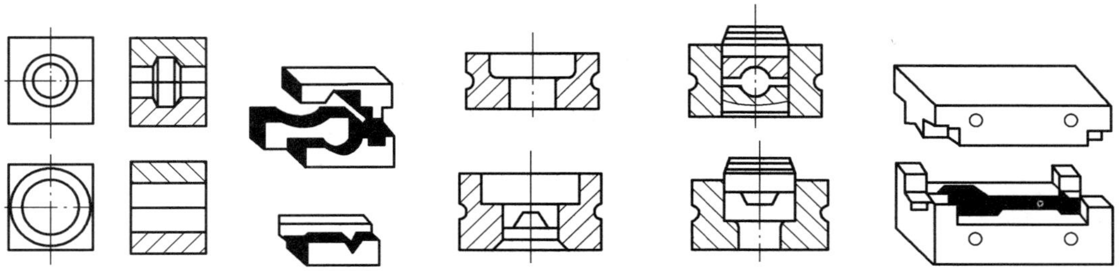

(a) 摔子　(b) 扣模　(c) 开式套筒模　(d) 闭式套筒模　(e) 合模

图 10.65　胎模种类

摔子由上摔、下摔及摔把组成。常用于回转体轴类锻件的成型或精整，或为合模制坯。

扣模由上扣、下扣组成，有时仅有下扣。主要用于非回转体锻件的整体、局部成型或合模制坯。

套模由模套及上模、下模组成。用于齿轮、法兰盘类零件的成型。

合模由上模、下模及导向装置组成。多用于连杆、拨叉等形状复杂的非回转体锻件终锻成型。

胎模锻与自由锻相比具有如下优点：因坯料在模膛内成型，故锻料尺寸比较精确，表面比较光洁，流线组织的分布比较合理，质量较高；由于锻模形状由模膛控制，所以坯料成型较快，生产率比自由锻高 1～5 倍；胎模锻能锻出形状比较复杂的锻件；胎模锻余块少，加工余量小，既可节约金属，又能减少机加工工时。但胎模锻也存在需要吨位较大的锻锤；只能生产小型锻件；胎模的使用寿命较低；工作时一般要靠人力搬动胎模，因而劳动强度大，辅助操作多等缺点。在现代工业中胎膜锻已逐渐被模锻所取代。

10.3.5　锻造工艺

1. 绘制锻件图

锻件图是在零件图的基础上考虑了加工余量、锻造公差、工艺余块等因素之后绘制的图。

锻件图的绘制步骤为：简化锻件形状；确定加工余量和锻造公差；绘制锻件图。

锻件上的余块及绘制的锻件图分别见图 10.66 和图 10.67。

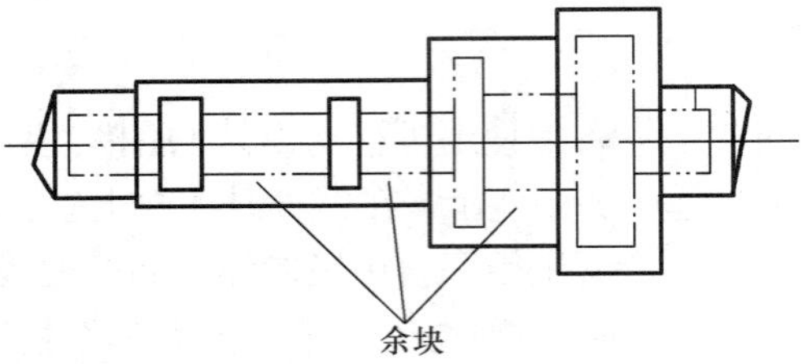

图 10.66　锻件上的余块

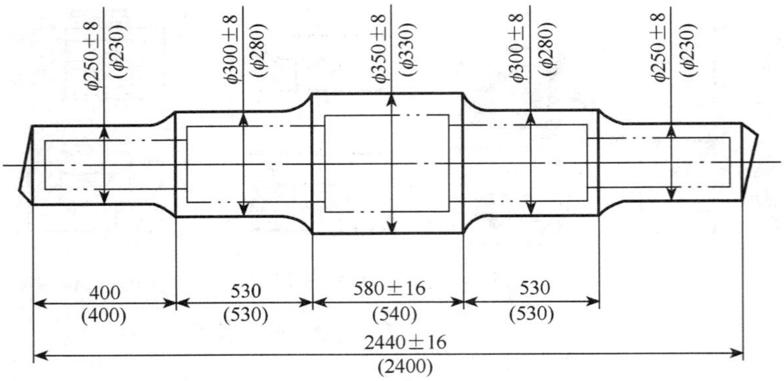

图 10.67　锻件图

2. 计算坯料质量、尺寸及锻造比

（1）坯料质量

坯料质量计算公式为

$$G_{坯料}=G_{锻件}+G_{烧损}+G_{料头}$$

式中，$G_{坯料}$——坯料质量；

$G_{锻件}$——锻件质量；

$G_{烧损}$——加热时坯料表面氧化烧损的质量；第一次加热取 2%～3%，以后每次加热取 1.5%～2.0%；

$G_{料头}$——锻造中需切掉的金属的质量（如料芯、料头）。

直接以钢锭为原料时，还需考虑钢锭头、尾的切除率。

（2）坯料尺寸

坯料尺寸应根据坯料质量计算出的体积来衡量，即

$$V_{坯}=G_{坯}/\rho$$

式中，$V_{坯}$——坯料体积；

$G_{坯}$——坯料质量；

ρ ——金属密度，钢铁ρ=7.85g/cm^3。

（3）锻造比

锻造比是工件锻造时变形程度的表示方法。通常用符号 y 表示。为保证工件的力学性能，锻造时必须保证达到规定的锻造比。当 y=2 时，锻件的力学性能显著提高；当 y=2～5 时，沿流线方向的力学性能提高，

而垂直于流线方向的力学性能下降；当 $y>5$ 时，沿流线方向的力学性能不再提高，而垂直于流线方向的力学性能急剧下降。因此，锻造时应按零件的力学性能要求选择锻造比。

锻造比 y 的计算方法如下所述。拔长时有

$$y=\frac{A_0}{A_l}=\frac{L_1}{L_0}$$

式中，A_0、A_1——拉拔前、后坯料横断面积；

L_0、L_1——拉拔前、后坯料长度。

镦粗时有

$$y=\frac{A_1}{A_0}=\frac{H_0}{H_1}$$

式中，A_0、A_1——镦粗前、后坯料横断面积；

H_0、H_1——镦粗前、后坯料高度。

3. 确定锻造工序

按前述的工艺要求，结合具体的设备情况，确定加热温度、锻造设备及加工方法，冷却方式等。

制定锻造工序时，应当考虑锻件的大小、形状、组织和性能，锻件的生产批量，企业的生产能力，现有各类的基本设备情况，各工序所需使用的工夹具，锻件选用的材料等。

习 题

10.1 铸造的方法分为哪两大类？砂型铸造的主要优点是什么？

10.2 何谓合金的充型能力？影响充型能力的主要因素有哪些？

10.3 合金的充型能力不好时，易产生哪些缺陷？设计铸件时应如何考虑充型能力？

10.4 简述铸造过程中缩孔形成的原因。

10.5 下列铸件在大批量生产时，采用什么铸造方法为佳？

①带轮及飞轮；②大口径铸铁管；③大模数齿轮滚刀；④汽车喇叭；⑤汽轮机叶片；⑥车床床身；⑦缝纫机头；⑧铝活塞；⑨汽缸套；⑩发动机缸体。

10.6 为什么熔模铸造是最有代表性的精密铸造方法？它有哪些优越性？

10.7 什么是焊接？它有哪些特点？主要分哪几类？

10.8 何谓焊条电弧焊？它有什么特点？

10.9 焊接电弧是怎样的一种现象？电弧中各区的温度多高？用直流和交流电焊接效果一样吗？

10.10　选择焊条时应考虑哪些因素？

10.11　焊接接头的形式有几种？

10.12　焊接变形有哪些基本形式？减小焊接变形有哪些措施？

10.13　熔焊、压焊、钎焊三者的主要区别是什么？何种最常用？

10.14　产生焊接应力和变形的主要原因是什么？焊接应力与变形对焊接结构各有哪些影响？

10.15　CO_2焊和氩弧焊各有什么特点？

实验 2　45 钢的热处理及硬度测试

热处理是一种很重要的金属加工工艺方法，也是充分发挥金属材料性能潜力的重要手段。热处理的目的是改变钢的性能，其中包括使用性能及工艺性质，钢的热处理工艺特点是将钢加热到一定的温度，经一定时间的保温，然后以某种速度冷却下来，通过这样的工艺过程使钢的性能发生改变。

热处理之所以能使钢的性能发生显著变化，主要是由于钢的内部组织结构可以发生一系列变化，采用不同的热处理工艺过程，将会使钢得到不同的组织结构，从而获得所需要的性能。

1. 实验目的

1）了解碳钢的基本热处理（退火、正火、淬火及回火）工艺方法。

2）熟悉 45 钢的淬火、退火工艺特点及其对钢性能的影响。

2. 实验步骤

01 学生按组领取实验试样，并打上钢印，然后测定硬度值，以便与热处理后的值作比较。

02 确定 45 钢试样的热处理温度、保温时间，调整好控温装置，并将试样放入已升到温度的电阻炉中进行加热保温。然后分别进行炉冷（随炉冷却）、空冷与水冷。最后，再测定它们的硬度值，并做好记录。

03 首先确定淬火状态 45 钢的硬度值，然后放入升好温度的电炉中进行回火 30min 后出炉空冷，再测回火后的硬度值，并做好记录。

04 思考热处理工艺不同，材料的组织形态和机械性能有何不同。

3. 注意事项

1）本实验加热设备都为电炉，由于炉内电阻丝距离炉膛较近，容易漏电，所以电炉一定要接地，在放、取试样时必须切断电源。

2）往炉中放、取试样必须使用夹钳，夹钳必须擦干，不得沾有油和水，开关炉门要迅速，炉门打开时间不宜过长。

3）试样由炉中取出淬火时，动作要迅速，以免温度下降，影响淬火质量。

4）试样在淬火液中应不断搅动，否则试样表面会由于冷却不均而出现软点。

5）淬火时水温应保持20～30℃左右。水温过高应及时更换水。

45钢的热处理及硬度测试实验报告

实验名称：45钢的热处理及硬度测试

实验地点________________ 实验日期________________

指导教师________________ 班　　级________________

小组成员________________ 报 告 人________________

1. 实验目的

2. 实验器材

3. 实验数据记录及结果整理

工艺名称	材料名称	试样尺寸 ϕ/mm	热处理工艺参数			试样硬度值（HRC）							
			加热温度/℃	保温时间/min	冷却介质	处理前				处理后			
						1	2	3	平均	1	2	3	平均
退火	45												
淬火	45												

4. 问题解答

1）正火与退火工艺的目的及其区别是什么？

2）淬火钢为什么要进行回火？

3）淬火内应力是怎样产生的？退火和回火都可以消除内应力，能否通用，原因何在？

4）利用奥氏体等温转变曲线说明为什么加热到奥氏体温度的45钢试样，在空气、油、水等不同介质中连续冷却到室温后，试样硬度为什么不相同？

第3篇

换性与技术测量

11 单元 互换性与技术测量概述

>>>>

◎ 单元概述

任何机械产品的设计，总是包括运动设计、结构设计、强度设计和精度设计。前三方面的设计是机械设计等课程的内容，精度设计是本篇要研究的主要问题。

产品的精度是决定整台机器质量的重要因素。实践证明，相同结构、相同材料的机器，精度不同，它们的质量会有很大差异。所以，在设计时要根据使用要求和制造的经济性，恰如其分地给出零件的尺寸公差、形状公差、位置公差和表面粗糙度数值，以便将零件的制造误差限制在一定范围内，使机械产品装配后能正常工作，这就是精度设计。

零件加工后是否符合精度要求，只有通过检测才能知道，所以检测是精度要求的技术保证，是需要研究的另一个重要问题。

◎ 学习目标

- 理解互换性的含义及分类。
- 理解并掌握加工误差与公差。
- 理解优先数与优先数系的概念。

◎ 教学节奏与方式

项目		课时安排	教学方式
1	课前准备	课余	预习教材
2	教师讲授	2 学时	重点讲授
3	思考与练习	课余	学生之间相互讨论或独立完成习题

11.1 互换性的概述

11.1.1 互换性的含义

在机械工厂的装配车间经常看到这样一种情况，装配工人任意从一批相同规格的零件中任意取出一个装到机器上，装配后机器就能正常工作。在日常生活中也有不少这样的例子，如自行车、手表的某个零件损坏后，买一个相同规格的零件装上后就能照常使用，就是因为这些零件具有互换性。

在机械制造中，零部件的互换性是指在同一规格的一批零件或部件中，可以不经选择、修配或调整，任取一件都能装配在机器上，并能达到规定的使用性能要求，零部件具有的这种性能称为互换性。能够保证产品具有互换性的生产，称为遵守互换性原则的生产。

互换性给产品的设计、制造和使用维修带来了很大的方便。

从设计方面看，按互换性进行设计，就可以最大限度地采用标准件、通用件，大大减少绘图、计算等工作量，缩短设计周期，并有利于产品多样化和计算机辅助设计。

从制造方面看，互换性有利于组织大规模专业化生产，有利于采用先进工艺和高效率的专用设备，有利于计算机辅助制造，实现加工和装配过程的机械化、自动化，从而减轻工人的劳动强度，提高生产率，保证产品质量，降低生产成本。

从使用方面看，零部件具有互换性，可以及时更换那些已经磨损或损坏了的零部件，减少了机器的维修时间和费用，保证机器能够连续而持久地运转。

可以看出，互换性对保证产品质量、提高生产率和增加经济效益具有重要意义，因此互换性已成为现代机械制造业中一个普遍遵守的原则。

具有互换性的零件应保证零件的几何参数、力学性能与其相应技术要求的一致性。

所谓几何参数，是指零件的尺寸大小、几何形状、相互位置和表面粗糙度等。为了满足互换性的要求，实际零件的各项几何参数必须保持在一定的加工精度范围内，即应按规定的公差来制造。公差即允许的尺寸的变动量，这一概念以后将多次提到。

所谓力学性能，是指零件的物理性参数，包括零件的材质、热处理及表面处理状况。它直接影响着零件的强度、硬度和弹性等物理性能。

零件只有保证几何参数、力学性能与其相应技术要求的一致性，才能满足互换性要求。本篇仅讨论零件的几何参数的互换性。

11.1.2　互换性的分类

按互换程度，互换性可分为完全互换（绝对互换）与不完全互换（有限互换）。

1. 完全互换

零件在装配或更换时，不需经过挑选、修配或调整，称为完全互换。完全互换的零件，如螺母、螺栓、齿轮及汽车、摩托车配件等在机械制造中应用广泛。

2. 不完全互换

当零件的装配精度要求较高时，完全互换将使零件的公差很小，导致加工困难（甚至无法加工）或制造成本过高（如单件生产的重型、高精度仪器的零件），通常采用不完全互换。不完全互换是指零件在装配或更换时，需要经过适当的选择、调整、辅助加工或修配，才具有相互替换的性能。

（1）分组互换法

为了便于加工，生产中往往把零、部件的精度适当降低，完工后，再用测量器具将零件按实际尺寸的大小分为若干组，使每组内尺寸差别减小，最后按组进行装配。这样既保证了装配的精度要求和使用要求，又解决了零件的加工困难，降低了成本。

（2）修配法

修配法装配是指在零件上预留修配量，在实施装配时用手工，采取锉、刮、研等方法修去该零件的多余部分材料，使装配精度满足技术要求的一种装配方法。

修配法的主要优点是能够获得很高的装配精度、零件的制造精度可以降低。但是，修配法装配也有其不足，首先对工人的技术水平要求较高，其装配精度的高低完全取决于工人的技术水平，水平低的工人就很难装配出较高精度的模具；其次是生产效率低，修配法装配时，其修配量往往很大，边修边配，往往不是一次两次能够成功的，其效率自然很低；第三，增加了额外工作量，在加工时预留了修配量，这些多余的余量要靠以后的修配中将之消除，且多是手工消除，工作量大。

（3）调整法

调整法装配是利用一个可调整的零件来改变其在模具中的位置，或变化一组定尺寸零件，如垫片、垫圈等，来达到提高装配精度的方法。它的实质与修配法相同，但具体方法不同。

调整法装配的特点是能获得很高的装配精度、装配速度快、装配时的技术含量较低。但是，调整法装配也有不足之处：它需要事先准备好调整件，这样会增加零件的数量，增加制造费用；在应用可动调整件时，往往要增大机构的体积等。

11.2 加工误差与公差

11.2.1 加工误差

所有的零件，包括具有互换性的零件，都是经过各种不同的加工方法制作而成的。由于受加工设备、工具、工作环境及操作者技术水平等条件的限制，加工出的零件不可能与图样上给出的理想几何参数完全一致，总是不可避免地会产生尺寸、形状、位置误差及表面粗糙度。零件的实际状态与理想状态之间的差别，称为加工误差。

按零件几何参数的不同误差形态，加工误差可分为以下几种。

1）尺寸误差，指一批工件的尺寸变动，即加工后零件的实际尺寸与图样上给定的相应理想尺寸之间的差值，如孔距误差、直径误差等。

2）形状误差，指加工后零件的实际表面形状与理想形状之间的差异（或偏离程度），如直线度、平面度、圆度等。

3）位置误差，指加工后零件的表面、轴线或对称平面之间的相对位置与理想位置间的差异（或偏离程度），如平行度、垂直度、同轴度、对称度等。

4）表面粗糙度，指加工后零件加工表面上具有的较小间距和峰谷所形成的微观几何形状误差。

实际加工出来的零件不可能做成完全正确的理想状态，必然会产生加工误差。随着制造技术水平的提高，加工过程中可以减少加工误差，但是永远都不可能消除加工误差。从零件的使用功能要求来看，也不要求做成理想状态，而只需将各类误差控制在一定的范围内，便可满足互换性要求。实际生产中，就是通过图样上给定的公差来控制各类加工误差的。

11.2.2 公差

实际上，只要零部件的加工误差在规定的范围内变动，就能满足互换的要求。允许零件的尺寸、形状、位置的最大变动范围称为公差，用 T 表示。公差值不能为零，应恒为正值。公差的大小顺序规定如下：

$$T_{\text{尺寸}} > T_{\text{位置}} > T_{\text{形状}} > \text{表面粗糙度误差}$$

误差是在加工过程中产生的，是不可避免的，并客观存在的，它的大小受加工过程中的各种因素影响。而公差是由设计人员根据产品的使用性能要求给定的，是允许零件的几何参数的最大变动量，并明确地把它在图样上表示出来。对于同一个零件，规定的公差值越大，零件越容易加工，反之则越难以加工。它反映了一批零件对制造精度的要求和经济性要求。因此，互换性要用公差来保证，在满足功能要求的条件下，公差应尽量规定得大些，以获得最佳的技术经济效益。

加工后零件的误差值在公差范围内为合格件，超出了公差范围为不合格件，所以公差也是允许的最大误差。

11.3 标准及标准化

为了实现互换性生产，必须采用一种手段，使各个分散的、局部的生产部门和生产环节之间保持必要的技术统一，从而形成一个统一的整体。标准与标准化正是建立这种关系的重要手段，是实现互换性生产的基础。

所谓标准化，是指标准的制订、发布和贯彻实施的全部活动过程，包括从调查标准化对象开始，经试验、分析和综合归纳，进而制订和贯彻标准，以后还要修订标准等。标准化是以标准的形式体现的，也是一个不断循环、不断提高的过程。

标准是标准化活动的核心。按其性质分为技术标准、生产组织标准和经济管理标准三大类。通常机械制造业所说的标准，大多是指技术标准。技术标准（简称标准）是指为产品和工程的技术质量、规格及其检验方法所作的技术规定，是从事生产、建设工作的一种共同技术依据。它以科学技术和实践经验的综合成果在充分协商的基础上对具有多样性相关性特征的重复事物以特定程序、特定形式颁发的统一规定在一定范围内作为共同遵守的技术原则。

按照标准化对象的特性，标准可分为基础标准、产品标准、方法标准、安全标准、卫生标准等。基础标准是指在一定范围内作为其他标准的基础并普遍使用、具有广泛指导意义的标准，如《极限与配合》标准、《形状和位置公差》标准等。

按照标准法的规定，我国的标准分为国家标准、行业标准、地方标准和企业标准四级。对需要在全国范围内统一的技术要求，应当制订国家标准 GB 或 GB/T；对没有国家标准而又需要在全国某个行业范围内统一的技术要求，可制订行业标准；如机械行业标准 JB 或 JB/T 等；对没有国家标准和行业标准而又需要在某个范围内统一的技术要求，可制订地方标准或企业标准，代号分别用 DB 或 DB/T、QB 表示。

从世界范围来看，还有国际标准，如 ISO（国际标准化组织）、IEC（国际电工委员会）等；区域标准（或国家集团标准），如 EN（欧共体标准）、ANST（美国标准）、DIN（德国标准）等。近年来，我国陆续修订了自己的标准，修订的原则是在立足我国实际情况的基础上向 ISO 靠拢，以利于加强我国在国际上的技术交流和产品流通。

建立和健全标准体系，并且正确贯彻实施，可以保证产品质量，缩短生产周期，降低生产成本，便于开发新产品和协作配套，提高企业管理水平。所以标准化是组织现代化生产的重要手段之一，是实现专业化协作生产的必要前提，是科学管理的重要组成部分。现代化程度越高，对标准化的要求也越高。

11.4 优先数与优先数系

标准化的一项重要工作内容是对工程上各种技术参数的简化、协调和统一。

机械设计中，常常需要确定很多技术参数，这些技术参数不仅与自身的技术特性有关，还直接、间接地影响与其配套系列产品的参数值。例如，螺栓的尺寸确定后，将会影响并决定螺母的尺寸，丝锥和板牙的尺寸，并影响到螺栓孔、加工螺栓孔的钻头、检测这些螺纹的量具及装配它们的工具的尺寸。这种技术参数的传播扩散在生产实际中是极为普遍的现象。

由于数值如此不断关联、不断传播所以机械产品中的各种技术参数不能随意确定，否则会出现规格品种恶性膨胀的混乱局面，给生产组织、协调配套以及使用维护带来极大的困难。因此为了使产品的参数选择能遵守统一的规律，必须制定科学的统一数值标准，国家标准 GB/T 321—1980《优先数和优先数系》就是其中最重要的一个标准，要求工业产品技术参数尽可能采用它。

GB/T 321—1980 规定，优先数系是一种十进几何级数，由公比为 $\sqrt[5]{10}$、$\sqrt[10]{10}$、$\sqrt[20]{10}$、$\sqrt[40]{10}$、$\sqrt[80]{10}$，且项值中含有 10 的整数幂（…，0.01，0.1，1，10，100，…）的等比数列推导出的一组近似等比的数列，使用方便有利，于是就优先采用，这样的几何级数为优先数系。

它们分别用符号 R5、R10、R20、R40、R80 表示，其中前四个系列作为基本系列，该系列各项数值如表 11.1 所示。R80 为补充系列，仅用于分级很细的特殊场合。各系列的公比为：

R5 系列：以 $\sqrt[5]{10}\approx1.60$ 为公比形成的数系；

R10 系列：以 $\sqrt[10]{10}\approx1.25$ 为公比形成的数系；

R20 系列：以 $\sqrt[20]{10}\approx1.12$ 为公比形成的数系；

R40 系列：以 $\sqrt[40]{10}\approx1.06$ 为公比形成的数系；

R80 系列：以 $\sqrt[80]{10}\approx1.03$ 为公比形成的数系。

表 11.1　优先数系基本系列（摘自 GB/T 321—1980）

基本系列（常用值）				基本系列（常用值）			
R5	R10	R20	R40	R5	R10	R20	R40
1.00	1.00	1.00	1.00	2.50	3.15	3.15	3.15
			1.06				3.35
		1.12	1.12			3.55	3.55
			1.18				3.75
	1.25	1.25	1.25	4.00			3.75
			1.32				4.25
		1.40	1.40			4.50	4.50
			1.50				4.75
1.60	1.60	1.60	1.60		5.00	5.00	5.00
			1.70				5.30
		1.80	1.80			5.60	5.60
			1.90				6.00
	2.00	2.00	2.00	6.30	6.30	6.30	6.30
			2.12				6.70
		2.24	2.24			7.10	7.10
			2.36				7.50
2.50	2.50	2.50	2.50		8.00	8.00	8.00
			2.65				8.50
		2.80	2.80			9.00	9.00
							9.50
			3.00	10.00	10.00	10.00	10.00

按公比计算得到的优先数的理论值，除 10 的整数幂外，都是无理数，工程技术上不能直接应用。实际应用都是将理论值经过圆整后的近似值。

由表 11.1 可知如下规律。

1）优先数系 4 个系列中的任一个项值均为优先数，在同一系列中，优先数系中任意两项的积或商都为优先数，任意一项的整数乘方或开方也都为优先数。

2）表中列出 1～10 内的基本系列的常用值，所有＞10 的优先数均可按表中列数乘以 10、100、…求得，所有＜1 的优先数均可按表中列数乘以 0.1、0.01、…求得，这样可使该系列向两端无限延伸。

3）前一数系的项值都包含在后一数系中，如 R5 系列的项值包含在 R10 系列中，R10 系列的项值包含在 R20 系列中，R20 系列的项值包含在 R40 系列中。

优先数相邻两项的相对差均匀，疏密适中，运算方便，简单易记，因此优先数系被广泛应用。公差标准的许多数值，都是按照优先数系制定的。如本课程所涉及的有关标准：尺寸分段、公差分级及表面粗糙度的参数系列等，都采用了优先数系，公差等级系数按照 R5 系列确定，尺寸分段则采用了 R10 系列。

11.5 检测与计量

为了满足机械产品的功能要求，除了采用公差标准完成零件的加工外，还必须要进行相应的技术测量，即要通过精度检测来判断加工的零件是否满足公差要求，即是否合格。

检测就是确定产品是否满足设计要求的过程，即判断产品合格性的过程。检测的方法包括定性检验和定量测试。定性检验指确定零件的几何参数是否在规定的极限范围内，只能得到被检验对象合格与否的结论，而不能得到其具体的量值。因其检验效率高、检验成本低而在大批量生产中得到广泛应用。定量测量的方法是在对被检验对象进行测量后，得到其实际值与作为计量单位的标准量进行比较，并判断其是否合格的方法。

检测不仅用来测定产品质量，而且用于分析产生不合格品的原因，及时调整生产，监督工艺过程，预防废品产生。检测是机械制造的“眼睛”。无数事实证明，产品质量的提高，除设计和加工精度的提高外，往往更有赖于检测精度的提高。

计量是指为实现测量单位的统一和量值准确可靠而进行的测量。为了保证测量结果的准确可靠，现代计量需研究以下问题。

1）统一计量单位：我国的现代计量科学是新中国建立后才开始的，近年来，我国先后颁布了一系列有关度量的条例和命令，保证了我国计量制度的统一和量值传递的准确可靠。现在国内采用的是“常用物理量的法定计量单位”（GB3102.1～3102.5—86）。

2）研究测试理论：制定计量标准、设计制造计量器具、培训计量人员。近年来，由于现代工业技术的迅速发展，测量技术已从应用机械原理、几何光学原理发展到应用新的物理原理，例如，激光干涉技术用于测长；光栅、磁栅、感应同步器用于测长、测角；光电摄像用于测量零件；光导纤维用于传输光源，一些通用量具实行了电子化，利用数字显示测量数据，另外计算机也被引入测量技术领域。这些都使得测量由人工读数测量发展到自动定位、测量，计算机数据处理，自动显示和打印结果。

随着生产和科学技术的迅速发展，我国的量具的精度也有了很大的发展，长度计量器具的精度提高到 0.0001mm 级，目前机械加工精度已达到纳米级，相应的测量技术也已向纳米级不断发展；测量尺寸的范围大到米级，小至微米级；测量空间由二维空间发展到三维空间。我国生产的万能测长仪、万能工具显微镜、万能渐开线检查仪、圆度仪、三坐标测量机等精密仪器在工业生产中发挥重要的作用。此外，我国研制的光栅式齿轮全误差测量仪、激光光电比较仪、激光丝杠动态检查仪、无导轨长度测量仪、碘稳频 612 激光器等均达到世界先进水平。

习　题

11.1　机械产品零部件互换的含义是什么？

11.2　什么是互换性？互换性按程度分哪几类？

11.3　完全互换与不完全互换有何区别？用于何种场合？

11.4　GB/T 321—1980 规定的优先数系分哪五个系列？试述其特点。

11.5　试述检验与测量的区别。

11.6　简述测量的含义和测量过程的四要素。

11.7　试按表 11.1 写出基本系列 R5 中优先数从 0.1 到 100 的常用值。

11.8　下列两列数据属于哪种系列？公比为多少？

（1）电动机转速有（单位为 r/min）：375，600，937，1500…

（2）摇臂钻床的主参数（最大钻孔直径，单位为 mm）：25，31，40，50…

12 单元 极限与配合基础

◎ 单元概述

光滑圆柱体的结合是机械制造中应用最广泛的一种结合形式。极限与配合标准是机械工程方面重要的基础标准，“极限”用于协调机器零件使用要求与制造经济性之间的矛盾，而“配合”则反映零件组合时相互之间的关系。极限与配合的标准化，不仅有利于机器的设计、制造、使用和维修，也有利于保证机械零件的精度、使用性能和寿命要求，还有利于刀具、量具、机床等工艺装备的标准化。

◎ 学习目标

- 了解极限与配合国家标准系列（GB/T 1800）的基本概念、主要内容及其应用。
- 理解公差与配合的有关术语。
- 掌握公差与配合的选用。

◎ 教学节奏与方式

项目		课时安排	教学方式
1	课前准备	课余	预习教材
2	教师讲授	4 学时	重点讲授
3	思考与练习	课余	学生之间相互讨论或独立完成习题

12.1 概 述

光滑圆柱体的结合是机械制造中应用最广泛的一种结合形式。极限与配合标准是机械工程方面重要的基础标准，“极限”用于协调机器零件使用要求与制造经济性之间的矛盾，而“配合”则反映零件组合时相互之间的关系。极限与配合的标准化，不仅有利于机器的设计、制造、使用和维修，也有利于保证机械零件的精度、使用性能和寿命要求，还有利于刀具、量具、机床等工艺装备的标准化。

本单元介绍极限与配合国家标准系列（GB/T 1800）的基本概念、主要内容及其应用。它是应用最广泛的基础标准，不仅用于圆柱体内、外表面的结合，也用于其他结合中由单一尺寸确定的部分，是其他各类零件的互换性的基础。

12.2 基本术语及定义

12.2.1 孔和轴

1. 孔

孔是指工件的圆柱形内表面，也包括非圆柱形内表面（由两平行平面或切面形成的包容面）。孔的直径尺寸用 D 表示。

2. 轴

轴是指工件的圆柱形外表面，也包括非圆柱形外表面（由两平行平面或切面形成的被包容面）。轴的直径尺寸用 d 表示。

孔和轴的概念具有广泛的含义。

从装配关系来看，孔和轴的概念代表一种表面。孔是包容面，在它之内无材料；轴是被包容面，在它之外无材料，如图 12.1 所示。

从加工工艺来看，孔和轴的概念代表一种实体。随着余量的切除，孔越加工越大；轴越加工越小。

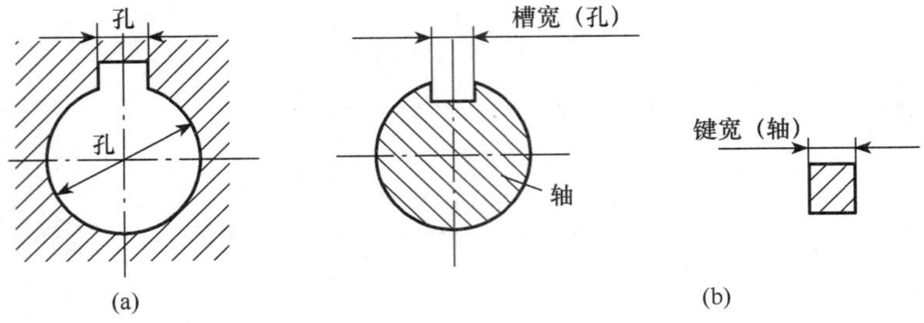

图 12.1　孔和轴

从图样标注来看，孔和轴的概念代表一种尺寸。材料在两尺寸界限之外的为孔；材料在两尺寸界限之内的为轴。

不具备以上特征的尺寸，既不能认为是孔，也不能认为是轴。

12.2.2　尺寸的术语

1．尺寸

尺寸是用特定单位表示的两点之间距离的数值，如直径、半径、宽度、深度、高度、中心距等。它由数字和长度单位（如 3mm）组成。

2．公称尺寸

公称尺寸（D，d）是设计给定的尺寸，用 D 和 d 表示（大写字母表示孔、小写字母表示轴）。它是根据产品的使用性能和零件力学性能等方面要求计算出的或通过试验和类比方法确定、并经圆整后得到的尺寸。如图 12.2 所示，$\phi20$ 及 30mm 为圆柱销直径和长度的公称尺寸。

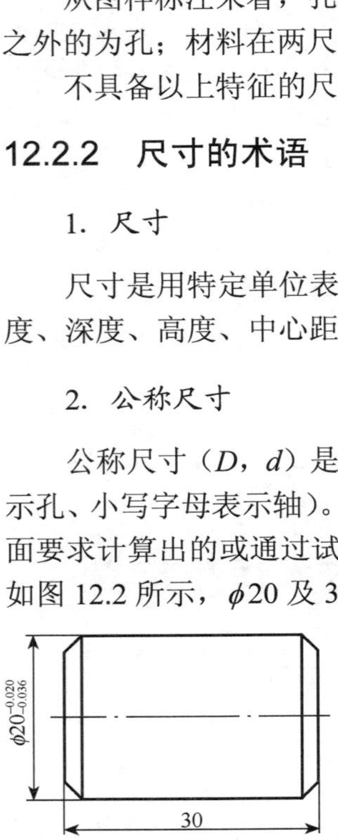

图 12.2　圆柱销

3．实际尺寸

实际尺寸（D_a，d_a）是通过测量得到的尺寸。由于加工误差的存在，按同一图样要求所加工的各个零件，其实际尺寸往往不相同。即使是同一零件的不同位置、不同方向的实际尺寸也往往不一样，如图 12.3 所示。故实际尺寸是实际零件上某一位置的测得值。加之测量时还存在着测量误差，所以实际尺寸并非真值。

4．极限尺寸

极限尺寸是指尺寸要素允许尺寸变化范围的两个极端值。其中较大的称为上极限尺寸（D_{max}，d_{max}），较小的称为下极限尺寸（D_{min}，d_{min}）。

5．最大实体状态和最大实体尺寸

孔或轴在具有允许的使用材料最多时的状态称为最大实体状态

(MMC)。在最大实体状态下的极限尺寸，称为最大实体尺寸(MMS)。它是孔的下极限尺寸(D_{min})和轴的上极限尺寸(d_{max})。

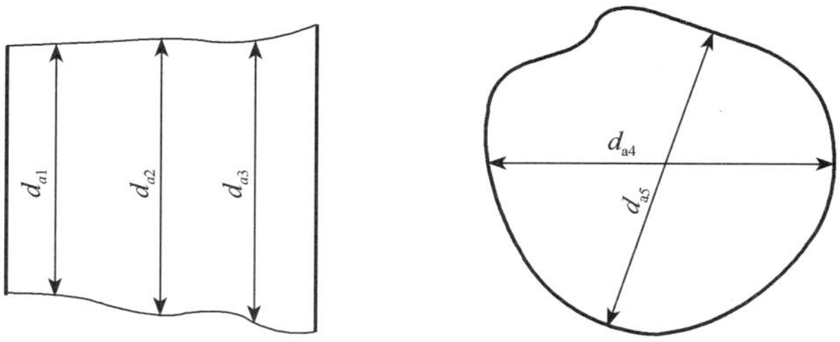

图 12.3　圆柱销实际尺寸

图 12.4 中，最大实体状态是指当$\phi=12$ 时的状态，最大实体尺寸 MMS＝$\phi 12$。

图 12.5 中，最大实体状态是指当孔径为$\phi 19.944$ 时的状态，MMS＝$\phi 19.944$。

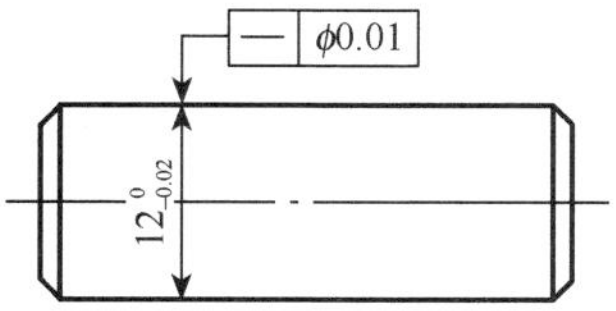

图 12.4

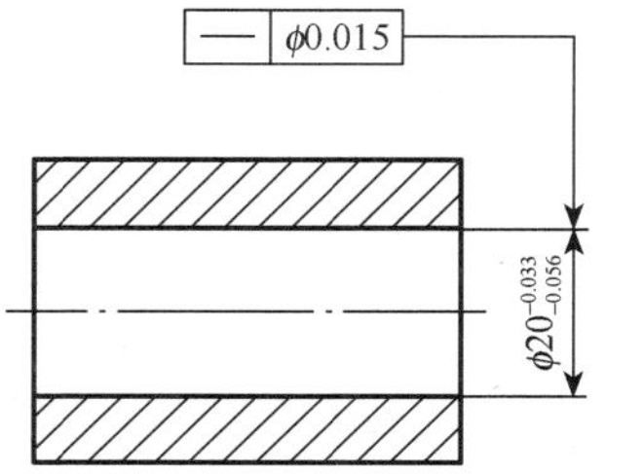

图 12.5

6. 最小实体状态和最小实体尺寸

孔或轴在具有允许的使用材料最少时的状态称为最小实体状态(LMC)。在最小实体状态下的极限尺寸，称为最小实体尺寸(LMS)。它是孔的上极限尺寸(D_{max})和轴的下极限尺寸(d_{min})。

图 12.4 中，最小实体状态指尺寸为$\phi 11.98$ 时的状态。图 12.5 中，最小实体状态指尺寸为$\phi 19.967$ 时的状态。

图 12.4 中，最小实体尺寸 LMS＝$\phi 11.98$。图 12.5 中，最小实体尺寸 LMS＝$\phi 19.967$。

12.2.3　尺寸偏差、公差的术语定义

1. 尺寸偏差

尺寸偏差(简称偏差)是指某一尺寸减其基本尺寸所得的代数差，其值可正、可负或零。

(1) 实际偏差

实际偏差是实际尺寸减其基本尺寸所得的代数差，记为

$$E_a = D_a - D\ （或\ e_a = d_a - d）\qquad (12.1)$$

（2）极限偏差

极限偏差是极限尺寸减其公称尺寸所得的代数差。其中，最大极限尺寸与基本尺寸之差称为上极限偏差（ES，es），最小极限尺寸与公称尺寸之差称为下极限偏差（EI，ei），见图 12.6（a），分别记为

$$\left.\begin{array}{ll} \mathrm{ES} = D_{max} - D & \mathrm{es} = d_{max} - d \\ \mathrm{EI} = D_{min} - D & \mathrm{ei} = d_{min} - d \end{array}\right\} \qquad (12.2)$$

偏差值除零外，前面必须标有正号或负号。上偏差总是大于下偏差。

2. 尺寸公差（T_D，T_d）

尺寸公差（简称公差）是上极限尺寸减下极限尺寸之差，指允许尺寸的变动量，见图 12.6（a）、（b）。公差、极限尺寸和极限偏差的关系如下。

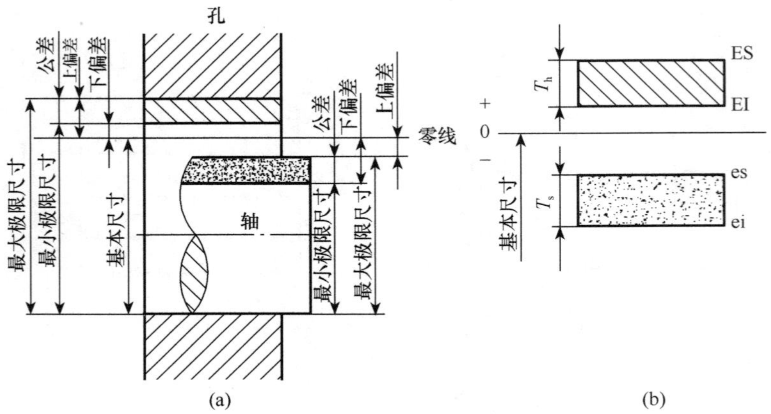

图 12.6　公差与配合示意图

孔公差

$$T_D = D_{max} - D_{min} = \mathrm{ES} - \mathrm{EI}$$

轴公差

$$T_d = d_{max} - d_{min} = \mathrm{es} - \mathrm{ei} \qquad (12.3)$$

由式（12.3）可知，公差值永远为正值。

尺寸误差是一批工件的实际尺寸相对于理想尺寸的偏离范围。当加工条件一定时，尺寸误差表征了加工过程的精度。尺寸公差是设计者设计规定的误差允许值，体现了设计者对加工精度的要求。

公差与极限偏差既有区别，又有联系，它们都是由设计者设计规定的。公差表示对一批工件尺寸均匀程度的要求，即尺寸允许的变动范围。它是尺寸精度指标，但不能根据公差来逐一判断工件的合格性。极限偏差表示工件尺寸允许变动的极限值，它原则上与工件尺寸无关，但上、下偏差又与精度有关。极限偏差是判断工件尺寸是否合格的依据。

3. 公差带图

前述有关尺寸、极限偏差及公差是利用图 12.6（a）进行分析的。从图中可见，由于公差的数值比基本尺寸的数值小得多，不便用同一比例表示。显然，图中的公差部分被放大了。如果仅为了表明尺寸、极限偏差及公差之间的关系，可以不必画出孔与轴的全形，而采用简单明了的公差带图表示，如图 2.6（b）所示。公差带图由两部分组成：零线和公差带。

（1）零线

在公差带图中，确定偏差的一条基准直线称为零线。它是基本尺寸所指的线，是偏差的起始线。零线上方表示正偏差，零线下方表示负偏差。在画公差带图时，注上相应的符号“0”，“＋”和“－”号，在其下方画上带单箭头的尺寸线并注上基本尺寸值。

（2）尺寸公差带

在公差带图中，由代表上，下偏差的两条直线所限定的区域称为尺寸公差带（简称公差带）。通常孔公差带用斜线表示，轴公差带用网点或空白表示。公差带在垂直零线方向的宽度代表公差值，上面线表示上偏差，下面线表示下偏差。公差带沿零线方向的长度可适当选取。公差带图中，尺寸单位为毫米（mm），习惯上偏差及公差的单位用微米（μm）表示，单位可省略不写。

4. 标准公差

标准公差（IT）是指国家标准 GB 1800.1—2009 所规定的已标准化的公差值，用来确定公差带的大小。字母“IT”为国际公差的英文缩略语。

5. 基本偏差

基本偏差是指用以确定公差带相对于零线位置的上偏差或下偏差，即绝对值最小的那个偏差。标准规定，以靠近零线的那个极限偏差作为基本偏差。以图 12.7 孔公差带为例，当公差带完全在零线上方或正好在零线上方时，其下极限偏差（EI）为基本偏差；当公差带完全在零线下方或正好在零线下方时，其上极限偏差（ES）为基本偏差；而对称地分布在零线上时，其上、下极限偏差中的任何一个都可作为基本偏差。

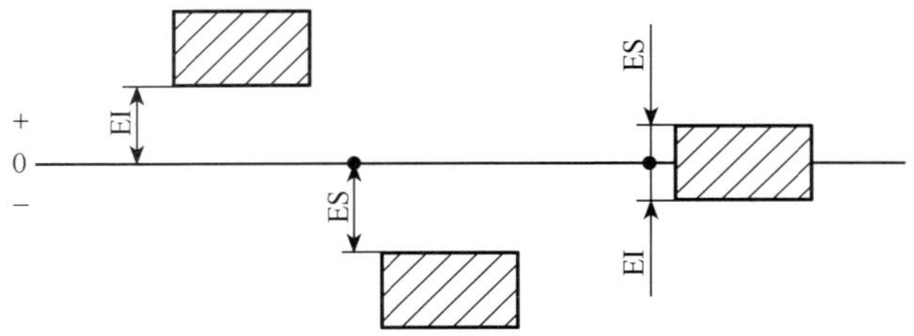

图 12.7　基本偏差

12.2.4 配合的术语及定义

1. 间隙与过盈

在轴与孔的配合中，孔的尺寸减去轴的尺寸得到一个代数差，当差值为正时称为间隙，用 X 表示；当差值为负时称为过盈，用 Y 表示。

2. 配合

配合是指公称尺寸相同并且相互结合的孔、轴公差带之间的关系。根据相互结合的孔、轴公差带的相对位置关系，配合分为间隙配合、过盈配合和过渡配合。

（1）间隙配合

间隙配合是指孔的公差带位于轴的公差带之上，具有间隙（包括最小间隙为零）的配合。如图 12.8 所示。

间隙配合的性质用最大间隙 X_{max}、最小间隙 X_{min} 和平均间隙 X_{av} 来表示。计算式如下

$$X_{max}=D_{max}-d_{min}=ES-ei \tag{12.4}$$

$$X_{min}=D_{min}-d_{max}=EI-es \tag{12.5}$$

$$X_{av}=(X_{max}+X_{min})/2 \tag{12.6}$$

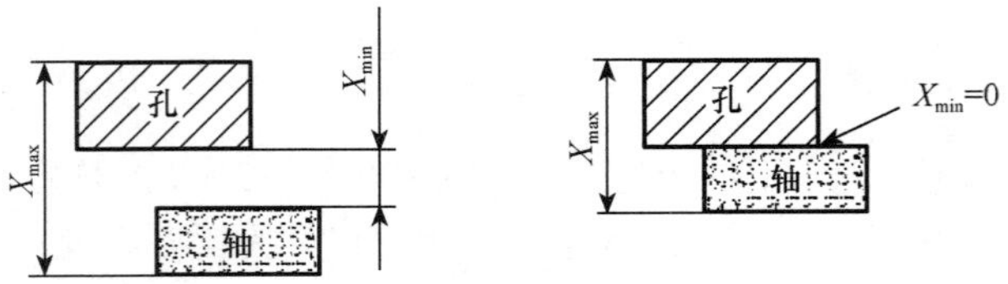

图 12.8 间隙配合

（2）过盈配合

过盈配合是指孔的公差带位于轴的公差带之下，具有过盈（包括最小过盈为零）的配合。如图 12.9 所示。

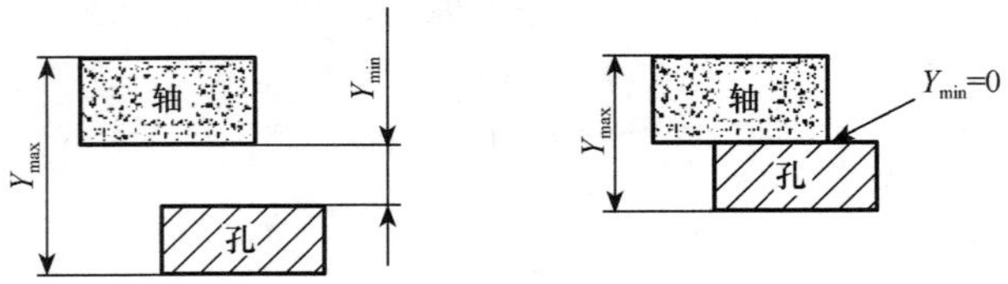

图 12.9 过盈配合

过盈配合的性质用最小过盈 Y_{min}、最大过盈 Y_{max} 和平均过盈 Y_{av} 来表示。计算式如下

$$Y_{min}=D_{max}-d_{min}=ES-ei \tag{12.7}$$

$$Y_{max}=D_{min}-d_{max}=EI-es \tag{12.8}$$

$$Y_{av}=(Y_{max}+Y_{min})/2 \tag{12.9}$$

（3）过渡配合

过渡配合是指孔的公差带与轴的公差带相互交叠，可能具有间隙或过盈的配合，如图 12.10 所示。它是介于间隙配合与过盈配合之间的一类配合，但其间隙或过盈都不大。

过渡配合的性质用最大间隙 X_{max}、最大过盈 Y_{max} 和平均间隙 X_{av} 或平均过盈 Y_{av} 来表示。其计算式如下

$$X_{max}=D_{max}-d_{min}=ES-ei \tag{12.10}$$

$$Y_{max}=D_{min}-d_{max}=EI-es \tag{12.11}$$

$$X_{av}（或 Y_{av}）=(X_{max}+Y_{max})/2 \tag{12.12}$$

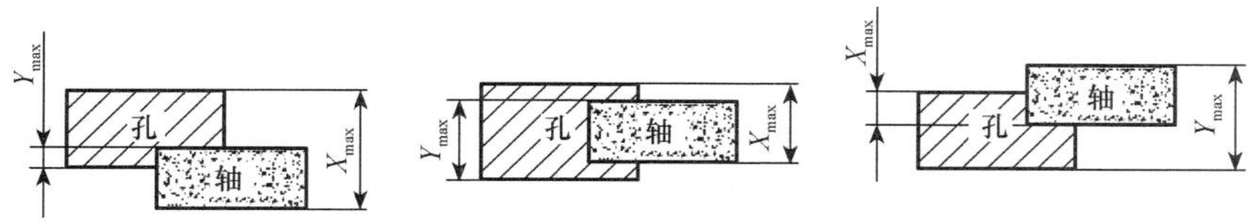

图 12.10　过渡配合

式（12.12）所得值为正是平均间隙，为负时是平均过盈。

3. 配合公差

配合公差（T_f）是组成配合的孔与轴的公差之和，指允许间隙或过盈的变动量。它表示配合精度，是评定配合质量的一个重要综合指标。其计算式如下

对于间隙配合有

$$T_f=|X_{max}-X_{min}|$$

对于过盈配合有

$$T_f=|Y_{max}-Y_{min}|$$

对于过渡配合有

$$T_f=|X_{max}-Y_{min}| \tag{12.13}$$

将最大、最小间隙和过盈分别用孔、轴极限尺寸或极限偏差换算后代入式（12.13），则得三类配合的配合公差都为

$$T_f=T_D+T_d \tag{12.14}$$

此式表明配合精度（配合公差）取决于相互配合的孔和轴的尺寸精度（尺寸公差）。在设计时，可根据配合公差来确定孔和轴的尺寸公差。

4. 基准制

基准制是指以两个相配合的零件中的一个零件为基准件，并选定标准公差带，而改变另一个零件（非基准件）的公差带位置，从而形成各种配合的一种制度。国家标准中规定了两种平行的基准制：基孔制和基轴制。

（1）基孔制

基本偏差为一定的孔的公差带与不同基本偏差的轴的公差带形成各种配合的一种制度，称基孔制。如图 12.11（a）所示。

基孔制配合中的孔称为基准孔，它是配合的基准件，而轴为非基准件。标准规定，基准孔以下偏差 EI 为基本偏差，其数值为零，上偏差为正值，其公差带偏置在零线上侧。

（2）基轴制

基本偏差为一定的轴的公差带与不同基本偏差的孔的公差带形成各种配合的一种制度，称基轴制，如图 12.11（b）所示。

基轴制配合中的轴称为基准轴，它是配合的基准件，而孔为非基准件。标准规定，基准轴以上偏差 es 为基本偏差，其数值为零，下偏差为负值，其公差带偏置在零线下侧。

按照孔、轴公差带相对位置的不同，两种基准制都可以形成间隙、过盈和过渡三种不同性质的配合。如图 12.11 所示，图中基准孔的 ES 边界和基准轴的 ei 边界是两道虚线，而非基准件的公差带有一边界也是虚线，它们都表示公差带的大小是可变化的。

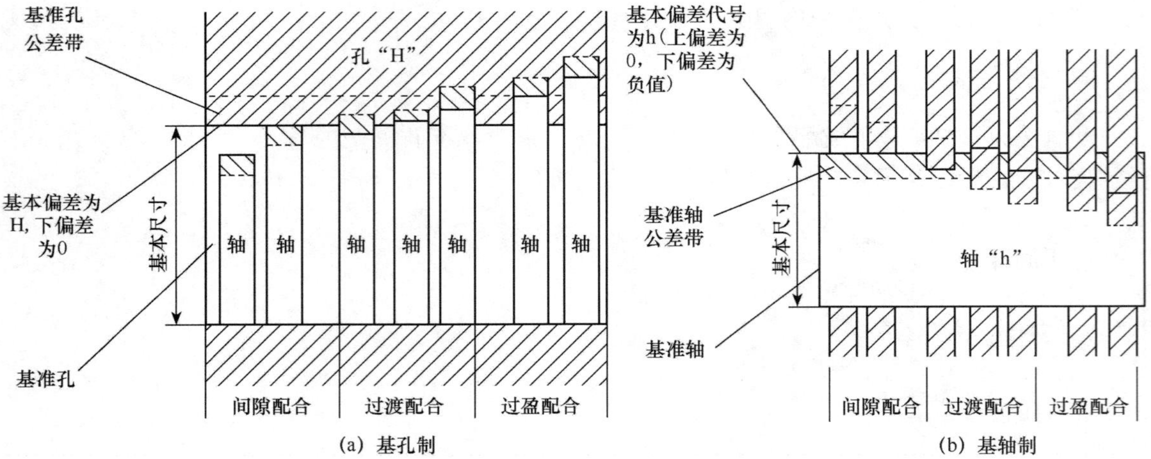

图 12.11 基准制

在“过渡配合或过盈配合”这部分区域，当非基准件的基本偏差一定时，由于基准件公差带大小不同，则与非基准件的公差带可能交叠，也可能不交叠。当两公差带交叠时，形成过渡配合；不交叠时，形成过盈配合。从上述可知，各种配合是由孔、轴公差带之间的关系决定的，而公差带的大小和位置则分别由标准公差和基本偏差所决定。

【例 12.1】 若已知某配合的基本尺寸为 $\phi 60$，配合公差 $T_f=49\mu m$，最大间隙 $X_{max}=19\mu m$，孔的公差 $T_D=30\mu m$，轴的下偏差 ei＝＋11μm，试画出该配合的尺寸公差带图，说明配合类别。

解： 根据公式 $T_f=T_D+T_d$，有

$$T_d=T_f-T_D=(49-30)\mu m=19\mu m$$

由式（12.3）有 T_d=es−ei，所以

$$es=T_d+ei=[19+(+11)]\mu m=30\mu m$$

故轴的尺寸为 $\phi 60^{+0.030}_{+0.011}$。

由式（12.4）有 X_{max}=ES−ei，所以

$$ES=X_{max}+ei=[19+(+11)]\mu m=+30\mu m$$

由式（12.3）T_D=ES−EI，则

$$EI=ES-T_D=(30-30)=0$$

故孔的尺寸为 $\phi 60^{+0.030}_{0}$

该配合的尺寸公差带图如图 12.12 所示。此配合为过渡配合。

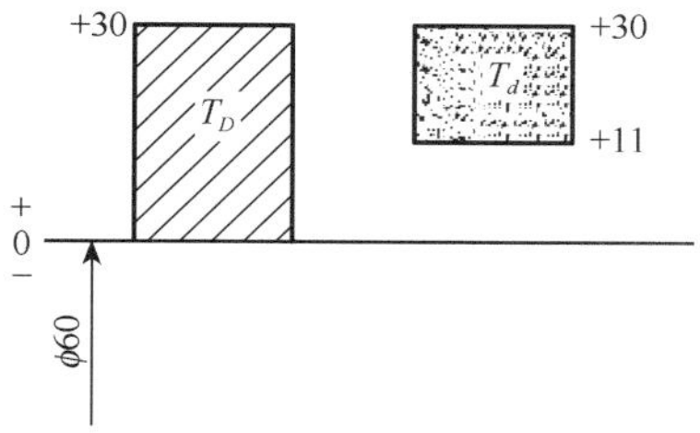

图 12.12　尺寸公差带

12.3 尺寸的公差与配合

在机械制造业中，小于或等于 500mm 的尺寸在生产实践中应用最广。本单元只对该尺寸段进行介绍。

12.3.1　标准公差系列

标准公差系列是国家标准制定出的一系列标准公差数值，如表 12.1 所示（摘自 GB/T 1800.1—2009）。标准公差系列包含三项内容：公差等级、公差单位和基本尺寸分段。

确定尺寸精确程度的分级称为公差等级。规定和划分公差等级的目的，是为了简化和统一公差的要求，使规定的等级既能满足不同的使用要求，又能大致代表各种加工方法的精度，为零件设计和制造带来极大的方便。

GB/T 1800.1—2009 将标准公差分为 20 个等级，用 IT01，IT0，IT1，IT2，…，IT18 来表示。从 IT01～IT18，等级依次降低，标准公差值依次增大。

表 12.1 标准公差数值

基本尺寸/mm		公差等级																			
		IT01	IT0	IT1	IT2	IT3	IT4	IT5	IT6	IT7	IT8	IT9	IT10	IT11	IT12	IT13	IT14	IT15	IT16	IT17	IT18
大于	至	μm													mm						
—	3	0.3	0.5	0.8	1.2	2	3	4	6	10	14	25	40	60	0.10	0.14	0.25	0.40	0.60	1.0	1.4
3	6	0.4	0.6	1	1.5	2.5	4	5	8	12	18	30	48	75	0.12	0.18	0.30	0.48	0.75	1.2	1.8
6	10	0.4	0.6	1	1.5	2.5	4	6	9	15	22	36	58	90	0.15	0.22	0.36	0.58	0.90	1.5	2.2
10	18	0.5	0.8	1.2	2	3	5	8	11	18	27	43	70	110	0.18	0.27	0.43	0.70	1.10	1.8	2.7
18	30	0.6	1	1.5	2.5	4	6	9	13	21	33	52	84	130	0.21	0.33	0.52	0.84	1.30	2.1	3.3
30	50	0.6	1	1.5	2.5	4	7	11	16	25	39	62	100	160	0.25	0.39	0.62	1.00	1.60	2.5	3.9
50	80	0.8	1.2	2	3	5	8	13	19	30	46	74	120	190	0.30	0.46	0.74	1.20	1.90	3.0	4.6
80	120	1	1.5	2.5	4	6	10	15	22	35	54	87	140	220	0.35	0.54	0.87	1.40	2.20	3.5	5.4
120	180	1.2	2	3.5	5	8	12	18	25	40	63	100	160	250	0.40	0.63	1.00	1.60	2.50	4.0	6.3
180	250	2	3	4.5	7	10	14	20	29	46	72	115	185	290	0.46	0.72	1.15	1.85	2.90	4.6	7.2
250	315	2.5	4	6	8	12	16	23	32	52	81	130	210	320	0.52	0.81	1.30	2.10	3.20	5.2	8.1
315	400	3	5	7	9	13	18	25	36	57	89	140	230	360	0.57	0.89	1.40	2.30	3.60	5.7	8.9
400	500	4	6	8	10	15	20	27	40	63	97	155	250	400	0.63	0.97	1.55	2.50	4.00	6.3	9.7

注：基本尺寸小于 1mm 时，无 IT14～IT18。

12.3.2 基本偏差系列

1. 基本偏差及其代号

基本偏差的作用是用来确定公差带相对于零线的位置。不同的公差带位置与基准件将形成不同的配合。基本偏差的数量将决定配合种类的数量。为了满足各种不同松紧程度的配合需要，同时尽量减少配合种类，以利互换，国家标准对孔和轴分别规定了 28 种基本偏差，用拉丁字母表示，其中孔用大写字母表示，轴用小写字母表示。28 种基本偏差代号，由 26 个拉丁字母中去掉了 5 个易与其他参数相混淆的字母 I、L、O、Q、W（i、l、o、q、w），剩下的 21 个字母加上 7 个双写字母 CD、EF、FG、JS、ZA、ZB、ZC（cd、ef、fg、js、za、zb、zc）组成。这 28 种基本偏差代号反映了 28 种公差带的位置，构成了基本偏差系列，如图 12.13 所示。

孔的基本偏差中，A～G 的基本偏差是下偏差 EI（正值）；H 的基本偏差 EI=0，是基准孔；J～ZC 的基本偏差是上偏差 ES（除 J 和 K 外，其余皆为负值）；JS 的基本偏差是 ES=+IT/2 或 EI=−IT/2。

轴的基本偏差中，a～g 的基本偏差是上偏差 es（负值）；h 的基本偏差 es＝0，是基准轴；j～zc 的基本偏差是下偏差 ei（除 j 外，其余皆为正值）；js 的基本偏差为 es＝＋IT/2 或 ei＝－IT/2。基本偏差系列图中仅绘出了公差带的一端，未绘出公差带的另一端，它取决于公差大小。因此，任何一个公差带代号都由基本偏差代号和公差等级数联合表示，如 H7，h6，G8，p6 等。基本偏差是公差带位置标准化的唯一参数，除去 Js 和 js 以及 J、j、K、k、M 和 N 以外，原则上基本偏差和公差等级无关。

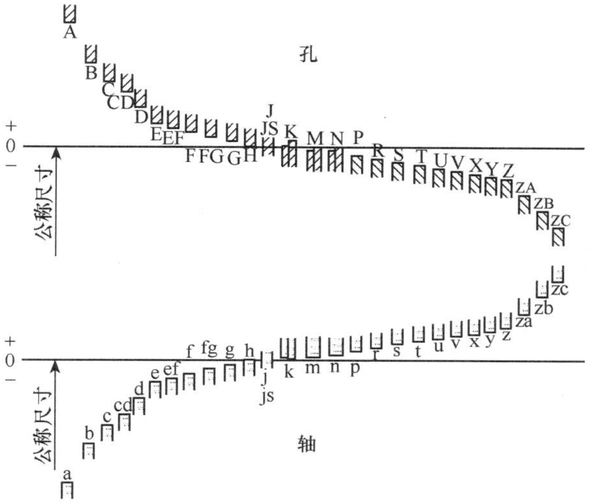

图 12.13　基本偏差系列

2. 轴的基本偏差数值

轴的基本偏差数值是以基准孔为基础，根据各种配合的要求，在生产实践和大量试验的基础上，依据统计分析的结果整理出一系列公式而计算出来的。

从图 12.13 可知，在基孔制配合中，a～h 与基准孔形成间隙配合，基本偏差为上偏差 es，其绝对值正好等于最小间隙的数值。

j～n 与基准孔形成过渡配合，其基本偏差为下偏差 ei，其数值基本上是根据经验与统计的方法确定的。

p～zc 与基准孔形成过盈配合，其基本偏差为下偏差 ei，数值大小按与一定等级的孔相配合所要求的最小过盈而定。最小过盈系数的系列符合优先数系，规律性较好，便于应用。

在实际工作中，轴的基本偏差数值不必用公式计算，为方便使用，计算结果的数值已列成表，如表 12.2 所示，使用时可直接查表。当轴的基本偏差确定后，另一个极限偏差可根据轴的基本偏差数值和标准公差值按下列关系式计算，即

$$ei = es - IT \text{ 或 } es = ei + IT \qquad (12.15)$$

表 12.2　尺寸≤500mm 的轴的基本偏差数值（摘自 GB/T 1800.1—2009）

公称尺寸/mm	基本偏差/μm																														
	上极限偏差（es）												下极限偏差（ei）																		
	a	b	c	ed	d	e	ef	f	fg	g	h	js	j			k		m	n	p	r	s	t	u	v	x	y	z	zz	zb	zn
	所有公差等级												5.6	7	8	4～7	≤3 >7	所有公差等级													
≤3	−270	−140	−60	−34	−20	−14	−10	−6	−4	−2	0	偏差=±$\frac{IT}{2}$	−2	−4	−6	0	0	+2	+4	+6	+10	14	—	+18	—	+20	—	+26	+32	+40	+60
>3－6	−270	−140	−70	−46	−30	−20	−14	−10	−6	−4	0		−2	−4	—	+1	0	+4	+8	+12	+15	+19	—	+23	—	+28	—	+35	+42	+50	+80
>6－10	−280	−150	−80	−56	−40	−25	−18	−13	−8	−5	0		−2	−5	—	+1	0	+6	+10	+15	+19	+23	—	+28	—	+34	—	+42	+52	+67	+97
>10－14	−290	−150	−95	—	−50	−32	—	−16	—	−6	0		−3	−6	—	+1	0	+7	+12	+18	+23	−28	—	+33	—	+40	—	+50	+64	+90	+130
>14－18																									+39	+45		+60	+77	+108	+150
>18－24	−300	−160	−110	—	−65	−40	—	−20	—	−7	0		−4	−8	—	+2	0	+8	+15	+22	+28	+35	—	+41	+47	+54	+63	+73	+98	+136	+188
>24－30																							+41	+48	+55	+64	+75	+88	+118	+160	+218
>30－40	−310	−170	−120	—	−80	−50	—	−25	—	−9	0		−5	−10	—	+2	0	+9	+17	+26	+34	+43	+48	+60	+68	+80	+94	+112	+148	+200	+274
>40－50	−320	−180	−130																				+54	+70	+81	+97	+114	+136	+180	+242	+325
>50－65	−340	−190	−140	—	−100	−60	—	−30	—	−10	0		−7	−12	—	+2	0	+11	+20	+32	+41	+53	+66	+87	+102	+122	+144	+172	+226	+300	+406
>65－80	−360	−200	−150																		+43	+59	+75	+102	+120	+146	+174	+210	+274	+360	+480
>80－100	−380	−220	−170	—	−120	−72	—	−36	—	−12	0		−9	−15	—	+3	0	+13	+23	+37	+51	+71	+91	+124	+146	+178	+214	+258	+335	+445	+585
>100－120	−410	−240	−180																		+54	+79	+104	+144	+172	+210	+256	+310	+400	+525	+690
>120－140	−460	−260	−200	—	−145	−85	—	−43	—	−14	0		−11	−18	—	+3	0	+15	+27	+43	+63	+92	+122	+170	+202	+248	+300	+365	+470	+620	+800
>140－160	−520	−280	−210																		+65	+100	+134	+190	+228	+280	+340	+415	+535	+700	+900
>160－180	−580	−310	−230																		+68	+108	+146	+210	+252	+310	+380	+465	+600	+780	+1000
>180－200	−660	−340	−240	—	−170	−100	—	−50	—	−15	0		−13	−21	—	+4	0	+17	+31	+50	+77	+122	+166	+236	+284	+350	+425	+520	+670	+880	+1150
>200－225	−740	−380	−260																		+80	+130	+180	+258	+310	+385	+470	+575	+740	+960	+1250
>225－250	−820	−420	−280																		+84	+140	+196	+284	+340	+425	+520	+640	+820	+1050	+1350
>250－280	−920	−480	−300	—	−190	−110	—	−56	—	−17	0		−16	−26	—	+4	0	+20	+34	+56	+94	+158	+218	+315	+385	+475	+580	+710	+920	+1200	+1550
>280－315	−1050	−540	−330																		+98	+170	+240	+350	+425	+525	+650	+790	+1000	+1300	+1700
>315－355	−1200	−600	−360	—	−210	−125	—	−62	—	−18	0		−18	−28	—	+4	0	+21	+37	+62	+108	+190	+268	+390	+475	+590	+730	+900	+1150	+1500	+1900
>355－400	−1350	−680	−400																		+114	+208	+294	+435	+530	+600	+820	+1000	+1300	+1650	+2100
>400－450	−1500	−760	−440	—	−230	−135	—	−68	—	−20	0		−20	−32	—	+5	0	+23	+40	+68	+126	+232	+330	+490	+595	+740	+920	+1100	+1450	+1850	+2400
>450－500	−1650	−840	−480																		+132	+252	+360	+540	+660	+820	+1000	+1250	+1600	+2100	+2600

注：1．公称尺寸小于 1mm 时，各级的 a 和 b 均不采用；

2．js 的数值，对 IT7～IT11，若 IT 的数值（μm）为奇数，则取 js=js $\frac{IT-1}{2}$。

3. 孔的基本偏差数值

孔的基本偏差数值是按相同字母轴的基本偏差，在相应的公差等级的基础上通过换算得到。换算的原则是：基本偏差字母代号同名的孔和轴，分别构成的基轴制与基孔制的配合，在相应公差等级的条件下，其配合的性质必须相同，即具有相同的极限间隙或极限过盈。如H9/f9 与 F9/h9，H7/p6 与 P7/h6。由于孔比轴加工困难，因此国家标准规定，为使孔和轴在工艺上等价，在较高精度等级的配合中，孔比轴的公差等级低一级。在较低精度等级的配合中，孔与轴采用相同的公差等级。在孔和轴的基本偏差换算中，有以下两种规则。

（1）通用规则

同名代号的孔和轴的基本偏差的绝对值相等，而符号相反，即

$$EI=-es \tag{12.16a}$$

上式适用各种公差等级的 A～H

$$EI=-ei \tag{12.16b}$$

上式适用于各种公差等级>IT8 的 K～N 和公差等级>IT7 的 P～ZC。

从公差带图看，孔的基本偏差是轴的基本偏差相对于零线的倒影，如图 12.13 所示。

（2）特殊规则

同名代号的孔和轴的基本偏差的符号相反，而绝对值相差一个 Δ 值，即

$$\begin{cases} ES=-ei+\Delta \\ \Delta=IT_n-IT_{n-1} \end{cases} \tag{12.17}$$

此式适用于 3mm＜基本尺寸≤500mm，标准公差≤IT8 的 K～N 和标准公差≤IT7 的 P～ZC。用上述公式计算出孔的基本偏差按一定规则化整，编制出孔的基本偏差数值表，如表 12.3 所示。实际使用时，可直接查此表，不必计算。

孔的另一个极限偏差可根据下列公式计算

$$\begin{cases} ES=EI+IT & \text{（公差带在零线之上）} \\ EI=ES-IT & \text{（公差带在零线之上）} \end{cases} \tag{12.18}$$

【例 12.2】 查表确定ϕ25H8/p8，ϕ25P8/h8 孔与轴的极限偏差，并计算这两个配合的极限间隙或过盈间隙。

解： 1）查表确定孔和轴的标准公差。查表 12.1 得 IT8＝33μm。

2）查表确定轴的基本偏差。查表 12.2 得 p 的基本偏差为下极限偏差 ei＝＋22μm，h 的基本偏差为上偏差 es＝0。

3）查表确定孔的基本偏差。查表 12.3 得 H 的基本偏差为下极限偏差 EI＝0，P 的基本偏差为上偏差 ES＝－22μm。

4）计算轴的另一个极限偏差。

表 12.3　尺寸≤500mm 的孔的基本偏差数值（摘自 GB/T 1800.1—2009）

公称尺寸/mm	基本偏差/μm																																		Δ/μm					
	下极限偏差（EI）												上极限偏差（ES）																											
	A	B	C	CD	D	E	EF	F	EG	G	H	JS	J			K		M		N		P—ZC	P	R	S	T	U	V	X	Y	Z	ZA	ZB	ZC						
	所有的公差等级												6	7	8	≤8	>8	≤8	>8	≤8	>8	≤7	>7												3	4	5	6	7	8
≤3	+270	+140	+60	+34	+20	+14	+10	+6	+4	+2	0	偏差等于$\pm\frac{IT}{2}$	+2	+4	+6	0	0	−2	−2	−4	−4	在大于7级的相应数值上增加一个Δ值	−6	−10	−14		−18		−20		−26	−32	−40	−60	0					
>3−6	+270	+140	+70	+46	+30	+20	+14	+10	+6	+4	0		+5	+6	+10	−1+Δ	—	−4+Δ	−4	−8+Δ	0		−12	−15	−19		−23		−28		−35	−42	−50	−80	1	1.5	1	3	4	6
>6−10	+280	+150	+80	+56	+40	+25	+18	+13	+8	+5	0		+5	+8	+12	−1+Δ	—	−6+Δ	−6	−10+Δ	0		−15	−19	−23		−28		−34		−42	−52	−67	−97	1	1.5	2	3	6	7
>10−14 >14−18	+290	+150	+95	—	+50	+32	—	+16	—	+6	0		+6	+10	+15	−1+Δ	—	−7+Δ	−7	−12+Δ	0		−18	−23	−28		−33	— −39	−40 −45		−50 −60	−64 −77	−90 −108	−130 −150	1	2	3	3	7	9
>18−24 >24−30	+300	+160	+110	—	+65	+40	—	+20	—	+7	0		+8	+12	+20	−2+Δ	—	−8+Δ	−8	−15+Δ	0		−22	−28	−35	— −41	−41 −48	−47 −55	−54 −64	−63 −75	−73 −88	−98 −118	−136 −160	−188 −218	1.5	2	3	4	8	12
>30−40 >40−50	+310 +320	+170 +180	+120 +130	—	+80	+50	—	+25	—	+9	0		+10	+14	+24	−2+Δ	—	−9+Δ	−9	−17+Δ	0		−26	−34	−43	−48 −54	−60 −70	−68 −81	−80 −95	−94 −114	−112 −136	−148 −180	−200 −242	−274 −325	1.5	3	4	5	9	14
>50−65 >65−80	+340 +360	+190 +200	+140 +150	—	+100	+60	—	+30	—	+10	0		+13	+18	+28	−2+Δ	—	−11+Δ	−11	−20+Δ	0		−32	−41 −43	−53 −59	−66 −75	−87 −102	−102 −120	−122 −146	−144 −174	−172 −210	−226 −274	−300 −360	−400 −480	2	3	5	6	11	16
>80−100 >100−120	+380 +410	+220 +240	+170 +180	—	+120	+72	—	+36	—	+12	0		+16	+22	+34	−3+Δ	—	−13+Δ	−13	−23+Δ	0		−37	−51 −54	−71 −79	−91 −104	−124 −144	−146 −172	−178 −210	−214 −254	−258 −310	−335 −400	−445 −525	−585 −690	2	4	5	7	13	19
>120−140 >140−160 >160−180	+460 +520 +580	+260 +280 +310	+200 +210 +230	—	+145	+85	—	+43	—	+14	0		+18	+26	+41	−3+Δ	—	−15+Δ	−15	−27+Δ	0		−43	−63 −65 −68	−92 −100 −108	−122 −134 −146	−170 −190 −210	−202 −228 −252	−248 −280 −310	−300 −340 −380	−365 −415 −465	−470 −535 −600	−620 −700 −780	−800 −900 −1000	3	4	6	7	15	23
>180−200 >200−225 >225−250	+660 +740 +820	+340 +380 +420	+240 +260 +280	—	+170	+100	—	+50	—	+15	0		+22	+30	+47	−4+Δ	—	−17+Δ	−17	−31+Δ	0		−50	−77 −80 −84	−122 −130 −140	−166 −180 −196	−236 −258 −284	−284 −310 −340	−350 −385 −425	−425 −470 −520	−520 −575 −640	−670 −740 −820	−880 −960 −1050	−1150 −1250 −1350	3	4	6	9	17	36
>250−280 >280−315	+920 +1050	+480 +540	+300 +330	—	+190	+110	—	+56	—	+17	0		+25	+36	+55	−4+Δ	—	−20+Δ	−20	−34+Δ	0		−56	−94 −98	−158 −170	−218 −240	−315 −350	−385 −425	−475 −525	−580 −650	−710 −790	−920 −1000	−1200 −1300	−1550 −1700	4	4	7	9	20	29
>315−255 >355−400	+1200 +1350	+600 +680	+360 +400	—	+210	+125	—	+62	—	+18	0		+29	+39	+60	−4+Δ	—	−21+Δ	−21	−37+Δ	0		−62	−108 −114	−190 −208	−268 −294	−390 −435	−475 −530	−590 −660	−730 −820	−900 −1000	−1150 −1300	−1500 −1650	−1900 −2100	4	5	7	11	21	32
>400−450 >450−500	+1500 +1650	+760 +840	+440 +480	—	+230	+135	—	+68	—	+20	0		+33	+43	+66	−5+Δ	—	−23+Δ	−23	−40+Δ	0		−68	−126 −132	−232 −252	−330 −360	−490 −540	−595 −660	−740 −820	−920 −1000	−1100 −1250	−1450 −1600	−1850 −2100	−2400 −3000	5	5	7	13	23	34

注：1. 公称尺寸小于 1mm 时，各级的 A 和 B 及大于 8 级的 N 均不采用。

2. JS 的数值：对 IT7～IT11，若 IT 的数值（μm）为奇数，则取 $JS=\pm\frac{IT-1}{2}$。

P8 的另一个极限偏差

$$es=ei+IT8=(+22+33)\mu m=+55\mu m$$

h8 的另一个极限偏差

$$ei=es-IT8=(0-33)\mu m=-33\mu m$$

5）标出极限偏差，即

$$\phi 25\frac{H8\left(\begin{smallmatrix}+0.033\\0\end{smallmatrix}\right)}{P8\left(\begin{smallmatrix}+0.055\\+0.022\end{smallmatrix}\right)} \qquad \phi 25=\frac{P8\left(\begin{smallmatrix}-0.022\\-0.055\end{smallmatrix}\right)}{h8\left(\begin{smallmatrix}0\\-0.033\end{smallmatrix}\right)}$$

6）计算极限盈隙。

对于ϕ25H8/P8 有

$$Y_{max}=EI-es=0-(+0.055)=-0.055mm$$

$$X_{max}=ES-ei=+0.033-(+0.022)=+0.011mm$$

对于ϕ25P8/h8 有

$$Y_{max}=EI-es=-0.055-0=-0.055mm$$

$$X_{max}=ES-ei=-0.022-(-0.033)=+0.011mm$$

可见ϕ25H8/h8 与ϕ25P8/h8 配合性质相同。

【例 12.3】 已知基本尺寸为ϕ20mm 的孔，其最大极限尺寸为ϕ20.011mm，最小极限尺寸为ϕ20mm，试求其上、下偏差和公差各为多少？

解：1）上偏差=20.011－20=＋0.011mm。

2）下偏差=20.000－20=0。

3）公差=20.011－20=0.011mm。

12.3.3　公差及配合代号

1. 公差带代号与配合代号

孔、轴的公差带代号由基本偏差代号和公差等级数字组成，例如 H7、F7、K7、P6 等为孔的公差带代号；h7、g6、m6、r7 等为轴的公差带代号。

当孔和轴组成配合时，配合代号写成分数形式，分子为孔的公差带代号，分母为轴的公差带代号，如 H7/g6。若指某基本尺寸的配合，则基本尺寸标在配合代号之前，如ϕ30H7/g6。

公差与配合代号的意义识别示例见表 12.4。

2. 图样中尺寸公差的标注形式

零件图中尺寸公差的两种标注形式如图 12.14 所示。孔、轴公差在零件图上主要标注基本尺寸和极限偏差数值，也可标注基本尺寸、公差带代号和极限偏差数值。

在装配图上，主要标注配合代号，即标注孔、轴的基本偏差代号及公差等级，如图 12.15 所示。

表 12.4　公差与配合代号意义识别示例

序号	实例	表示意义
1	$\phi 30F8$	基本尺寸$\phi 30$mm，公差等级 8 级，基本偏差 F 的基轴制间隙配合的孔
2	$\phi 40H4$	① 基本尺寸$\phi 40$mm，公差等级 4 级，基本偏差是 H 的基孔制的基准孔
		② 基本尺寸$\phi 40$mm，公差等级 4 级，基本偏差是 H 的基轴制间隙配合的孔
3	$\phi 60T6$	基本尺寸$\phi 60$mm，公差等级 6 级，基本偏差是 T 的基轴制过盈配合的孔
4	$\phi 25u5$	基本尺寸$\phi 25$mm，公差等级 5 级，基本偏差是 u 的基孔制过盈配合的轴
5	$\phi 50b13$	基本尺寸$\phi 50$mm，公差等级 13 级，基本偏差是 b 的基孔制间隙配合的轴
6	$\phi 30h9$	① 基本尺寸$\phi 30$mm，公差等级 9 级，基本偏差是 h 的基轴制的基准轴
		② 基本尺寸$\phi 30$mm，公差等级 9 级，基本偏差是 h 的基孔制间隙配合的轴
7	$\phi 25\dfrac{H8}{h7}$	① 基本尺寸$\phi 25$mm，基孔制（分子是 H），公差等级孔是 8 级、轴是 7 级，基本偏差孔是 H、轴是 h 的间隙配合
		② 基本尺寸$\phi 25$mm，基轴制（分母是 h），公差等级孔是 8 级，轴是 7 级，基本偏差孔是 H、轴是 h 的间隙配合
8	$\phi 35\dfrac{H7}{p6}$	基本尺寸$\phi 35$mm，基孔制（分子是 H），公差等级孔是 7 级，轴是 6 级，基本偏差孔是 H，轴是 p 的过盈配合
9	$\phi 45\dfrac{K7}{h6}$	基本尺寸$\phi 45$mm，基轴制（分母是 h），公差等级孔是 7 级，轴是 6 级，基本偏差孔是 K，轴是 h 的过渡配合

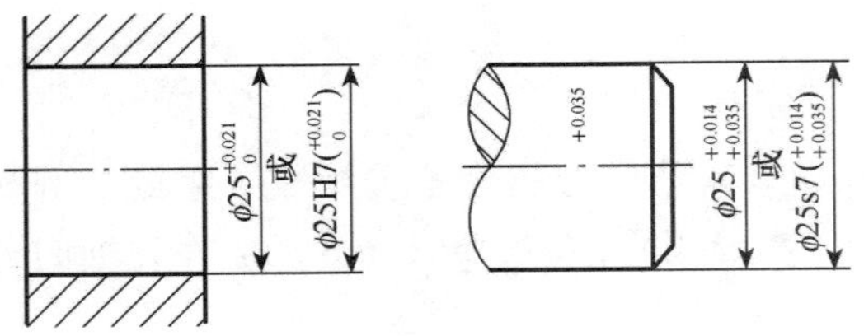

图 12.14　孔、轴公差在零件图上的标注

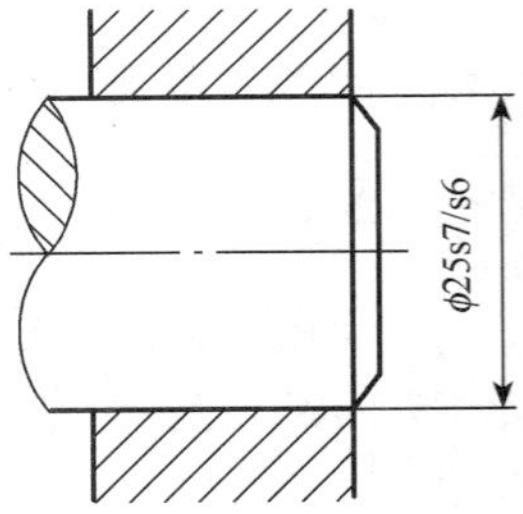

图 12.15　孔、轴公差在装配图上的标注

12.3.4　一般、常用和优先公差带与配合

1. 一般、常用和优先公差带

国标 GB/T 1800.3 规定了 20 个公差等级和 28 种基本偏差，如将任一基本偏差与任一标准公差组合，在基本尺寸＜500mm 范围内，孔公差带有 20×27＋3（J6、J7、J8）＝543 个，轴公差带有 20×27＋4（j5、j6、j7、j8）＝544 个。这么多的公差带都使用显然是不经济的，因为它必然导致定值刀具和量具规格的繁多。为此，国标规定了一般、常用和优先

的轴公差带共 119 种，如图 12.16 所示。图中方框内的 59 种为常用公差带，圆圈内的 13 种为优先公差带。一般常用和优先的孔公差带共有 105 种，如图 12.17 所示，图中方框内 44 种为常用公差带，圆圈内的 13 种为优先公差带。

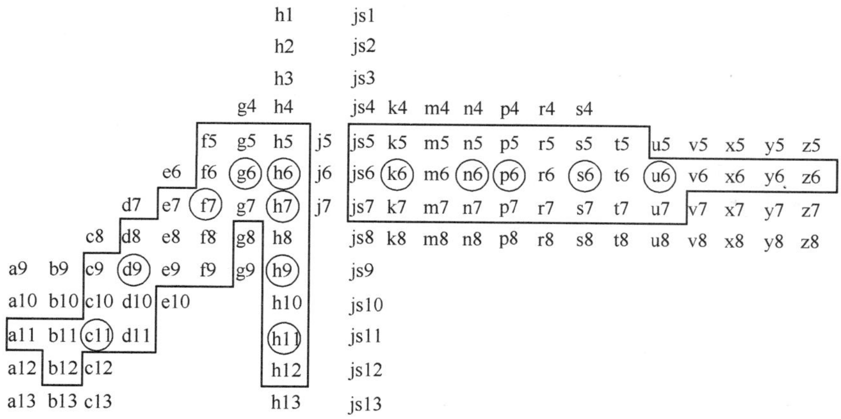

图 12.16　一般、常用和优先轴公差带

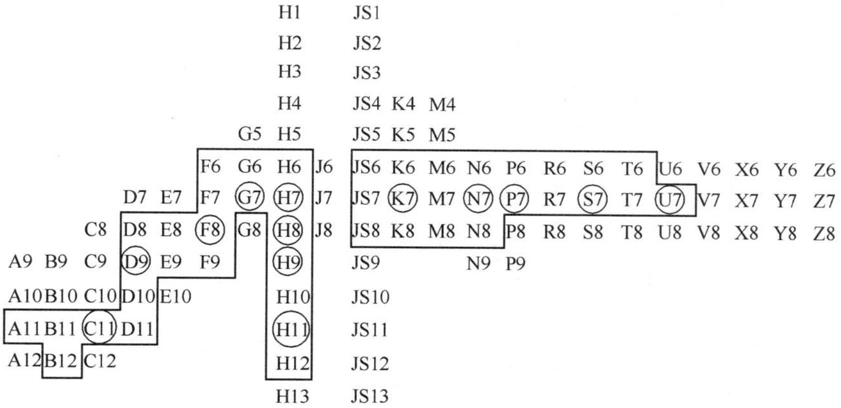

图 12.17　一般、常用和优先孔公差带

2. 常用和优先配合

在上述推荐的轴、孔公差带的基础上，国家标准还推荐了孔、轴公差带的组合。对基孔制，规定有 59 种常用配合；对基轴制，规定有 47 种常用配合。在此基础上，又从中各选取了 13 种优先配合，如表 12.5 和表 12.6 所示。

表 12.5 基孔制优先、常用配合

基准孔	a	b	c	d	e	f	g	h	js	k	m	n	p	r	s	t	u	v	x	y	z
	轴																				
	间隙配合								过渡配合			过盈配合									
H6						H6/f5	H6/g5	H6/h5	H6/js5	H6/k5	H6/m5	H6/n5	H6/p5	H6/r5	H6/s5	H6/t5					
H7						H7/f6	◤H7/g6	◤H7/h6	H7/js6	◤H7/k6	H7/m6	◤H7/n6	◤H7/p6	H7/r6	◤H7/s6	H7/t6	◤H7/u6	H7/v6	H7/x6	H7/y6	H7/z6
H8					H8/e7	◤H8/f7	H8/g7	◤H8/h7	H8/js7	H8/k7	H8/m7	H8/n7	H8/p7	H8/r7	H8/s7	H8/t7	H8/u7				
H8				H8/d8	H8/e8	H8/f8		H8/h8													
H9			H9/c9	◤H9/d9	H9/e9	H9/f9		◤H9/h9													
H10			H10/c10	H10/d10				H10/h10													
H11	H11/a11	H11/b11	◤H11/c11	H11/d11				◤H11/h11													
H12		H12/b12						H12/h12													

注：1. $\frac{H6}{n5}$、$\frac{H7}{p6}$在基本尺寸≤3mm 和$\frac{H8}{r7}$在≤100mm 时，为过渡配合。

2. 标注◤的配合为优先配合。

表 12.6 基轴制优先、常用配合

基准轴	A	B	C	D	E	F	G	H	JS	K	M	N	P	R	S	T	U	V	X	Y	Z
	孔																				
	间隙配合								过渡配合			过盈配合									
h5						F6/h5	G6/h5	H6/h5	JS6/h5	K6/h5	M6/h5	N6/h5	P6/h5	R6/h5	S6/h5	T6/h5					
h6						H7/h6	◤G7/h6	◤H7/h6	JS7/h6	◤K7/h6	M7/h6	◤N7/h6	◤P7/h6	R7/h6	◤S7/h6	T7/h6	◤U7/h6				
h7					E8/h7	◤F8/h7		◤H8/h7	JS8/h7	K8/h7	M8/h7	N8/h7									
h8			D8/h8	E8/h8	F8/h8		H8/h8														
D9				◤D9/h9	E9/h9	F9/h9		◤H9/h9													
h10				D10/h10				H10/h10													
h11	A11/h11	B11/h11	◤C11/h11	D11/h11				◤H11/h11													
h12		B12/h12						H12/h12													

注：标注◤的配合为优先配合。

3. 一般公差（线性尺寸的未注公差）

一般公差是指在车间普通工艺条件下就可保证的公差。在正常维护和操作情况下，它代表车间一般加工的经济加工精度。国家标准 GB/T 1804—2000《一般公差未注公差的线性和角度尺寸的公差》等效地采用了国际标准中的有关部分，替代了 GB 1804—1992《一般公差线性尺寸的未注公差》。

GB/T 1804—2000 对线性尺寸的一般公差规定了 4 个公差等级——精密级、中等级、粗糙级和最粗级，分别用字母 f、m、c 和 v 表示。而对尺寸也采用了大的分段。具体数据如表 12.7 所示。这 4 个公差等级相当于 IT12，IT14，IT16 和 IT17。

表 12.7　线性尺寸的未注极限偏差的数值（摘自 GB/T 1804—2000）（单位：mm）

公差等级	尺寸分段							
	0.5～3	>3～6	>6～30	>30～120	>120～400	>400～1000	>1000～2000	>2000～4000
f（精密级）	±0.05	±0.05	±0.1	±0.15	±0.2	±0.3	±0.5	—
m（中等级）	±0.1	±0.1	±0.2	±0.3	±0.5	±0.8	±1.2	±2
c（粗糙级）	±0.2	±0.3	±0.5	±0.8	±1.2	±2	±3	±4
v（最粗级）	—	±0.5	±1	±1.5	±2.5	±4	±6	±8

由表 12.7 可见，不论孔和轴还是长度尺寸，其极限偏差的取值都采用对称分布的公差带，因而与旧国标比，使用更方便，概念更清晰，数值更合理。标准同时也对倒圆半径与倒角高度尺寸的极限偏差的数值作了规定，如表 12.8 所示。

表 12.8　倒圆半径与倒角高度尺寸的极限偏差的数值（摘自 GB/T 1804—2000）

（单位：mm）

<table>
<tr><th rowspan="2">公差等级</th><th colspan="4">尺寸分段</th></tr>
<tr><th>0.5～3</th><th>>3～6</th><th>>6～30</th><th>>30</th></tr>
<tr><td>f（精密级）</td><td rowspan="2">0.2</td><td rowspan="2">±0.5</td><td rowspan="2">±1</td><td rowspan="2">±2</td></tr>
<tr><td>m（中等级）</td></tr>
<tr><td>c（粗糙级）</td><td rowspan="2">0.4</td><td rowspan="2">±1</td><td rowspan="2">±2</td><td rowspan="2">±4</td></tr>
<tr><td>v（最粗级）</td></tr>
</table>

注：倒圆半径与倒角高度的含义参见国家标准 GB 6403—4《零件倒圆与倒角》。

当采用一般公差时，在图样上只注基本尺寸，不注极限偏差，而应在图样的技术要求或有关技术文件中，用标准号和公差等级代号作出总的表示。例如，当选用中等级 m 时，则表示为 GB/T 1804—m。一般公差主要用于精度较低的非配合尺寸。当零件的功能要求允许一个比一般公差大的公差，而该公差比一般公差更经济时，应在基本尺寸后直接注出具体的极限偏差数值。一般公差的线性尺寸是在车间加工精度保证的情况下加工出来的，一般可以不检验。若生产方和使用方有争议时，应以表中查得的极限偏差作为依据来判断其合格性。

12.4 公差与配合的选用

尺寸公差与配合的选择是机械设计与制造中的一个重要环节，它是在基本尺寸已经确定的情况下进行的尺寸精度设计。公差与配合的选择是否恰当，对产品的性能、质量、互换性和经济性有着重要的影响。其内容包括选择基准制、公差等级和配合种类三个方面。选择的原则是在满足使用要求的前提下能够获得最佳的技术经济效益。选择的方法有计算法、试验法和类比法。

12.4.1 基准制的选用

基准制有基孔制和基轴制两种。由于同名配合的基孔制和基轴制的配合性质是相同的，所以，基准制的选择与使用要求无关，主要与零件的结构、制造工艺和经济性相关。

1）一般情况下，应优先选用基孔制。通常加工孔比加工轴困难些，而且所用的刀具、量具尺寸规格也多些。采用基孔制可大大减少定值刀、量具的规格和数量。

2）只有在具有明显经济效果的情况下，如用冷拔钢作轴，或在同一基本尺寸的轴上要装配几个不同配合的零件时，才采用基轴制。与标准件配合时，基准制的选择通常依标准件而定。与滚动轴承内圈配合的轴应按基孔制；与滚动轴承外圈配合的孔应按基轴制。

3）为了满足配合的特殊要求，允许采用任一孔、轴公差带组成配合。如图 2.18（a）所示。根据工作需要及装配性，活塞销轴与活塞孔采用过渡配合，而与连杆铜套孔采用间隙配合。若采用基孔制配合如图 2.18（b）所示，销轴将做成阶梯状。而采用基轴制配合如图 2.18（c）所示，销轴可做成光轴。这种选择不仅有利于轴的加工，并且能够保证它们在装配中的配合质量。

若与标准件（零件或部件）配合，应以标准件为基准件来确定采用基孔制还是基轴制。例如，滚动轴承外圈与箱体孔的配合应采用基轴制，滚动轴承内圈与轴的配合应采用基孔制，如图 12.19 所示。选择箱体孔的公差带为 J7，选择轴颈的公差带为 k6。

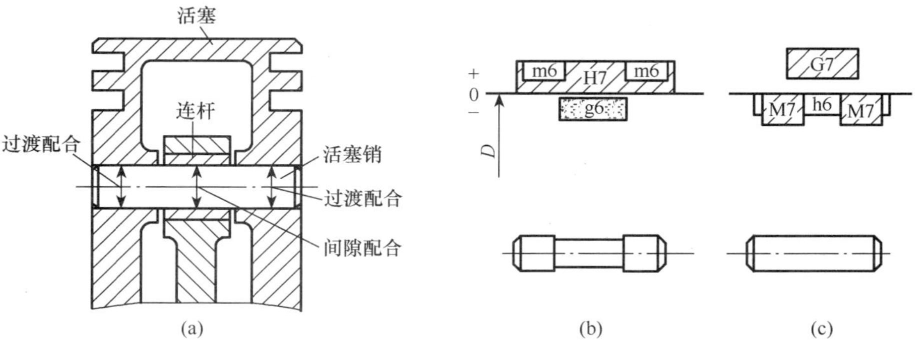

图 12.18　基准制选择示例（一）

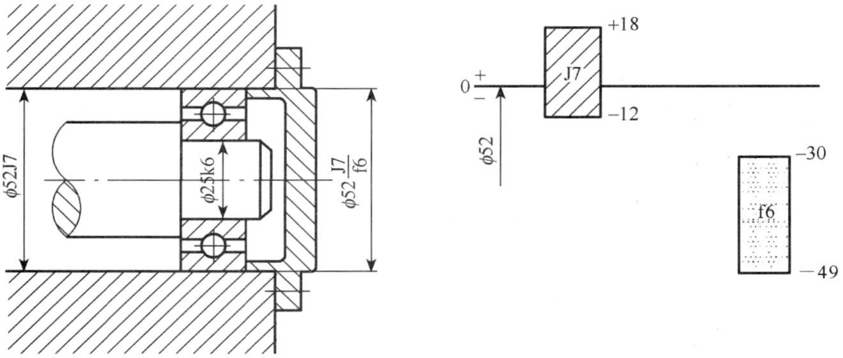

图 12.19　基准制的选择示例（二）

12.4.2　公差等级的确定

合理选用公差等级，是为了解决机器零部件的使用要求与制造工艺之间的矛盾。一般选用的原则为如下所述。

1）对于基本尺寸≤50mm 的较高等级的配合，由于孔比同级轴加工困难，当标准公差≤IT8 时，国标推荐孔比轴低一级相配合，但对标准公差＞IT8 级或基本尺寸＞500mm 的配合，由于孔的测量精度比轴容易保证，推荐采用同级孔、轴配合。

2）选择公差等级，既要满足设计要求，又要考虑工艺的可能性和经济性。也就是说在满足使用要求的情况下，尽量扩大公差值，亦即选用较低的公差等级。

国标推荐的各公差等级的应用范围如下所述。

IT01，IT0，IT1 级一般用于高精度量块和其他精密尺寸标准块的公差。它们大致相当于量块的 1，2，3 级精度的公差。

IT2～IT5 级用于特别精密零件的配合。

IT5～IT12 级用于配合尺寸公差。其中 IT5（孔到 IT6）级用于高精密和重要的配合处。例如精密机床主轴的轴径，主轴箱体孔与精密滚动轴承的配合等。

IT6（孔到 IT7）级用于要求精密配合的情况。例如，机床中一般传动轴和轴承的配合，齿轮、皮带轮和轴的配合。这个公差等级在机械制造中应用比较广泛，国标中推荐的常用公差带也较多。

IT7～IT8 级用于一般精度要求的配合。例如，一般机械中速度不高的轴与轴承的配合。

IT9～IT10 级常用于一般要求的地方，或精度要求较高的槽宽的配合。

IT11～IT12 级用于不重要的配合。

IT12～IT18 级用于未注尺寸公差的尺寸精度，包括冲压件、铸件的公差等。

国标各公差等级与加工方法的大致关系见表 12.9。

表 12.9　加工方法所达到的公差等级

公差等级 / 加工方法	01	0	1	2	3	4	5	6	7	8	9	10	11	12	13	14	15	16	17	18
研磨	—	—	—	—	—	—	—													
珩磨						—	—	—	—											
外圆磨							—	—	—	—										
平面磨							—	—	—	—										
金刚石车							—	—	—											
金刚石镗							—	—	—											
拉削							—	—	—	—										
铰孔								—	—	—	—	—								
精车精镗									—	—	—									
粗车												—	—	—						
粗镗												—	—	—						
铣										—	—	—	—							
刨、插												—	—							
钻削												—	—	—	—					
冲压												—	—	—	—	—				
滚压、挤压												—	—							
锻造																	—	—		
砂型铸造																—	—			
金属型铸造																—	—			
气割																	—	—	—	—

12.4.3　配合的选用

选择配合的目的是合理确定相结合件——孔与轴在工作中的状态，也就是合理确定孔与轴的配合性质，以保证机器正常工作。配合性质主要取决于基本偏差（同时也与公差等级及基本尺寸有关）。所以在基准制确定后，选择配合就是选择非基准件的公差带代号。

选择配合时，在满足使用要求的前提下，首先考虑选用的范围应是优先公差带及优先配合，其次是常用公差带及常用配合，再次是一般用途的公差带。只有在一般公差带也不能满足要求时，才允许按标准公差和基本偏差组成任意公差带及配合。

一般选用配合的方法有以下三种。

1. 计算法

根据一定的理论和公式，计算出所需的间隙或过盈。对于间隙配合中的滑动轴承，可用流体润滑理论来计算保证滑动轴承处于液体摩擦状态所需的间隙，根据计算结果，选用合适的配合；对于过盈配合，可按弹塑性变形理论，计算出必需的最小过盈，选用合适的过盈配合，并按此验算在最大过盈时是否会使工件材料损坏。由于影响配合间隙量和过盈量的因素很多，理论的计算也是近似的，所以，在实际应用时还需经过试验来确定。

2. 试验法

对产品性能影响很大的一些配合，往往用试验法来确定机器工作性能的最佳间隙或过盈。但是这种方法需要进行大量的试验，成本比较高。

3. 类比法

按照同类机器或机构中，根据生产实践验证的已用配合的实用情况，再考虑所设计机器的使用要求，参照确定需要的配合。

在生产中，广泛应用的选择配合方法是类比法。要掌握这种方法，首先必须分析机器或机构的功能、工作条件和技术要求，进而研究结合件的工作条件及使用要求，还要了解各种配合的特性和应用。下面分别加以阐述。

（1）分析零件的工作条件及使用要求

为了充分掌握零件的具体工作条件和使用要求，必须考虑下列主要因素。

1）孔和轴的定心精度。当相互配合的孔、轴定心精度要求高时，不宜用间隙配合，多用过渡配合。过盈配合也能保证定心精度。

2）受载荷情况。若载荷较大，对过盈配合过盈量要增大，对过渡配合要选用过盈概率大的过渡配合。

3）拆装情况。经常拆装的孔和轴的配合比不经常拆装的配合要松些。有时零件虽然不经常拆装，但受结构限制装配困难的配合，也要选松一些的配合。

4）配合件的材料。当配合件中有一件是铜或铝等塑性材料时，因它们容易变形，故选择配合时可适当增大过盈或减小间隙。

5）装配变形的影响。主要针对一些薄壁零件的装配，如图 12.20 所示。由于套筒外表面与机座孔的装配会产生较大过盈，当套筒压入机座孔后套筒内孔会收缩，使内孔变小，这样就满足不了ϕ60H7/f6 的使用要求。

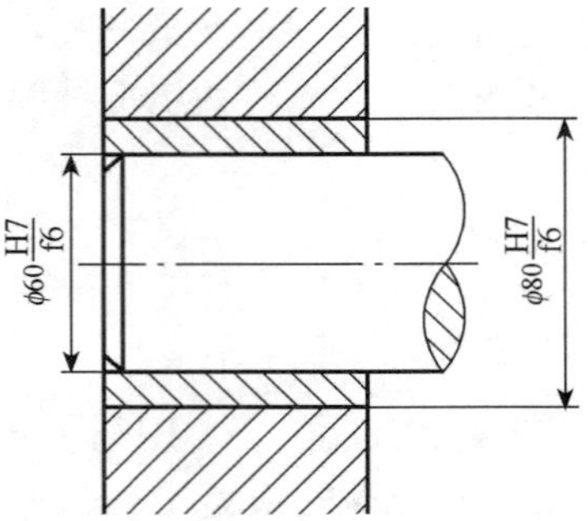

图 12.20　具有装配变形的结构

在选择套筒内孔与轴的配合时，此变形量应给予考虑。具体办法有两个：其一是将内孔做大些（如按ϕ60G7 进行加工）以补偿装配变形；其二是用工艺措施来保证，将套筒压入机座孔后，再按ϕ60H7 加工套筒内孔。

6）工作温度。当工作温度与装配温度相差较大时，选择配合时要考虑到热变形的影响。

7）生产类型。在大批量生产时，加工后的尺寸通常按正态分布。但在单件小批生产时，多采用试切法，加工后孔的尺寸多偏向最小极限尺寸，轴的尺寸多偏向最大极限尺寸。这样，对同一配合，单件小批生产比大批量生产总体上就显得紧一些。因此，在选择配合时，对同一使用要求，单件小批生产时采用的配合应比大批量生产时要松一些。例如，大批量生产时的配合为ϕ50H7/js6，则在单件小批生产时应选择ϕ50H7/h6。

在选择配合时，应根据零件的工作条件，综合考虑以上各因素的影响，当工作条件变化时，对配合的间隙或过盈的大小进行适当的调整。

根据具体条件不同，结合件配合的间隙量或过盈量必须相应的改变，具体参见表 12.10。

表 12.10　工作情况对过盈或间隙的影响

具 体 情 况	过盈应增大或减小	间隙应增大或减小
材料许用应力小	减小	—
经常拆卸	减小	—
工作时，孔温高于轴温	增大	减小
工作时，轴温高于孔温	减小	增大
有冲击载荷	增大	减小
配合长度较大	减小	增大
配合面形位误差较大	减小	增大
装配时可能歪斜	减小	增大
旋转速度高	增大	增大
有轴向运动	—	增大
润滑油黏度增大	—	增大
装配精度高	增大	减小
表面粗糙度低	增大	减小

（2）了解各类配合的特性和应用

间隙配合的特性是具有间隙。它主要用于结合件有相对运动的配合（包括旋转运动和轴向滑动），也可用于一般的定位配合。

过盈配合的特性是具有过盈。它主要用于结合件没有相对运动的配合。过盈量不大时，用键联结传递扭矩；过盈量大时，靠孔轴结合力传递扭矩。

前者可以拆卸，后者是不能拆卸的。

过渡配合的特性，是可能具有间隙，也可能具有过盈。但所得到的间隙量和过盈量，一般是比较小的。它主要用于定位精确并要求拆卸的相对静止的联结。

表 12.11 是轴的基本偏差的特性和应用，表 12.12 是优先配合的配合特性和应用。可供选择配合时参考。

表 12.11　轴的基本偏差选用说明

配合	基本偏差	特性及应用
间隙配合	a、b	可得到特别大的间隙，应用很少
	c	可得到很大的间隙，一般适用于缓慢、松弛的动配合，用于工作条件较差、受力变形或为了便于装配而必须保证有较大的间隙时。推荐配合为 H11/c11，其较高等级的 H8/c7 配合适用于轴在高温工作的紧密动配合，例如内燃机排气阀和导管
	d	一般用于 IT7～IT11 级，适用于松的转动配合，常用于密封盖、滑轮、空转皮带轮等与轴的配合，也适用于大直径滑动轴承配合，如汽轮机等重型机械中的一些滑动轴承处
	e	多用于 IT7～IT9 级，通常用于要求有明显间隙，易于转动的轴承配合，适用于大跨距支承、多支点支承等配合。高级的 e 轴适用于大的、高速、重载支承，如涡轮发电机、大型电机的主要轴承、凸轮轴支承等配合
	f	多用于 IT6～IT8 级的一般转动配合。当温度影响不大时，被广泛用于普通润滑油（或润滑脂）润滑的支承，如齿轮箱，泵的转轴与滑动轴承的配合
	g	配合间隙很小，制造成本高，除很轻负荷的精密装置外，不推荐用于转动配合。最适合不回转的精密滑动配合，也用于插销等定位配合。如精密连杆轴承、活塞及滑阀、连杆销等
	h	多用于 IT4～IT11 级，广泛应用于无相对转动的零件，作为一般定位配合，若没有温度、变形影响，也用于精密滑动配合
过渡配合	Js	偏差完全对称（±IT/2），平均间隙较小的配合，多用于 IT4～IT7 级，要求间隙比 h 轴小，并允许略有过盈的定位配合。如滚动轴承、联轴节等，可用手或木锤装配
	k	平均间隙接近于零的配合。适用 IT4～IT7 级，推荐用于稍有过盈的定位配合。例如，为消除振动的定位配合，一般用木锤装配
	m	平均过盈较小的配合，适用于 IT4～IT7 级，一般可用木锤装配，但在最大过盈时，要求相当的压入力
	n	平均过盈比 m 轴稍大，很少得到间隙，适用 IT4～IT7 级，用锤或压力机装配，通常推荐用于紧密的组件配合，H6/n5 配合时为过盈配合
过盈配合	p	与 H6 或 H7 配合时是过盈配合，与 H8 孔配合时则为过渡配合。对非铁类零件，为较轻的压入配合，当需要时易于拆卸，对钢、铸铁或铜、钢组件装配是标准压入配合
	r	对铁类零件为中等打入配合，对非铁类零件，为轻打入的配合，当需要时可以拆卸。与 H8 孔配合，直径在 100mm 以上时为过盈配合，直径小时为过渡配合
	s	用于钢和铁制零件的永久性和半永久性装配，可产生相当大的结合力。当用弹性材料，如轻合金时，配合性质与铁类零件的 p 轴相当，如套环压装在轴上、阀座等配合。尺寸较大时，为了避免损伤配合表面，需用热胀或冷缩法装配
	t	一般用于过盈较大的配合。对钢和铁零件适用于作永久性结合，不用键可传递力矩，需用热胀或冷缩法装配
	u	这种配合过盈大，一般应验算在最大过盈时，工件材料是否损坏。需用热胀或冷缩法装配
	v、x、y、z	这些基本偏差所组成配合的过盈量更大，一般不推荐使用

表 12.12　优先配合选用说明

优先配合		说　明
基孔制	基轴制	
H11/c11	C11/h11	间隙非常大，用于很松的、转动很慢的动配合；要求大公差与大间隙的外露组件，要求装配方便的、很松的配合
H9/d9	D9/h9	间隙很大的自由转动配合，用于精度为非主要要求时，或有大的温度变化、高转速或大的轴颈压力时
H8/f7	F8/h7	间隙不大的转动配合，用于中等转速与中等轴颈压力的精确传动；也用于装配较易的中等定位配合
H7/g6	G7/h6	间隙很小的滑动配合，用于不希望自由转动，但可自由移动和滑动并精密定位的配合；也可用于要求精确的定位配合
H7/h6 H8/h7 H9/h9 H11/h11	H7/h6 H8/h7 H9/h9 H11/h11	均为间隙定位配合，零件可自由装拆，而工作时一般相对静止不动，在最大实体条件下的间隙为零，在最小实体条件下的间隙由公差等级决定
H7/n6	K7/h6	过渡配合，用于精密定位
H7/n6	N7/h6	过渡配合，允许有较大过盈的更精密定位
H7/n6	N7/h6	过渡定位配合，用于定位精密特别重要时，能以最好的定位精度达到部件的刚性及对中性要求，面对内孔承受压力无特殊要求，不依靠配合的紧固性传递摩擦负荷
H7/s6	S7/h6	中等压入配合，适用于一般钢件；或用于薄壁的冷缩配合，用于铸铁件可得到最紧的配合
H7/u6	U7/h6	压入配合，适用于可以承受高压入力的零件，或不宜承受大压入力的冷缩配合

典型的配合实例如下所述。

【例 12.4】 设孔、轴配合的基本尺寸为 $\phi30$，要求间隙为 $+0.020\sim+0.055$mm，试确定孔和轴的精度等级和配合种类。

解： 1）选择基准制。本例无特殊要求，选用基孔制。EI＝0。

2）选择公差等级。由使用要求得

$$T_f=X_{\max}-X_{\min}=T_D+T_d=+55-(+20)=35\mu m$$

取

$$T_D=T_d=T_f/2=17.5\mu m$$

从附表查得孔和轴公差等级介于 IT6 和 IT7 之间。

因为 IT6 和 IT7 属于高的公差等级，所以孔和轴应选取不同的公差等级，孔为 IT7，$T_D=21\mu m$，轴 IT6，$T_d=13\mu m$。得出孔的公差带为 H7

选取孔和轴的配合公差为 $T_f'=T_D+T_d=21+13=34\mu m<T_f=35\mu m$，故满足使用要求。

3）选择配合种类：根据使用要求，本例为间隙配合。

因为 $X_{\min}=EI-es$ 而 EI＝0，则

$$es=-X_{\min}=-20\mu m$$

故

$$ei=es-IT=-20-13=-33\mu m$$

因为 es＝－20μm 为基本偏差，从附表中查得轴的基本偏差为 f，轴的公差带为 f6。

4）验算设计结果。

ϕ30H7/f6 的 X_{max}＝＋54μm，X_{min}＝＋20μm，它们分别小于要求的最大间隙（＋55μm）和等于要求的最小间隙（＋20μm），因此设计结果满足使用要求，本例确定的配合为ϕ30H7/f6，属间隙配合。

12.5 公差与配合的应用实例分析

在选择公差和配合时除了充分分析机器的使用条件、使用要求和各种因素外，还要对标准中规定的各个配合的配合性质和特征有比较明确的概念，并要掌握一些经生产实践验证过的典型实例。下面几个例子可供参考。

【例 12.5】 图 12.21 中铝合金活塞和钢制气缸内壁工作时为高速往复运动，要求间隙在 0.1～0.2mm 内，配合缸径为ϕ135mm，气缸工作温度 t_D＝110℃，活塞工作温度 t_d＝180℃，气缸和活塞材料的膨胀系数分别为 $\alpha_D=12\times10^{-6}$/K，$\alpha_d=24\times10^{-6}$/K，试确定活塞与气缸孔的尺寸偏差。

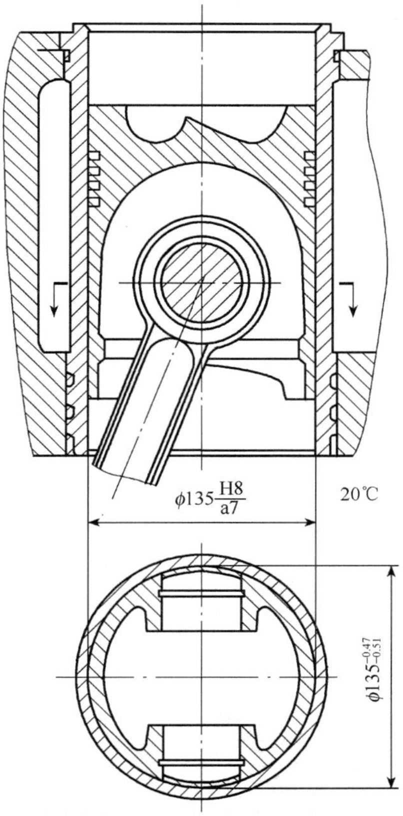

图 12.21　活塞与气缸的配合

解：1）确定基准制。通常应首选基孔制。

2）确定孔、轴公差等级。由于缸径＜500mm，$T_f\leqslant$2IT8，推荐孔比轴低一级，所以 $T_f=X_{max}-X_{min}$＝（0.2－0.1）mm＝100μm

查表 2.2，选孔：IT8 级，T'_h＝63μm；轴：IT7 级，T'_s＝40μm 最大限度地满足题意 $T_f=T_h+T_s$＝100μm 的要求，$T'_f=T'_h+T'_s$＝103μm 稍大于 100μm 是允许的。因此，基准孔其 ES＝＋63μm，EI＝0。

3）计算由热变形引起的间隙变化量。

$$\begin{aligned}\Delta X &= 135[12\times10^{-6}（110-20）\\ &\quad -24\times10^{-6}（180-20）]\text{mm}\\ &= -0.37\text{mm} = -370\mu\text{m}\end{aligned}$$

负值说明：由于 $t_d>t_D$ 及 $\alpha_d>\alpha_D$ 使工作时的间隙减小 0.37mm，为保证工作间隙为 0.1～0.2mm，应对轴的偏差考虑热补偿。

4）确定轴的基本偏差。

由题

$$X_{\min}=\text{EI}-\text{es}=100\mu\text{m}$$

则

$$\text{es}=0-100=-100\mu\text{m};$$

$$\text{ei}=\text{es}-T'_s=(-100-40)\mu\text{m}=-140\mu\text{m}。$$

对轴的上、下偏差加入热补偿 ΔS，则

$$\text{es}'=\text{es}+\Delta X=(-100-370)\mu\text{m}=-470\mu\text{m}$$

$$\text{ei}'=\text{ei}+\Delta X=(-140-370)\mu\text{m}=-510\mu\text{m}$$

故气缸尺寸为 $\phi135^{+0.063}_{\ 0}$ mm，活塞尺寸为 $\phi135^{-0.47}_{-0.51}$ mm。

【例 12.6】 如图 12.22 所示，快换钻套用的衬套和钻模板的配合为 ϕ22H7/n6，快换钻套的外径和衬套的配合选用 ϕ15F7/k6，快换钻套引导钻头的内孔选用 ϕ10F7，试分析其合理性。

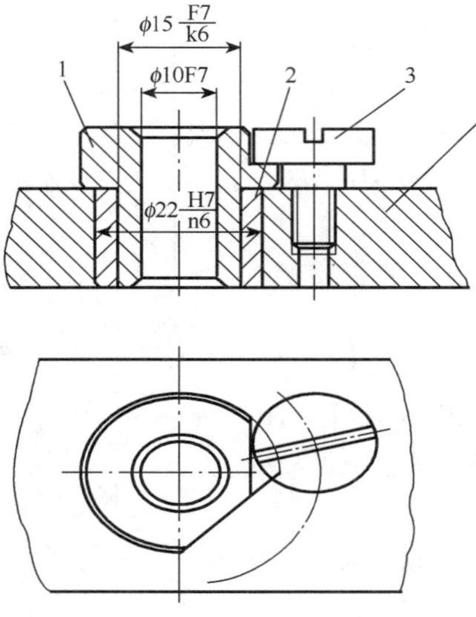

图 12.22　钻套用衬套和钻模板的配合

1．钻套；2．衬套；3．螺钉；4．钻模板

解：1）快换钻套用的衬套是钻模的重要部位，有较严的定心、定位要求，配合精度要求高，工作时与相配件均不要求有相对运动，均选用 7 级孔和 6 级轴的过盈配合。考虑快换钻套的衬套工作时几乎不受负荷，故选用 H7/n6。

2）$\phi 10$ 钻头本身直径公差带相当于基准轴，可视基准件。快换钻套工作时是引导旋转着钻头进给的，既要保证一定的导向精度，又要防止间隙过小而被卡住，故内孔选用 F7。

3）快换钻套由于经常更换，所以它的外径和衬套的配合既有准确定心的要求，又需一定间隙保证更换迅速，选用 F7/k6 类配合是合适的。GB 2263—80（夹具标准）考虑到统一钻套和衬套内孔公差带，均选用 F7 公差带以便制造。所以在衬套内孔公差带为 F7 的前提下选用相当于 H7/g6 类配合的 F7/k6 非基准制配合。两者极限间隙基本相同。

下面是一些工程上常用的配合选择实例。

一般使用在工作条件较差，要求灵活动作的机械上，或用于受力变形大，轴在高温下工作的场合，需保证较大间隙。如起重机吊钩的铰链如图 12.23，带榫槽的法兰盘如图 12.24 所示。

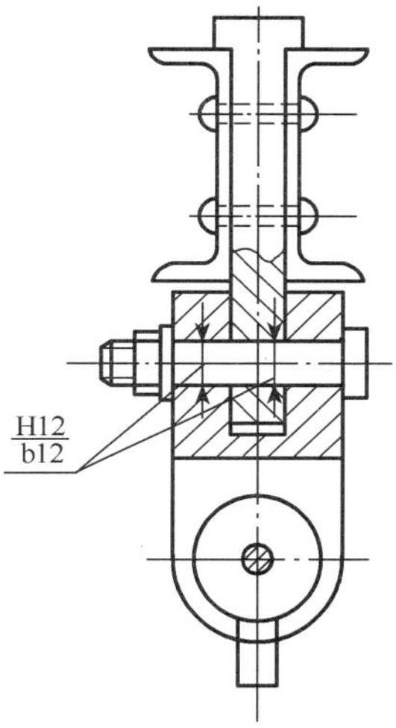

图 12.23　起重机吊钩的铰链

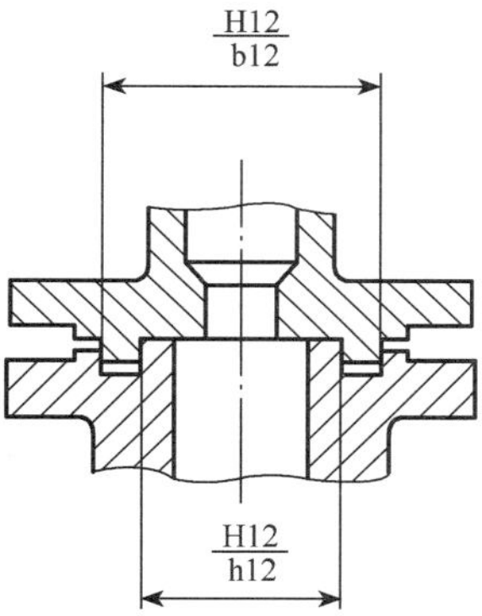

图 12.24　带榫槽的法兰盘

图 12.25 为机车内燃机排气结构简图。由于气门与套杆在高温下工作，导杆与孔有相对轴向运动，而且要求较高的导向精度。采用的配合是 H7/c6。阀座与缸头要求作永久性结合，承受大的轴向应力，配合要牢固，所以选用大过盈的 H6/t5。

图 12.26 内燃机曲轴主轴轴承和凸轮轴轴承，都是多点支承，要求易于转动和有较好的液体润滑，所以选用 H7/e6 的配合。

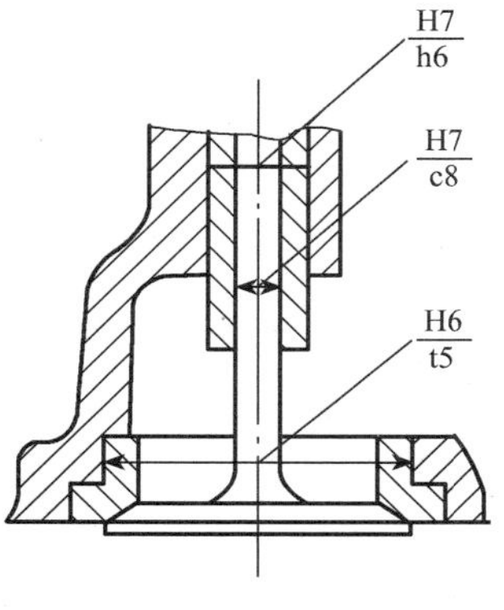

图 12.25　内燃机气门导杆与座的配合

图 12.27 为齿轮与轴的结合。齿轮与轴的同轴度要求高，在检修时又要易于拆卸，且要传递一定的扭矩，所以选用配合 H7/k6，而且加键联接。当承受冲击力时可选 H7/n6。

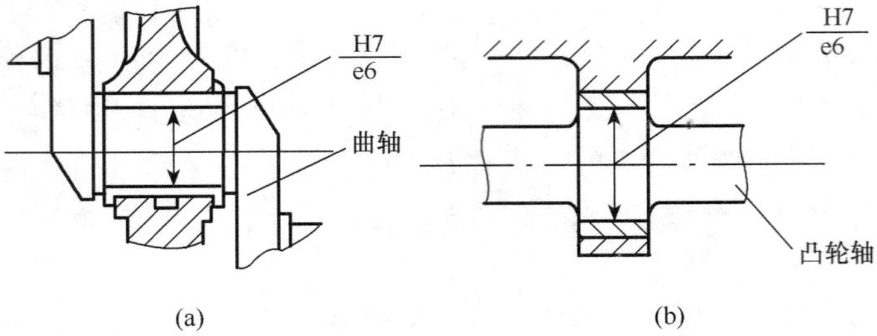

图 12.26　内燃机曲轴主轴承和凸轮轴轴承的配合

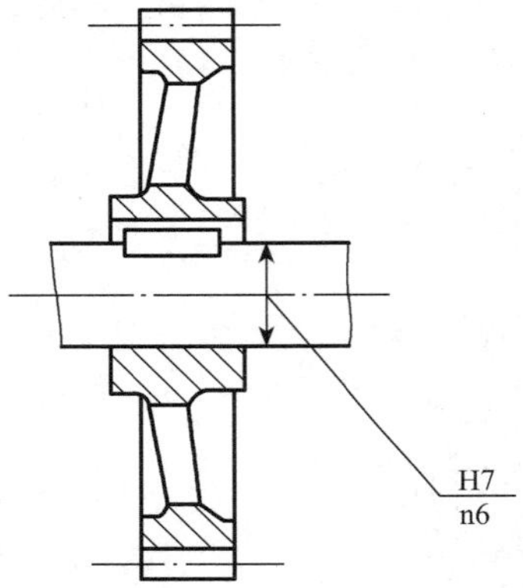

图 12.27　齿轮与轴的结合

习　题

12.1　什么是尺寸公差、极限偏差和实际偏差？它们之间有何区别和联系？

12.2　什么是标准公差？规定它有什么意义？国标规定了多少个公差等级？怎样表达？

12.3　试述标准公差、基本偏差、误差及公差等级的区别和联系。

12.4　为什么要规定基准制？为什么优先采用基孔制？什么情况下应选用基轴制？

12.5　使用标准公差和基本偏差表，算出下列公差带的上、下偏差。

（1）ϕ38d9；　（2）ϕ80P6；　（3）ϕ32V7；　（4）ϕ65h11；
（5）ϕ28k7；　（6）ϕ33m6；　（7）ϕ46C11；　（8）ϕ40M8；
（9）ϕ25Z6；　（10）ϕ30JS6；　（11）ϕ45P7；　（12）ϕ68J。

12.6　配合分哪几类？各类配合中孔和轴公差带的相对位置有何特点？

12.7　间隙配合、过渡配合、过盈配合各适用于何种场合？

12.8　什么是公差？什么是偏差？它们之间有什么关系？

12.9　图样上没有注出公差的尺寸称未注公差尺寸。这一规定，适用于哪几种情况？

12.10　某基孔制配合，基本尺寸为ϕ40mm，要求配合的最大间隙为＋0.007mm，最大过盈为－0.025mm，若取孔和轴的公差等级相同，请计算出孔和轴的极限尺寸，并画出其公差与配合图解。

13 单元 几何公差

◎ **单元概述**

本单元介绍了几何公差项目、符号、公差带的含义及标注方法；要求在理解并掌握几何公差的各种原则和要求的基础上，完成几何公差的正确选择。

◎ **学习目标**

- 理解几何公差项目、符号、公差带的含义及标注方法。
- 理解并掌握几何公差的各种要求。
- 掌握几何公差的正确选择。

◎ **教学节奏与方式**

项　目		课时安排	教学方式
1	课前准备	课余	预习教材
2	教师讲授	4 学时	重点讲授
3	思考与练习	课余	学生之间相互讨论或独立完成习题

13.1 概述

任何一种机械零件都是由若干具有几何特征的点、线、面所构成（称为理想要素），而加工出来的零件实际存在的（称为实际要素），总是偏离理想要素产生形状和位置等误差（简称几何误差），该误差将影响机械产品的使用性能如影响零件的配合性质、功能要求和可装配性，所以必须对几何误差进行控制，规定形状和位置等公差，以保证机械产品的质量和零件的互换性。

13.1.1 零件的几何要素

几何公差研究的对象就是零件的几何要素（简称要素），即构成零件几何特征的点、线、面，如图 13.1 所示。任何零件不管其结构特征如何，都是由这些简单的几何要素组成的，而几何公差就是研究这些几何要素的形状和位置精度要求的。几何要素可从不同的角度进行分类。

1. 按存在的状态

（1）理想要素

理想要素指具有几何学意义的要素，即不存在任何误差的纯几何的点、线、面。设计图样上给出的要素都为理想要素。

（2）实际要素

实际要素指零件上实际存在的要素。由于零件加工时不可避免地存在加工误差，使得实际要素总是偏离理想要素，因此通常用测得的要素来代替实际要素。由于存在测量误差，测得要素也并非是实际要素的真实体现。

2. 按结构特征

（1）轮廓要素

轮廓要素指构成零件外形的点、线、面各要素，如图 13.1 中的圆柱面、球面、素线、平面等。轮廓要素是具体要素。

（2）中心要素

中心要素指对称轮廓要素的对称中心面、中心线或点，如图 13.1 中的球心、轴线。中心要素是抽象要素。

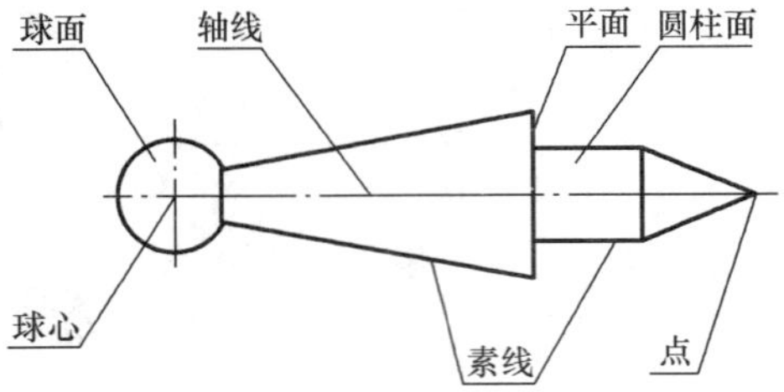

图 13.1　零件的几何要素

3. 按所处的地位

（1）被测要素

被测要素指设计图样上给出了形状或位置公差要求的要素，也就是需要检测的要素，如图 13.2 中的ϕd 圆柱面和ϕD 圆柱轴线。

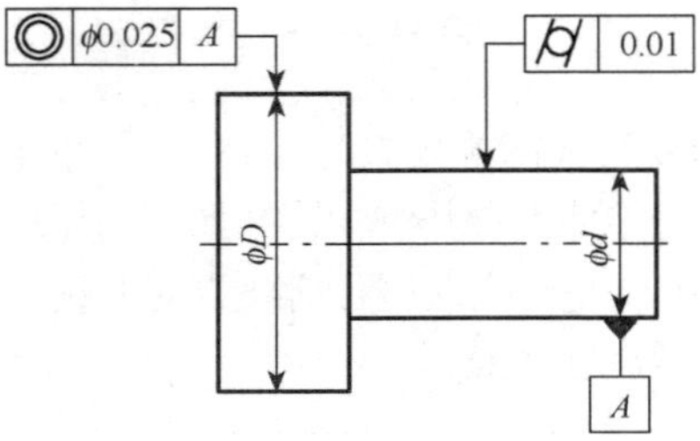

图 13.2　被测要素和基准要素

（2）基准要素

基准要素指用来确定被测要素方向或位置的要素，如图 13.2 中ϕd 圆柱面的轴线。

4. 按功能关系

（1）单一要素

单一要素仅对其本身给出形状公差要求的要素，如图 13.2 中的ϕd 圆柱面。

（2）关联要素

关联要素与基准要素有功能关系并给出位置公差要求的要素，如图 13.2 中的ϕD 圆柱轴线。

13.1.2　几何公差及公差带

1. 几何公差项目及符号

GB/T 1182—2008 规定的几何公差的几何特征和符号见表 13.1。

表 13.1　几何公差的几何特征和符号

公差类型	几何特征	符号	有无基准	公差类型	几何特征	符号	有无基准
形状公差	直线度	—	无	位置公差	位置度	⌖	有或无
	平面度	▱	无		同心度（用于中心点）	◎	有
	圆度	○	无				有

续表

公差类型	几何特征	符号	有无基准	公差类型	几何特征	符号	有无基准
形状公差	圆柱度	⌭	无	位置公差	同轴度（用于轴线）	◎	有
	线轮廓度	⌒	无				有
	面轮廓度	⌓	无		对称度	⌯	有
方向公差	平行度	∥	有		线轮廓度	⌒	有
	垂直度	⊥	有		面轮廓度	⌓	有
	倾斜度	∠	有	跳动公差	圆跳动	↗	有
	线轮廓度	⌒	有		全跳动	⌰	有
	面轮廓度	⌓	有				

2. 几何公差及公差带的概念

几何公差是指形状公差、方向公差、位置公差和跳动公差的统称，几何公差带是指限制被测实际要素形状、方向与位置变动的区域。

（1）形状公差及公差带

形状公差：单一实际要素的形状所允许的变动全量。

形状公差带：限制被测单一实际要素形状变动的区域。

（2）方向公差及公差带

方向公差：关联实际要素的方向对基准所允许的变动量。

方向公差带：限制被测关联实际要素相对于基准要素的方向变动的区域。

（3）位置公差及公差带

位置公差：关联实际要素对基准在位置上允许的变动全量。

位置公差带：限制被测关联实际要素相对于基准要素或位置变动的区域。

（4）跳动公差及公差带

跳动公差：关联实际要素绕基准轴线旋转时所允许的最大跳动量。

跳动公差带：关联实际要素绕基准轴线旋转时所允许的变动区域。

由于跳动公差是相对于基准规定的，因此跳动公差带可归入位置公差带类，即广义的位置公差包括跳动公差。

3. 几何公差带的四要素

几何公差带的要素包括形状、大小、方向和位置。

（1）几何公差带的形状

几何公差带的形状由被测要素的几何特征和设计要求确定，也是评定几何误差的依据，常用的有如图 13.3 所示的 9 种情况：（a）为两平行直线，（b）为两等距曲线，（c）为两平行平面，（d）为两等距曲面，（e）为一个圆，（f）为两同心圆，（g）为一个圆柱，（h）为两同轴圆柱，（i）为一个球。

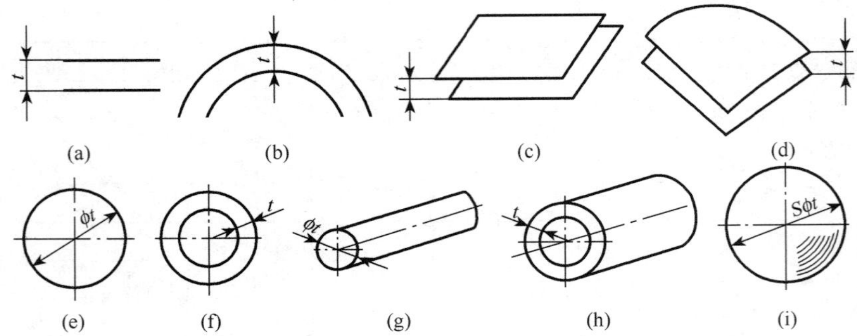

图 13.3　几何公差带的形状

（2）几何公差带的大小

公差带的大小用于体现几何精度要求的高低，指几何公差带的宽度 t 或直径 ϕt，由给定的几何公差值决定。如图 13.3 所示，t 即公差值。

（3）几何公差带的方向

公差带的方向指被测要素误差的方向。对于位置公差带，其方向由设计给出，应与基准保持设计给定的关系。对于形状公差带，设计不作出规定，其方向应遵守评定形状误差的基本原则——最小条件原则。

（4）几何公差带的位置

对于定位公差及多数跳动公差，公差带的位置一般由设计确定，与被测要素的实际状况无关，称为位置固定的公差带；对于形状公差、方向公差和少数跳动公差，项目本身并不规定公差带位置，其位置随被测实际要素的形状和尺寸的大小而改变，可称为位置浮动的公差带。

要合理设计、制造、检测和验收零件，必须对几何公差带四要素有正确的理解。

13.1.3　基准和基准体系

用来确定实际关联要素几何位置关系的要素称为基准。图样上标注的基准都是理想要素，在实际中都要由零件上相应的实际要素来体现。我们把零件上起基准作用的实际要素称为基准实际要素。在零件的加工和测量时，通常用与基准实际要素相接触，且形状足够精确的表面来模拟基准，如用平台的工作面来模拟基准平面；用 V 形块来模拟轴的轴线等。

按照几何特征，基准可分为基准点、基准直线和基准平面。根据它们的构成情况，可分为如下几种类型。

（1）单一基准

单一基准是由一个基准要素（如一条轴线）建立的基准。

（2）公共基准

公共基准由两个或两个以上的要素共同建立而作为单一基准使用的

基准。

（3）三基面体系

三基面体系是由三个相互垂直的平面构成的基准体系。这三个平面与空间直角坐标系一致，*A*、*B*、*C* 分别为第一、第二、第三基准平面。每两个基准平面的交线构成一条基准轴线，三条基准轴线的交点构成基准点。建立基准体系时有顺序之分，在图样上，基准的优先顺序，用基准字母从左到右的顺序标注在公差框格的基准字母格内，如图 13.4 所示。

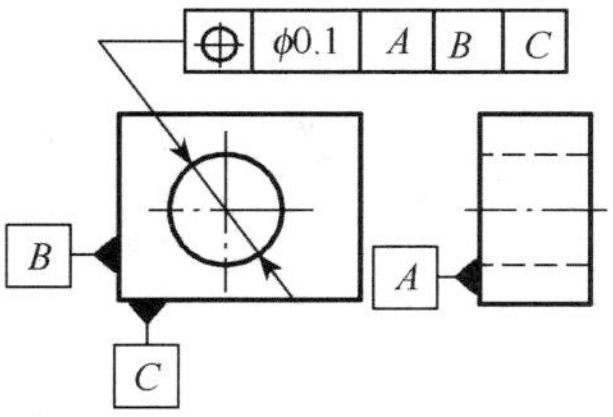

图 13.4　三基面体系

13.2 几何公差的标注

国家标准规定：在技术图样上，几何公差应采用代号标注。当无法采用代号标注时，允许在技术要求中用文字说明。

13.2.1　几何公差代号

几何公差代号包括：几何公差有关项目的符号、几何公差框格和指引线、几何公差数值和其他有关符号、基准符号等，如图 13.5 所示。几何公差有关项目的符号见表 13.1。

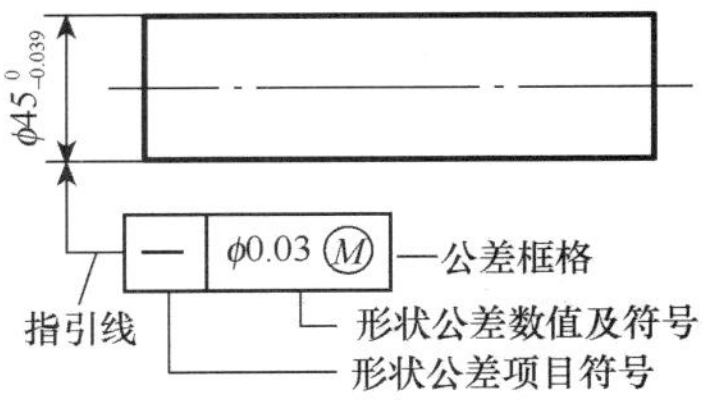

图 13.5　几何公差标注

1. 几何公差框格

几何公差框格如图 13.6 所示，公差框格是由两格或多格组成的矩形框格，框格用细实线绘制，在图样上只能沿水平或垂直放置。框格内从左到右或从下到上依次填写如图 13.6 所示的内容。

填写公差框格应注意以下几点。

1）在图样上，几何公差框格只能沿水平或垂直放置，如图 13.7 所示：图 13.7（a）为垂直放置，要从下往上依次填写内容；图 13.7（b）～（f）为水平放置，要从左到右填写内容。

2）几何公差值均以 mm 为单位的线性值表示，根据公差带的形状不同，在公差值前加注不同的符号或不加符号，即几何公差值可以为 *t*

（或ϕt、$s\phi t$），如图 13.7（a）、（c）、（d）、（f）为不加符号的几何公差值 t；图 13.7（b）、（e）为分别加ϕ、$s\phi$的几何公差值 t。

3）当没有基准时，几何公差框格只有前两格，即此时没有基准字母，如图 13.7（a）所示。

4）需要时，可在框格上方或下方附加数字或文字说明：有关被测要素数量及尺寸的说明在框格上方，如图 13.7（b）所示；其他文字说明在框格下方；如图 13.7（f）所示。

5）对同一被测要素有两个或两个以上的公差项目要求时，允许将一个框格放在另一个框格的下方，如图 13.7（d）所示。

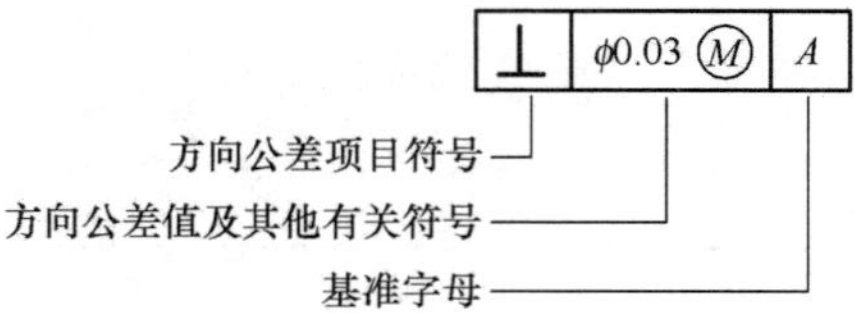

图 13.6　公差框格内容说明

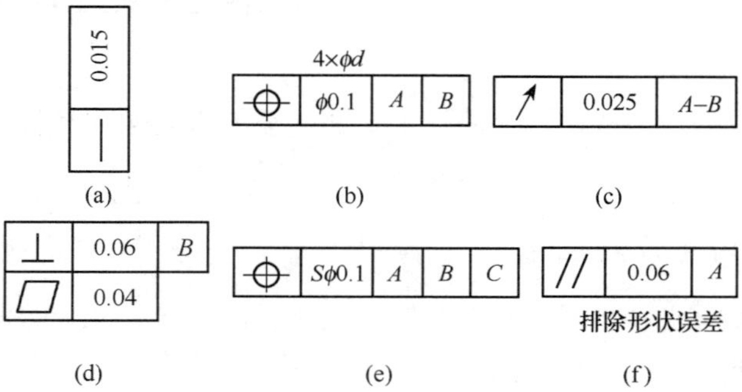

图 13.7　几何公差框格

6）对被测要素的形状在公差带内有进一步的限定要求时，应在公差值后面加注相应的符号，见表 13.2。

表 13.2　几何公差标注中的有关符号

符　号	举　例	含　义
（+）	— 0.01(+)	若被测要素有误差，则只许中间向材料外凸起
（−）	▱ 0.08(−)	若被测要素有误差，则只许中间向材料内凹下
▷	⌭ 0.05(▷) A	若被测要素有误差，则只许从左至右减小
◁	⌭ 0.05(◁) A	若被测要素有误差，则只许从右至左减小

2. 指引线

公差框格指引线与被测要素连接起来，如图 13.8 所示，指引线由细实线和箭头构成。指引线不带箭头的一端与公差框格的一端相连，并保持与公差框格垂直；带箭头的一端与被测要素相连，且箭头方向应指向公差带的宽度方向或直径。指引线指向被测要素时允许弯曲，但不得多于两次。

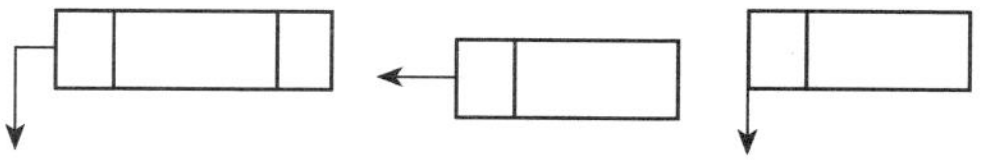

(a)　　(b)　　(c)

图 13.8　指引线与公差框格的连接

3. 基准符号

几何公差标注中，基准要素用基准符号表示。基准符号由带圆圈的基准字母用细实线与粗短横线相连组成，如图 13.9(a)所示。基准标注中，无论基准符号的方向如何，基准字母都必须沿水平方向书写，如图 13.9（b）～（d）所示。

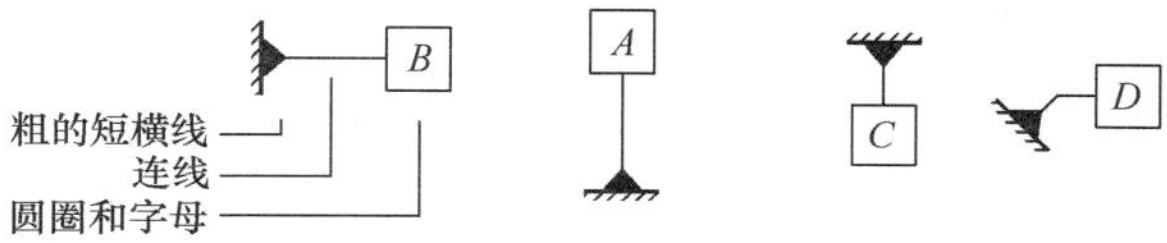

(a)　　(b)　　(c)　　(d)

图 13.9　基准符号

基准字母采用大写的英文字母，为避免引起误会，不采用字母 E、F、I、J、L、M、O、P、R。大写字母 E、F、L、M、P、R 在几何公差标注中另有含义，如表 13.3 所示。

表 13.3　几何公差标注中的部分附加符号及含义

基准符号	含　义	基准符号	含　义
E	包含要求	M	最大实体要求
F	最小实体要求	P	可逆要求
L	延伸公差带	R	自由状态条件（非刚性零件）

基准字母应填写在公差框格的相应位置上。若只有一个基准要素时，按图 13.7（f）填写；若由两个要素组成一个组合基准时，按图 13.7（c）填写；若由三个要素组成三基准体系时，应按优先次序从左到右（或从下到上）填写，如图 13.7（e）所示。

13.2.2　被测要素的标注

按照被测要素的不同类型，其指引线箭头的指示位置也不同。

1）被测要素为轮廓要素时，箭头应标注在被测要素的可见轮廓线或其延长线上，且与尺寸线应明显错开，如图 13.10（a）所示。

2）被测要素为某要素的局部要素，且在视图上表现为轮廓线时，可用粗点划线表示出被测范围，箭头标注在点划线上，如图 13.10（b）所示。

3）被测要素为视图上的局部表面时，可用带圆点的参考线指明被测要素（圆点应在被测表面上），并将箭头标注在参考线上，如图 13.10（c）所示。

4）被测要素为中心要素时，箭头应与相应轮廓尺寸线对齐，如图 13.10（d）所示。

5）标注位置受到限制时，可以用字母表示被测要素。

值得注意的是，图 13.11（a）和图 13.11（b）所表示的意义是不同的。前者表示三个被测表面的几何公差要求相同，但有各自独立的公差带；后者表示三个被测表面的几何公差要求相同，且有公共公差带，该公共公差带的符号为 CZ。

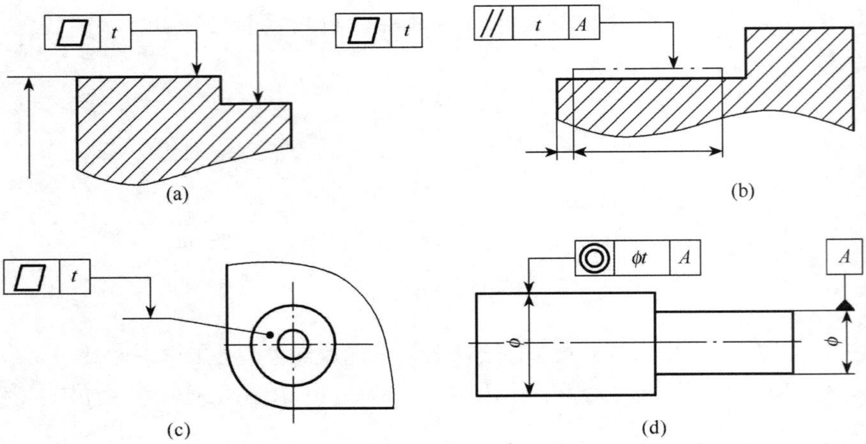

图 13.10　被测要素的标注

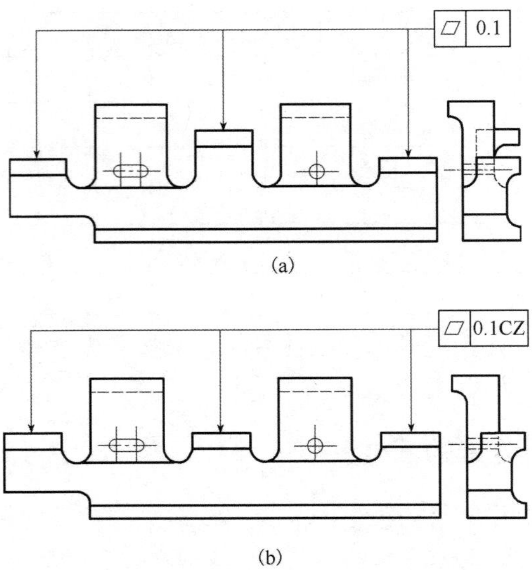

图 13.11　标注位置受限制时被测要素的标注

13.2.3　基准要素的标注

不同的基准要素，基准符号的标注位置不同。

1）基准要素为轮廓要素时，基准符号的粗短横线的位置有两种标注方法，一是靠近基准要素的轮廓线，且与相应轮廓的尺寸线明显错开，基准符号应位于基准要素实体外侧，如图 13.12（a）所示；二是靠近基准要素轮廓线的延长线，且与相应轮廓的尺寸线明显错开，基准符号可位于基准要素实体外侧或内侧，如图 13.12（b）所示。

2）基准要素为某要素的局部轮廓面，或是零件图上与某投影面平行的轮廓面时，可采用图 13.12（c）、（d）的方法标注。

3）基准要素为中心要素时，基准符号的连线应与相应轮廓的尺寸线对齐，而且无论该中心要素是外表面还是内表面，基准符号都应位于尺寸线的外侧，如图 13.12（e）所示。有时基准符号的粗短横线可以代替尺寸线的一个箭头，如图 13.12（e）所示。

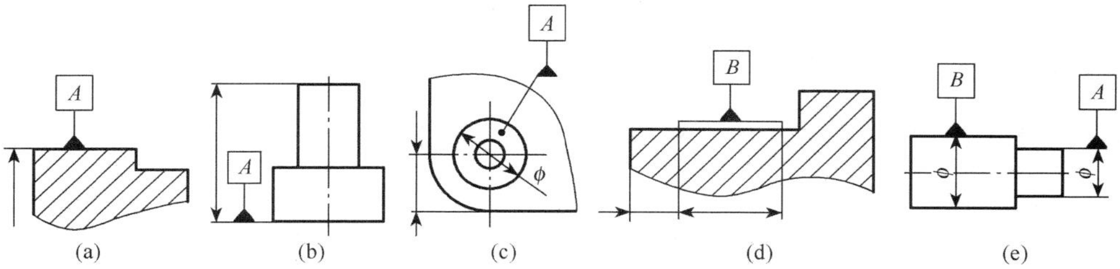

图 13.12　基准符号的标注

13.3　几何公差带

几何公差是指被测实际要素的形状和位置等所允许的变动量。几何公差带是指限制实际被测要素变动的区域，该区域的大小取决于几何公差值，如果实际被测要素位于几何公差带以内，说明该被测要素符合设计要求，否则，说明该被测要素不符合设计要求。由于被测要素是零件的空间几何要素，因此限制其变动的几何公差带也是一种空间区域。

13.3.1　形状公差带

形状公差有 6 个项目：直线度、平面度、圆度、圆柱度、线轮廓度和面轮廓度。这里仅介绍前 4 种。形状公差带只能控制被测要素的形状误差，被测要素有直线、平面和圆柱等。

1. 直线度

直线度公差带限制平面内或空间直线的形状误差。可分为给定平面内的直线度、给定方向上的直线度和任意方向上的直线度三种情况。

2. 平面度

平面度公差带限制被测实际平面的形状误差。

3. 圆度

圆度公差带限制回转表面（如圆柱面、圆锥面、球面）径向截面轮廓的形状误差。

4. 圆柱度

圆柱度公差带限制被测实际圆柱面的形状误差。应该注意，圆柱度公差可以同时限制实际圆柱表面的圆度误差和素线的直线度误差。

典型的形状公差类型及其定义和说明如表 13.4 所示。

由表 13.4 中示例可以看出，形状公差带的特点是：形状公差不涉及基准，其方向和位置可随被测实际要素而变动，即形状公差带的方向和位置是浮动的。

表 13.4　形状公差项目的意义和说明（摘自 GB/T 1182—2008）

项目		公差带定义	图样示例及说明	读　法
直线度	给定平面内	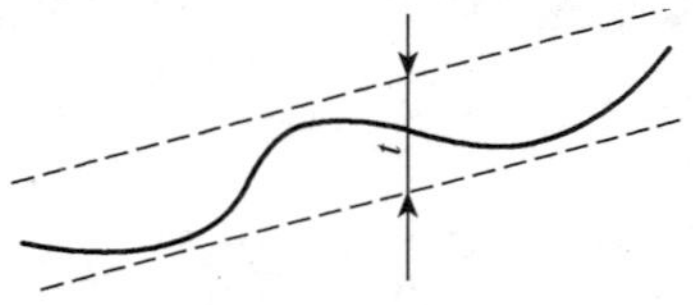 在给定平面内，公差带是距离为公差值 t 的两平行直线间的区域	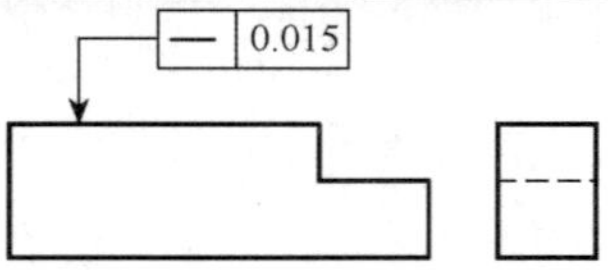 被测表面的素线必须位于平行于图样所示投影面且距离为公差值 0.015mm 的两平行线内	被测表面的素线的直线度公差为 0.015mm
	给定方向上	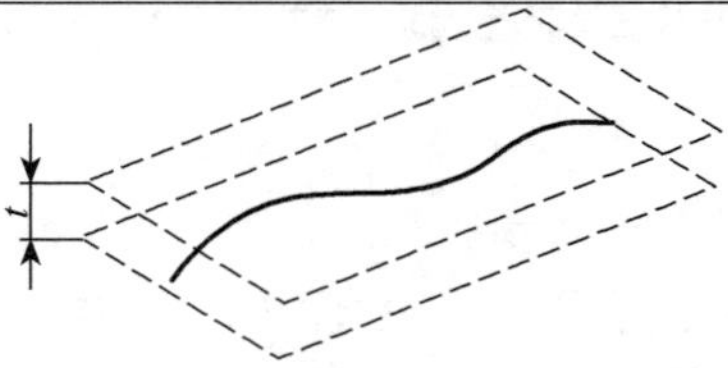 在给定方向上，公差带是距离为公差值 t 的两平行平面间的区域	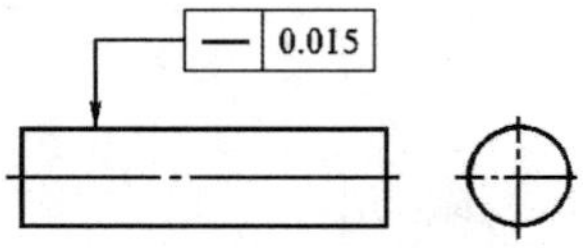 被测圆柱面的任一素线必须位于距离为公差值 0.015mm 的两平行面内	圆柱面任一素线的直线度公差为 0.015mm
	任意方向上	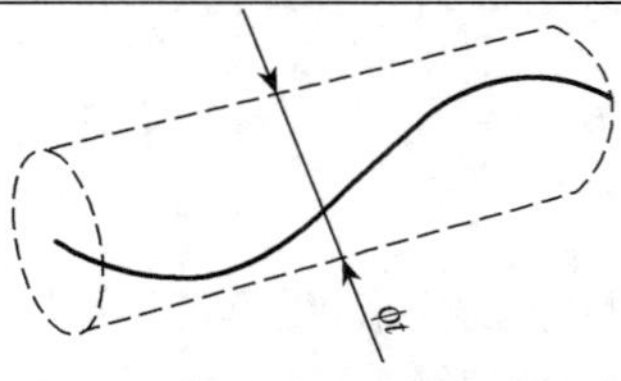 如在公差值 t 前加 ϕ，则公差带直径为 t 的圆柱面内的区域	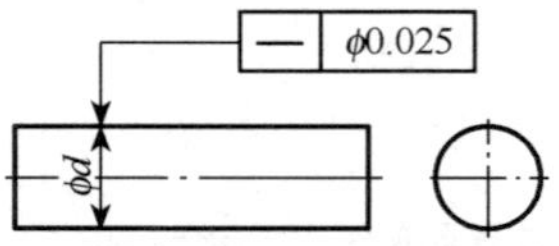 被测圆柱面的轴线必须位于直径为公差值 ϕ0.025mm 圆柱面内	ϕd 圆柱面轴线的直线度公差为 0.025mm

续表

项目	公差带定义	图样示例及说明	读　法
平面度	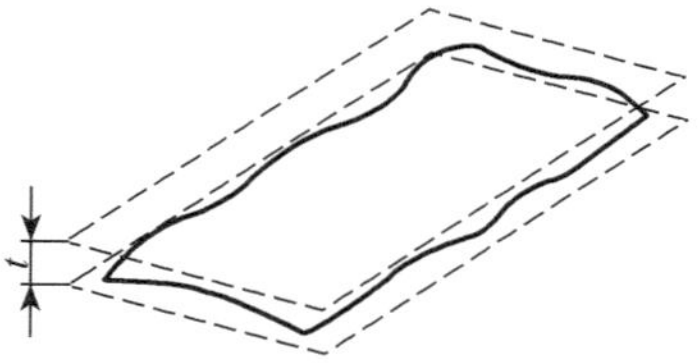 公差带是距离为公差值 t 的两平行平面之间的区域	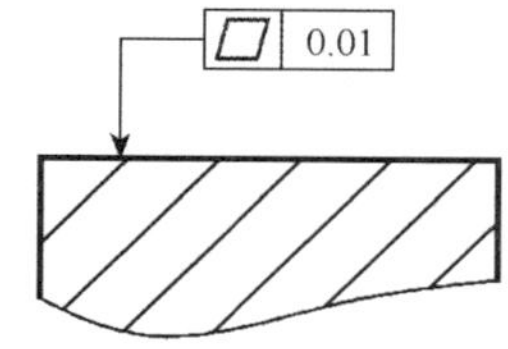 被测表面必须位于距离为公差值 0.01mm 的两平行面内	上表面的平面度公差为 0.01mm
圆度	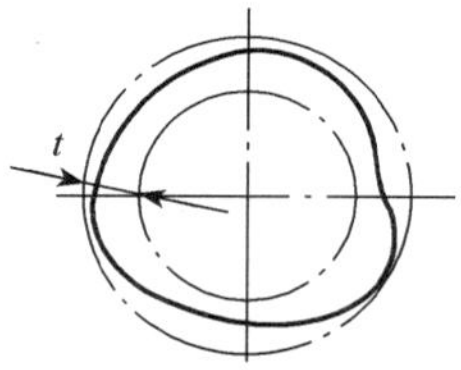 公差带是在任意正截面上，半径差为公差值 t 的两同心圆之间的区域	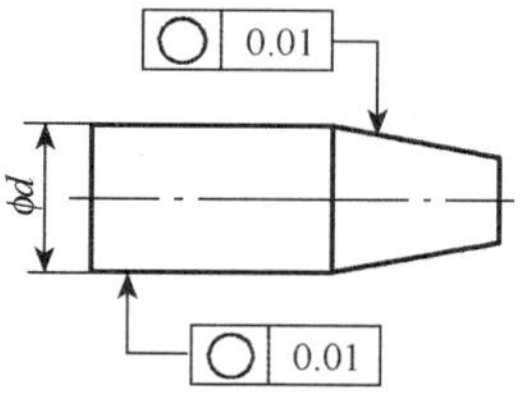 被测圆柱面和圆锥面任一正截面的圆周必须位于半径差为公差值 0.01mm 的两同心圆之间	圆柱面（和圆锥面）任一截面圆的圆度公差为 0.01mm
圆柱度	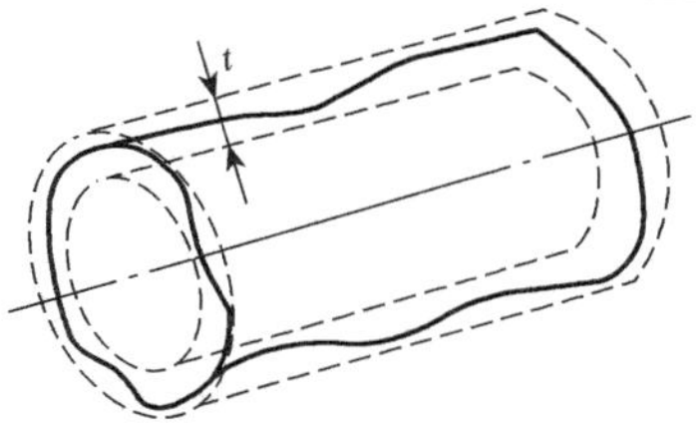 公差带是半径差为公差值 t 的两同轴圆柱之间的区域	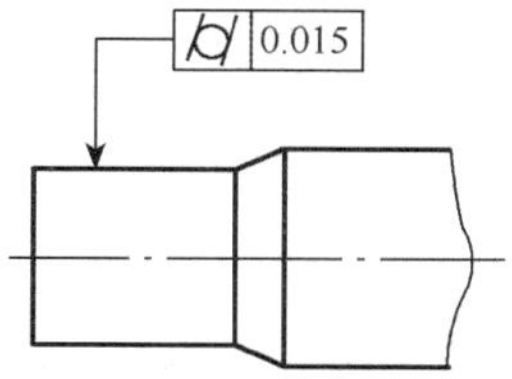 被测圆柱面必须位于半径差为公差值 0.015mm 的两同轴圆柱面之间	圆柱面的圆柱度公差为 0.015mm

13.3.2　方向公差、位置公差、跳动公差及公差带

按照关联要素对基准功能要求的不同，几何公差可分为方向公差、位置公差和跳动公差三类。

1. *方向公差及公差带*

方向公差是关联实际要素对基准在方向上允许的变动全量，用于限制被测要素对基准方向的变动，因而其公差带相对于基准有确定的方向。方向公差包括平行度、垂直度、倾斜度、线轮廓度和面轮廓度 5 项。由于被测要素和基准要素都有直线和平面，因此前三项方向公差均有线对线、线对面、面对面和面对线四种形式。方向公差涉及基准，被测要素相对于基准要素必须保持图样给定的平行、垂直和倾斜所夹角度的方向关系。

（1）平行度

平行度公差用于限制被测要素对基准要素平行方向的误差。平行度

公差带的形状有两平行平面、两组平行平面和圆柱等。显然，平行度公差带与基准平行。

（2）垂直度

垂直度公差用于限制被测要素对基准要素垂直方向的误差。垂直度公差带的形状有两平行平面、两组相互垂直的平行平面和圆柱等。显然，垂直度公差带与基准垂直。

（3）倾斜度

倾斜度公差用于限制被测要素对基准倾斜方向的误差。其公差带的形状有两平行平面、两平行直线、圆柱等。显然，倾斜度公差带与基准成理论正确角度。

平行度、垂直度和倾斜度的公差的含义见表 13.5。

表 13.5　方向公差带

项目		公差带含义	样图示例	读　　法
平行度	线对线	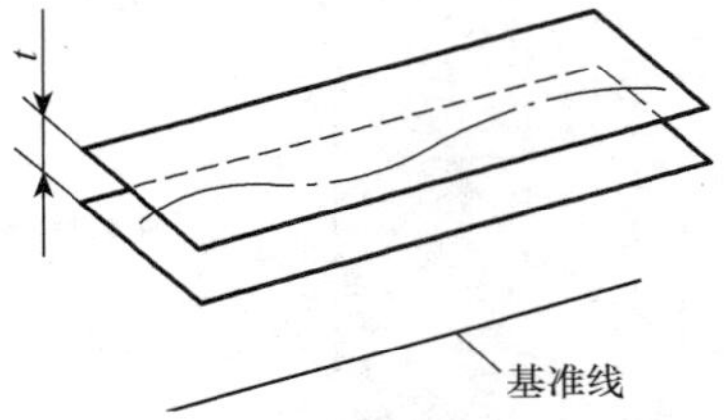 在给定方向上，公差带是距离为 t，且平行于基准轴线的两平行平面之间的区域	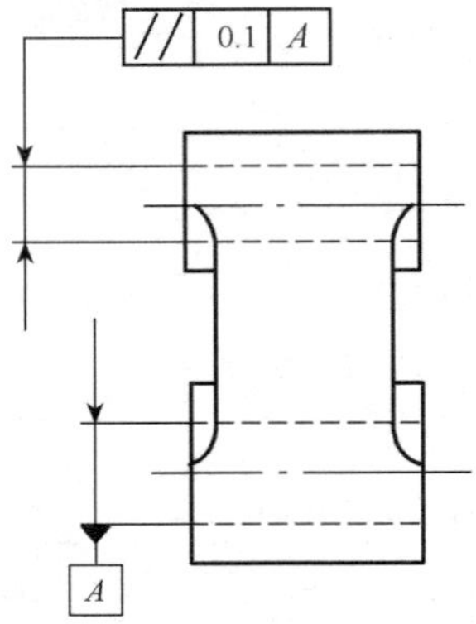 在给定方向上，被测轴线必须位于距离为公差值 0.1mm，且平行于基准轴线的两平行平面之间	被测轴线对基准轴线 A 的平行度公差为 0.1mm
	线对面	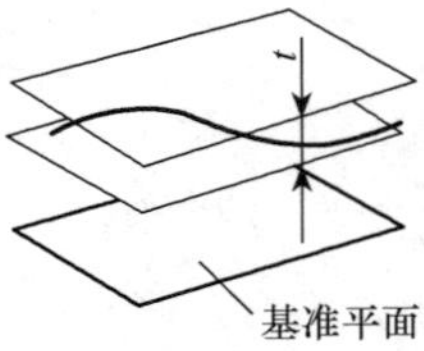 公差带是距离为公差值 t，且平行于基准平面的两平行平面之间的区域	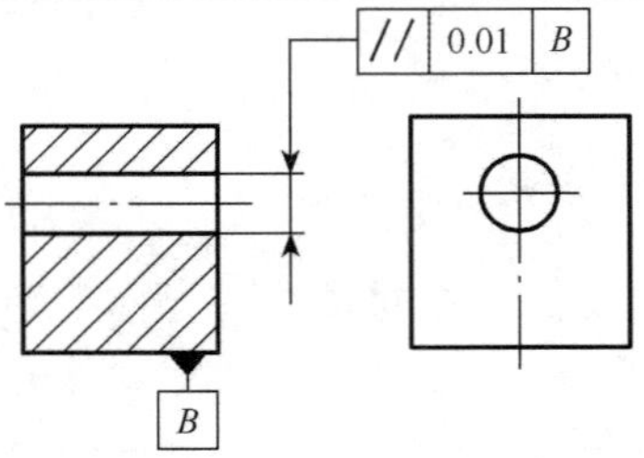 被测轴线必须位于距离为公差值 0.01mm，且平行于基准表面 B（基准平面）的两平行平面之间	被测轴线对基准平面 B 的平行度公差为 0.01mm

续表

项目		公差带含义	样图示例	读法
平行度	面对线	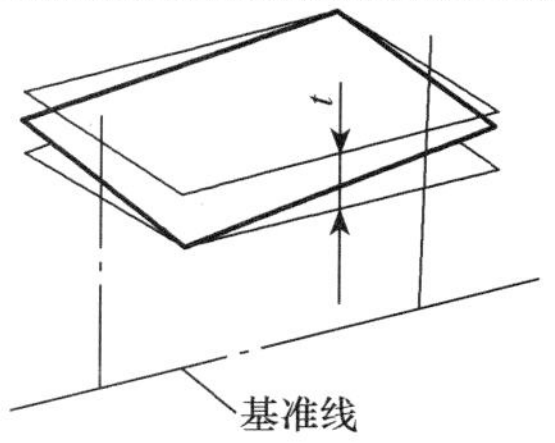 公差带是距离为公差值 t，且平行于基准线的两平行平面之间的区域	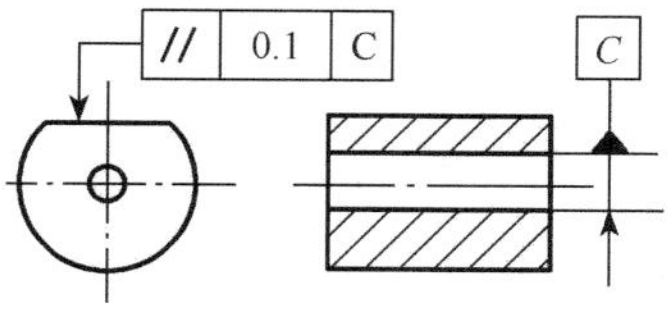 被测表面必须位于距离为公差值 0.1mm，且平行于基准线 C（基准轴线）的两平行平面之间	被测表面对基准轴线 C 的平行度公差为 0.1mm
平行度	面对面	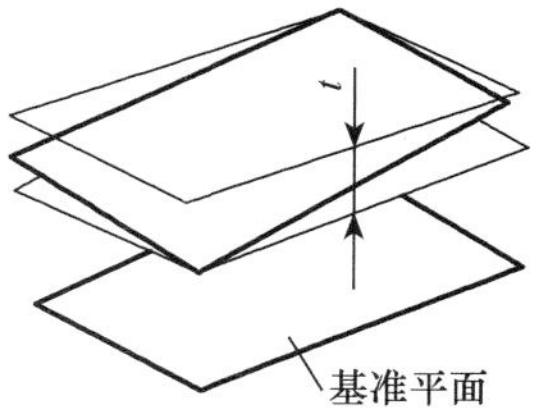 公差带是距离为公差值 t，且平行于基准面的两平行平面之间的区域	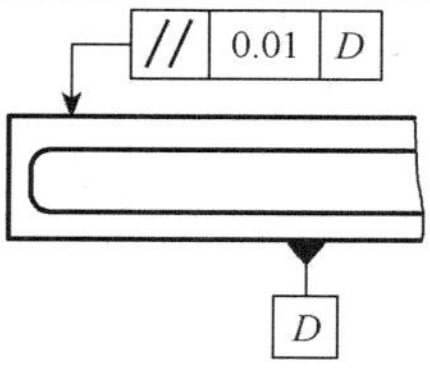 被测表面必须位于距离为公差值 0.01mm，且平行于基准表面 D（基准平面）的两平行平面之间	被测表面对基准面 D 的平行度公差为 0.01mm
垂直度	线对线	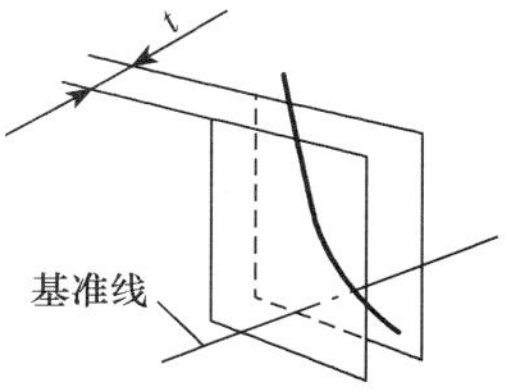 公差带是距离为公差值 t，且垂直于基准线的两平行平面之间的区域	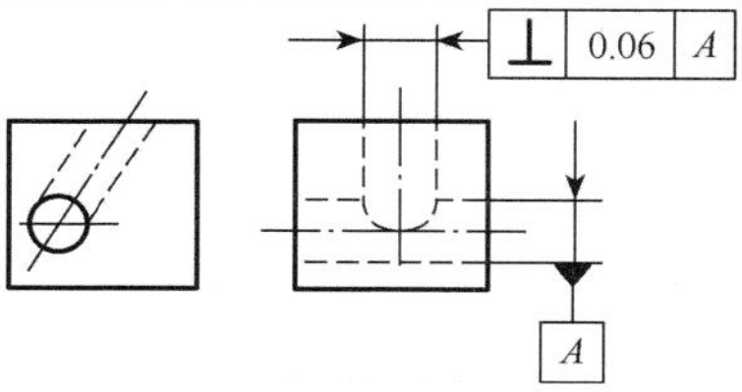 被测轴线必须位于距离为公差值 0.06mm，且垂直于基准线 A（基准轴线）的两平行平面之间	被测轴线对基准轴线 A 的垂直度公差为 0.06mm
垂直度	线对面	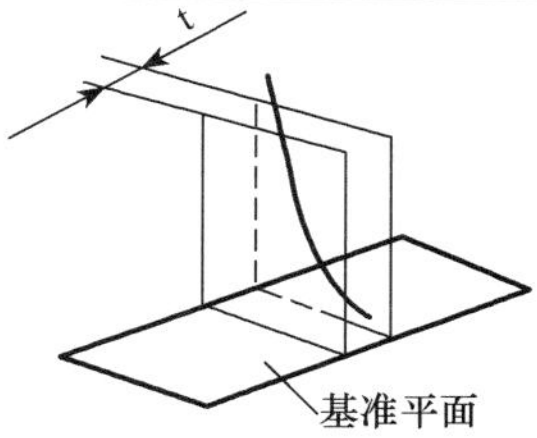 在给定方向上，公差带是距离为公差值 t，且垂直于基准面的两平行平面之间的区域	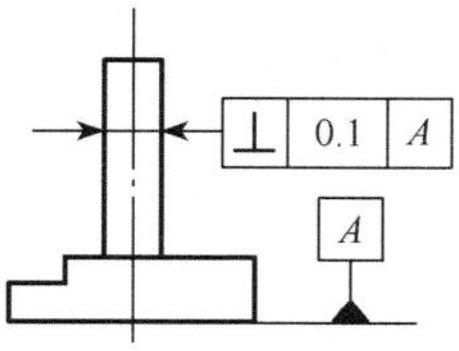 在给定方向上，被测轴线必须位于距离为公差值 0.1mm，且垂直于基准表面 A 的两平行平面之间	被测轴线对基准面 A 的平行度公差为 0.1mm
垂直度	面对线	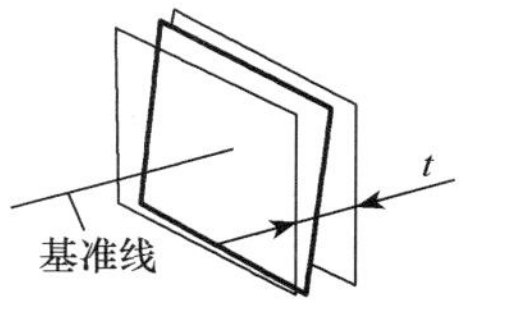 公差带是距离为公差值 t，且垂直于基准线的两平行平面之间的区域	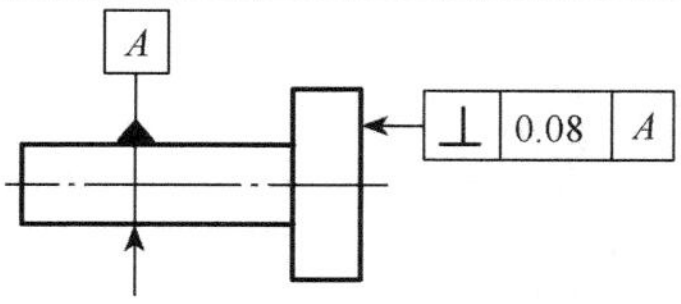 被测面必须位于距离为公差值 0.08mm，且垂直于基准线 A（基准轴线）的两平行平面之间	被测表面对基准轴线 A 的垂直度公差为 0.08mm

续表

项目		公差带含义	样图示例	读法
垂直度	面对面	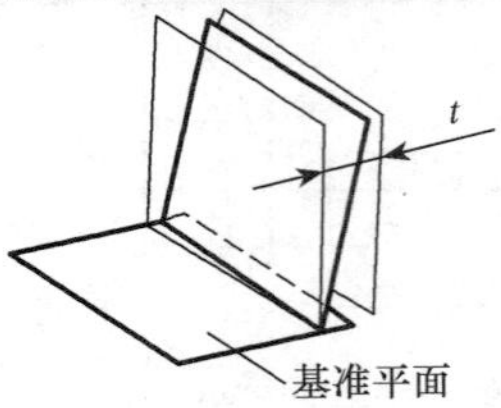公差带是距离为公差值 *t*，且垂直于基准面的两平行平面之间的区域	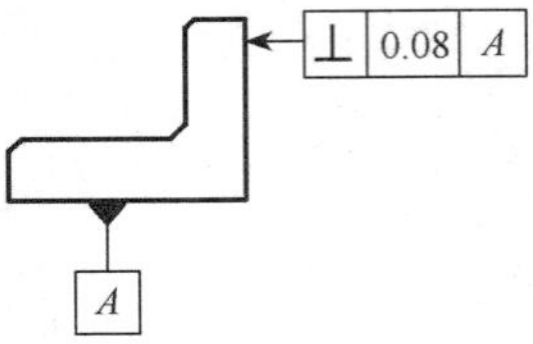被测面必须位于距离为 0.08mm，且垂直于基准平面 *A* 的两平行平面之间	被测表面对基准面 *A* 的垂直度公差为 0.08mm
倾斜度	面对线	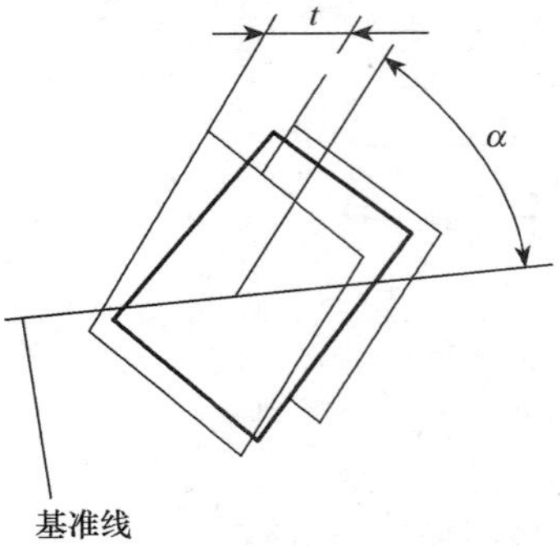公差带是距离为公差值 *t*，且与基准线成一给定角度 *α* 的两平行平面之间的区域	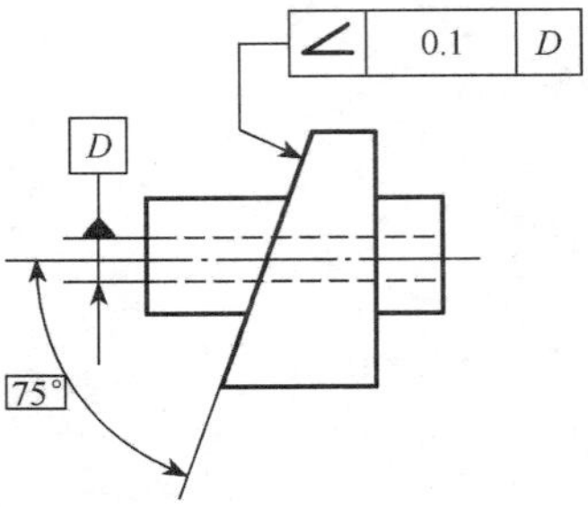被测表面必须位于距离为公差值 0.1mm，且与基准线 *D*（基准轴线）成理论正确角度 75° 的两平行平面之间	被测表面对基准线 *D* 的倾斜度公差为 0.1mm

由表 13.5 中的示例可知，平行度、垂直度、倾斜度公差带有以下两个特点。

1）公差带的方向是固定的（与基准平行或垂直或成一理论正确角度），而其位置却可以随被测实际要素变化而变化，即位置浮动。

2）公差可同时限制同一被测要素的方向误差和形状误差。如面对面的平行度误差可以限制被测平面的平面度误差。因此，当对某一被测要素给出定向公差后，通常不再对该要素给出形状公差，只有对该要素的形状有进一步的要求时，才给出形状公差，且形状公差值要小于位置公差值，如图 13.13 所示。

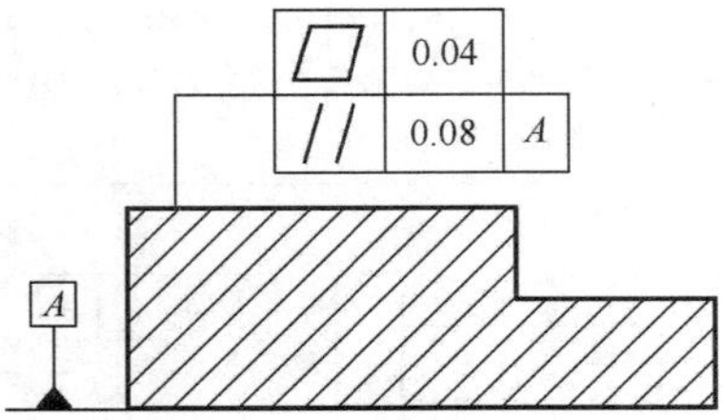

图 13.13　同一被测要素上的形状公差和定向公差的标注

2. 位置公差及其公差带

位置公差是关联实际要素对基准在位置上允许的变动全量，用于限制被测要素对基准的位置的变动量，因而其公差带相对于基准有确定的位置。位置公差分为同心度、同轴度、对称度、位置度、线轮廓度和面轮廓度 6 项。下面介绍前 4 项。

（1）同心度和同轴度

同心度和同轴度公差用于限制被测实际轴线对基准轴线的同轴位置误差。

（2）对称度

对称度公差用于限制被测要素（中心面或中心线）对基准要素（中心面或中心线）的共面性或共线性误差。对称度公差带的形状有两平行平面和两平行直线等。

（3）位置度

位置度公差用于限制被测要素的实际位置对其理想位置的变动量。被测要素的理想位置由理论正确尺寸和基准确定。位置公差带的形状有圆、球、圆柱、两平行直线和两平行平面等。

同心度、同轴度、对称度和位置度的公差的含义见表13.6。

表13.6　位置公差带

项目	样图示例	公差带意义	读　法
同心度	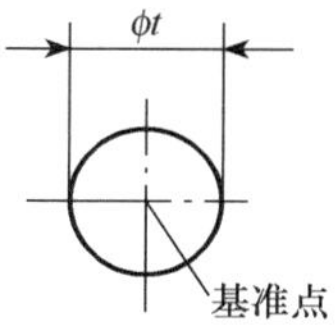 公差带是直径为公差值ϕt，且与基准圆心同心的圆内的区域	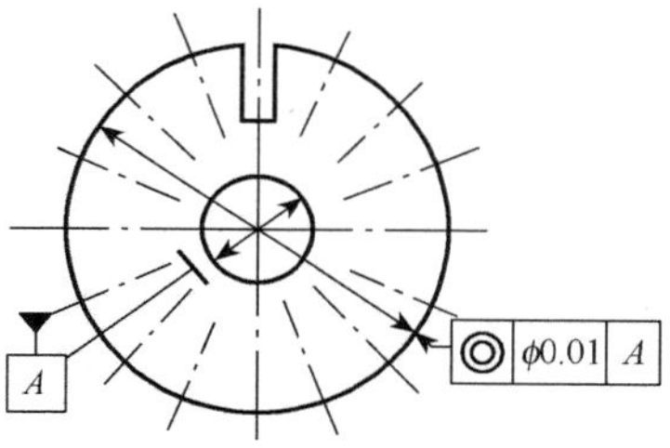 外圆的圆心必须位于直径为公差值ϕ0.01mm且与基准圆心同心的圆内	外圆圆心对基准圆心 *A* 的同轴度公差为ϕ0.01mm
同轴度	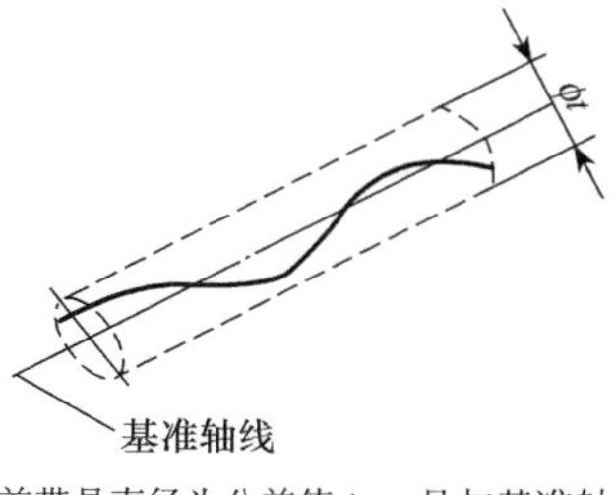 公差带是直径为公差值ϕt，且与基准轴线同轴的圆柱内区域	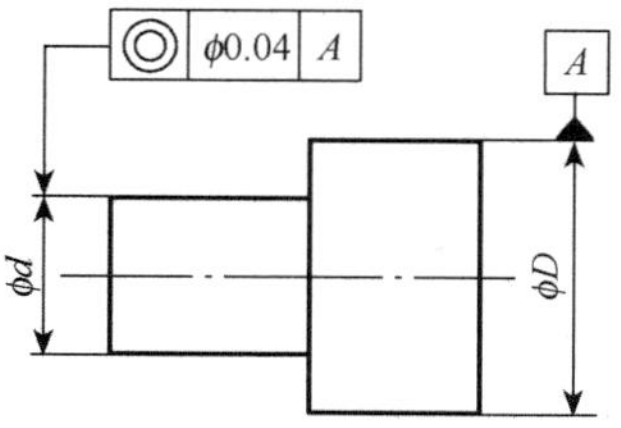 ϕd 圆柱面的轴线必须位于直径为公差值ϕ0.04，且与基准轴线 *A* 同轴的圆柱面内	ϕd 圆柱面的轴线对基准轴线 *A* 的同轴度公差为ϕ0.04
对称度	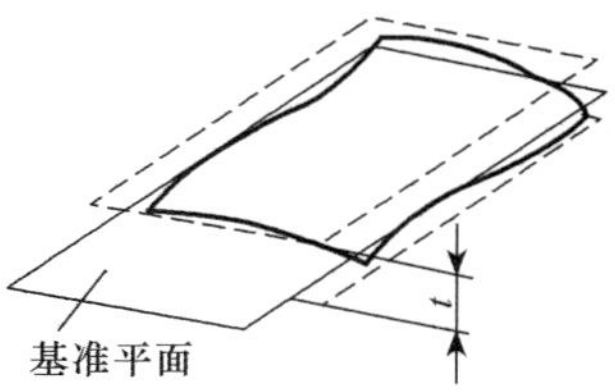 公差带是距离为公差值 t，且相对于基准平面对称分布的两平行平面之间的区域	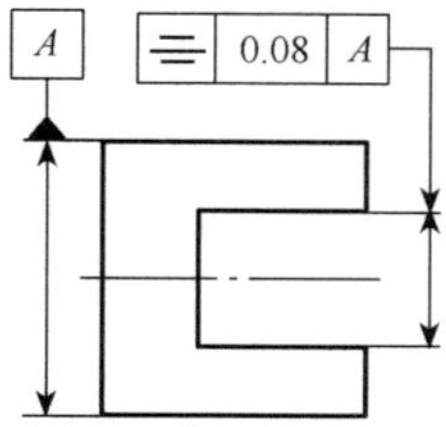 被测中心平面必须位于距离为公差值0.08mm，且相对于基准中心平面 *A* 对称分布的两平行平面之间	槽的中心平面对基准中心平面 *A* 的对称度公差为0.08mm

续表

项目		样 图 示 例	公差带意义	读 法
位置度	点的位置度	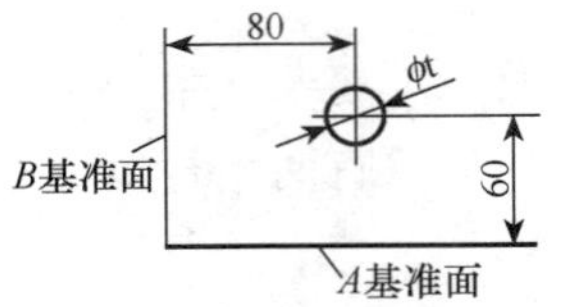 公差带是直径为公差值ϕt，且圆心位置由理论正确尺寸 80、60 和基准 A、B 确定的圆内区域	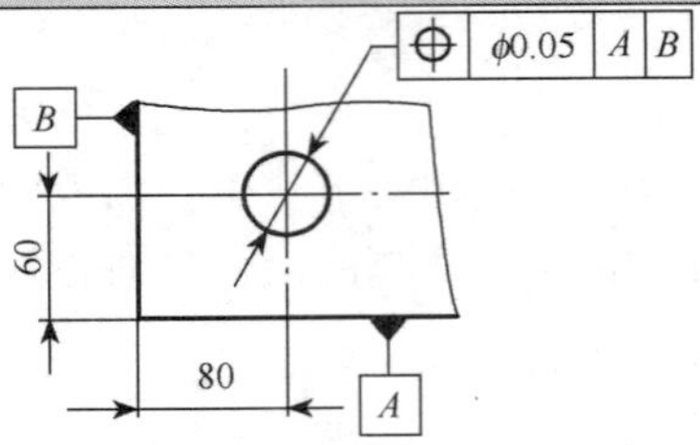 两个中心线的交点必须位于直径为公差值ϕ0.05 的圆内，该圆的圆心位于由相对基准 A 和 B（基准直线）的理论正确尺寸所确定的点的理想位置上	被测圆心对基准线 A 和 B 的位置度公差为ϕ0.05
	线的位置度	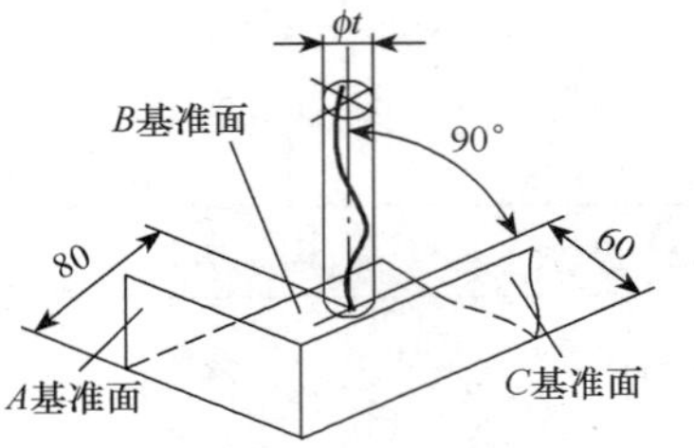 公差带是直径为公差值ϕt，且轴线位置由理论正确尺寸 80、60 和基准 B、A、C 确定的圆柱内区域	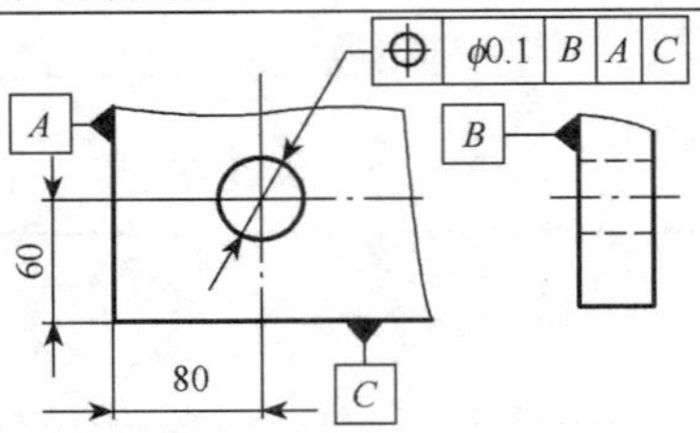 被测轴线必须位于直径为公差值ϕ0.1mm，且以相对于 B、A、C 基准表面（基准平面）的理论正确尺寸所确定的理想位置为轴线的圆柱面内	被测轴线对 B、A、C 构成的三面基准体系的位置度公差为ϕ0.1
	平面或中心平面的位置度	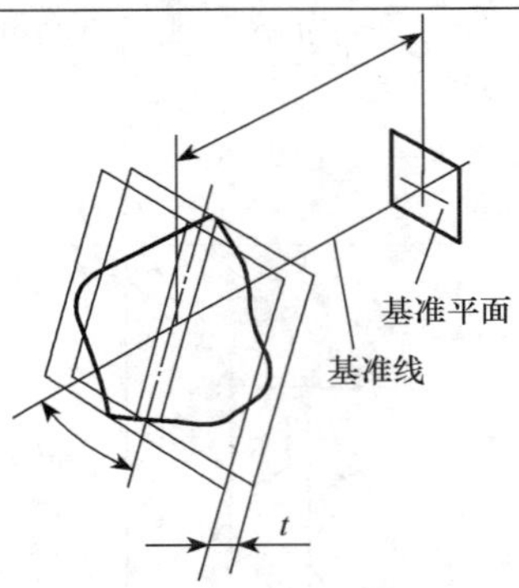 公差带是距离为公差值 t，且以面的理想位置（由相对于三基面体系的理论正确尺寸确定的）为中心对称分布的两平行平面之间的区域	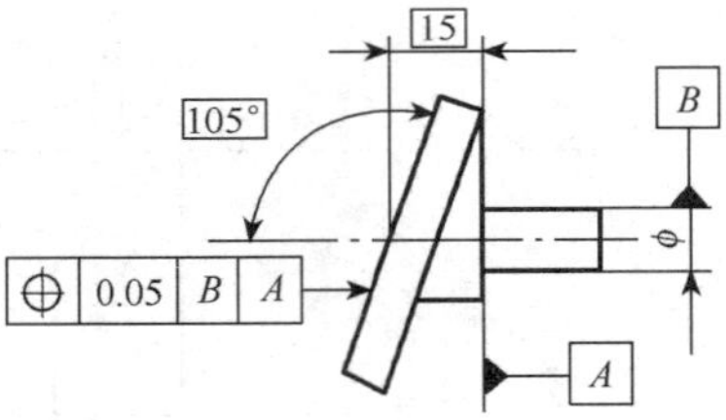 被测表面必须位于距离为公差值 0.05mm，由以相对于基准线 B 和基准表面 A 的理论正确尺寸所确定的理想位置对称分布的两平行平面之间	被测表对基准线 B 和基准面 A 构成的公共基准的位置度 0.05mm

由表 13.6 中的示例可以看出，同心度、同轴度、对称度、位置度公差带有以下两个特点。

1）公差带的位置固定。

2）公差可以同时限制被测要素的形状误差、方向误差和位置误差。例如，轴线的位置度公差可以限制该轴线的直线度误差和平行度或垂直度误差。因此，在对同一要素同时给出形状、定向和定位公差时，各公差值应满足 $t_{形状}<t_{定向}<t_{定位}$。

3. 跳动公差及其公差带

跳动公差是按照特定的检测方式规定的公差项目。它是指被测实际要素绕基准轴线回转时所允许的最大跳动量，即指示表在给定方向上的最大与最小读数差的允许值。根据测量时测头与被测表面是否作相对直线运动，分为圆跳动和全跳动。

（1）圆跳动

圆跳动公差是被测关联实际要素绕基准轴线无轴向移动地旋转一周时，位置固定的指示表在任意测量面内所允许的最大跳动量。圆跳动的测量方向通常是被测要素的法向，如图 13.14 所示。根据测量方向与基准轴线的位置不同，圆跳动公差分为径向圆跳动、端面圆跳动和斜向圆跳动。

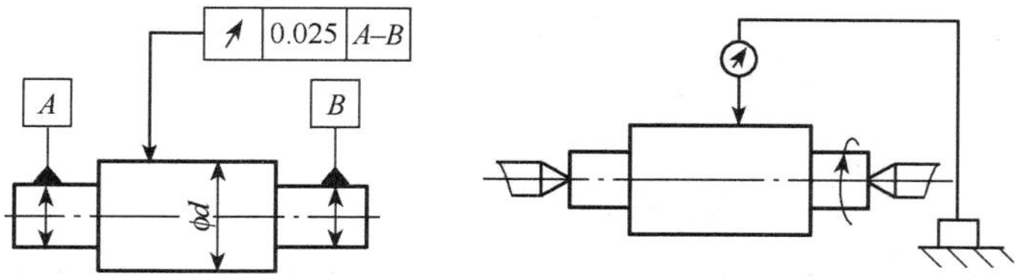

图 13.14 圆跳动公差

1）径向圆跳动公差。径向圆跳动公差是指限制被测圆柱面的圆度及其与基准轴线的同轴度误差，测量截面为垂直于轴线的正截面。

2）轴向圆跳动公差。端面圆跳动公差又称轴向圆跳动，测量截面为与基准同轴的圆柱面。

3）斜向圆跳动公差。斜向圆跳动公差指限制圆锥面或其他回转表面的圆度误差及其与轴线的同轴度误差。

（2）全跳动

全跳动公差是指被测关联实际要素绕基准轴线连续旋转，同时指示表的测头相对于被测表面在给定方向上直线移动时，在整个测量面上所允许的最大跳动量，如图 13.15 所示。根据测量方向与基准轴线的位置不同，全跳动公差分为以下两项。

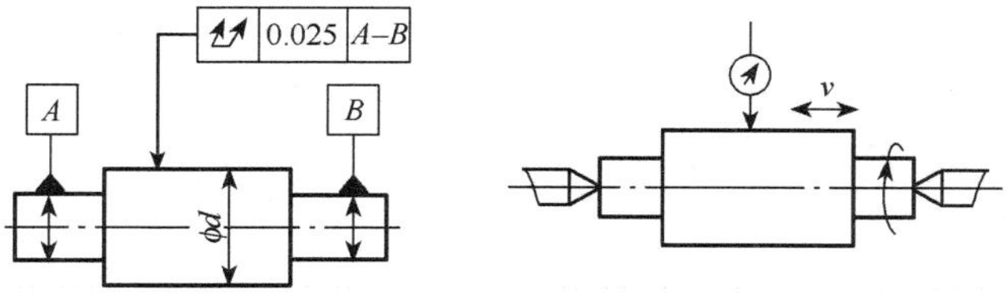

图 13.15 全跳动公差

1）径向全跳动公差。限制被测圆柱面的圆度误差、圆柱度误差及其与基准轴线的同轴度误差。

2）轴向全跳动公差。限制被测端面的平面度误差、端面对基准轴线的垂直度误差。

圆跳动和全跳动公差的含义见表 13.7。

表 13.7　跳动公差带

项目		公差带意义	样图示例
圆跳动	径向圆跳动	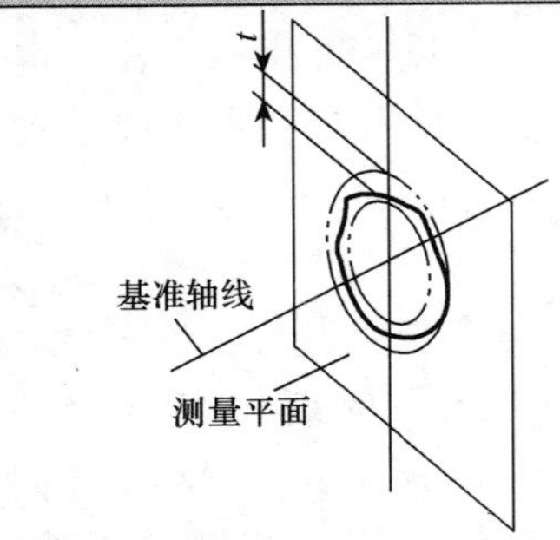 公差带是在垂直于基准轴线的任一测量平面内，半径差为公差值 t 且圆心在基准轴线上的两同心圆之间的区域	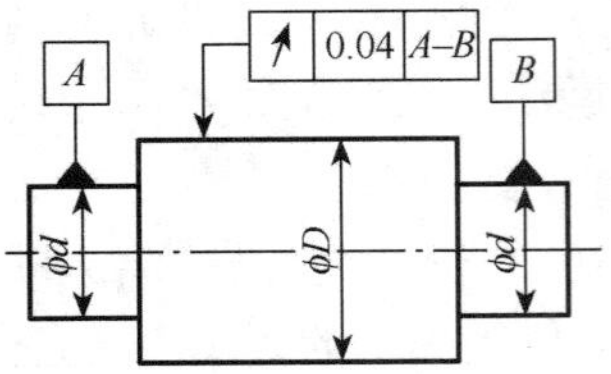 被测要素围绕公共基准线 A–B（公共基准轴线）旋转一周时，在任一测量平面内的径向跳动量均不得大于 0.04mm
	轴向圆跳动	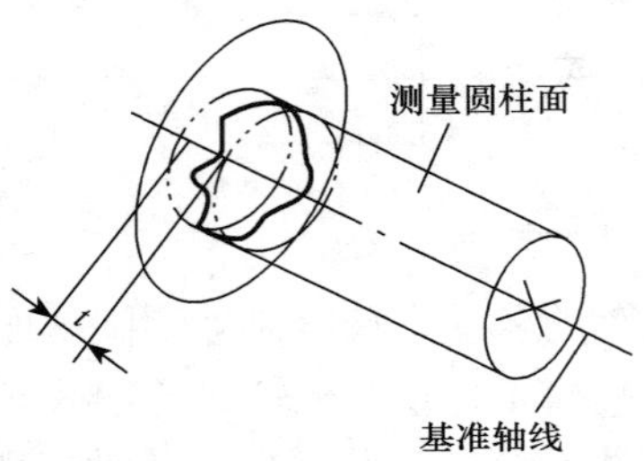 公差带是在与基准轴线同轴的任一直径的测量圆柱面上，沿素线方向宽度为公差值 t 的圆柱面之间的区域	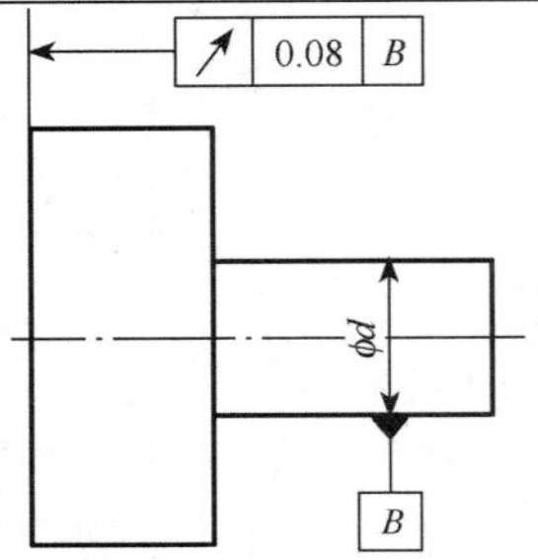 被测面围绕基准线 B（基准轴线）旋转一周时，在任一测量圆柱面内轴向的跳动量均不得大于 0.08mm
	斜向圆跳动	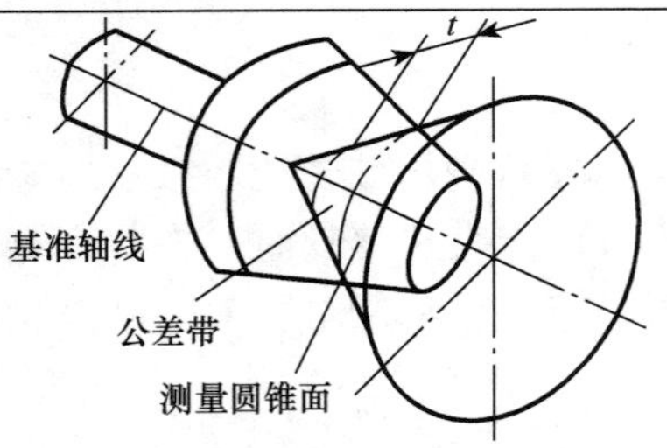 公差带是在与基准轴线同轴的任意直径的测量圆锥面上，沿素线方向宽度为公差值 t 的一段圆锥柱面区域	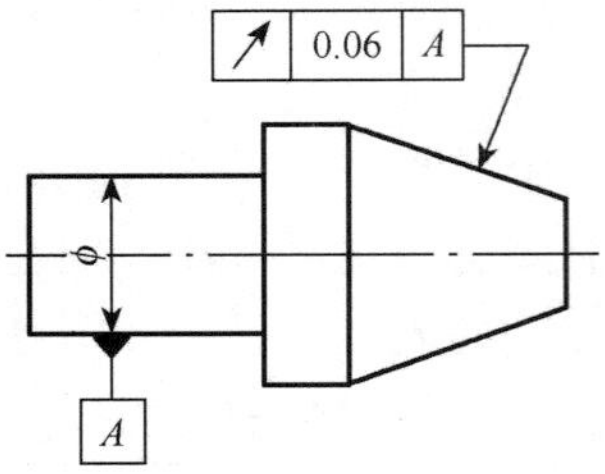 被测面绕基准线 A（基准轴线）旋转一周时，在任一测量圆锥面上的跳动量均不得大于 0.06mm
全跳动	径向全跳动	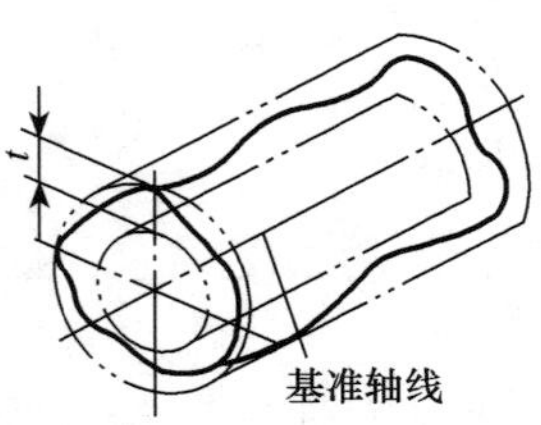 公差带是半径差为公差值 t，且与基准轴线同轴的两同轴圆柱面间的区域	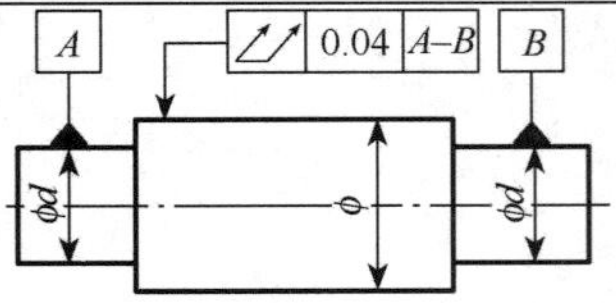 被测要素围绕公共基准线 A–B 作若干次旋转，并在测量仪器与工件间同时作轴向相对移动时，被测要素上各点间的示值差均不得大于 0.04mm。测量仪器或工件必须沿着基准轴线方向并相对于公共基准轴线 A—B 移动

续表

项目		公差带意义	样图示例
全跳动	轴向全跳动	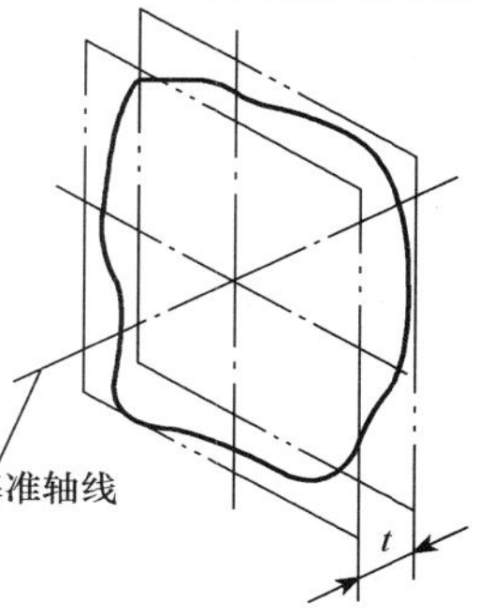 公差带是距离为公差值 t，且与基准轴线垂直的两平行平面之间的区域	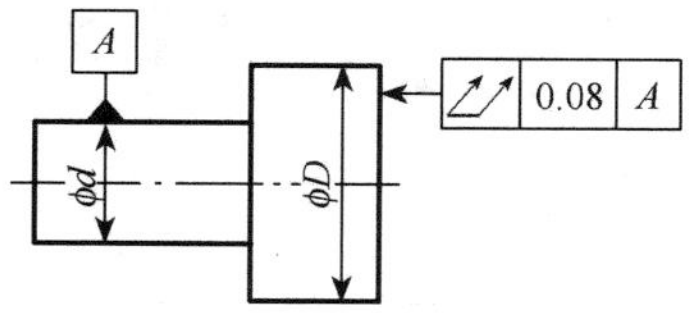 被测要素围绕公共基准线 A 作若干次旋转，并在测量仪器与工件间同时作径向相对移动时，被测要素上各点间的示值差均不得大于 0.08mm。测量仪器或工件必须沿着轮廓具有理想正确形状的线和相对于基准轴线 D 的正确方向移动

由表 13.7 中的示例可以看出，跳动公差带有以下特点。

1）跳动公差带的位置具有固定和浮动双重特点，一方面公差带的中心（或轴线）始终与基准轴线同轴，另一方面公差带的半径又随实际要素的变化而变化。

2）跳动公差带可同时限制被测要素的形状误差、定向误差和定位误差。当对某一被测要素同时给出跳动、定位、定向和形状公差要求时，各公差值间须满足 $t_{形状}<t_{定向}<t_{定位}<t_{跳动}$。

13.3.3　轮廓度公差及公差带

轮廓度公差包括线轮廓度公差和面轮廓度公差。

1. 线轮廓度

线轮廓度公差用于限制平面曲线或曲面的截面轮廓的形状误差。

2. 面轮廓度

面轮廓度公差用于限制一般曲面的形状误差。

需注意：面轮廓度公差可以同时限制被测曲面的面轮廓度误差和曲面上任意一截面的线轮廓度误差。

线轮廓度和面轮廓度公差的含义见表 13.8。

由表 13.8 中的示例可以看出，轮廓度公差带具有如下几个特点。

1）轮廓度公差有的涉及基准，有的不涉及基准。当无基准要求时，轮廓度公差即为形状公差；当有基准要求时，轮廓度公差即为位置公差。

2）被测要素有曲线和曲面。

表 13.8　轮廓公差带

项目	公差带含义	样图示例
线轮廓度	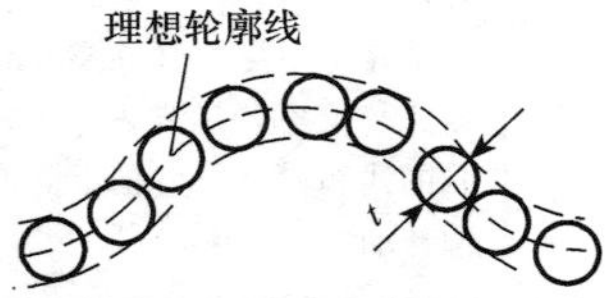 公差带是包络一系列直径为公差值 t 的圆的两包络线之间的区域，诸圆的圆心应位于理想轮廓线（其形状和位置由基准和理论正确尺寸确定）上	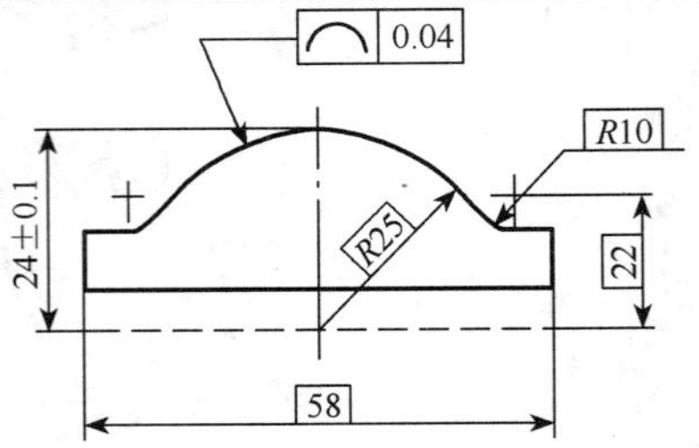 (a) 无基准要求 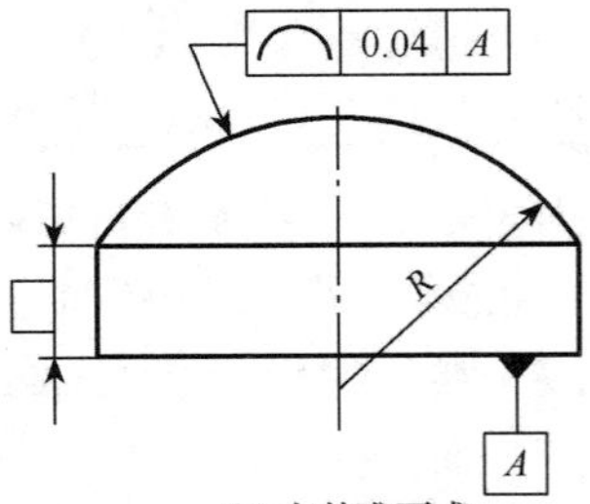 (b) 有基准要求 在平行于图样所示投影面的任一截面上，被测轮廓线必须位于包络一系列直径为公差值 0.04mm，且圆心位于理想轮廓线（具有理论正确几何形状的线）上的两包络线之间
面轮廓度	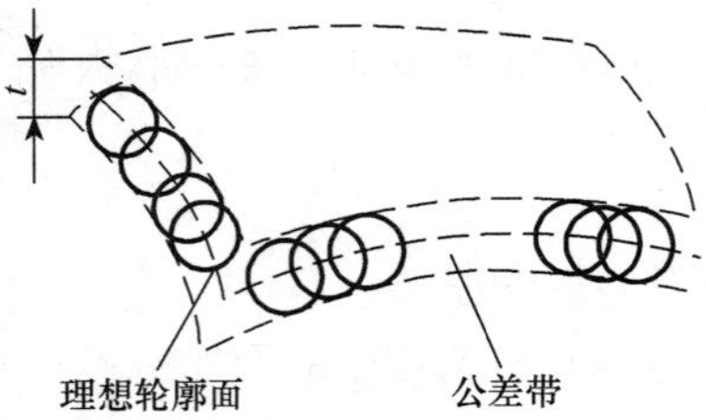 公差带是包络一系列直径为公差值 t 的球的两包络面之间的区域，诸球的球心应位于理想轮廓面上	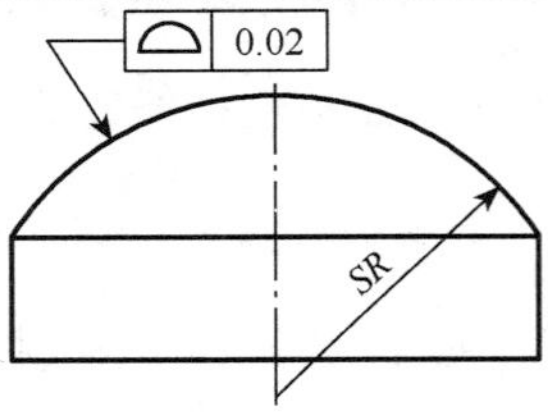 (a) 无基准要求 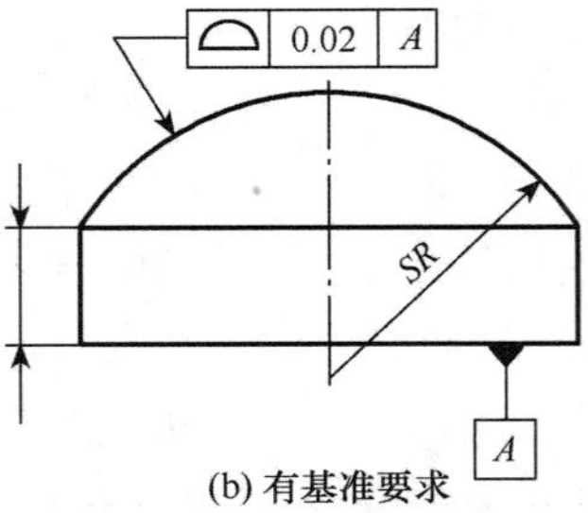 (b) 有基准要求 被测轮廓面必须位于包络一系列直径为公差值 0.02mm 的球的两包络面间，球心位于理想轮廓面（具有理论正确几何形状的面）上

13.4 几何公差的选择

几何公差的选择主要包括几何公差项目、公差原则、几何公差值（公差等级）以及基准要素等 4 项内容的选择。

13.4.1　几何公差项目的选择

选择几何公差项目应根据零件的几何特征、使用功能要求、特征项目的公差带特点即测量的方便性等方面综合考虑，其中主要依据是零件的功能要求。

1. 零件的几何特征

考虑零件的几何特征是指分析加工后零件可能存在的各种形位误差。例如，圆柱形零件会有圆柱度误差；阶梯轴、孔类零件会有同轴度误差等。

2. 零件的使用功能要求

考虑零件的使用功能要求是指分析影响零件使用功能要求的主要误差项目。例如，与滚动轴承内圈配合的轴颈的圆柱度误差和轴肩的圆跳动误差，将影响轴颈与轴承内圈的配合性能及轴承的工作性能与寿命。

3. 了解各几何公差项目的特点

在几何公差的三个项目中，有单项控制的公差项目，如直线度、平面度等；还有综合控制的公差项目，如圆柱度、位置度的各个项目。应充分发挥综合控制公差项目的功能，以减少在图样上给出的几何公差的项目，从而减少需检验的几何公差项目。

4. 测量条件

考虑测量条件是指应充分考虑有无相应的测量设备、测量的难易程度和测量效率是否与生产批量相适应。在满足功能要求的前提下，应选用测量简便的项目代替测量较难的项目。如用径向圆跳动或径向全跳动公差代替同轴度公差；用轴向圆跳动或轴向全跳动公差代替端面对轴线的垂直度公差等。

总之，零件的种类繁多，功能要求各异，要正确合理地选择几何公差项目，设计者必须充分明确零件的功能要求、熟悉零件的加工工艺，并具有一定的检测经验。

13.4.2 几何公差值的选择

图样上，零件的几何公差有两种表示方法：一种是在几何公差框格内注出公差值，称为标注几何公差；另一种是不注出公差值，用未标注几何公差的规定来控制。

1. *几何公差注出公差值的规定*

除了线轮廓度、面轮廓度和位置度三项几何公差外，国家标准 GB/T 1184—1996 对其余 11 项几何公差的注出公差都规定了公差等级。对圆度、圆柱度注出公差值规定了 0～12 共 13 个公差等级，对其余 9 个公差项目都规定了 1～12 共 12 个公差等级，精度依次降低。各公差项目的注出公差值分别见表 13.9～表 13.12。（摘自 GB/T 1184—1996）。

表 13.9 直线度、平面度公差值 （单位：μm）

主参数 L/mm	公差等级											
	1	2	3	4	5	6	7	8	9	10	11	12
≤10	0.2	0.4	0.8	1.2	2	3	5	8	12	20	30	60
>10～16	0.25	0.5	1	1.5	2.5	4	6	10	15	25	40	80
>16～25	0.3	0.6	1.2	2	3	5	8	12	20	30	50	100
>25～40	0.4	0.8	1.5	2.5	4	6	10	15	25	40	60	120
>40～63	0.5	1	2	3	5	8	12	20	30	50	80	150
>63～100	0.6	1.2	2.5	4	6	10	15	25	40	60	100	200

注：主参数 L 是轴、直线、平面的长度。

表 13.10 圆度、圆柱度公差值 （单位：μm）

主参数 $d(D)$/mm	公差等级												
	0	1	2	3	4	5	6	7	8	9	10	11	12
≤3	0.1	0.2	0.3	0.5	0.8	1.2	2	3	4	6	10	14	25
>3～6	0.1	0.2	0.4	0.6	1	1.5	2.5	4	5	8	12	18	30
>6～10	0.12	0.25	0.4	0.6	1	1.5	2.5	4	6	9	15	22	36
>10～18	0.15	0.25	0.5	0.8	1.2	2	3	5	8	11	18	27	43
>18～30	0.2	0.3	0.6	1	1.5	2.5	4	6	9	13	21	33	52
>30～50	0.25	0.4	0.6	1	1.5	2.5	4	7	11	16	25	39	62
>50～80	0.3	0.5	0.8	1.2	2	3	5	8	13	19	30	46	74

注：主参数 d（D）为轴或孔的直径。

表13.11 平行度、垂直度、倾斜度公差值 （单位：μm）

主参数 d（D）、L/mm	公差等级											
	1	2	3	4	5	6	7	8	9	10	11	12
≤10	0.4	0.8	1.5	3	5	8	12	20	30	50	80	120
>10～16	0.5	1	2	4	6	10	15	25	40	60	100	150
>16～25	0.6	1.2	2.5	5	8	12	20	30	50	80	120	200
>25～40	0.8	1.5	3	6	10	15	25	40	60	100	150	250
>40～63	1	2	4	8	12	20	30	50	80	120	200	300
>63～100	1.2	2.5	5	10	15	25	40	60	100	150	250	400

注：主参数 *L* 为给定平行度时轴线或平面的长度，或给定垂直度、倾斜度时被测要素的长度；主参数 *d*（*D*）为给定面对线垂直度时被测要素轴（孔）的直径。

表13.12 同轴度、对称度、圆跳动、全跳动公差值 （单位：μm）

主参数 d（D）、B、L/mm	公差等级											
	1	2	3	4	5	6	7	8	9	10	11	12
≤1	0.4	0.6	1	1.5	2.5	4	6	10	15	25	40	60
>1～3	0.4	0.6	1	1.5	2.5	4	6	10	20	40	60	120
>3～6	0.5	0.8	1.2	2	3	5	8	12	25	50	80	150
>6～10	0.6	1	1.5	2.5	4	6	10	15	30	60	100	200
>10～18	0.8	1.2	2	3	5	8	12	20	40	80	120	250
>18～30	1	1.5	2.5	4	6	10	15	25	50	100	150	300

注：主参数 *d*（*D*）为给定同轴度时轴（孔）的直径，或给定圆跳动、全跳动时轴（孔）的直径；圆锥体斜向圆跳动公差的主参数为平均直径；主参数 *B* 为给定对称度时槽的宽度；主参数 *L* 为给定两孔对称度时的孔中心距。

2. 几何公差值的选择原则

几何公差值的选择原则是：在满足零件功能要求的前提下，尽可能选用较低的公差等级，同时还应考虑经济性和零件的结构、刚性等。

几何公差值的选择通常有计算法和类比法两种。计算法是根据零件的功能和结构特点，通过计算确定公差值，该方法多用于形位精度要求较高的零件，如精密测量仪器等。类比法是根据长期积累的实践经验及有关资料，参考同类产品、类似零件的技术要求选择几何公差值的一种方法，该方法简单易行，在实际设计中应用较为广泛。

采用类比法确定几何公差值时，应注意以下问题。

1）平行度公差值应小于其相应的距离尺寸公差值。

2）圆柱形零件的形状公差值（轴线的直线度除外），一般情况下应小于其尺寸公差值。

3）对于刚性较差的零件（如细长轴、薄壁套）和结构特殊的要素（如跨距较大的孔），在满足功能要求的前提下，其几何公差等级可适当降低1～2级。

4）线对线和线对面相对于面对面的平行度或垂直度公差等级可适当

降低 1～2 级。

13.4.3 基准要素的选择

在确定关联要素之间的方向或位置关系时，必须确定基准要素。选择基准时，主要根据零件的使用功能和设计要求，并兼顾基准统一原则和零件结构特征来考虑。

1）根据零件的功能要求及要素之间的几何关系选择基准。例如，对于旋转的轴类零件，通常选择与轴承配合的轴颈作为基准。

2）从装配角度考虑，应选择零件相互配合、相互接触的表面作为基准，以保证零件的正确装配。例如，箱体类零件的安装面、盘类零件的端平面等。

3）从加工、检测角度考虑，应选择在夹具、检具中定位的相应要素作基准。这样能使所选基准与设计基准、定位基准和装配基准重合，消除因基准不重合而产生的误差。

4）选用三基准体系时，应选择对被测要素的功能要求影响最大或定位最稳定的平面作为第一基准；影响次之或窄而长的平面作为第二基准；影响小或短小的平面作为第三基准。

5）任选基准只适用于表面形状完全对称、装配时无论反正、上下颠倒均能互换的零件。任选基准比指定基准要求严，故不经济。

习题

13.1 试述几何公差和几何误差的含义？

13.2 国家标准对几何公差的注出公差和未注公差有何规定？在图样上分别如何表示？

13.3 用文字解释图 13.16 中各几何公差标注的含义。（说明被测要素和基准要素是什么？公差特征项目符号和名称及公差带的大小、形状、方向、位置如何？）

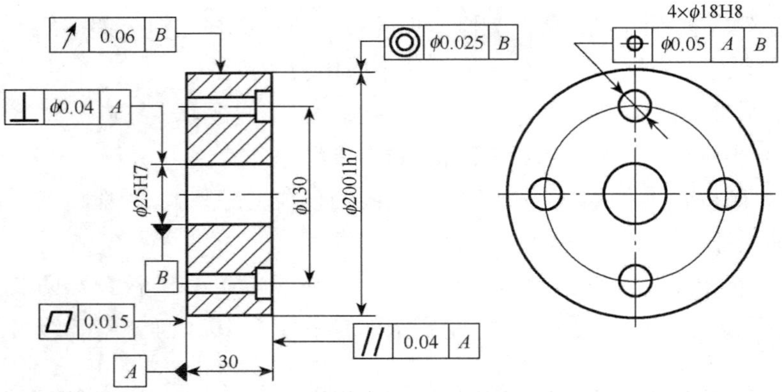

图 13.16 习题 13.3 图

13.4 改正图 13.17 中各项几何公差标注上的错误(不得改变几何公差项目)。

13.5 改正图 13.18 中各项几何公差标注上的错误(不得改变几何公差项目)。

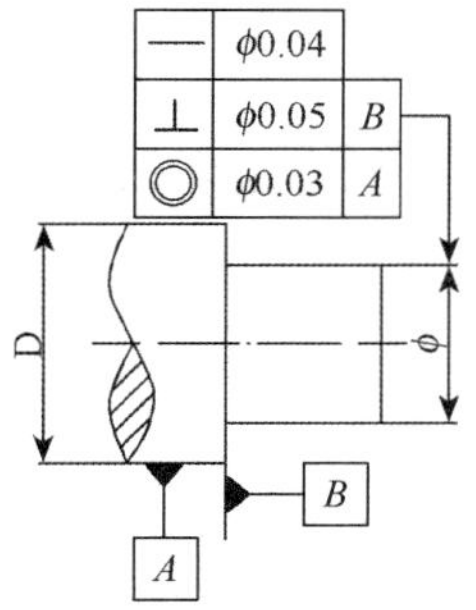

图 13.17 习题 13.4 图

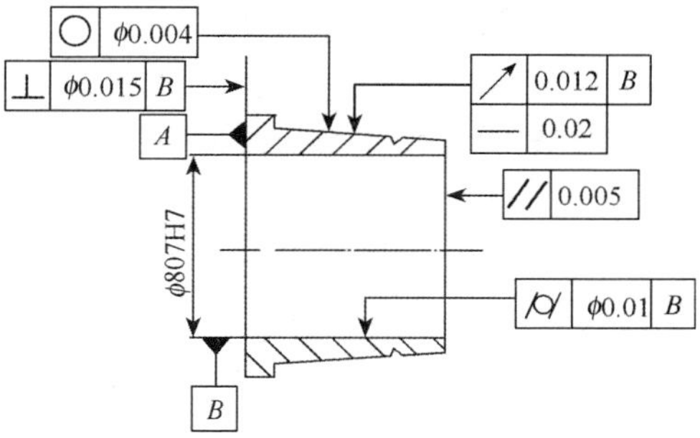

图 13.18 习题 13.5 图

13.6 将下列技术要求标注在图 13.19 上。

(1) ϕ100h6 圆柱表面的圆度公差为 0.005mm。

(2) ϕ100h6 轴线对ϕ40P7 孔轴线的同轴度公差为ϕ0.015mm。

(3) ϕ40P7 孔的圆柱度公差为 0.005mm。

(4) 左端的凸台平面对ϕ40P7 孔轴线的垂直度公差为 0.01mm。

(5) 右凸台端面对左凸台端面的平行度公差为 0.02mm。

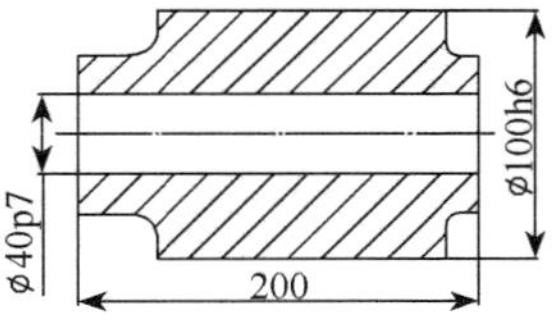

图 13.19 习题 13.6 图

14 单元 表面粗糙度

>>>>

◎ 单元概述

本单元主要分析了表面粗糙度产生的原因及其对零件使用性能的影响，介绍了各评定参数的含义及其参数值的选用以及各代号、符号的含义及其正确标注。

◎ 学习目标

- 了解表面粗糙度产生的原因及其对零件使用性能的影响。
- 理解并掌握各评定参数的含义及其参数值的选用。
- 掌握表面粗糙度的正确标注。

◎ 教学节奏和方式

项目		课时安排	教学方式
1	课前准备	课余	预习教材
2	教师讲授	2 学时	重点讲授
3	思考与练习	课余	学生之间相互讨论或独立完成习题

14.1 表面粗糙度的概念及其影响

14.1.1　表面粗糙度的概念

在实际工程中，不管是用机械加工还是用其他方法获得的零件表面，都不可能是绝对光滑的。零件表面总会存在着由较小间距的峰、谷组成的微量高低不平的痕迹。它是一种微观几何形状误差，也称为微观不平度。这种微观几何特性可用表面粗糙度来表示。表面粗糙度越小，表面越光滑。表面粗糙度反映了零件表面微观几何形状误差，是评定零件表面质量的一项重要指标。

表面粗糙度应与形状误差（宏观几何形状误差）和表面波度区别开，它们三者之间通常可按相邻波峰和波谷之间的距离（波距）加以区分：波距在 1mm 以下属表面粗糙度范围，波距为 1～10mm 属表面波度范围，波距在 10mm 以上属形状误差范围，如图 14.1 所示。

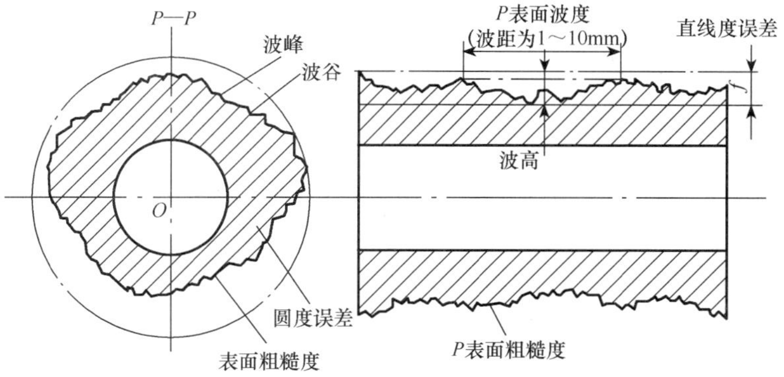

图 14.1　形状误差、表面粗糙度、表面波度

14.1.2　表面粗糙度对零件使用性能的影响

表面粗糙度的大小，对机械零件的使用性能有很大的影响，主要表现在以下几个方面。

1. 影响零件的耐磨性

表面越粗糙，配合表面间的有效接触面积越小，压强越大，磨损就越快。

2. 影响配合性质的稳定性

对间隙配合来说，表面越粗糙，就越易磨损，使工作过程中间隙逐渐增大；对过盈配合来说，由于装配时将微观凸峰挤平，减小了实际有效过盈，所以降低了连接强度。

3. 影响零件的疲劳强度

粗糙的零件表面，存在较大的波谷，它们像尖角缺口和裂纹一样，对应力集中很敏感，从而影响零件的疲劳强度。

4. 影响零件的抗腐蚀性

粗糙的表面，易使腐蚀性气体或液体通过表面的微观凹谷渗入到金属内层，造成表面锈蚀。

5. 影响零件的密封性

粗糙的表面之间无法严密地贴合，气体或液体易通过接触面间的缝隙渗漏。

6. 影响零件的接触刚度

表面越粗糙，表面间接触面积就越小，致使单位面积受力就增大，造成峰顶处的局部塑性变形加剧，接触刚度下降，影响机器工作精度和平稳性。

此外，表面粗糙度还影响产品的外观和表面涂层的质量等。综上所述，为保证零件的使用性能和寿命，应对零件的表面粗糙度加以合理限制。可见，表面粗糙度在零件几何精度设计中是必不可少的，作为零件质量评定指标是十分重要的。

14.2 表面粗糙度的评定参数

14.2.1 基本术语和定义

1. 取样长度 l_r

取样长度（l_r）是评定表面粗糙度时所规定的一段基准线长度。规定取样长度是为了限制和削弱表面宏观几何形状误差，特别是表面波度对表面粗糙度测量结果的影响。取样长度过长，表面粗糙度测量值中可能包含有表面波纹度的成分；过短，则不能客观地反映表面粗糙度的实际情况。因此取样长度应与表面粗糙度的大小相适应，见表 14.1 所示。在一个取样长度内，一般应包含五个以上的轮廓峰和轮廓谷。

表 14.1　取样长度 l_r 与评定长度 l_n 的选用值（GB/T 1031—1995）

Ra/μm	Rz 与 Ry/μm	l_r/μm	l_n（$l_n=5l_r$）/mm
≥0.008～0.2	≥0.025～0.10	0.08	0.4
＞0.02～0.1	＞0.10～0.50	0.25	1.25
＞0.1～2.0	＞0.50～10.0	0.8	4.0
＞2.0～10.0	＞10.0～50.0	2.5	12.5
＞10.0～80	＞50.0～320	8.0	40.0

2. 评定长度 l_n

一般来说加工表面有着不同程度的不均匀性，为了合理反映表面粗糙度特性，在评定时规定必需的一段表面长度，它包括一个或几个取样长度，称为评定长度（l_n）。一般取五个取样长度 l_r 来确定。在评定长度内，按每个取样长度进行测量，取其平均测量值作为表面粗糙度数值。

3. 基准线

基准线是用于评定表面粗糙度参数值大小的一条参考线，它包括两种。

（1）轮廓最小二乘中线 m

在取样长度内作一条假想线，使轮廓上各点至这条线的距离的平方和为最小（图 14.2），即 $\sum y_i^2$ 为最小。这条假想线就是轮廓最小二乘中线。

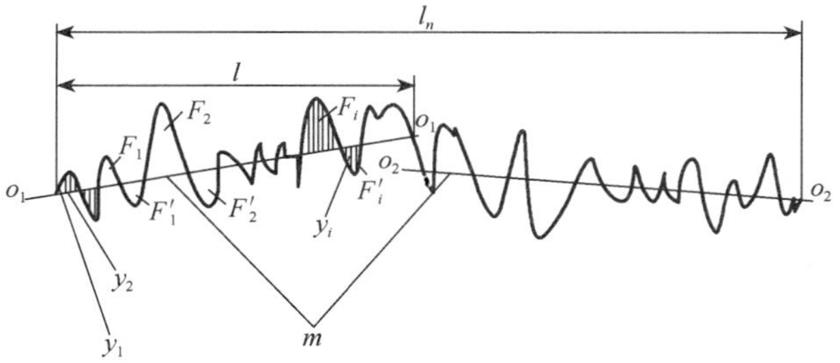

图 14.2　轮廓最小二乘中线

（2）轮廓算术平均中线 m

在取样长度内，用一条假想线将实际轮廓分成上、下两部分，使上面部分面积之和等于下部分面积之和，即 $\sum F_i = \sum F'_i$，这条假想线就是轮廓算术平均中线 m（图 14.3）。

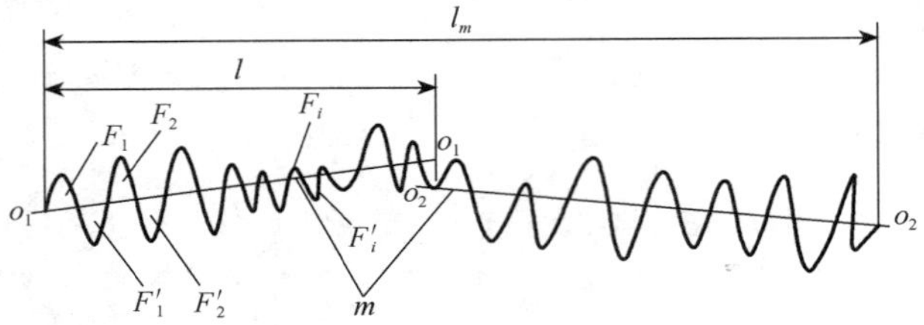

图 14.3 轮廓算术平均中线

在图形上确定轮廓最小二乘中线比较困难，基准线通常采用轮廓算术平均中线，通常用目测估计来确定。

14.2.2 表面粗糙度的评定参数

表面粗糙度的评定参数，是用来定量描述零件表面微观几何形状特征的。表面粗糙度的评定参数应从轮廓算数平均偏差（Ra）和轮廓最大高度（Rz）这两个主要评定参数中选取。除此之外，根据表面功能的需要，还可以从轮廓单元的平均线高度 Rc、轮廓单元的平均宽度 RSm 和轮廓的支撑长度率 Rmr（c）三个附加参数中选取。

（1）轮廓算术平均偏差 Ra

在一个取样长度内纵坐标值 Z（x）绝对值的算术平均值，如图 14.4 所示，即

$$Ra=\frac{1}{l_r}\int_0^{l_r}\left|Z_i(x)\right|\mathrm{d}x \qquad (14.1)$$

近似为

$$Ra=\frac{1}{n}\sum_{i=1}^{n}\left|Z_i(x)\right| \qquad (14.2)$$

Ra 值的大小能客观地反映被测表面微观几何特性，Ra 越小，说明被测表面微小峰谷的幅度越小，表面越光滑；反之，说明表面越粗糙。

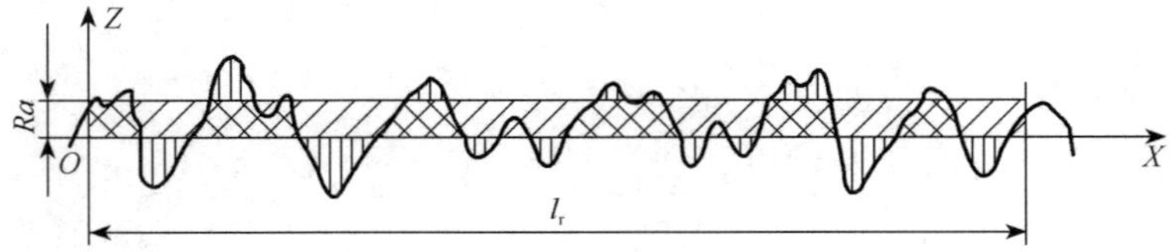

图 14.4 轮廓算术平均偏差

（2）轮廓最大高度 Rz

在一个取样长度内，最大轮廓峰高 $Z_{p\max}$ 和最大轮廓谷深 $Z_{v\max}$ 之和的高度（图 14.5），用 Rz 表示，即

$$Rz=Z_{p\max}+Z_{v\max} \qquad (14.3)$$

式中，$Z_{p\max}$ 和 $Z_{v\max}$ 都取绝对值。

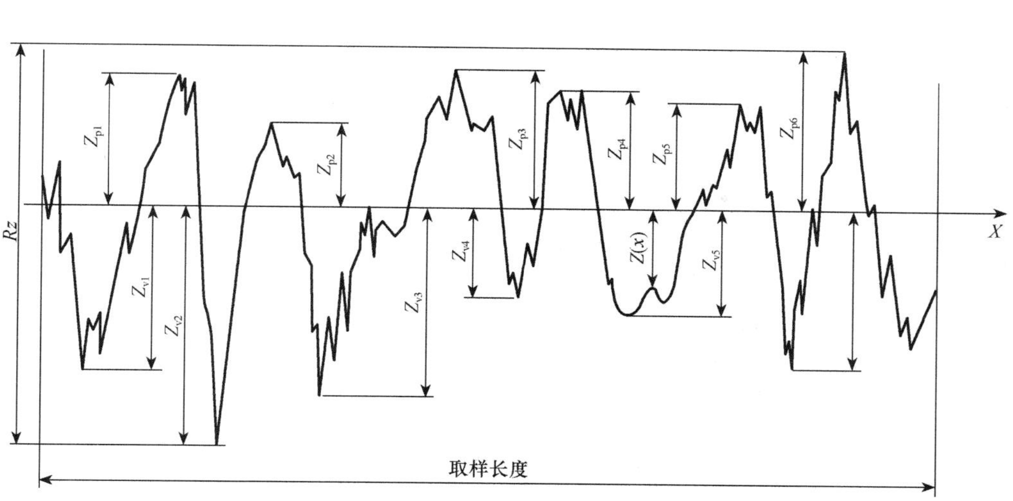

图 14.5　轮廓最大高度

14.2.3　表面粗糙度国家标准

为了适应生产技术的发展，有利于国际间的技术交流及对外贸易，我国参照国际标准（ISO 标准），对原表面粗糙度国家标准 GB 131—1983 做了修订和增订，新国家标准有 GB/T 3505—2000《产品几何技术规范—表面结构—轮廓法—表面结构的术语、定义及参数》、GB/T 131—2006《表面粗糙度参数及其数值》和 GB/T 131—2006《机械制图—表面粗糙度符号、代号及其注法》。

14.3　表面粗糙度的标准

确定了表面粗糙度的评定参数和数值后，还应按照 GB/T 131—2006《机械制图—表面粗糙度符号、代号及其注法》的规定，将对表面粗糙度的要求正确标注在图样上。

14.3.1　表面粗糙度符号

若零件表面仅需要加工，但对表面粗糙度的其他规定没有要求时，允许只标注表面粗糙度符号。表面粗糙度符号及意义见表 14.2。

表 14.2　表面粗糙度的符号

符　　号	意义及说明
	基本符号，表示表面可用任何方法获得。当不加注粗糙度参数值或有关说明（如表面处理、局部热处理状况等）时，仅使用于简化代号标注
	基本符号加一短划，表示表面是用去除材料的方法获得。如车、铣钻、磨、剪切、抛光、腐蚀、电火花加工、气割等
	基本符号加一小圆，表示表面是用不去除材料的方法获得。如铸、锻、冲压变形、热轧、冷轧、粉末冶金等 或者是用于保持原供应状况的表面（包括保持上道工序的状况）
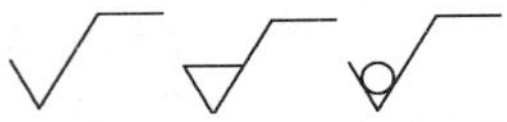	在上述三个符号的长边上均可加一横线，用于标注有关参数和说明
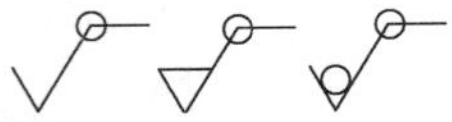	在上述三个符号上均可加一小圆，表示所有表面具有相同的表面粗糙度要求

表面粗糙度基本符号的画法如图 14.6 所示。

14.3.2　表面粗糙度代号

根据零件表面功能的需要，应在图样相应位置处，采用表面粗糙度代号标注出确切的要求，作为生产的依据。

表面粗糙度的代号是用表面粗糙度符号并注出表面粗糙度参数及其他有关参数和说明组成。表面粗糙度数值及其有关规定在符号中的注写位置，如图 14.7 所示。

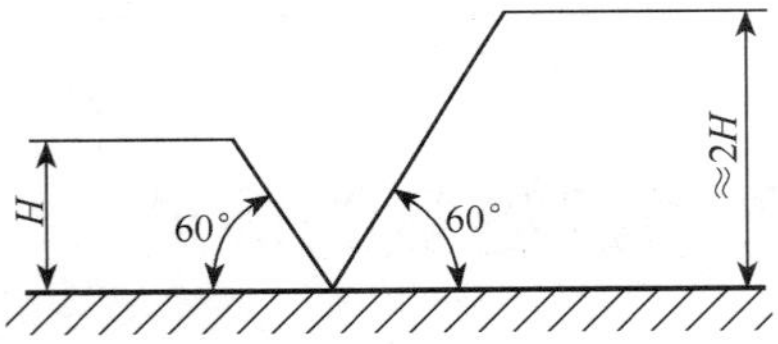

图 14.6　基本符号

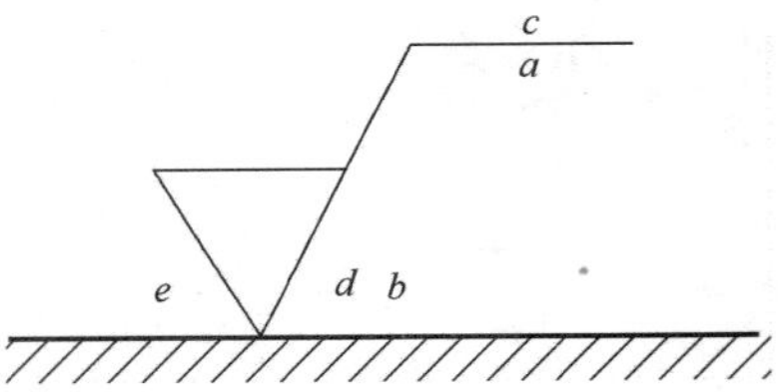

图 14.7　表面粗糙度代号及注法

图 14.7 中各符号的意义解释见表 14.3。表面粗糙度代号示例及意义如表 14.4 所示。

表 14.3　表面粗糙度代号意义解释

符　　号	意 义 解 释
位置 *a*	注写表面结构的单一要求
位置 *a* 和 *b*	注写两个或多个表面结构要求
位置 *c*	注写加工方法
位置 *d*	注写表面纹理和方向
位置 *e*	注写加工余量，单位 mm

表 14.4 表面粗糙度代号标注示例

代 号	意 义
Rz0.4	表示不允许去除材料，用任何方法获得的表面，粗糙度最大高度为 0.4μm
Rzmax0.2	表示去除材料，粗糙度最大高度的最大值 0.2μm
0.008－0.8/Ra3.2	用去除材料方法获得的表面，传输带 0.008～0.8mm
U Ramax3.2 L Ra0.8	表示不允许去除材料，双向极限值，上限值：算术平均偏差 3.2μm，下限值：算术平均偏差 0.8μm

按 GB/T 131—1993，若零件表面仅需加工，而对表面粗糙度的其他规定没有要求时，可以只注出表面粗糙度符号；若规定表面粗糙度要求时，必须给出表面粗糙度评定参数和允许值：无论是评定参数为 *Ra* 时，还是评定参数为 *Rz* 时，值前必须注出相应的参数符号；如果取样长度按标准（表 14.1）选用时，则可省略标注；对其他附加要求，如加工方法、加工纹理方向、加工余量等附加参数，可根据需要确定是否标注。

14.3.3 表面粗糙度代（符）号在图样上的标注

根据零件的功能需要，合理选择表面粗糙度的要求，并按国家标准规定正确地标注在图样上。表面粗糙度在图样上的标注方法具体规定如下：

1）表面粗糙度代（符）号一般标注在可见轮廓线、尺寸界线、引出线或它们的延长线上。符号的尖端必须从材料外指向表面，数字及符号的方向按其方位不同，必须按图 14.8 的规定标注。

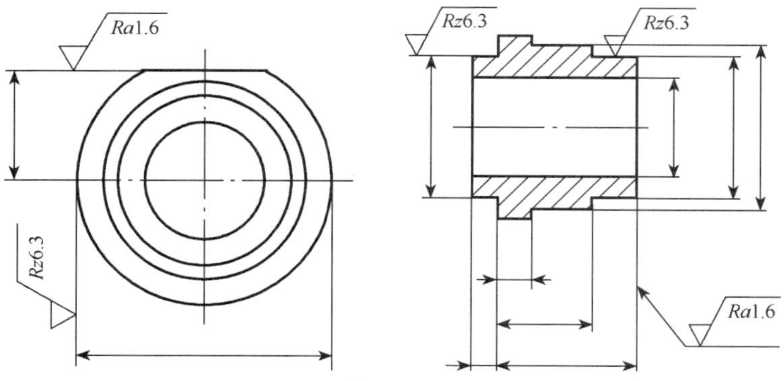

图 14.8 表面粗糙度标注

2）相同的表面结构要求，其表面结构要求可统一标注在图样的标题栏附近，此时除全部表面有相同要求的情况除外，表面结构的要求的符号后面应有：①在圆括号内给出无任何其他标注的基本符号，如图 14.9 所示；②在圆括号内给出不同的表面结构要求，如图 14.10 所示。

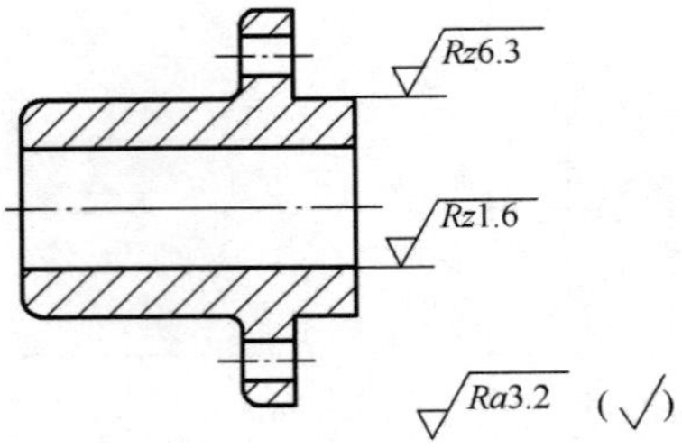

图 14.9　大多数表面有相同表面结构要求的简化注法（一）

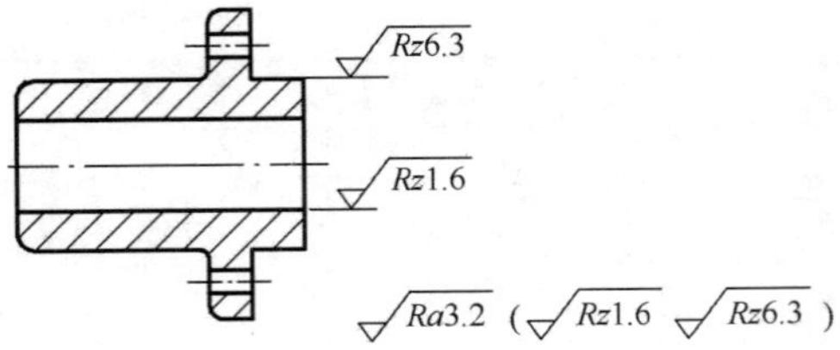

图 14.10　大多数表面有相同表面结构要求的简化注法（二）

14.4 表面粗糙度的选用

14.4.1　表面粗糙度选用原则

零件表面粗糙度的选择主要包括评定参数的选择和参数值的选择。

1. 表面粗糙度参数选择

选择表面粗糙度评定参数时，应能充分合理地反映表面微观几何形状的真实情况。

GB/T 131—2006 规定，表面粗糙度参数应从高度特征参数 *Ra* 和 *Rz* 中选取。对大多数表面来说，给出高度特征评定参数即可反映被测表面粗糙度的特征。附加参数只在高度特征参数不能满足表面功能要求时，才附加选用。选择表面粗糙度参数时应注意以下情况。

1）对于光滑表面和半光滑表面，一般采用 *Ra* 作为评定参数。*Ra* 能够较客观地反映表面微观几何形状特征，且 *Ra* 值用触针式电动轮廓仪测量比较简单。因此，在常用的参数值范围（*Ra* 为 0.025～6.3μm，*Rz* 为 0.100～25μm）内，国家标准推荐优先选用 *Ra*。

2）对于极光滑和极粗糙表面，宜采用 *Rz* 作为评定参数。*Rz* 仅考虑了峰顶和峰谷的几个点，故在反映微观几何形状特征方面不如 *Ra* 全面。同时，*Rz* 值测量结果因测量点的不同而有差异。但 *Rz* 值易于在光学仪器上测得，且计算方便，因而是用得较多的参数。特别是测量超精加工表面（*Rz*≤0.1μm）时，最为合适。

2. 表面粗糙度参数值选择

表面粗糙度参数值选择是否适当，不仅影响零件的使用性能，还影响到零件的加工工艺和制造成本。因此，合理选择表面粗糙度参数值具有重要意义。一般选用原则如下：

1）在满足使用性能要求和使用寿命的前提下，尽量选用要求较低的表面粗糙度，以简化工艺，降低成本。

2）同一零件上，工作表面的粗糙度值应比非工作表面小。

3）摩擦表面的粗糙度值应比非摩擦表面小。相对运动速度高、单位面积压力大的摩擦表面，其表面粗糙度参数值应小。

4）承受交变载荷，易产生应力集中的圆角、沟槽等，表面粗糙度参数值应选小值。

5）配合性质要求越稳定，其配合面的表面粗糙度参数值应越小。配合性质和公差等级相同的零件，基本尺寸较小的比尺寸大的表面粗糙度参数值要小。

6）有防腐蚀、密封性能好或外表美观等要求的表面，其表面粗糙度参数值应小。

7）已有相应标准对表面粗糙度作出有关规定的，应按标准规定确定表面粗糙度参数值。

表 14.5、表 14.6 分别列出了表面粗糙度的表面特征、经济加工方法及应用举例，轴和孔表面粗糙度参数推荐值，供选取时参考。

表 14.5　表面粗糙度的表面特征、经济加工方法及应用举例　（单位：μm）

表面微观特征		*Ra*	*Rz*	加工方法	应用举例
粗糙表面	可见刀痕	＞20～40	＞80～160	粗车、粗刨、粗铣、钻、毛锉、锯断	半成品粗加工过的表面，非配合的加工表面，如轴端面、倒角、钻孔、齿轮和带轮侧面、键槽底面、垫圈接触面等
	微见刀痕	＞10～20	＞40～80		
半光表面	微见加工痕迹	＞5～10	＞20～40	车、刨、铣、镗、钻、粗铰	轴上不安装轴承、齿轮处的非配合表面，紧固件的自由装配表面，轴和孔的退刀槽等
	微见加工痕迹	＞2.5～5	＞10～20	车、刨、铣、镗、磨、拉、粗刮、滚压	半精加工表面，箱体、支架、盖面、套筒等和其他零件结合而无配合要求的表面，需要发蓝的表面等
	看不清加工痕迹	＞1.25～2.5	＞6.3～10	车、刨、铣、镗、磨、拉、刮、压、铣齿	接近于精加工的表面，箱体上安装轴承的镗孔表面，齿轮的工作面
光表面	可辨加工痕迹方向	＞0.6～1.25	＞3.2～6.3	车、镗、磨、拉、刮、精铰、磨齿、滚压	圆柱销、圆锥销、与滚动轴承配合的表面，卧式车床导轨面，内、外花键定心表面等
	微辨加工痕迹方向	＞0.3～0.63	＞1.6～3.2	精铰、精镗、磨、拉、刮、滚压	要求配合性质稳定的配合表面，工作时受交变应力的重要零件，较高精度车床的导轨
	不可辨加工痕迹方向	＞0.1～0.32	＞0.8～1.6	精磨、珩磨、研磨、超精加工	精密机床主轴锥孔、顶尖圆锥面，发动机曲轴、凸轮轴工作表面，高精度齿轮面

续表

表面微观特征		*Ra*	*Rz*	加 工 方 法	应 用 举 例
极光表面	暗光泽面	>0～0.16	>0.4～0.8	精磨、研磨、普通抛光	精密机床主轴轴颈表面，一般量规工作表面，汽缸套内表面，活塞销表面等
	亮光泽面	>0～0.08	>0.2～0.4	超精磨、精抛光、镜面磨削	精密机床主轴轴颈表面，滚动轴承的滚珠，高压液压泵中柱塞套配合表面
	镜状光泽面	>0.01～0.04	>0.05～0.2		
	镜面	≤0.01	≤0.05	镜面磨削、超精研	高精密量仪、量块的工作表面，光学仪器中的金属镜面

表 14.6 轴和孔表面粗糙度参数推荐值 （单位：μm）

<table>
<tr><th colspan="3">应用场合</th><th colspan="6">Ra</th></tr>
<tr><td rowspan="2">示例</td><td rowspan="2">公差等级</td><td rowspan="2">表面</td><td colspan="6">基本尺寸/mm</td></tr>
<tr><td colspan="3">≤50</td><td colspan="3">>50～500</td></tr>
<tr><td rowspan="8">经常装拆零件的配合表面（如挂轮、滚刀等）</td><td rowspan="2">IT5</td><td>轴</td><td colspan="3">≤0.2</td><td colspan="3">≤0.4</td></tr>
<tr><td>孔</td><td colspan="3">≤0.4</td><td colspan="3">≤0.8</td></tr>
<tr><td rowspan="2">IT6</td><td>轴</td><td colspan="3">≤0.4</td><td colspan="3">≤0.8</td></tr>
<tr><td>孔</td><td colspan="3">≤0.8</td><td colspan="3">≤1.6</td></tr>
<tr><td rowspan="2">IT7</td><td>轴</td><td colspan="3" rowspan="2">≤0.8</td><td colspan="3" rowspan="2">≤1.6</td></tr>
<tr><td>孔</td></tr>
<tr><td rowspan="2">IT8</td><td>轴</td><td colspan="3">≤0.8</td><td colspan="3">≤1.6</td></tr>
<tr><td>孔</td><td colspan="3">≤1.6</td><td colspan="3">≤3.2</td></tr>
<tr><td rowspan="2">示例</td><td rowspan="2">公差等级</td><td rowspan="2">表面</td><td colspan="6">基本尺寸/mm</td></tr>
<tr><td colspan="2">≤50</td><td colspan="2">>50～120</td><td colspan="2">>120～500</td></tr>
<tr><td rowspan="8">过盈配合的配合表面
（1）用压力机装配
（2）用热孔法装配</td><td rowspan="2">IT5</td><td>轴</td><td colspan="2">≤0.2</td><td colspan="2">≤0.4</td><td colspan="2">≤0.4</td></tr>
<tr><td>孔</td><td colspan="2">≤0.4</td><td colspan="2">≤0.8</td><td colspan="2">≤0.8</td></tr>
<tr><td>IT6</td><td>轴</td><td colspan="2">≤0.4</td><td colspan="2">≤0.8</td><td colspan="2">≤1.6</td></tr>
<tr><td>IT7</td><td>孔</td><td colspan="2">≤0.8</td><td colspan="2">≤1.6</td><td colspan="2">≤1.6</td></tr>
<tr><td rowspan="2">IT8</td><td>轴</td><td colspan="2">≤0.8</td><td colspan="2">≤1.6</td><td colspan="2">≤3.2</td></tr>
<tr><td>孔</td><td colspan="2">≤1.6</td><td colspan="2">≤3.2</td><td colspan="2">≤3.2</td></tr>
<tr><td rowspan="2">IT9</td><td>轴</td><td colspan="2">≤1.6</td><td colspan="2">≤3.2</td><td colspan="2">≤3.2</td></tr>
<tr><td>孔</td><td colspan="2">≤3.2</td><td colspan="2">≤3.2</td><td colspan="2">≤3.2</td></tr>
<tr><td rowspan="2">示例</td><td rowspan="2">公差等级</td><td rowspan="2">表面</td><td colspan="6">基本尺寸/mm</td></tr>
<tr><td colspan="3">≤50</td><td colspan="3">>50～500</td></tr>
<tr><td rowspan="4">滑动轴承的配合表面</td><td rowspan="2">IT6～IT9</td><td>轴</td><td colspan="6">≤0.8</td></tr>
<tr><td>孔</td><td colspan="6">≤1.6</td></tr>
<tr><td rowspan="2">IT10～IT12</td><td>轴</td><td colspan="6">≤3.2</td></tr>
<tr><td>孔</td><td colspan="6">≤3.2</td></tr>
<tr><td rowspan="4">精密定心零件的配合表面</td><td rowspan="2">公差等级</td><td rowspan="2">表面</td><td colspan="6">径向跳动/μm</td></tr>
<tr><td>2.5</td><td>4</td><td>6</td><td>10</td><td>16</td><td>25</td></tr>
<tr><td rowspan="2">IT5～IT8</td><td>轴</td><td>≤0.05</td><td>≤0.1</td><td>≤0.1</td><td>≤0.2</td><td>≤0.4</td><td>≤0.8</td></tr>
<tr><td>孔</td><td>≤0.1</td><td>≤0.2</td><td>≤0.2</td><td>≤0.4</td><td>≤0.8</td><td>≤1.6</td></tr>
</table>

14.4.2 表面粗糙度选用方法

选择表面粗糙度的方法常用的有以下三种。

1. 类比法

设计零件时，将其与原有的类似典型零件进行对比分析，可根据实践检验合理、正确的原有零件的表面粗糙度要求，来确定新设计零件的表面粗糙度。使用类比法时应注意以下情况。

1）所选类比零件与新设计零件在功能、工作条件、材质及技术要求等方面应基本相似，即具有可比性。

2）与之比较的原零件应是经过长期检验，并证明使用可靠，所确定的表面粗糙度要求是正确、合理、可靠的。

3）应根据两者的异同处，并结合新设计零件的功能要求、使用条件等对类比件的表面粗糙度要求进行适当修正。

类比法确定表面粗糙度要求方法简便、迅速、有效，因此在生产中应用广泛。

2. 计算法

新设计零件时，根据零件的尺寸公差、形状公差或配合要求，通过计算求得与之相应的表面粗糙度要求。一般只能在有特殊要求时采用。

3. 试验法

当设计重要机械零件，或在高温、高压、低温、宇航等特殊情况下工作的零件，以及大批量生产的零件时，应采用试验法来确定其表面粗糙度。

对某些采用类比法或计算法确定的表面粗糙度，往往也需要通过试验法来进行验证。

对于有关标准已经作出规定的表面粗糙度，则应按标准规定来确定。

14.5 表面粗糙度的检测

检测表面粗糙度的目的是通过测量来评定工件的实际粗糙度是否符合设计要求。检测表面粗糙度时，应根据被测部位的形状、所需的检测精度及检测设备和现场条件等情况，合理地选择检测方法和检测仪器或量具。

表面粗糙度常用的检测方法有比较法、光切法、干涉法、感触法。

14.5.1 比较法

比较法是将被测零件的表面与标有一定评定参数值的粗糙度样板相比较，从而估计出被测零件表面粗糙度的一种检测方法。比较时，可用肉眼观察、手动触摸，也可借助显微镜、放大镜。所用粗糙度样板的材料、形状及加工方法应尽可能与被测表面一致，否则会产生较大误差。粗糙度样板如图 14.11 所示。

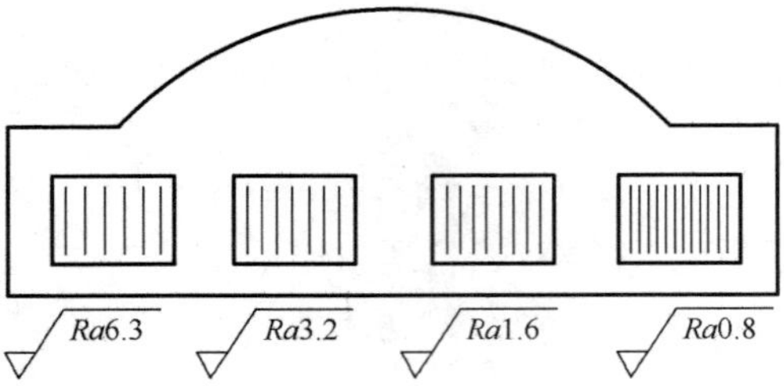

图 14.11 粗糙度样板

比较法不能获得表面粗糙度的具体数值，但由于它简便、快速、实用，能当场判断一般工件的表面粗糙度是否符合设计要求，因此，比较法常用于工厂现场检验。

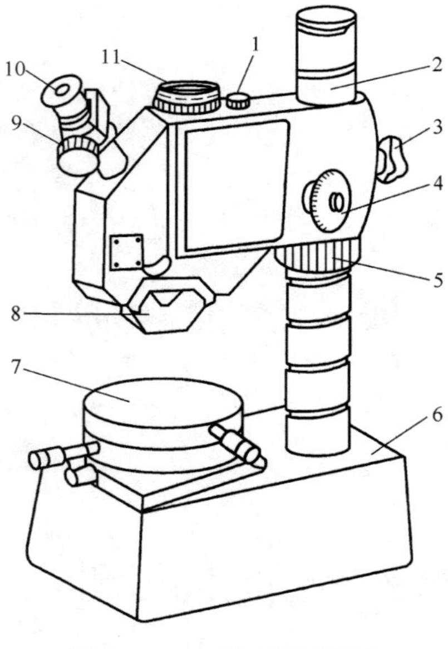

图 14.12 9J 型双管显微镜

1．光源；2．立柱；3．锁紧螺钉；4．微调手轮；5．粗调手轮；6．底座；7．工作台；8．物镜组；9．测微鼓轮；10．目镜；11．照相机插座

14.5.2 光切法

光切法是利用光切原理来测量表面粗糙度的一种方法。常用的测量仪器是光切显微镜，又称双管显微镜，如图 14.12 为国产 9J 型光切显微镜，其光学原理如图 14.13 所示。

光切显微镜由两个镜管组成，一个是投影照明镜管，另一个是观察镜管，且两镜管轴线呈 90°。照明管中光源 1 发出的光线经过聚光镜 2、光阑 3 及物镜 4 后，形成一束 45°倾角的平行光带，并投射到粗糙不平的被测表面上。光带在波峰 S_1 和波谷 S_2 处产生反射，S_1 和 S_2 经观察管的物镜 4 后分别成像于分划板 5 的 S'_1 和 S'_2。

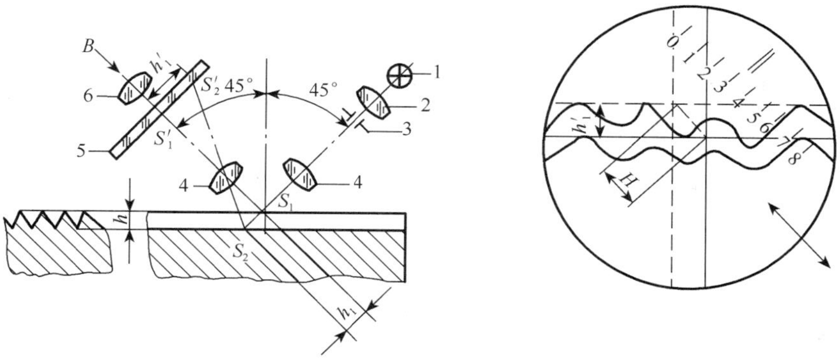

(a)　　(b)

图 14.13　光切显微镜光学原理图

1．光源；2．聚光镜；3．光阑；4．物镜；5．分划板；6．目镜

如图 14.13（a）所示，若被测表面微观不平度高度为 h，轮廓峰谷 S_1 与 S_2 在 45°截面上的距离为 h_1，S'_1 与 S'_2 在分划板 5 上的距离为 h'_1，且 $h'_1=Kh_1$（K 为观察镜管中物镜的放大倍数），三者间的关系可表示为

$$h=h_1\cos45°=\frac{h'_1}{K}\cos45° \tag{14.4}$$

从上式可以看出，只要测得 h'_1，便可求出表面微观不平度高度 h。而 h'_1 可以由光切显微镜读数 H 得到，如图 4.13（b）所示：$h'_1=H\cos45°$，将其代入上式中，得

$$h=\frac{H}{K}\cos^2 45°=\frac{H}{2K} \tag{14.5}$$

光切法主要用于测量 Rz 和 Ry 值，测量范围依仪器的型号不同而有所差异。

14.5.3　干涉法

干涉法是指利用光波干涉原理来测量表面粗糙度的一种方法。常用仪器是干涉显微镜，该仪器的检测范围较小，主要用于测量表面粗糙度数值小的 Rz，测量范围 0.05～8μm，若用此法测量 Ra 值时，需用仪器上的摄像装置摄取干涉条纹的形状后才能求得。

如图 14.14 是国产 6JA 型干涉显微镜外形图，其光学原理见图 14.15。由光源 1 发出的光线经聚光镜 2 和反光镜 3 转向，通过光栏 4、5、聚光镜 6 投射到分光镜 7 上，通过分光镜 7 的半透半反膜后分成两束：一束光透过分光镜 7，经补偿镜 8、物镜 9 射至被测表面 P_2，再由 P_2 反射经原光路返回，再经分光镜 7 反射向目镜 14；另一束光经分光镜 7 反射，经滤光片 17、物镜 10 射至参考镜 P_1，再由 P_1 反射回来，透过分光镜射向目镜 14。两束光在目镜 14 的焦平面上相遇叠加。由于被测表面粗糙不平，所以这两路光

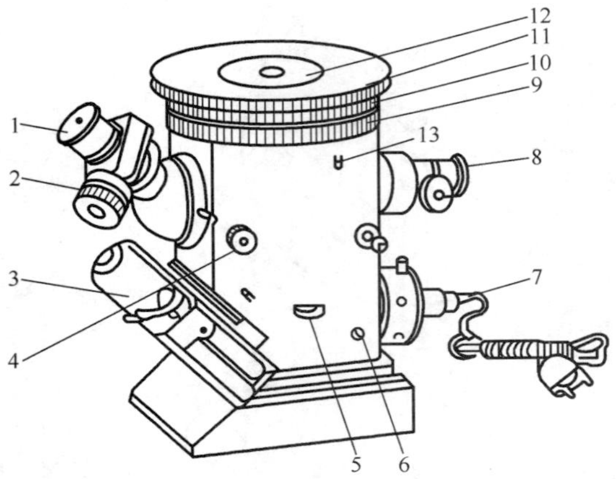

图 14.14　6JA 型干涉显微镜

1．目镜；2．测微鼓轮；3．照相机；4、5、8、13．手轮
6．手柄；7．光源；9、10、11．滚花轮；12．工作台

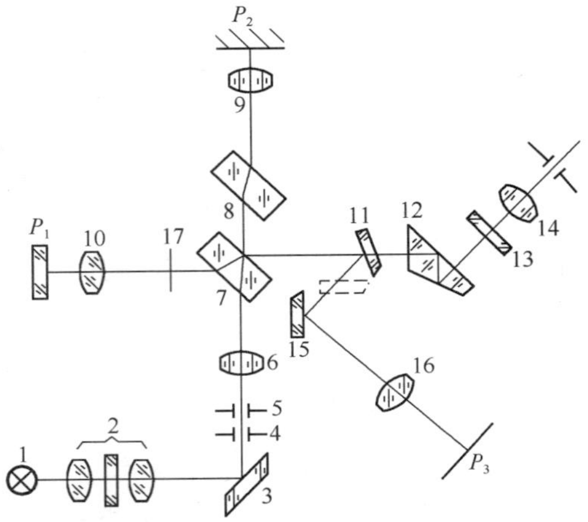

图 14.15　6JA 型干涉显微镜光学原理图

1．光源；2、6、13．聚光镜；3、11、4．反射镜；
4、5．光栏；7．分光镜；8．补偿镜；9、10、16．物镜；
12．折射镜；14．目镜；17．滤光片

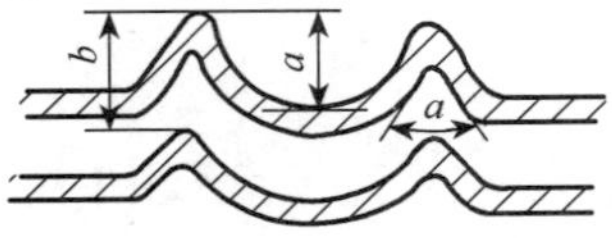

图 14.16　干涉条纹

束相遇后形成与其相应的起伏不平的干涉条纹，如图 14.16 所示。

利用测微目镜，测量干涉条纹的弯曲量（即其峰谷读数差）及两相邻条纹之间的距离（它相当于半波长）就可算出相应的峰、谷高度差 h，即

$$h=\frac{\lambda a}{2b} \tag{14.6}$$

式中，a——干涉条纹的弯曲量；

b——相邻干涉条纹的间距；

λ——光波波长。

14.5.4　感触法

感触法是利用仪器的触针与被测表面相接触，并使触针沿被测表面轻轻滑动来测量表面粗糙度的一种方法，又称轮廓法。常用仪器是电动轮廓仪，如图 14.17 为国产 BCJ-2 型电动轮廓仪，其测量的基本原理如下所述。

被测工件 1 通过定位块 7 固定在工作台 6 上，调整工件（或驱动箱 4）使其被测表面与传感器 3 的滑行方向平行；调整传感器及触针 2 的高度，并使触针与被测表面适当接触；开启电动机，传感器滑行，并带动触针在工件被测表面滑行。由于被测表面有微小的峰谷，触针在滑行的同时还随被测表面轮廓峰谷变化而产生上下移动，此移动位移量通过传感器转换成电信号，再经滤波器将表面轮廓上属于形状误差和表面波度的成分滤去，留下属于表面粗糙度的轮廓曲线信号，送入放大器，然后将放大的信号送入计算器，经过积分运算，在指示表 5 上显示出 Ra 的数值。

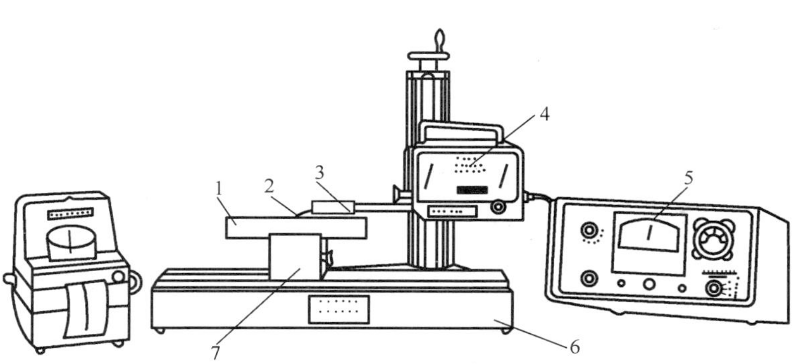

图 14.17　BCJ-2 型电动轮廓仪

1．被测工件；2．触针；3．传感器；4．驱动箱；5．指示表；6．工作台；7．定位块

感触法测量范围为 Ra＝0.01～5μm。感触法测量表面粗糙度的最大优点是能够直接显示 Ra 值，此外它还能测量平面、轴、孔和圆弧面等各种形状的表面粗糙度。

习　　题

14.1　表面粗糙度对零件的使用性能有哪些影响？

14.2　为什么在表面粗糙度轮廓标准中，除了规定“取样长度”外，还规定“评定长度”？

14.3　表面粗糙度国家标准中规定了哪些评定参数？它们各有什么特点？

14.4　评定表面粗糙度时，为什么要规定轮廓中线？

14.5　选择表面粗糙度时应考虑哪些原则？

14.6　解释图 14.18 所示零件上标出的各表面粗糙度要求的含义。

14.7　用类比法确定图 14.19 中心轴，衬套内、外圆面的表面粗糙度值。

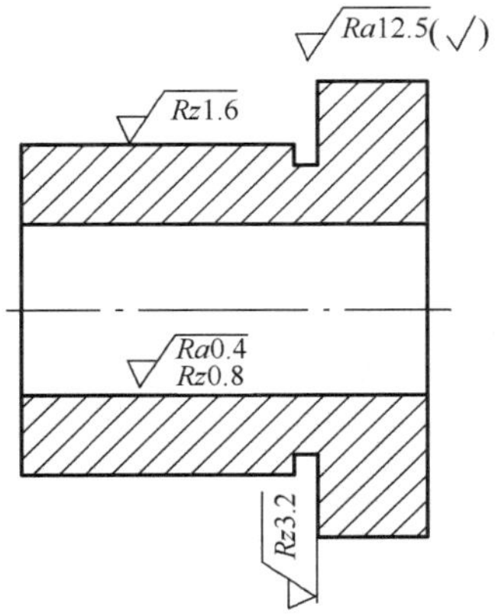

图 14.18　习题 14.6 图

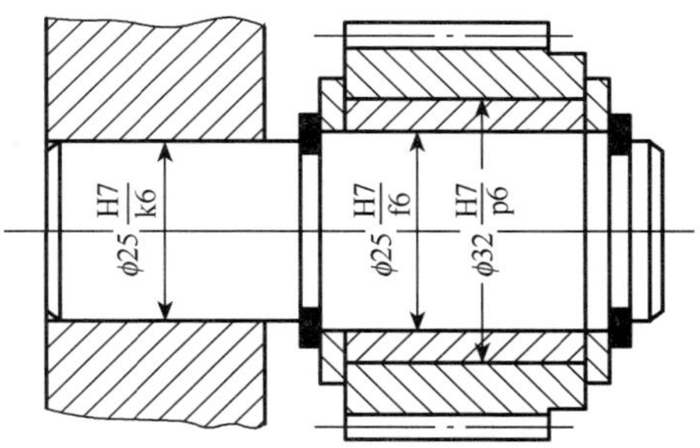

图 14.19　习题 14.7 图

实验3　形状与位置误差测量

本实验包括径向圆跳动与径向全跳动的测量、圆度误差的测量两个分实验。

1. 径向圆跳动与径向全跳动的测量

（1）实验目的

掌握径向圆跳动与径向全跳动的测量方法。

（2）实验设备及工具量具

百分表及表架、顶针座等。

小贴士

1）百分表结构及读数原理同内径百分表，另加一套带有磁性表座的表架，以固定百分表。

2）顶针座可固定在导轨上，顶针顶住轴端中心孔使样轴只能转动，不能轴向移动。

（3）实验步骤

01 将样轴安装在两顶针之间，然后，将顶针座固定在导轨上（水平导轨、可沿确定方向精确移动），此时，工件（即样轴）能在两顶针间自由转动，但不能轴向窜动。

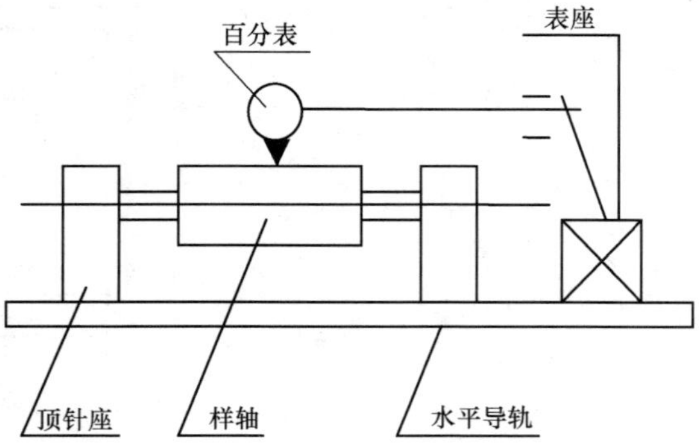

02 径向圆跳动的测量。导轨固定不动，磁性表座吸在导轨附近，导轨与表座间不能相对移动。把百分表安装在表架上，百分表侧竿垂直向下，且通过样轴轴线，是百分表测头与轴外圆最高处接触，并压缩测头，使表针旋转 1.5 周左右即可，最后，转动轴一周，并分别记下最大和最小读数，两读数之差，即为该测量截面上的径向圆跳动。用此方法沿轴分别测量三个截面，取三个截面中最大的跳动量为该轴的径向圆跳动。

03 径向全跳动测量。将磁性表座固定在立臂上，此时，表座与水平导轨间应可在水平方向产生相对定向移动。把百分表安装在表架上，百分表侧竿垂直向下并通过样轴轴线。百分表测头与样轴外圆最高处接触，并压缩测头，使表针旋转 1.5 周左右。最后，转动轴与此同时，缓慢移动水平导轨。记下轴向全长范围内百分表最大、最小读数，两者之差极为该径向全跳动。

04 判断，将实际测值与允许值比较，做出判断。

（4）思考

百分表是否需要零位，为什么？

2. 圆度误差的测量

（1）实验目的

了解外径千分尺的结构，掌握圆度的测量方法。

（2）实验器材

量具、外径千分尺、被测件、样轴。

（3）实验步骤

01 测量：沿样轴轴线均匀取三个截面均匀分布的三个方向，每个截面中记下一最大直径 d_{max}，一最小直径 d_{min}。

02 计算：最大直径 d_{max} 与最小直径 d_{min} 之差的一半即为该面的圆度误差。测完三个截面后，取三个截面中最大的一个圆度误差值为该轴的圆度误差值。

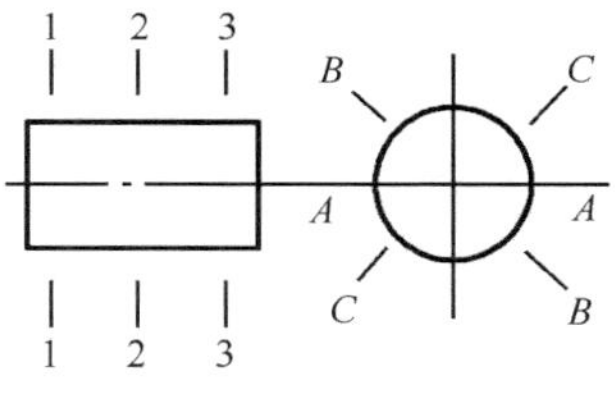

（4）思考

能否用三个截面圆度误差的平均值作为该轴的圆度误差，为什么？

形状与位置误差测量实验报告

实验名称：形状与位置误差测量实验

实验地点＿＿＿＿＿＿＿＿＿＿＿＿ 实验日期＿＿＿＿＿＿＿＿＿＿＿＿

指导教师＿＿＿＿＿＿＿＿＿＿＿＿ 班　　级＿＿＿＿＿＿＿＿＿＿＿＿

小组成员＿＿＿＿＿＿＿＿＿＿＿＿ 报 告 人＿＿＿＿＿＿＿＿＿＿＿＿

1. 圆度误差的测量

仪器	名称	规格/mm	读数值/mm	
工件	名称	轴端编号	圆度公差/mm	
测量示意图				
	位置	1—1	2—2	3—3
结果及判断	*A*—*A*			
	B—*B*			
	C—*C*			
	截面圆度误差			
	轴的圆度误差			
	结论：	理由：		

思考题：能否取三个截面圆度误差的平均值作为轴的圆度误差，为什么？

学生姓名		同组成员	
指导老师		日期	成绩评定	

2. 径向圆跳动与径向全跳动的测量

<table>
<tr><td rowspan="2">仪器</td><td colspan="4">名称</td><td colspan="2">规格/mm</td><td colspan="2">读数值/mm</td></tr>
<tr><td colspan="4"></td><td colspan="2"></td><td colspan="2"></td></tr>
<tr><td rowspan="2">工件</td><td colspan="4">名称</td><td colspan="2">径向圆跳动公差/mm</td><td colspan="2">径向全跳动公差/mm</td></tr>
<tr><td colspan="4"></td><td colspan="2"></td><td colspan="2"></td></tr>
<tr><td>测量示意图</td><td colspan="8"></td></tr>
<tr><td rowspan="8">测量结果</td><td colspan="4">径向圆跳动</td><td colspan="4">径向全跳动</td></tr>
<tr><td>位置</td><td>1</td><td>2</td><td>3</td><td colspan="2">最大读数</td><td colspan="2"></td></tr>
<tr><td>最大读数</td><td></td><td></td><td></td><td colspan="2">最小读数</td><td colspan="2"></td></tr>
<tr><td>最小读数</td><td></td><td></td><td></td><td colspan="2">f</td><td colspan="2"></td></tr>
<tr><td>误差值</td><td></td><td></td><td></td><td colspan="4">结论</td></tr>
<tr><td>f</td><td colspan="3"></td><td colspan="4" rowspan="3">理由</td></tr>
<tr><td>结论</td><td colspan="3"></td></tr>
<tr><td>理由</td><td colspan="3"></td></tr>
</table>

思考题：为什么要在不同的截面及方向分别测量？

学生姓名		同组成员			
指导老师		日期		成绩评定	

主要参考文献

陈桂芳．2008．互换性与测量技术．北京：清华大学出版社．

顾晓勤．2006．工程力学．北京：机械工业出版社．

韩春鸣．2006．机械制造基础．北京：化学工业出版社．

李炜新．2006．金属材料与热加工．北京：中国计量出版社．

潘玉良．2009．机械工程基础．北京：科学出版社．

王强．2008．工程力学．北京：电子工业出版社．

余承辉．2009．机械制造基础．上海：上海科技出版社．

朱仁盛．2008．机械基础．北京：机械工业出版社．